环球网校
只做职教 | www.hqwx.com

U0961455

全新版

二级建造师执业资格考试 名师讲义

建筑工程管理与实务

建造师考试研究中心 编
潘晓宇 马 红 特邀主编

哈尔滨工业大学出版社
HARBIN INSTITUTE OF TECHNOLOGY PRESS

内 容 简 介

本书根据二级建造师执业资格考试大纲编写，分为技术、管理和法规三大部分。技术部分包括建筑工程技术要求、建筑工程专业施工技术。管理部分包括建筑工程施工招标投标管理、建筑工程施工合同管理、单位工程施工组织设计、建筑工程施工现场管理、建筑工程施工进度管理、建筑工程施工质量管理、建筑工程施工安全管理、建筑工程造价与成本管理、建筑工程验收管理。法规部分包括建筑工程相关法规、建筑工程标准等。本书的主要特点：有名师导学、考情分析、考点讲解，图文并茂；有名师点拨、实战演练、免费考点视频精讲、免费视频课程和题库兑换等板块，讲练并重。

本书主要面向从事工程类相关专业职务工作，有一定的专业基础和实践经验，对二级建造师执业资格考试缺少知识梳理和系统学习的考生，可作为二级建造师执业资格考试的复习备考用书。

图书在版编目（CIP）数据

建筑工程管理与实务/建造师考试研究中心编. —哈尔滨：哈尔滨工业大学出版社，2022.11

二级建造师执业资格考试名师讲义

ISBN 978－7－5767－0358－0

Ⅰ.①建… Ⅱ.①建… Ⅲ.①建筑工程－工程管理－资格考试－自学参考资料 Ⅳ.①TU71

中国版本图书馆 CIP 数据核字（2022）第 147986 号

建筑工程管理与实务

JIANZHU GONGCHENG GUANLI YU SHIWU

策划编辑　王桂芝
责任编辑　陈雪巍
出版发行　哈尔滨工业大学出版社
社　　址　哈尔滨市南岗区复华四道街 10 号　邮编 150006
传　　真　0451－86414749
网　　址　http://hitpress.hit.edu.cn
印　　刷　三河市中晟雅豪印务有限公司
开　　本　787 mm×1 092 mm　1/16　印张 24.5　字数 612 千字
版　　次　2022 年 11 月第 1 版　2022 年 11 月第 1 次印刷
书　　号　ISBN 978－7－5767－0358－0
定　　价　78.00 元

师者寄语一

亲爱的考生：

纵观近几年的二级建造师职业资格考试，建筑实务科目的考查越来越注重考生对教材的整体把控及知识点的融会贯通，技术部分考题的占比也在逐年增加，与现场实际结合得越来越紧密……而这些无疑均是让大家倍感头痛的问题，尤其是对于在职考生和非专业考生。

鉴于此，为了帮助大家适应不断变化的考试，有的放矢地进行复习，本书应运而生。在书中，我们设计了多个板块，同时在内容上也更加注重理论与现场相结合，以下就是详细介绍，相信大家只要用心跟随本书进行复习，定会事半功倍。

一、重点突出，详略得当

一个考点名称，短则几字长则十几字，但却需要字字斟酌，因为考点名称就是考题题干的题眼，词不达意则考点核心不明确。每节中的各个考点编排要求逻辑清晰，逻辑不清则案例答题思路不清。

老师们依托考试大纲，深入研究历年真题，剖析知识点之间的内在联系，最终明确考点的重要程度。为了大家能够准确区分考试重点，本书在知识点后设计了星标，即：★为"理解"，★★为"熟悉"，★★★为"掌握"，大家在复习过程中要多加注意。

二、抽象考点形象化，复杂问题简单化

在实务科目中，技术部分专业知识相对较难，如灌注桩、脚手架、防水和保温等相关知识，所以本书选用了大量现场图片与内容相呼应，一来可以辅助大家理解知识点，二来也能够使零基础考生更直观地了解现场。

三、理解记忆，强化输出，精准练习

做题是检验学习效果的必要手段，也是知识内化的必要过程。本书在编写过程中，遵循考试大纲，结合考试教材，经过潜心研究、精心策划、重点筛选后编写出难易符合考试要求的典型试题，设置"实战演练""同步强化训练"板块，每道题目都给出了精准的答案和解析，帮助读者巩固已掌握的知识、提升应试技巧。

四、构建知识结构，探究内容逻辑

如果没有合理的知识结构，掌握再多的知识也只是一盘散沙。举个例子，有的考生单元测验成绩很好，可一到综合考试就"掉链子"，其实这就是因为他们没有及时将相关知识点进行有机总结和归纳，使得这些知识处于“游离状态”，很容易张冠李戴。

本书在每章设有“考情分析”“名师导学”等板块，阐述了每章的考试方向和复习建议。管理部分记忆性内容较多，通过图表对比的方法可以大大降低记忆难度，书中还用波浪线标注了重点内容，使大家能够快速抓住重点，集中攻克。

五、增值服务：移动课堂、海量题库

本书针对部分重、难点，增加了配套课程，大家扫码即可免费观看。此外，下载二级建造师题库 APP（包含章节练习、历年真题和模拟试卷三大模块），还可随时随地学习，充分利用碎片时间。

为了给考生们带来更精准、更优质的学习体验，本书引用了大量相关专业文献和考试资料，在此对有关作者表示真诚感谢。此外，由于编者水平有限，虽多次整理校阅，仍难免存在疏漏和不足，敬请各位考生和读者提出宝贵意见。

2022 年 8 月

师者寄语二

亲爱的考生：

大家好！相信大家一定听说过“工欲善其事，必先利其器”的道理，其实备考“二级建造师职业资格考试”亦是如此。

本书自2021年夏天开始落笔，中间进行了数次内容修正、格式调整，历经300多天才最终定稿。所以，大家翻开书的此时此刻，看到的不仅是一个个精挑细选的考点，一幅幅清晰质感的专业图片，一道道几经打磨的经典习题，还有数十位老师编写本书时朴实的初衷以及一段用汗水浇灌的时光。

众所周知，建造师是以专业技术为依托、以工程项目管理为主的懂管理、懂技术、懂经济、懂法规的综合素质较高的专业人才，这就从较高层面上决定了建造师执业资格考试并不是一个简单的考试。然而据统计，大多考生都是在职考证，时间和精力有限，考试大纲覆盖的知识点又十分广泛，所以考生们在备考路上难免会遇到诸多问题，以下就是我们多年来在专业辅导中收集的考生反馈：

——两字之差，为什么做题必错？

——不是只知道概念就行了吗，为什么还考查计算？

——好不容易记住了工序，结合图片学会了强制性条文，却还是搞不定实务操作！

——案例里好多数字啊，这些数字哪些是重点？怎么记？

——考点涉及专业多且没接触过，每个专业的施工工艺太乱！

——许多知识点非常相似，很容易混淆，怎么办？

……

正是因此，我们才决定依托考试大纲编写此书，这是对“为师者，当知其所思，明其所需，予其所求”的最好践行，也是我们朴实的初衷。

在长达近一年的统稿过程中，我经常和编写此书的同事开玩笑说：“读者在翻开这本书时，除了能闻到油墨的芳香，估计还会闻出汗水的味道。”这本书大到框架小到字符，均经过了再三推敲，下面我仅对书中包含的几个特色板块做简要介绍，以便大家能够更充分地了解本书。

◇**名师点拨：方向指引，框架梳理**

辅导用书应不失于一物之细，不疏于一事之微，我们在每章设有“名师导学”“考情分析”等板块，旨在给大家指明各章节的内容框架及特点、复习方向及建议。

◇**知识点精讲：图文并茂、要点突出**

为了保证大家能够快速掌握核心知识点，我们依托考试大纲，深入研究历年真题，反复剖析知识点之间的内在联系，并在讲解中做了明确的学习指引。比如：在知识点后用星号表示考点的重要程度，使大家能够轻松抓住考试重点；技术部分涉及较多专业知识，我们便配备了大量现场图片来辅助理解；管理部分文字内容较多，记忆量大，我们就采取了图表对比、记忆口诀的方法，并用波浪线标注了重点内容，便于大家通过抓取关键字来辐射掌握整个知识点。

最后，真诚感谢大家选用本书，同时希望本书对你有所帮助。本书在编写过程中，虽几经斟酌和校阅，仍难免有不足之处，恳请广大读者和考生予以批评指正。在最后的最后，借用一句我很喜欢的话与大家共勉：“最慢的步伐不是跬步，而是徘徊；最快的脚步，不是冲刺，而是坚持”。愿大家都能将“梦寐以求的证书”变为“我的证书”，并在备考的过程中收获充实与快乐。

2022年8月

目　　录

第一篇　建筑工程施工技术

第二篇　建筑工程项目施工管理

第三篇　建筑工程项目施工相关法规与标准

第一篇

建筑工程施工技术

第一章

建筑工程技术要求

名师导学

本章整体根据二级建造师执业资格考试大纲框架展开介绍，局部顺序略有调整，主要介绍了建筑构造要求、建筑结构技术要求和建筑材料，均属于行业内应知应会的知识，是后续学习过程中的基本理论支撑。

第一节讲述建筑构造要求，重点掌握“建筑及民用建筑的分类”“民用建筑主要构造要求”“抗震基本知识”和“框架结构的抗震”。

第二节讲述建筑结构技术要求，重点掌握“荷载的分类”“混凝土结构耐久性的要求”“混凝土结构的特点”和“砌体结构的特点”。

第三节讲述建筑材料，重点掌握“水泥的基本知识”“混凝土的技术性能”“常用的建筑钢材”和“防火封堵材料”。

本章为单选题和多选题的主要出题范围，每题的出处往往是书中原文，考生在理解的基础上加以记忆即可。

考情分析

近四年考试真题分值统计表（单位：分）

节序	节名	2022 年			2021 年 Ⅰ 批			2021 年 Ⅱ 批			2020 年			2019 年		
		单选	多选	案例	单选	多选	案例	单选	多选	案例	单选	多选	案例	单选	多选	案例
第一节	建筑构造要求	0	2	0	0	0	0	2	0	0	2	0	0	2	0	0
第二节	建筑结构技术要求	1	0	0	1	2	0	2	2	0	2	2	0	2	0	0
第三节	建筑材料	2	0	0	3	4	0	3	4	0	4	2	0	2	4	0
合计		3	2	0	4	6	0	7	6	0	8	4	0	6	4	0

第一节　建筑构造要求

考点 1 建筑及民用建筑的分类★★★

扫码听课

一、建筑按使用性质分类

建筑按使用性质可分为工业建筑、农业建筑和民用建筑。

（1）工业建筑：为工业生产服务的生产车间及为生产服务的辅助车间、动力用房、仓储等，如图 1-1-1 所示。

（2）农业建筑：供农（牧）业生产和加工用的建筑，如种子库、温室、畜禽饲养场、农副产品加工厂、农机修理厂（站）等，如图 1-1-2 所示。

（3）民用建筑：供人们工作、学习、生活、居住用的建筑物，如图 1-1-3 所示。

图 1-1-1　工业建筑

图 1-1-2　农业建筑

图 1-1-3　民用建筑

民用建筑的类别、使用性质及实例见表 1-1-1。

表 1-1-1　民用建筑的类别、使用性质及实例

类别		使用性质	实例
民用建筑	居住建筑	供人们居住使用的建筑	住宅建筑、宿舍建筑
	公共建筑	供人们进行各种公共活动的建筑	医院、宾馆、图书馆、办公楼、文教建筑、车站、电影院等（图 1-1-4）

图 1-1-4　公共建筑实例

➢ 整理归纳：

建筑的分类如图 1-1-5 所示。

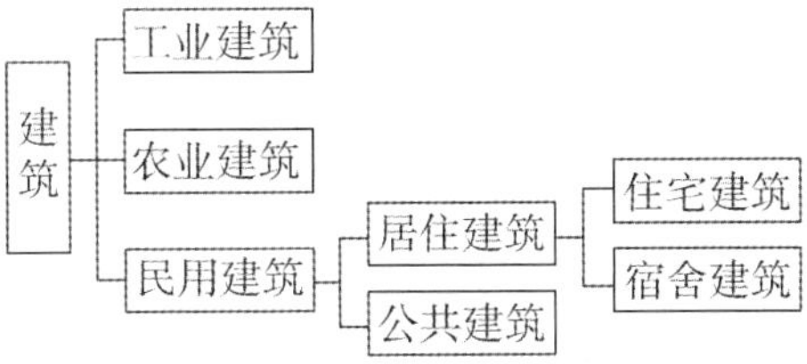

图 1-1-5　建筑的分类

实战演练

[**2020 真题·单选**] 按功能划分，下列属于居住建筑的是（　　）。

A. 办公楼　　B. 宾馆

C. 医院　　D. 宿舍楼

[**解析**] 居住建筑包括住宅建筑和宿舍建筑。医院、宾馆、图书馆、办公楼、文教建筑、车站、电影院等均属于公共建筑。

[**答案**] D

二、民用建筑按地上高度和层数分类

根据《民用建筑设计统一标准》（GB 50352—2019），民用建筑按地上建筑高度或层数进行分类应符合下列规定：

（1）建筑高度不大于 27.0 m 的住宅建筑、建筑高度不大于 24.0 m 的公共建筑及建筑高度大于 24.0 m 的单层公共建筑为低层或多层民用建筑。

（2）建筑高度大于 27.0 m 的住宅建筑和建筑高度大于 24.0 m 的非单层公共建筑，且高度不大于 100.0 m 的，为高层民用建筑。

（3）建筑高度大于 100.0 m 为超高层建筑。

➤ **整理归纳：**（1）单层民用建筑：与高度无关。单层汽车站如图 1-1-6 所示。

图 1-1-6　单层汽车站

（2）超高层建筑：$H>100.0$ m（H 指地上高度）。

（3）非单层民用建筑按地上高度分类见表 1-1-2。

表 1-1-2　非单层民用建筑按地上高度分类

类别	住宅建筑	公共建筑
多层民用建筑	$H\leqslant 27.0$ m	$H\leqslant 24.0$ m
高层民用建筑	27.0 m$<H\leqslant$100.0 m	24.0 m$<H\leqslant$100.0 m

注：节点就低。

➢ **重点提示：**对于公共建筑来说，无论高度是多少米，1层的建筑永远为单层建筑；多于1层的，分别以24.0 m和100.0 m为界，分为多层建筑、高层建筑、超高层建筑，界限归属于下一级。

实战演练

[**2020真题·单选**] 建筑高度60 m的住宅属于（　　）。

A. 单层建筑　　B. 多层建筑

C. 高层建筑　　D. 超高层建筑

[**解析**] 建筑高度大于27.0 m的住宅建筑和建筑高度大于24.0 m的非单层公共建筑，且高度不大于100.0 m的，为高层民用建筑。

[**答案**] C

[**2018真题·单选**] 按照民用建筑分类标准，属于超高层建筑的是（　　）。

A. 高度50 m的建筑

B. 高度70 m的建筑

C. 高度90 m的建筑

D. 高度110 m的建筑

[**解析**] 建筑高度大于100.0 m的民用建筑为超高层建筑。

[**答案**] D

[**经典例题·单选**] 某单层火车站候车厅，高度为27 m，该建筑属于（　　）。

A. 单层建筑

B. 高层建筑

C. 中高层建筑

D. 超高层建筑

[**解析**] 对于公共建筑来说，无论高度是多少米，1层的建筑永远为单层建筑。

[**答案**] A

[**经典例题·单选**] 某高度为25 m的3层宾馆属于（　　）民用建筑。

A. 低层　　B. 多层

C. 中高层　　D. 高层

[**解析**] 建筑高度大于27.0 m的住宅建筑和建筑高度大于24.0 m的非单层公共建筑，且高度不大于100.0 m的为高层民用建筑。

[**答案**] D

考点 2 建筑的组成★★

一幢建筑一般由基础、墙或柱、楼地层、楼梯、屋顶和门窗六大部分组成，如图1-1-7所示。

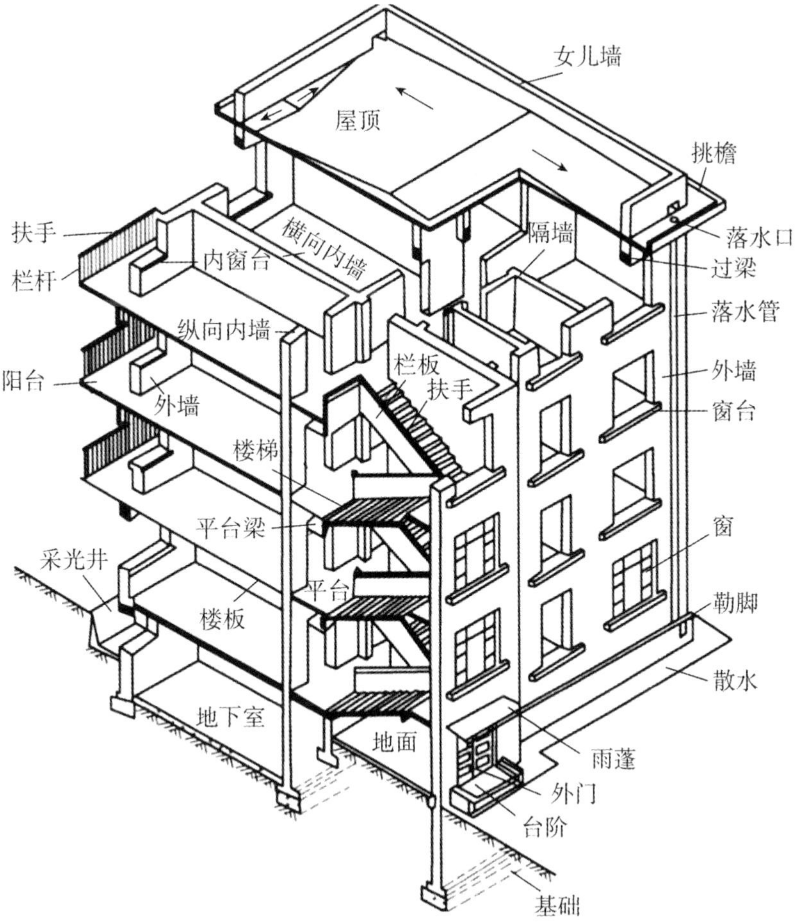

图 1-1-7　建筑的组成

建筑的组成体系包括：

（1）由承重结构构成的结构体系，与结构受力相关，如墙、柱、梁、基础、楼板、屋顶等。

（2）由围护构件构成的围护体系，起遮挡和隔离作用，如外墙、屋面、外门、外窗等属于围护构件，是建筑物的最外层。

（3）为达到各种功能效果，建筑物还需配置给排水设备、供电设备、供热通风设备等，共同构成设备体系。设备体系与居住人正常生活相关。根据需要，设备体系还可包括智能系统，如防盗报警、灾害探测、自动灭火等。

➢ **整理归纳：** 建筑的组成体系如图 1-1-8 所示。

建筑的组成体系
- 结构体系 — 墙、柱、梁、基础、楼板、屋顶等
- 围护体系 — 外墙、屋面、外门、外窗等
- 设备体系 — 给排水设备、供电设备、供热通风设备、智能系统等

图 1-1-8　建筑的组成体系

➢ **重点提示：**（1）本知识点属于高频考点，一般以选择题的形式进行考查，需重点掌握。（2）“屋顶”和“基础”属于承重结构，而“屋面”和“地基”不属于承重结构。

（3）“屋面”和“外墙”属于围护构件，而“屋顶”和“内墙”不属于围护构件。

实战演练

[经典例题·单选] 关于建筑的组成，说法正确的是（　　）。

A. 围护体系由屋面、内墙、门、窗等组成

B. 设备体系不包括防盗报警、灾害探测、自动灭火等智能系统

C. 结构体系仅包括墙、柱、梁、屋面

D. 建筑物由结构体系、围护体系和设备体系组成

[解析] 围护体系由外墙、屋面、外门、外窗等组成，选项A错误；设备体系包括防盗报警、灾害探测、自动灭火等智能系统，选项B错误；结构体系包括墙、柱、梁、屋顶，还包括基础、楼板，选项C错误。

[答案] D

[2015真题·多选] 建筑的围护体系包括（　　）。

A. 屋面　　B. 外墙

C. 内墙　　D. 外门

E. 外窗

[解析] 建筑物的围护体系包括外墙、屋面、外门、外窗等。

[答案] ABDE

[经典例题·多选] 建筑的组成体系包括（　　）体系。

A. 围护　　B. 结构

C. 屋面　　D. 智能

E. 设备

[解析] 建筑的组成体系包括：①由承重结构构成的结构体系，与结构受力相关；②由围护构件构成的围护体系，起遮挡和隔离作用；③设备体系，与居住人正常生活相关。屋面属于围护体系，智能系统属于设备体系。

[答案] ABE

考点 3 民用建筑主要构造要求★★★

扫码听课

一、民用建筑高度的计算方法

根据《民用建筑设计统一标准》（GB 50352—2019），建筑高度不应危害公共空间安全和公共卫生，且不宜影响景观，下列地区应实行建筑高度控制，并应符合相应规定：

（1）对建筑高度有特别要求的地区，建筑高度应符合所在地城乡规划的有关规定。

（2）沿城市道路的建筑物，应根据道路红线的宽度及街道空间尺度控制建筑裙楼和主体的高度。

（3）当建筑位于机场、电台、电信、微波通信、气象台、卫星地面站、军事要塞工程等设施的技术作业控制区内及机场航线控制范围内时，应按净空要求控制建筑高度及施工设备高度。机场技术作业控制区如图1-1-9所示。

图 1-1-9 机场技术作业控制区

(4) 在历史文化名城名镇名村、历史文化街区、文物保护单位、历史建筑和风景名胜区、自然保护区的各项建筑，应按规划控制建筑高度。文物保护单位如图 1-1-10 所示。

图 1-1-10 文物保护单位

➢ **注意**：建筑高度控制尚应符合所在地城市规划行政主管部门和有关专业部门的规定。根据《民用建筑设计统一标准》(GB 50352—2019)，建筑高度的计算应符合下列规定：

(1) 上文 (3) (4) 内容中的控制区内建筑，建筑高度应以绝对海拔高度控制建筑物室外地面至建筑物和构筑物最高点的高度。

(2) 非上文 (3) (4) 内容中的控制区内建筑，建筑高度的计算应符合下列规定：

①平屋顶应按建筑物主入口场地室外设计地面至其建筑女儿墙顶点的高度计算；无女儿墙的建筑物应计算至其屋面檐口。

➢ **知识拓展**：女儿墙是建筑物屋顶周围的矮墙，主要作用除维护安全外，亦会在底部施作防水压砖收头，以避免防水层渗水，或是屋顶雨水漫流。女儿墙如图 1-1-11 所示，平屋面建筑示意图如图 1-1-12 所示。

图 1-1-11 女儿墙

图 1-1-12 平屋面建筑示意图

②坡屋顶应按建筑物室外地面至屋檐和屋脊的平均高度计算；当同一座建筑物有多种屋面形式时，分别计算后取最大值。坡屋面建筑示意图如图 1-1-13 所示，有多种屋面形式的建筑物如图 1-1-14 所示。

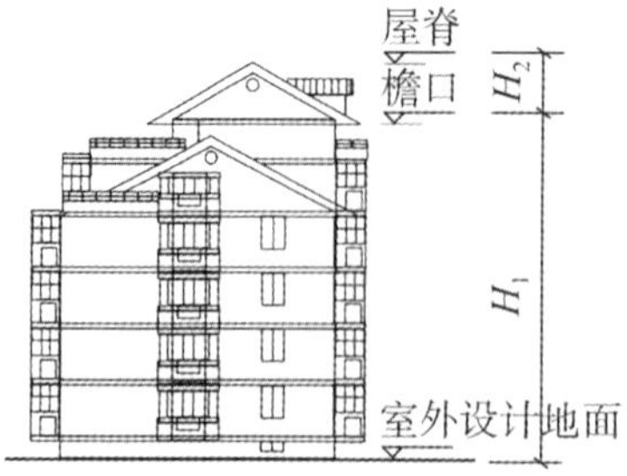

图 1-1-13　坡屋面建筑示意图

图 1-1-14　有多种屋面形式的建筑物

③下列突出物不计入建筑高度内：局部突出屋面的楼梯间、电梯机房、水箱间等辅助用房占屋顶平面面积≤1/4 者；突出屋面的通风道、烟囱、装饰构件、花架、通信设施等；空调冷却塔等设备。带有屋顶突出物的建筑高度如图 1-1-15 所示。

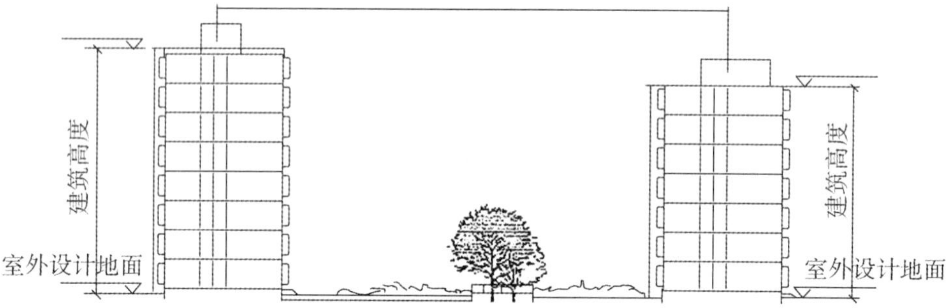

图 1-1-15　带有屋顶突出物的建筑高度

二、突出道路和用地红线的建筑突出物

根据《民用建筑设计统一标准》（GB 50352—2019），除骑楼、建筑连接体、地铁相关设施及连接城市的管线、管沟、管廊等市政公共设施以外，建筑物及其附属的下列设施不应突出道路红线或用地红线建造：

（1）地下设施，应包括支护桩、地下连续墙、地下室底板及其基础、化粪池、各类水池、处理池、沉淀池等构筑物及其他附属设施等。

（2）地上设施，应包括门廊、连廊、阳台、室外楼梯、凸窗、空调机位、雨篷、挑檐、装饰构架、固定遮阳板、台阶、坡道、花池、围墙、平台、散水明沟、地下室进风及排风口、地下室出入口、集水井、采光井、烟囱等。

➢ **知识拓展**：根据《民用建筑设计统一标准》（GB 50352—2019），道路红线即城市道路（含居住区级道路）用地的边界线，用地红线即各类建设工程项目用地使用权属范围的边界线。

三、屋面面层要求

根据《民用建筑设计统一标准》（GB 50352—2019），屋面排水坡度应根据屋顶结构形式、屋面基层类别、防水构造形式、材料性能及当地气候等条件确定，且应符合规定：屋面采用结构找坡时不应小于 3%，采用建筑找坡时不应小于 2%。

➢ **知识拓展**：（1）结构找坡：通过建筑结构本体自身形成坡度，结构完成则坡度完成，只需一个步骤即可完成。

（2）建筑找坡：搭设模板及支架时不考虑坡度，在建筑结构本体完成之后，再通过建筑材料做成坡度，需要两个步骤完成。

四、栏杆要求

根据《民用建筑设计统一标准》（GB 50352—2019），阳台、外廊、室内回廊、内天井、上人屋面及室外楼梯等临空处应设置防护栏杆，栏杆高度应符合下列规定（节选）：

（1）当临空高度在24.0 m以下时，栏杆高度不应低于1.05 m。

（2）当临空高度在24.0 m及以上时，栏杆高度不应低于1.1 m。

（3）上人屋面和交通、商业、旅馆、医院、学校等建筑临开敞中庭（图1-1-16）的栏杆高度不应小于1.2 m。

图 1-1-16　开敞中庭

根据《民用建筑设计统一标准》（GB 50352—2019），住宅、托儿所、幼儿园、中小学及其他少年儿童专用活动场所的栏杆必须采取防止攀爬的构造。当采用垂直杆件做栏杆时，其杆件净间距不应大于0.11 m。

五、扶手要求

根据《民用建筑设计统一标准》（GB 50352—2019），民用建筑楼梯扶手的高度应符合下列规定：

（1）室内楼梯扶手高度自踏步前缘线量起不宜小于0.9 m。楼梯水平栏杆或栏板长度大于0.5 m时，其高度不应小于1.05 m。

（2）托儿所、幼儿园、中小学校及其他少年儿童专用活动场所，当楼梯井净宽大于0.2 m时，必须采取防止少年儿童坠落的措施。

室内楼梯扶手如图1-1-17所示，楼梯井如图1-1-18所示。

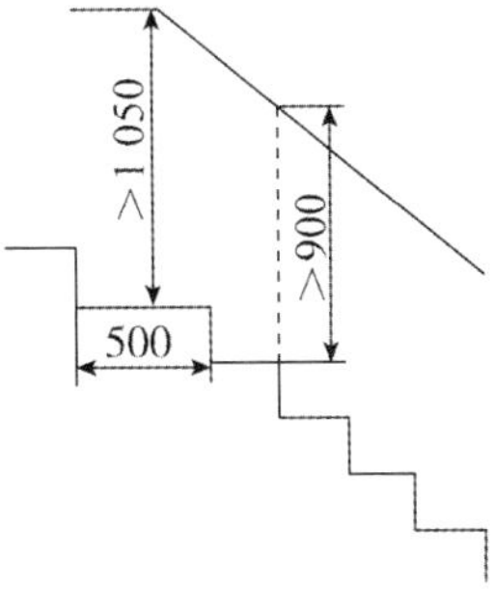

图 1-1-17　室内楼梯扶手（单位：mm）

图 1-1-18　楼梯井

六、避难层要求

根据《建筑设计防火规范》(GB 50016—2014)，建筑高度大于 100 m 的公共建筑，应设置避难层（间），如图 1-1-19 所示。

图 1-1-19　避难层

根据《民用建筑设计统一标准》(GB 50352—2019)，避难层的净高不应低于 2.0 m。有人员正常活动的架空层的净高不应低于 2.0 m。

➢ **知识拓展：** 室内净高应按楼地面完成面至吊顶或楼板或梁底面之间的垂直距离计算；当楼盖、屋盖的下悬构件或管道底面影响有效使用空间时，应按楼地面完成面至下悬构件下缘或管道底面之间的垂直距离计算。室内净高的测量如图 1-1-20 所示。

图 1-1-20　室内净高的测量

七、地下室要求

根据《民用建筑设计统一标准》(GB 50352—2019)，地下室、局部夹层、走道等有人员正常活动的最低处净高不应小于 2.0 m。

地下室不应布置居室；当居室布置在半地下室时，必须采取满足采光、通风、日照、防潮、防霉及安全防护等要求的相关措施。

➢ **知识拓展：** 根据《民用建筑设计统一标准》(GB 50352—2019)，房间地平面低于室外地平面的高度超过该房间净高 1/2 者为地下室。房间地平面低于室外地平面的高度超过该房间净高 1/3，且不超过 1/2 者为半地下室。

八、管道设置要求

根据《民用建筑设计统一标准》(GB 50352—2019)，自然排放的烟道和排风道宜伸出屋面，同时应避开门窗和进风口。伸出高度应有利于烟气扩散，并应根据屋面形式、排出口周围遮挡物的高度、距离和积雪深度确定，伸出平屋面的高度不得小于 0.6 m。烟道或排风道示意图如图 1-1-21 所示。

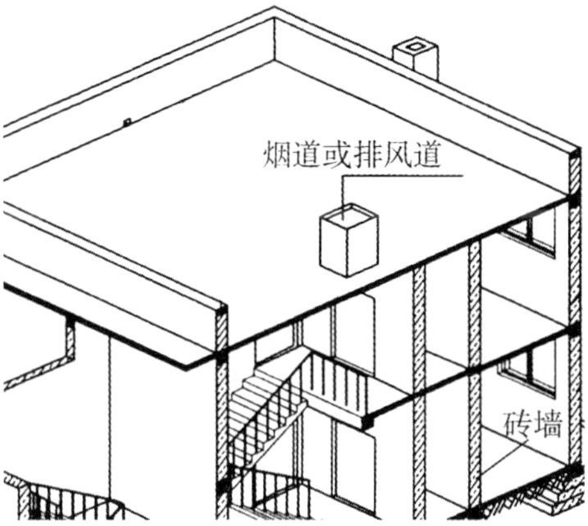

图 1-1-21　烟道或排风道示意图

➢ **重点提示**：(1) 建筑高度的计算属于高频考点，一般考查形式为选择题，考查内容为建筑高度的计算原则，考生必须明确两点：①室外地面的标高；②最高点的规定及标高。

(2) 临空高度在 24 m 以下和以上时栏杆高度规定不一致。

(3) 本考点包含的范围比较广，各部分之间的联系较少，建议大家在考前集中巩固强化相关数字的记忆。

实战演练

[**2020 真题·单选**] 学校临开敞中庭的栏杆高度最低限值是（　　）m。

A. 0.9　　B. 1.05

C. 1.1　　D. 1.2

[**解析**] 上人屋面和交通、商业、旅馆、学校、医院等建筑临开敞中庭的栏杆高度不应低于 1.2 m。

[**答案**] D

[**2016 真题·单选**] 某住宅楼位于实行建筑高度控制区内，其室外地面标高为−0.3 m，屋面面层标高为 24.0 m，女儿墙顶标高为 25.2 m，出屋面楼梯间屋顶最高点标高为 26.7 m，则该工程建筑高度为（　　）m。

A. 24.3　　B. 25.5

C. 26.7　　D. 27.0

[**解析**] 建筑高度控制区，建筑计算高度为室外地面至建筑物和构筑物最高点的高度。题干中室外地面标高为−0.3 m，出屋面楼梯间屋顶最高点标高为 26.7 m（图 1-1-22），则该工程建筑高度为 26.7+0.3=27.0（m）。

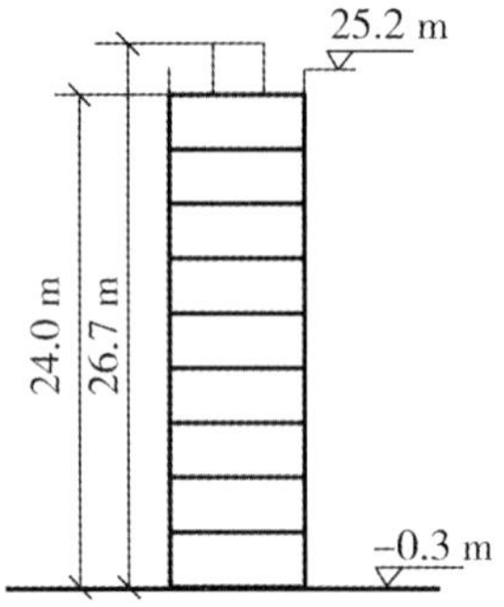

图 1-1-22　建筑高度示意图

［答案］D

［2015 真题·单选］关于民用建筑构造的说法，错误的是（　　）。

A. 阳台、外廊、室内回廊等应设置防护栏杆

B. 儿童专用活动场所的栏杆，其垂直杆件间的净距不应大于 0.11 m

C. 室内楼梯扶手高度自踏步前缘线量起不应大于 0.8 m

D. 有人员正常活动的架空层的净高不应低于 2.0 m

［解析］阳台、外廊、室内回廊、内天井、上人屋面及室外楼梯等临空处应设置防护栏杆，选项 A 正确。住宅、托儿所、幼儿园、中小学及少年儿童专用活动场所的栏杆必须采用防止攀爬的构造，当采用垂直杆件做栏杆时，其杆件净距不应大于 0.11 m，选项 B 正确。室内楼梯扶手高度自踏步前缘线量起不宜小于 0.9 m，选项 C 错误。有人员正常活动的架空层及避难层的净高不应低于 2.0 m，选项 D 正确。

［答案］C

［经典例题·单选］非实行建筑高度控制区内的某栋住宅楼，其室外地面标高为−0.3 m，其坡屋顶屋檐标高为 24.0 m，屋顶标高为 26.0 m，则该工程建筑高度为（　　）m。

A. 24.3　　　　B. 25.3

C. 26.0　　　　D. 26.3

［解析］非实行建筑高度控制区内，坡屋顶应按建筑物室外地面至屋檐和屋脊的平均高度计算。题干中室外地面标高为−0.3 m，坡屋顶屋檐标高为 24.0 m，屋顶标高为 26.0 m，如图 1-1-23 所示，则该工程的建筑高度为：(26.0＋24.0)/2＋0.3＝25.3（m）。

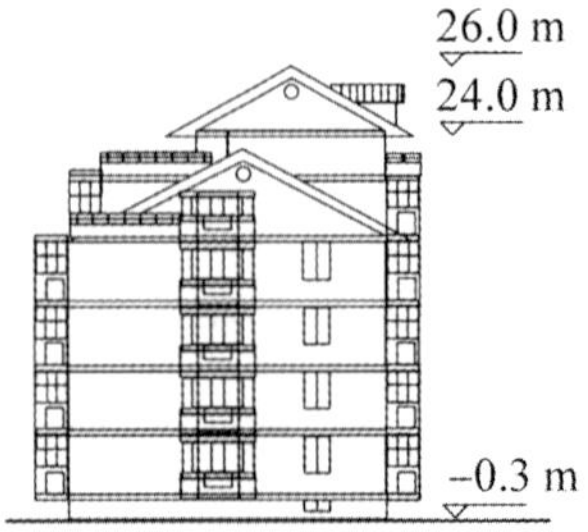

图 1-1-23　建筑高度示意图

[答案] B

[经典例题・单选] 建筑局部夹层有人员正常活动最低处的净高不应小于（ ）m。

A. 1.8 B. 1.9

C. 2.0 D. 2.2

[解析] 根据《民用建筑设计统一标准》（GB 50352—2019），地下室、局部夹层、走道等有人员正常活动的最低处净高不应小于2.0 m。

[答案] C

考点 4 室内热工环境技术要求★★

一、体形系数

根据《严寒和寒冷地区居住建筑节能设计标准》（JGJ 26—2018），体形系数指的是建筑物与室外大气接触的外表面积与其所包围的体积的比值。外表面积中，不包括地面和不供暖楼梯间等公共空间内墙及户门的面积。

体形系数对建筑能耗的影响非常显著，建筑物的平、立面不应出现过多的凹凸。体形系数越小，单位建筑面积对应的外表面积越小，外围护结构的传热损失越小。从降低建筑能耗的角度出发，应该将体形系数控制在一个较小的水平上。

➤ **重点提示：** 高度相同、平面形式不同的各建筑物，其体形系数排序如下：圆形＜正方形＜长方形＜其他组合形式。

二、围护结构保温层设置

（1）外墙外保温是一种把保温层放置在主体墙材外面的保温做法，因其可以减少露点影响，同时保护主体墙材不受较大的温度变形应力，是应用最广泛的保温做法，也是国家大力倡导的保温做法。外墙外保温既适用于砖混结构建筑砌体外墙的保温，也适用于剪力墙结构混凝土外墙的保温；既适用于新建建筑，也适用于既有建筑的节能改造。建筑外墙外保温如图 1-1-24 所示。

（2）外墙内保温也是一种传统的保温方式，目前在欧洲一些国家应用较多，其本身做法简单，造价较低，但是在热桥的处理上很容易出现问题。近年来，由于外保温的飞速发展和国家的政策导向，外墙内保温在我国的应用有所减少，它的特点可通过与外保温的对比得出：主要由于外墙内保温在室内使用，技术性能要求没有外墙外保温应用严格，造价较低，而且升温（降温）比较快，适合于间歇性采暖的房间使用。建筑外墙内保温如图 1-1-25 所示。

图 1-1-24　建筑外墙外保温

图 1-1-25　建筑外墙内保温

➢ **知识拓展：**（1）热桥：以往又称冷桥，现统一定名为热桥。热桥是指处在外墙和屋面等围护结构中的钢筋混凝土或金属梁、柱、肋等部位。因这些部位传热能力强，热流较密集，内表面温度较低，故称为热桥。住宅热桥部位如图 1-1-26 所示。

（2）热桥影响：由于热桥部位内表面温度较低，寒冬期间，该处温度低于露点温度时，水蒸气就会凝结在其表面上，出现结露现象，此后容易沾上空气中的灰尘，逐渐变黑，从而长菌发霉。热桥严重的部位，在寒冬时甚至会淌水，对人们的生活和健康影响很大。结露的影响如图1-1-27所示。

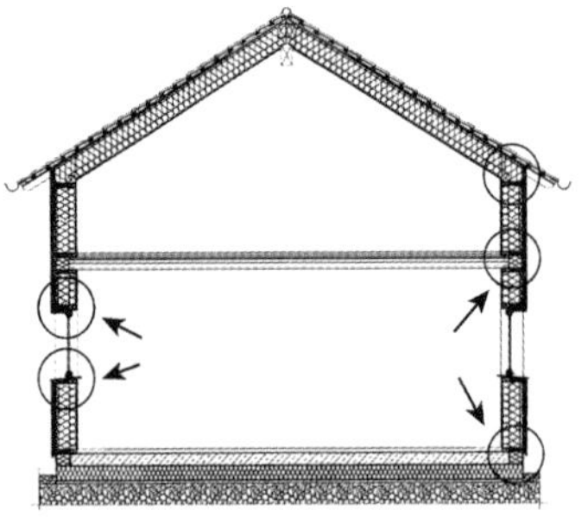

图 1-1-26　住宅热桥部位（图中圆圈所示）

图 1-1-27　结露的影响

➢ **重点提示：**建筑物内外保温的特点和原理，建议大家理解记忆。外保温会使热桥处热损失减少，防止冬季结露，所以适用于连续空调的房间。内保温适用于间歇空调的房间。旧房的家具较多，不利于内保温的施工，故采用外保温。

实战演练

[经典例题·单选] 下列关于围护结构外保温的描述，错误的是（　　）。

A. 在内外墙连接以及外墙与楼板连接等处产生热桥

B. 对防止或减少保温层内部产生水蒸气凝结有利

C. 连续空调的房间宜采用外保温

D. 可降低墙或屋顶温度应力的起伏

[解析] 外保温会使热桥处热损失减少，防止冬季结露。外墙内保温体系在热桥的处理上很容易出现问题。选项 A 错误。

[答案] A

[经典例题·单选] 建筑物高度相同、面积相等时，体形系数最小的平面形式是（　　）。

A. 正方形　　B. 长方形

C. 圆形　　D. L 形

[解析] 高度相同、平面形式不同的各建筑物，其体形系数排序如下：圆形<正方形<长方形<其他组合形式。

[答案] C

考点 5 室内声环境技术要求★

一、建筑吸声

建筑吸声的种类、实例及用途见表 1-1-3。

表 1-1-3　建筑吸声的种类、实例及用途

种类	实例	用途
多孔吸声材料	玻璃棉、矿棉、岩棉、麻棉毛毡	吸收中高频声能为主
穿孔板共振吸声结构	穿孔的各类板材	应用于结构共振频率附近

二、室内允许噪声级

根据《民用建筑隔声设计规范》（GB 50118—2010），卧室、起居室（厅）内的噪声级，应符合表 1-1-4 的规定。

表 1-1-4　卧室、起居室（厅）内的噪声级（单位：dB）

房间名称	允许噪声级（A 声级）	
	昼间	夜间
卧室	≤45	≤37
起居室（厅）	≤45	

实战演练

[经典例题·单选] 起居室内允许噪声级为等效连续 A 声级不应大于（　　）dB。

A. 37　　B. 40

C. 42　　D. 45

[解析] 卧室、起居室（厅）内的噪声级：昼间卧室内的等效连续 A 声级不应大于 45 dB，夜间卧室内的等效连续 A 声级不应大于 37 dB；起居室（厅）的等效连续 A 声级不应大于 45 dB。

[答案] D

考点 6 室内光环境技术要求★★

一、采光的基本要求

根据《民用建筑设计统一标准》（GB 50352—2019），采光的基本要求如下：

（1）每套住宅至少应有一个居住空间满足采光系数标准要求，当一套住宅中居住空间总数超过 4 个时，其中应有 2 个及以上满足采光系数标准要求。

（2）老年人居住建筑和幼儿园的主要功能房间应有不小于 75%的面积满足采光系数标准要求。

二、通风的基本要求

根据《民用建筑设计统一标准》（GB 50352—2019），采用直接自然通风的空间，通风开口有效面积应符合下列规定：

（1）生活、工作的房间的通风开口有效面积不应小于该房间地面面积的 1/20。

（2）厨房的通风开口有效面积不应小于该房间地板面积的 1/10，并不得小于 0.6 m^2。

（3）进出风开口的位置应避免设在通风不良区域，且应避免进出风开口气流短路。

严寒地区居住建筑中的厨房、厕所、卫生间应设自然通风道或通风换气设施。

三、人工照明的基本要求

（一）光源的选择

不同场所的适用光源见表 1-1-5。

表 1-1-5　不同场所的适用光源

场所	适用光源
居住建筑、开关频繁、不允许有频闪、要求瞬时启动和连续调光等场所	热辐射光源
有高速运转物体的场所（图 1-1-28）	混合光源

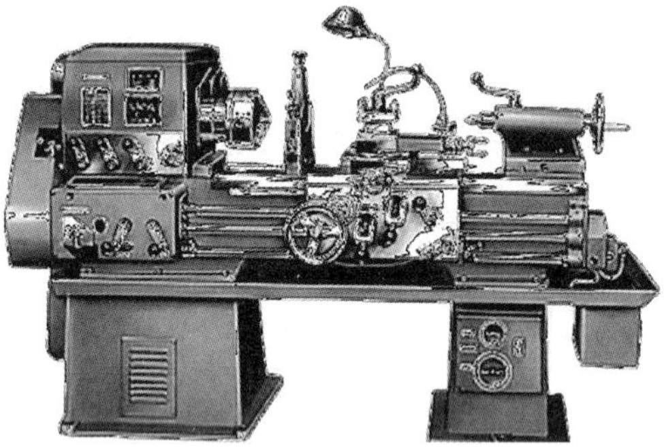

图 1-1-28　有高速运转物体的场所

（二）应急照明的种类

根据《建筑照明设计标准》（GB 50034—2013），应急照明指因正常照明的电源失效而启用的照明。应急照明包括疏散照明、安全照明、备用照明。

（1）疏散照明：用于确保疏散通道被有效辨认和使用的应急照明，如图 1-1-29 所示。

（2）安全照明：用于确保处于潜在危险之中的人员安全的应急照明，如图 1-1-30 所示。

（3）备用照明：用于确保正常活动继续或暂时继续进行的应急照明，如图 1-1-31 所示。

图 1-1-29　疏散照明

图 1-1-30　安全照明

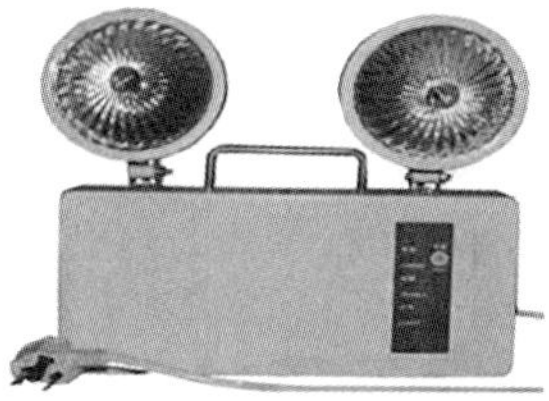
图 1-1-31　备用照明

实战演练

[**2018 真题·单选**] 不属于应急照明光源的是（　　）。

A. 备用照明　　B. 疏散照明

C. 延时照明　　D. 安全照明

[**解析**] 应急照明包括疏散照明、安全照明、备用照明。

[**答案**] C

考点 7　抗震基本知识★★★

一、抗震设防目标

根据《建筑消能减震加固技术规程》（T/CECS 547—2018），后续使用年限为 50 年的建筑的设防目标与新建筑相同，要求“小震不坏，中震可修，大震不倒”。

根据《建筑隔震设计标准》（GB /T 51408—2021），既有建筑隔震后，其基本的抗震设防目标是：当遭受低于本地区抗震设防烈度的多遇地震影响时，主体结构不受损坏或不需修理可继续使用；当遭受相当于本地区抗震设防烈度的设防地震影响时，可能发生损坏，但经一般性修理仍可继续使用；当遭受高于本地区抗震设防烈度的罕遇地震影响时，不致倒塌或发生危及生命的严重破坏。使用功能或其他方面有专门要求的建筑，当采用性能化设计时，可具有更具体或更高的抗震设防目标。

二、建筑抗震设防分类

（1）建筑物的抗震设计根据其使用功能的重要性分为甲、乙、丙、丁 4 个抗震设防类别。震源的示意图如图 1-1-32 所示。

（2）大量的建筑物属于丙类。

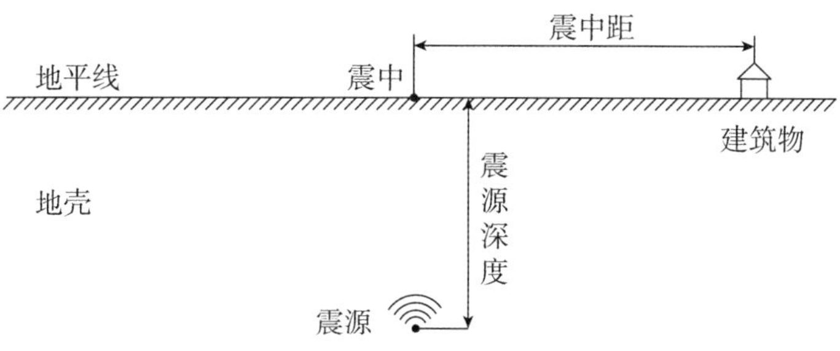

图 1-1-32　震源

➤ **重点提示：**（1）注意抗震设防分为 3 个等级，“小震”“中震”“大震”分别对应“不坏”“可修”“不倒”。选择题考查时可能会将内容拆散，重新组合形成干扰项。

（2）震源为基本常识，不会直接考查，了解即可。

实战演练

［**2020真题·单选**］建筑抗震设防，根据使用功能分为（　　）个类别。

A. 二　　B. 三

C. 四　　D. 五

［**解析**］建筑物的抗震设计根据其使用功能的重要性分为甲、乙、丙、丁4个抗震设防类别。

［**答案**］C

［**经典例题·单选**］关于我国抗震设防目标的说法，正确的是（　　）。

A. 小震不坏　　B. 中震可用

C. 大震可修　　D. 特大震不倒

［**解析**］我国抗震设防的目标是“小震不坏、中震可修、大震不倒”。

［**答案**］A

考点8 常见建筑结构体系分类及特点★

常见建筑结构体系包括混合结构体系（图1-1-33）、框架结构体系（图1-1-34）、剪力墙体系（图1-1-35）和框架-剪力墙体系（图1-1-36）等。其具体内容见表1-1-6。

表1-1-6　常见建筑结构体系分类及特点

分类	特点
混合结构体系	最适合住宅，不宜建造大空间房屋
框架结构体系	适用于15层以下的建筑
剪力墙体系	适合小开间的住宅和旅馆，不适合大空间公共建筑
框架-剪力墙体系	适用于10～20层的建筑

图1-1-33　混合结构体系

图1-1-34　框架结构体系

图 1-1-35　剪力墙体系

图 1-1-36　框架-剪力墙体系

考点 9　多层砌体房屋的抗震★★

（1）在强烈地震作用下，多层砌体房屋的破坏部位主要是墙身，楼盖本身的破坏较轻，因此必须采取相应的抗震构造措施。砌体结构如图 1-1-37 所示。

图 1-1-37　砌体结构

（2）多层砌体房屋的抗震构造措施见表 1-1-7。

表 1-1-7　多层砌体房屋的抗震构造措施

构造	措施
构造柱	设置钢筋混凝土构造柱，提高延性
圈梁	设置钢筋混凝土圈梁，使之与构造柱连接起来，增强房屋的整体性
墙体	加强墙体的连接，楼板和梁应有足够的支承长度和可靠连接（注意将抗震构造与结构构造措施区别开来）
楼梯间	加强楼梯间的整体性

构造柱、圈梁如图 1-1-38 所示。

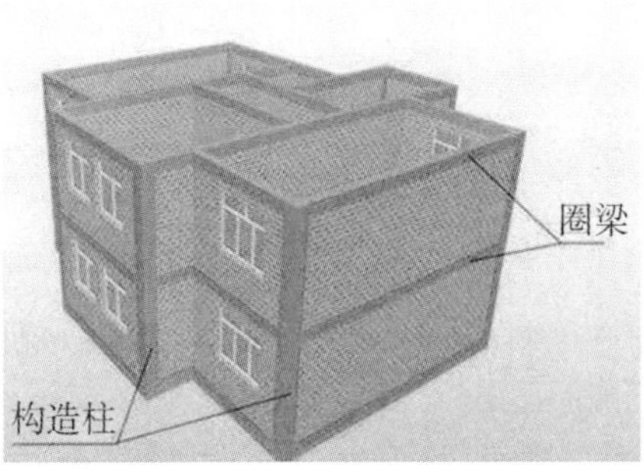

图 1-1-38　构造柱、圈梁

(3) 多层砖砌体房屋构造柱的构造要求。

①房屋四角的构造柱应适当加大截面及配筋。横墙内的构造柱间距不宜大于两倍层高。

②构造柱与墙连接处应砌成马牙槎（图 1-1-39），沿墙高每隔 500 mm 设由 2 个 ϕ6 mm 水平钢筋和 ϕ4 mm 分布短筋平面内点焊组成的拉结网片或 ϕ4 mm 点焊钢筋网片，每边伸入墙内距离不宜小于 1 m。构造柱与圈梁连接处，构造柱的纵筋应在圈梁纵筋内侧穿过，保证构造柱纵筋上下贯通。

③构造柱可不单独设置基础，但应伸入室外地面下 500 mm，或与埋深小于 500 mm 的基础圈梁相连。

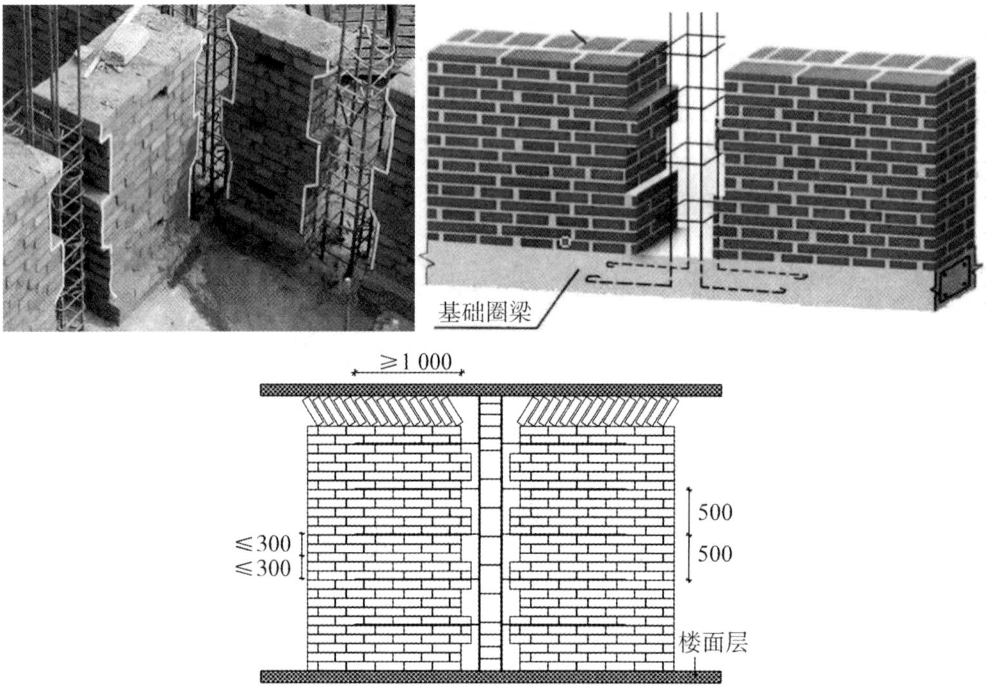

图 1-1-39　构造柱马牙槎（单位：mm）

实战演练

[2019 真题 · 单选] 受强烈地震作用的多层砌体房屋，通常破坏最严重的部位是（　　）。

A. 基础　　　　B. 楼盖

C. 墙身　　　　D. 圈梁

[解析] 在强烈地震作用下，多层砌体房屋的破坏部位主要是墙身，楼盖本身的破坏较轻。

[答案] C

［经典例题·单选］关于多层砖砌体房屋构造柱与墙连接处的构造要求的说法，正确的是（　　）。

A. 应砌成马牙槎，沿墙高每隔 1 000 mm 设拉结钢筋

B. 应砌成直槎，沿墙高每隔 500 mm 设拉结钢筋

C. 应砌成马牙槎，沿墙高每隔 500 mm 设拉结钢筋

D. 应砌成直槎，沿墙高每隔 1 000 mm 设拉结钢筋

［解析］构造柱与墙连接处应砌成马牙槎，沿墙高每隔 500 mm 设 2 个 ϕ6 mm 水平钢筋和 ϕ4 mm 分布短筋平面内点焊组成的拉结网片或 ϕ4 mm 点焊钢筋网片，每边伸入墙内距离不宜小于 1 m。6、7 度设防时底部 1/3 楼层，8 度设防时底部 1/2 楼层，9 度设防时全部楼层，上述拉结钢筋网片应沿墙体水平通长设置。

［答案］C

考点 10　框架结构的抗震★★★

扫码听课

框架结构体系如图 1-1-40 所示，其抗震构造措施如图 1-1-41 所示。框架结构震害如图 1-1-42 所示。

图 1-1-40　框架结构体系

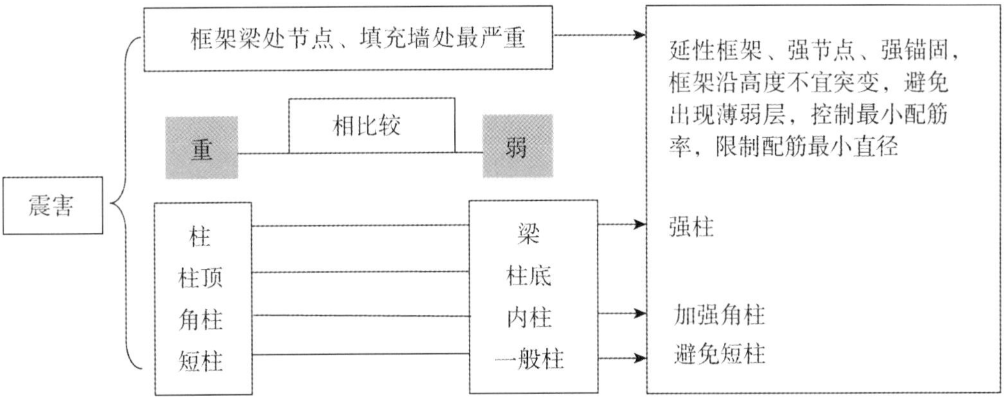

图 1-1-41　框架结构抗震构造措施

图 1-1-42　框架结构震害

[口诀] 柱顶角短。

➢ **重点提示：** 本部分内容需要理解记忆，与前面补充考点中框架结构的受力特点相结合，掌握受力原理，明确地震是横向力，结合横向力对结构的影响，重点记忆震害严重的部位。抗震措施是针对震害严重部位所采取的措施。结构抗震是选择题中的高频考点，务必掌握。

实战演练

[经典例题 · 单选] 震害调查表明，框架结构震害的严重部位多发生在（　　）。

A. 框架柱中　　B. 框架梁中

C. 框架梁柱节点　　D. 框架楼板内

[解析] 地震时，框架结构梁柱节点处承受的水平剪力最大，震害多发生在此部位。

[答案] C

[2018 真题 · 多选] 关于框架结构震害的说法，正确的有（　　）。

A. 柱的震害重于梁

B. 柱顶的震害重于柱底

C. 内柱的震害重于角柱

D. 短柱的震害重于一般柱

E. 多层房屋的楼盖震害重于墙身

[解析] 本题考查的是框架结构的震害，根据图 1-1-42，选项 A、B、D 正确，选项 C 错误。选项 E 是针对多层砌体房屋而言，与题干中“框架结构震害”无关，且在强烈地震作用下，多层砌体房屋的破坏部位主要是墙身，楼盖本身的破坏较轻，选项 E 错误。

[答案] ABD

第二节　建筑结构技术要求

考点 1　建筑结构的功能要求★★

根据《建筑结构可靠性设计统一标准》（GB 50068—2018），可靠性是指结构在规定的时间内，在规定的条件下，完成预定功能的能力。

结构应满足下列功能要求：

（1）能承受在施工和使用期间可能出现的各种作用。

（2）保持良好的使用性能。

（3）具有足够的耐久性能。

（4）当发生火灾时，在规定的时间内可保持足够的承载力。

（5）当发生爆炸、撞击、人为错误等偶然事件时，结构能保持必要的整体稳固性，不出现与起因不相称的破坏后果，防止出现结构的连续倒塌。

根据《建筑结构可靠性设计统一标准》（GB 50068—2018），结构的可靠性包括安全性、适用性和耐久性，相应的可靠性设计也应包括承载能力、正常使用和耐久性三种极限状态设计。

住宅结构在设计使用年限内应具有足够的安全性、适用性和耐久性，具体体现在：

（1）在正常施工和正常使用时，能够承受可能出现的各种作用，如重力、风、地震作用以及非荷载效应（温度效应、结构材料的收缩和徐变、环境侵蚀和腐蚀等），即具有足够的承载能力。

（2）在正常使用时具有良好的工作性能，满足适用性要求，如可接受的变形、挠度和裂缝等。

（3）在正常维护条件下具有足够的耐久性能，即在规定的工作环境和预定的使用年限内，结构材料性能的恶化不应导致结构出现不可接受的失效概率。

（4）在设计规定的偶然事件发生时和发生后，结构能保持必要的整体稳定性，即结构可发生局部损坏或失效，但不应导致连续倒塌。

考点 2　建筑结构的安全性要求★★

一、结构的安全等级分类

根据《建筑结构可靠性设计统一标准》（GB 50068—2018），建筑结构设计时，应根据结构破坏可能产生的后果，即危及人的生命、造成经济损失、对社会或环境产生影响等的严重性，采用不同的安全等级。建筑结构安全等级的划分应符合表 1-2-1 的规定。

表 1-2-1 建筑结构的安全等级

安全等级	破坏后果
一级	很严重：对人的生命、经济、社会或环境影响很大
二级	严重：对人的生命、经济、社会或环境影响较大
三级	不严重：对人的生命、经济、社会或环境影响较小

建筑结构中各类结构构件的安全等级，宜与结构的安全等级相同，对其中部分结构构件的安全等级可进行调整，但不得低于三级。

二、装饰装修施工过程中常见的荷载

装饰装修施工过程中常见的荷载见表 1-2-2，示例如图 1-2-1 所示。

表 1-2-2 装饰装修施工过程中常见的荷载

种类	特征	举例
面荷载	分布在较大范围内，不能视为集中力	铺贴地砖、地面找平层等
线荷载	可简化为分布于单位长度上	封闭阳台、增加填充墙等
集中荷载	可简化为集中作用在一点上	吊扇、立式空调、吊灯等

(a) 面荷载

(b) 线荷载

(c) 集中荷载

图 1-2-1 装饰装修施工过程中常见的荷载示例

➢ **重点提示：** 了解建筑结构安全等级是根据结构破坏可能产生后果的严重性分类的，掌握其具体分级。装饰装修施工过程中常见的荷载变动要与荷载分类中按荷载作用面大小分类相联系。

实战演练

[2020 真题·单选] 装饰工程中宴会厅安装的大型吊灯，其荷载类别属于（　　）。

A. 面荷载　　B. 线荷载

C. 集中荷载　　D. 特殊荷载

[解析] 集中荷载可简化为集中作用在某一点上，例如吊扇、立式空调、吊灯等。

[答案] C

[经典例题·单选] 建筑物中结构构件的安全等级不得低于（　　）级。

A. 一　　B. 二

C. 三　　D. 四

[解析] 建筑物中各类结构构件的安全等级，宜与整个结构的安全等级相同，对其中部分结构构件的安全等级可进行调整，但不得低于三级。

[答案] C

[2016 真题·多选] 下列装饰装修施工事项中，所增加的荷载属于集中荷载的有（　　）。

A. 在楼面加铺大理石面层

B. 封闭阳台

C. 室内加装花岗岩罗马柱

D. 悬挂大型吊灯

E. 局部设置假山盆景

[解析] 选项 A 属于面荷载。选项 B 属于线荷载。

[答案] CDE

考点 3　荷载的分类★★

根据《建筑结构可靠性设计统一标准》（GB 50068—2018），结构上的作用可按下列性质分类：

（1）按随时间的变化分类：永久作用、可变作用、偶然作用。

（2）按随空间的变化分类：固定作用、自由作用。

（3）按结构的反应特点分类：静态作用、动态作用。

（4）按有无限值分类：有界作用、无界作用。

（5）其他分类。

根据《建筑结构荷载规范》（GB 50009—2012），建筑结构的荷载可分为：

（1）永久荷载：在结构使用期间，其值不随时间变化，或其变化与平均值相比可以忽略不计，或其变化是单调的并能趋于限值的荷载。

（2）可变荷载：在结构使用期间，其值随时间变化，且其变化与平均值相比不可以忽略不计的荷载。

（3）偶然荷载：在结构设计使用年限内不一定出现，而一旦出现其量值很大，且持续时间很短的荷载。

根据《建筑结构荷载规范》（GB 50009—2012），建筑结构的作用可分为：

（1）固定作用：在结构上具有固定空间分布的作用。当固定作用在结构某一点上的大小和方向确定后，该作用在整个结构上的作用即得以确定。

（2）自由作用：在结构上给定的范围内具有任意空间分布的作用。

（3）静态作用：使结构产生的加速度可以忽略不计的作用。

（4）动态作用：使结构产生的加速度不可忽略不计的作用。

（5）有界作用：具有不能被超越的且可确切或近似掌握界限值的作用。

（6）无界作用：没有明确界限值的作用。

根据《建筑结构可靠性设计统一标准》（GB 50068—2018），工程中常见作用见表 1-2-3。

表 1-2-3　工程中常见作用

分类依据	类别	实例
荷载本身随时间的变化	永久作用	结构自重；土压力；水位不变的水压力；预应力；地基变形；混凝土收缩；钢材焊接变形
	可变作用	使用时人员、物件等荷载；施工时结构的某些自重；安装荷载；车辆荷载；吊车荷载；风荷载；雪荷载；冰荷载；水位变化的水压力；扬压力；波浪力；温度变化
	偶然作用	撞击；爆炸；罕遇地震；龙卷风；火灾；极严重的侵蚀；洪水作用
荷载作用后结构的反应	静态作用	楼面和屋面活荷载、雪荷载、固定隔墙自重
	动态作用	吊车设备振动、地震作用、高空坠物冲击作用

➤ **重点提示：**关于荷载的分类，重点考查实例题目，理解荷载的概念后，具体实例即可掌握。按随时间的变化分类是指荷载本身随时间变化而有区别；按结构的反应特点分类是指荷载作用在结构时是否有冲击作用；按荷载作用面大小分类是指荷载的作用面积和形状的区别；按荷载作用方向分类是指荷载的作用方向的区别。

实战演练

［**2022 真题・单选**］活动隔墙的自重对结构产生的荷载属于（　　）。

A. 可变荷载　　B. 偶然荷载

C. 特殊荷载　　D. 永久荷载

［**解析**］可变荷载：在结构使用期间，其值随时间变化，且其变化与平均值相比不可以忽略不计的荷载。例如活动隔墙的自重。

［**答案**］A

[**经典例题·多选**] 下列荷载中，属于动态作用的有（　　）。

A. 地震作用　　B. 吊车设备振动

C. 结构自重　　D. 雪荷载

E. 高空坠物冲击作用

[**解析**] 结构自重和雪荷载属于静态作用。

[**答案**] ABE

考点 4 杆件的受力与稳定★

所谓杆件，是指纵向（长度方向）尺寸远比横向（垂直于长度方向）尺寸要大得多的构件，简称为杆。建筑房屋中的梁、柱等都可以简化为杆件。等截面杆如图 1-2-2 所示。

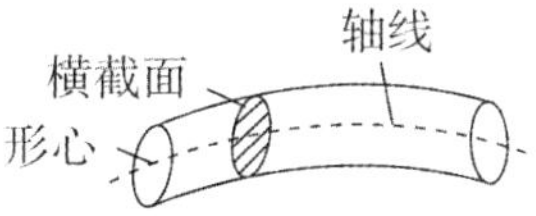

图 1-2-2　等截面杆

杆件在不同受力情况下将产生各种不同的变形，但是不管变形如何复杂，通常表现为以下 4 种基本变形或其组合。

一、轴向拉伸或压缩

直杆受到与轴线重合的外力作用时，杆的变形主要是轴线方向的伸长或缩短，这种变形称为轴向拉伸或压缩，如图 1-2-3（a）所示。简单桁架在荷载作用下，其杆件即发生轴向拉伸或压缩。

二、剪切

在一对相距很近、大小相同、指向相反的横向外力作用下，直杆的主要变形是横截面沿外力作用方向发生相对错动，如图 1-2-3（b）所示，这种变形形式称为剪切。一般在发生剪切变形的同时，杆件还存在其他的变形形式，如弯曲。

三、扭转

直杆在垂直于轴线的平面内，受到大小相等、方向相反的力偶作用时，各横截面相互发生转动，这种变形称为扭转，如图 1-2-3（c）所示。机械中传动轴的主要变形就包括扭转。

四、弯曲

直杆受到垂直于轴线的外力或在包含轴线的平面内的力偶作用时，杆的轴线发生弯曲。这种变形称为弯曲，如图 1-2-3（d）所示。

（a）轴向拉伸或压缩

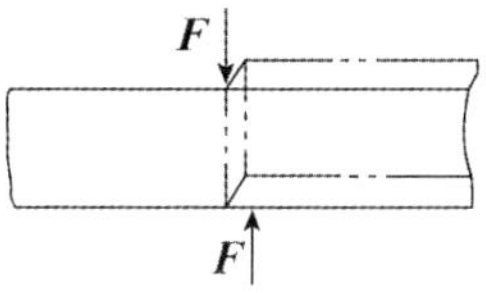

（b）剪切

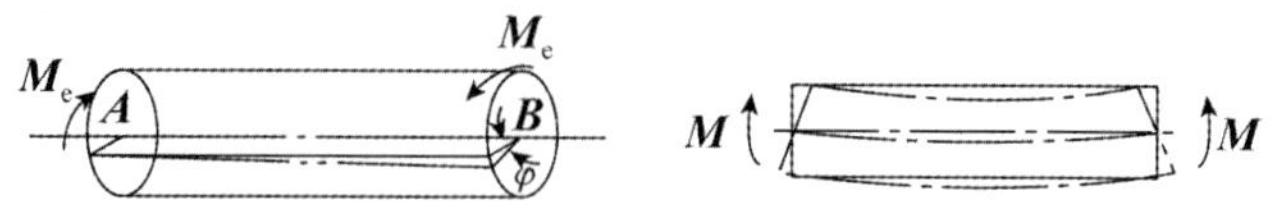

（c）扭转　　（d）弯曲

图 1-2-3　杆件变形形式

➢ **重点提示：** 本部分内容属于构件受力基本原理，涵盖了材料力学和钢筋混凝土结构受力的内容，会在选择题中直接考查。任何建筑物都是一个受力体，因此本部分内容也是后续内容学习的基础，其核心内容是受力形式的区分和受弯构件的内力分布。

实战演练

［**2014 真题·单选**］某杆件受力形式示意图如图 1-2-4 所示，该杆件的基本受力形式是（　　）。

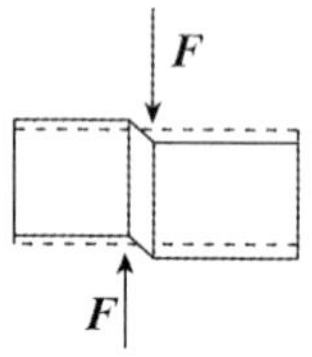

图 1-2-4　某杆件受力形式示意图

A. 压缩　　B. 弯曲

C. 剪切　　D. 扭转

［**解析**］杆件在不同受力情况下将产生各种不同的变形，但是不管变形如何复杂，通常表现为以下 4 种基本变形或其组合：轴向拉伸或压缩、剪切、扭转、弯曲。本图中，在一对相距很近的大小相同、指向相反的横向外力作用下，直杆的主要变形是横截面沿外力作用方向发生相对错动，这种变形形式称为剪切。

［**答案**］C

［**经典例题·单选**］梁的主要受力形式是（　　）。

A. 拉伸　　B. 压缩

C. 弯曲　　D. 扭转

［**解析**］梁构件主要承受弯矩与剪力，故受力形式为弯曲。

［**答案**］C

考点 5　结构的适用性要求★

一、杆件刚度与梁的位移

为保证工程结构或机械能安全、正常地工作，必须要求构件在外力作用时具有一定的承载能力。承载能力表现为强度、刚度、稳定性三种类型，见表 1-2-4。

表 1-2-4　承载能力类型

类型	内容
强度	(1) 构件抵抗破坏的能力； (2) 构件在外力作用下不被破坏，表明构件具有足够的强度
刚度	(1) 构件抵抗变形的能力； (2) 构件在外力作用下发生的变形不超过某一规定值，表明构件具有足够的刚度
稳定性	(1) 构件承受外力作用时，保持原有平衡状态的能力； (2) 构件在外力作用下，能保持原有的平衡形态，表明构件具有足够的稳定性

简支梁是一种两端随意置于支撑物之上的梁，如图 1-2-5 所示。

图 1-2-5　简支梁示意

普通的钢筋混凝土在均布荷载 q 的作用下，构件发生变形并且有一定的挠度 f（图 1-2-6），挠度达到一定程度后混凝土即带裂缝工作，对于均布荷载作用下的简支梁来说，挠度 f 是指梁中点偏离平衡位置的最大距离，f_{max} 为混凝土开裂时的极限挠度。

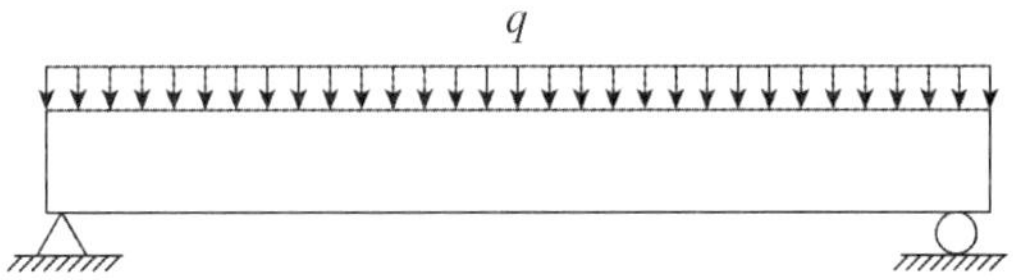

(a) 梁的受力情况

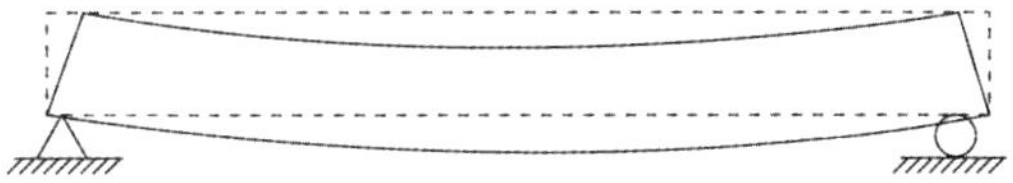

(b) 梁受力后的变形

图 1-2-6　普通钢筋混凝土受力原理

均匀荷载作用下，影响简支梁中心处挠度的因素包括均布荷载、简支梁的跨度、弹性模量和截面惯性矩等。简支梁中心处挠度与均布荷载和简支梁的跨度成正比，与弹性模量和截面惯性矩成反比。简支梁的跨度对其在中心处挠度的影响最大。

实战演练

[经典例题·单选] 关于均匀荷载作用下影响简支梁中心处挠度的因素，说法正确的是（　　）。

A. 与材料的弹性模量成反比，与截面的惯性矩成正比

B. 与材料的弹性模量成正比，与截面的惯性矩成反比

C. 与材料的弹性模量成正比，与截面的惯性矩成正比

D. 与材料的弹性模量成反比，与截面的惯性矩成反比

[解析] 均匀荷载作用下，影响简支梁中心处挠度的因素包括均布荷载、简支梁的跨度、弹性模量和截面惯性矩等。简支梁中心处挠度与均布荷载和简支梁的跨度成正比，与弹性模量和截面惯性矩成反比。

[答案] D

二、混凝土结构的裂缝控制

根据《混凝土结构设计规范（2015 年版）》（GB 50010—2010），结构构件正截面的受力裂缝控制等级分为三级，等级划分及要求应符合下列规定：

（1）一级——严格要求不出现裂缝的构件，按荷载标准组合计算时，构件受拉边缘混凝土不应产生拉应力。

（2）二级——一般要求不出现裂缝的构件，按荷载标准组合计算时，构件受拉边缘混凝土拉应力不应大于混凝土抗拉强度的标准值。

（3）三级——允许出现裂缝的构件：对钢筋混凝土构件，按荷载准永久组合并考虑长期作用影响计算时，构件的最大裂缝宽度不应超过表 1-2-5 规定的最大裂缝宽度限值。对预应力混凝土构件，按荷载标准组合并考虑长期作用的影响计算时，构件的最大裂缝宽度不应超过表 1-2-5 规定的最大裂缝宽度限值；对于二 a 类环境的预应力混凝土构件，尚应按荷载准永久组合计算，且构件受拉边缘混凝土的拉应力不应大于混凝土的抗拉强度标准值。

结构构件应根据结构类型和相应的环境类别，按表 1-2-5 的规定选用不同的裂缝控制等级及最大裂缝宽度限值 ω_{lim}。

表 1-2-5　结构构件的裂缝控制等级及最大裂缝宽度的限值

环境类别	钢筋混凝土结构		预应力混凝土结构	
	裂缝控制等级	ω_{lim}/mm	裂缝控制等级	ω_{lim}/mm
一	三级	0.30（0.40）	三级	0.20
二 a		0.20		0.10
二 b			二级	—
三 a、三 b			一级	—

考点 6　结构的耐久性要求★★

根据《混凝土结构耐久性设计标准》（GB/T 50476—2019），结构耐久性是指在环境作用和正常维护、使用条件下，结构或构件在设计使用年限内保持其适用性和安全性的能力。

根据《建筑结构可靠度设计统一标准》（GB 50068—2018），设计使用年限是指设计规定的结构或结构构件不需进行大修即可按预定目的使用的年限。建筑结构的设计基准期应为50年。建筑结构设计时，应规定结构的设计使用年限。建筑结构的设计使用年限，应按表1-2-6采用。

表 1-2-6　建筑结构的设计使用年限

类别	设计使用年限/年
临时性建筑结构	5
易于替换的结构构件	25
普通房屋和构筑物	50
纪念性建筑和特别重要的建筑结构	100

➢ **重点提示：**了解结构设计使用年限的类别，重点记忆普通房屋和构筑物的使用年限。

实战演练

[经典例题·单选] 设计使用年限是设计规定的结构或构件不需进行（　　）即可按预定要求使用的年限。

A. 维修　　B. 小修

C. 中修　　D. 大修

[解析] 设计使用年限是指设计规定的结构或结构构件不需进行大修即可按预定目的使用的年限。

[答案] D

[经典例题·单选] 根据《建筑结构可靠度设计统一标准》，普通房屋设计使用年限通常为（　　）年。

A. 40　　B. 50

C. 60　　D. 70

[解析] 普通房屋的设计使用年限为50年。

[答案] B

考点 7　混凝土结构的环境类别★★

根据《混凝土结构耐久性设计标准》（GB/T 50476—2019），混凝土结构的环境类别如下。

（1）一般环境：指无冻融、氯化物和其他化学腐蚀物质作用的混凝土结构或构件的暴露环境。

（2）冻融环境：指混凝土结构或构件经受反复冻融作用的暴露环境。

（3）氯化物环境：指混凝土结构或构件受到氯盐侵入作用并引起内部钢筋锈蚀的暴露环境，具体包括海洋氯化物环境和除冰盐等其他氯化物环境。

（4）化学腐蚀环境：指混凝土结构或构件受到自然环境中化学物质腐蚀作用的暴露环境，具体包括水、土中化学腐蚀环境和大气污染腐蚀环境。

混凝土结构暴露环境类别应按表 1-2-7 的规定确定。

表 1-2-7 环境类别

环境类别	名称	劣化机理
Ⅰ	一般环境	正常大气作用引起钢筋锈蚀
Ⅱ	冻融环境	反复冻融导致混凝土损伤
Ⅲ	海洋氯化物环境	氯盐侵入引起钢筋锈蚀
Ⅳ	除冰盐等其他氯化物环境	氯盐侵入引起钢筋锈蚀
Ⅴ	化学腐蚀环境	硫酸盐等化学物质对混凝土的腐蚀

当结构构件受到多种环境类别共同作用时，应分别针对每种环境类别进行耐久性设计。

配筋混凝土结构的环境作用等级应按表 1-2-8 的规定确定。

表 1-2-8 环境作用等级

环境类别	环境作用等级					
	A 轻微	B 轻度	C 中度	D 严重	E 非常严重	F 极端严重
一般环境	Ⅰ-A	Ⅰ-B	Ⅰ-C	—	—	—
冻融环境	—	—	Ⅱ-C	Ⅱ-D	Ⅱ-E	—
海洋氯化物环境	—	—	Ⅲ-C	Ⅲ-D	Ⅲ-E	Ⅲ-F
除冰盐等其他氯化物环境	—	—	Ⅳ-C	Ⅳ-D	Ⅳ-E	—
化学腐蚀环境	—	—	Ⅴ-C	Ⅴ-D	Ⅴ-E	—

➤ **重点提示：** 该考点内容参照的是《混凝土结构耐久性设计标准》（GB/T 50476—2019），而非《混凝土结构设计规范（2015 年版）》（GB 50010—2010），两者对于混凝土结构的环境类别要求不同。

实战演练

[经典例题·单选] 海洋环境下，引起混凝土内钢筋锈蚀的主要因素是（　　）。

A. 混凝土硬化　　B. 反复冻融

C. 氯盐侵入　　D. 硫酸盐

[解析] 钢筋对氯盐最为敏感，故氯盐侵入是钢筋锈蚀的主要因素。

[答案] C

考点 8 混凝土结构耐久性的要求★★★

一、结构构件的混凝土强度等级

根据《混凝土结构耐久性设计标准》（GB/T 50476—2019），配筋混凝土结构满足耐久性要求的混凝土最低强度等级应符合表 1-2-9 的规定。混凝土强度等级应根据 28 d 或设计规定龄期的立方体抗压强度，并应按现行国家标准《混凝土强度检验评定标准》（GB 50107—2010）确定。

表 1-2-9　满足耐久性要求的混凝土最低强度等级

环境类别与作用等级	设计使用年限		
	100 年	50 年	30 年
Ⅰ-A	C30	C25	C25
Ⅰ-B	C35	C30	C25
Ⅰ-C	C40	C35	C30
Ⅱ-C	C_a35、C45	C_a30、C45	C_a30、C40
Ⅱ-D	C_a40	C_a35	C_a35
Ⅱ-E	C_a45	C_a40	C_a40
Ⅲ-C、Ⅳ-C、Ⅴ-C、Ⅲ-D、Ⅳ-D、Ⅴ-D	C45	C40	C40
Ⅲ-E、Ⅳ-E、Ⅴ-E	C50	C45	C45
Ⅲ-F	C50	C50	C50

素混凝土结构满足耐久性要求的混凝土最低强度等级，一般环境不应低于 C15；冻融环境和化学腐蚀环境规定应与表 1-2-9 相同；氯化物环境可按表 1-2-9 的Ⅲ-C 或Ⅳ-C 环境作用等级确定。

预应力构件的混凝土最低强度等级不应低于 C40。

二、保护层厚度

根据《混凝土结构耐久性设计标准》（GB/T 50476—2019），一般环境中的配筋混凝土结构构件，其普通钢筋的保护层最小厚度与相应的混凝土强度等级、最大水灰比应符合表 1-2-10 的要求。

表 1-2-10　一般环境中混凝土材料与钢筋的保护层最小厚度 *c*

环境作用等级		设计使用年限								
		100 年			50 年			30 年		
		混凝土强度等级	最大水灰比	c/mm	混凝土强度等级	最大水灰比	c/mm	混凝土强度等级	最大水灰比	c/mm
板、墙等面形构件	Ⅰ-A	≥C30	0.55	20	≥C25	0.60	20	≥C25	0.60	20
	Ⅰ-B	C35 ≥C40	0.50 0.45	30 25	C30 ≥C35	0.55 0.50	25 20	C25 ≥C30	0.60 0.55	25 20
	Ⅰ-C	C40 C45 ≥C50	0.45 0.40 0.36	40 35 30	C35 C40 ≥C45	0.50 0.45 0.40	35 30 25	C30 C35 ≥C40	0.55 0.50 0.45	30 25 20
梁、柱等条形构件	Ⅰ-A	C30 ≥C35	0.55 0.50	30 25	C25 ≥C30	0.60 0.55	25 20	≥C25	0.60	20
	Ⅰ-B	C35 ≥C40	0.50 0.45	35 30	C30 ≥C35	0.55 0.50	30 25	C25 ≥C30	0.60 0.55	30 25
	Ⅰ-C	C40 C45 ≥C50	0.45 0.40 0.36	45 40 35	C35 C40 ≥C45	0.50 0.45 0.40	40 35 30	C30 C35 ≥C40	0.55 0.50 0.45	35 30 25

直接接触土体浇筑的构件，其钢筋的混凝土保护层厚度不应小于 70 mm；当采用混凝土垫层时，其保护层厚度可按表 1-2-10 确定。

➤ **重点提示：** 此考点为记忆性内容，重点记忆不同情况下混凝土的最低强度等级以及保护层厚度，注意与混凝土结构的环境类别相联系。

实战演练

［**2019 真题·单选**］针对无垫层，直接接触土体浇筑的构件，一般情况下，其最小保护层厚度是（　　）。

A. 40 mm　　B. 50 mm　　C. 60 mm　　D. 70 mm

［**解析**］直接接触土体浇筑的构件，其钢筋的混凝土保护层厚度不应小于 70 mm。

［**答案**］D

考点 9 混凝土结构的特点★★

一、混凝土结构的优点

（1）材料利用合理。

结构承载力与其刚度比例合适，基本无局部稳定问题，单位面积造价低，对于一般工程结构，经济指标优于钢结构。

（2）可模性好。

混凝土可根据需要浇筑成各种形状和尺寸，适用于各种形状复杂的结构，如空间薄壳、箱形结构。近年来采用高性能混凝土浇筑的清水混凝土，具有特殊的建筑效果。

（3）耐久性和耐火性较好，维护费用低。

钢筋与混凝土具有良好的化学相容性，混凝土属碱性，会在钢筋表面形成一层氧化膜，钢筋有混凝土作为保护层，一般环境下不会产生锈蚀，而且混凝土的强度随时间的推移而增加。混凝土属于不良导热体，使钢筋不致因发生火灾时升温过快而丧失强度。

（4）整体性好（针对现浇结构），防振和防辐射性能较好。

现浇混凝土结构的整体性好，且通过合适的配筋可获得较好的延展性，适用于抗震、抗爆结构；同时防振性和防辐射性能较好，适用于防护结构。

（5）刚度大，阻尼大。

有利于结构的变形控制。

（6）易于就地取材。

混凝土所用的大量砂、石，易于就地取材。近年来，已经有工地利用现场工业废料来制造人工骨料或作为水泥的外加成分，以改善混凝土的性能。有利于当地建材的利用和工业废料的再利用。

二、混凝土结构的缺点

（1）自重大。

不适用于大跨度、高层结构。

（2）抗裂性差，影响结构的耐久性。

普通钢筋混凝土结构，在正常使用阶段往往是带裂缝工作的。一般情况下，因荷载作用产生的微小裂缝不会影响混凝土结构的正常使用，但由于开裂限制了普通钢筋混凝土在大跨结构中的应用，也影响到了高强钢筋的应用。此外，在露天、沿海、化学侵蚀等环境较差的情况下，裂缝的存在会影响混凝土结构的耐久性，故混凝土结构也不适用于防渗、防漏要求较高的结构。

（3）承载力有限。

与钢材相比，混凝土的强度还是很低的，因此普通钢筋混凝土构件的承载力有限，用作承受重载结构和高层建筑底部结构时，往往会导致构件尺寸太大，占据较多的使用空间。

（4）施工复杂，工序多，工期长，受季节、天气影响较大。

针对此项缺点可利用钢模、飞模、滑模等先进施工技术，采用泵送混凝土、早强混凝土、高性能混凝土等，提高施工效率。

（5）破坏后的修复、加固、补强比较困难。

针对此项缺点可发展新型的混凝土加固技术。

（6）混凝土结构对资源、环境和生态的不利影响。

混凝土结构的原材料——水泥和钢铁都是大量消费资源和高耗能的产品，而砂和石（包括生产水泥的原材料）的大量使用又对环境造成很大影响。

➢ **重点提示：**与钢筋混凝土构件受力原理相结合，重点记忆混凝土结构的优缺点。混凝土结构最大的缺点是自重大和抗裂性能差。混凝土材料的优缺点是选择题的高频考点，大家应重点把握。

实战演练

［**2017 真题 · 多选**］混凝土结构的优点包括（　　）。

A. 耐久性好

B. 自重轻

C. 耐火性好

D. 抗裂性好

E. 可模性好

［**解析**］混凝土结构的优点包括：①材料利用合理；②可模性好；③耐久性和耐火性较好，维护费用低；④整体性好（针对现浇结构），防振和防辐射性能较好；⑤刚度大，阻尼大；⑥易于就地取材。

［**答案**］ACE

考点 10 钢筋混凝土柱的受力特点及配筋要求★

一、钢筋混凝土柱的受力特点

钢筋混凝土受压构件在荷载作用下，其截面上一般有轴力、弯矩和剪力。钢筋混凝土柱（简称柱）是受压构件的典型代表构件。

二、柱中钢筋的配置要求

根据《混凝土结构设计规范（2015 年版）》（GB 50010—2010），柱中纵向钢筋的配置应符合下列规定：

(1) 纵向受力钢筋直径不宜小于 12 mm；全部纵向钢筋的配筋率不宜大于 5%。

(2) 柱中纵向钢筋的净间距不应小于 50 mm，且不宜大于 300 mm。

(3) 偏心受压柱的截面高度不小于 600 mm 时，在柱的侧面上应设置直径不小于 10 mm 的纵向构造钢筋，并相应设置复合箍筋或拉筋。

(4) 圆柱中纵向钢筋不宜少于 8 根，不应少于 6 根，且宜沿周边均匀布置。

(5) 在偏心受压柱中，垂直于弯矩作用平面的侧面上的纵向受力钢筋以及轴心受压柱中各边的纵向受力钢筋，其中距不宜大于 300 mm。

➤ **注意：** 水平浇筑的预制柱，纵向钢筋的最小净间距可按《混凝土结构设计规范（2015 年版）》(GB 50010—2010) 第 9.2.1 条关于梁的有关规定取用。

柱中的箍筋应符合下列规定：

(1) 箍筋直径不应小于 $d/4$，且不应小于 6 mm，d 为纵向钢筋的最大直径。

(2) 箍筋间距不应大于 400 mm 及构件截面的短边尺寸，且不应大于 $15d$，d 为纵向钢筋的最小直径。

(3) 柱及其他受压构件中的周边箍筋应做成封闭式；对圆柱中的箍筋，搭接长度不应小于《混凝土结构设计规范（2015 年版）》(GB 50010—2010) 第 8.3.1 条规定的锚固长度，且末端应做成 135°弯钩，弯钩末端平直段长度不应小于 $5d$，d 为箍筋直径。

(4) 当柱截面短边尺寸大于 400 mm 且各边纵向钢筋多于 3 根时，或当柱截面短边尺寸不大于 400 mm，但各边纵向钢筋多于 4 根时，应设置复合箍筋。

(5) 柱中全部纵向受力钢筋的配筋率大于 3%时，箍筋直径不应小于 8 mm，间距不应大于 $10d$，且不应大于 200 mm，d 为纵向受力钢筋的最小直径。箍筋末端应做成 135°弯钩，且弯钩末端平直段长度不应小于箍筋直径的 10 倍。

(6) 在配有螺旋式或焊接环式箍筋的柱中，如在正截面受压承载力计算中考虑间接钢筋的作用时，箍筋间距不应大于 80 mm 及 $d_{cor}/5$，且不宜小于 40 mm，d_{cor} 为按箍筋内表面确定的核心截面直径。

实战演练

[经典例题・单选] 钢筋混凝土柱是建筑工程中常见的（　　）构件。

A. 受弯　　B. 受压

C. 受拉　　D. 受剪

[解析] 钢筋混凝土柱是受压构件的典型代表。

[答案] B

考点 11 钢筋混凝土板的受力特点及配筋要求★★

一、单向板与双向板的受力特点及受力情况

受弯构件是指截面上以承受弯矩（M）和剪力（V）为主，而轴力（N）可以忽略不计的构件，其是土木工程中数量最多、使用最广泛的一类构件。工程结构中的梁和板就是典型的受弯构件，它们存在着受弯破坏和受剪破坏两种可能性。

根据《混凝土结构设计规范（2015 年版）》（GB 50010—2010），混凝土板按下列原则进行计算：

（1）两对边支承的板应按单向板计算。

（2）四边支承的板应按下列规定计算：

①当长边与短边长度之比不大于 2.0 时，应按双向板计算。

②当长边与短边长度之比大于 2.0，但小于 3.0 时，宜按双向板计算。

③当长边与短边长度之比不小于 3.0 时，宜按沿短边方向受力的单向板计算，并应沿长边方向布置构造钢筋。

单向板与双向板受力情况如图 1-2-7 所示。

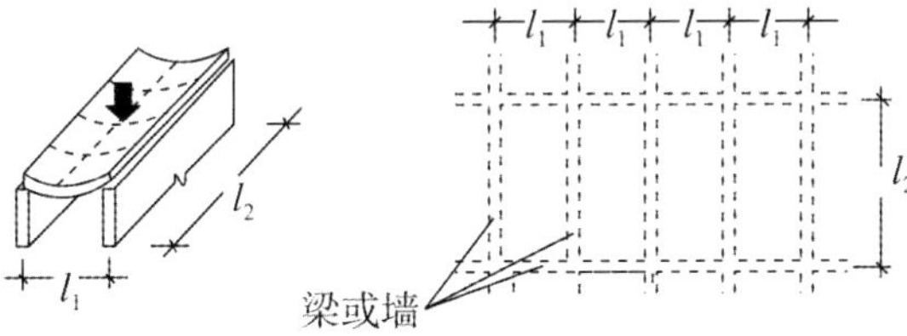

（a）单向板

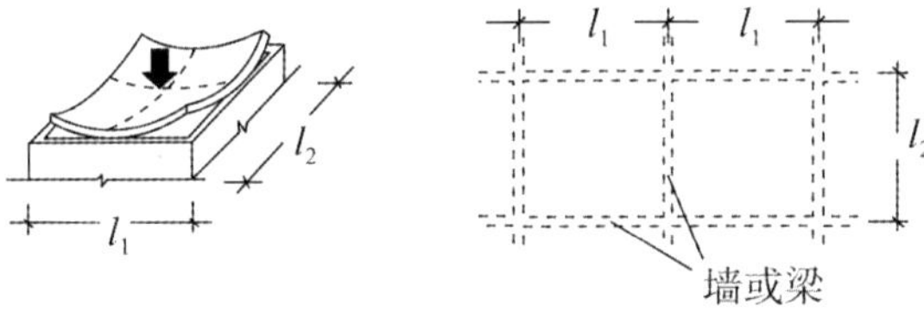

（b）双向板

图 1-2-7　单向板与双向板受力情况

二、现浇混凝土板的尺寸

根据《混凝土结构设计规范（2015 年版）》（GB 50010—2010），现浇混凝土板的尺寸宜符合下列规定：

（1）板的跨厚比：钢筋混凝土单向板不大于 30，双向板不大于 40；无梁支承的有柱帽板不大于 35，无梁支承的无柱帽板不大于 30。预应力板可适当增加；当板的荷载、跨度较大时宜适当减小。

（2）现浇钢筋混凝土板的厚度不应小于表 1-2-11 规定的数值。

表 1-2-11　现浇钢筋混凝土板的最小厚度

板的类别		最小厚度/mm
单向板	屋面板	60
	民用建筑楼板	60
	工业建筑楼板	70
	行车道下的楼板	80
双向板		80

续表

板的类别		最小厚度/mm
密肋楼盖	面板	50
	肋高	250
悬臂板（根部）	悬臂长度不大于 500 mm	60
	悬臂长度 1 200 mm	100
无梁楼板		150
现浇空心楼盖		200

➤ **重点提示**：该考点属于构件受力内容，学习时与钢筋混凝土受弯构件相联系，注意单向板和双向板的受力区别，记忆钢筋混凝土板的配筋构造中的数字要求。

实战演练

[**经典例题·单选**] 双向板的受力特点是（　　）。

A. 对边支承，双向受弯　　B. 四边支承，双向受弯

C. 对边支承，单向受弯　　D. 四边支承，单向受弯

[**解析**] 双向板的受力特点为四边支承，双向受弯。

[**答案**] B

考点 12 钢筋混凝土梁受力特点及配筋要求★

梁的正截面破坏与斜截面破坏的影响因素见表 1-2-12。

表 1-2-12　梁的正截面破坏与斜截面破坏的影响因素

梁的破坏形式	影响因素
正截面破坏（图 1-2-8）	配筋率（影响最大）、混凝土强度等级、截面形式
斜截面破坏（图 1-2-9）	截面尺寸、混凝土强度等级、荷载形式、配箍率等，其中配箍率影响较大，与箍筋和弯起钢筋数量相关

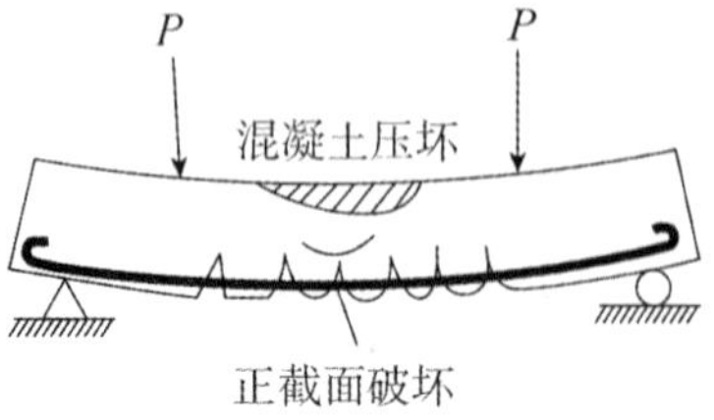

图 1-2-8　正截面破坏

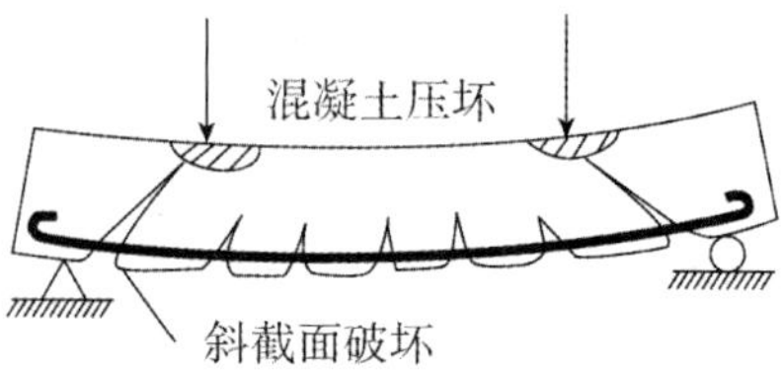

图 1-2-9　斜截面破坏

根据《混凝土结构设计规范（2015 年版）》（GB 50010—2010），梁的纵向受力钢筋应符合下列规定：

（1）伸入梁支座范围内的钢筋不应少于 2 根。

（2）梁高不小于 300 mm 时，钢筋直径不应小于 10 mm；梁高小于 300 mm 时，钢筋直径不应小于 8 mm。

（3）梁上部钢筋水平方向的净间距不应小于 30 mm 和 1.5d；梁下部钢筋水平方向的净间距不应小于 25 mm 和 d。当下部钢筋多于 2 层时，2 层以上钢筋水平方向的中距应比下面 2 层的中距增大一倍；各层钢筋之间的净间距不应小于 25 mm 和 d，d 为钢筋的最大直径。

（4）在梁的配筋密集区域宜采用并筋的配筋形式。

➢ **重点提示：**该考点为高频考点，学习时与钢筋混凝土构件受力原理相联系，纵筋保证梁的受弯性能，箍筋保证梁的受剪性能，在理解的基础上记忆。钢筋混凝土梁的配筋要求属于构造要求，重点记忆数字。

实战演练

[2021 真题·单选] 下列因素中，对梁的斜截面破坏影响较大的是（　　）。

A. 截面尺寸　　B. 混凝土强度等级

C. 配箍率　　D. 荷载形式

[解析] 影响梁斜截面破坏形式的因素有截面尺寸、混凝土强度等级、荷载形式、配箍率等，其中配箍率影响较大。

[答案] C

[2016 真题·单选] 下列钢筋混凝土梁正截面破坏的影响因素中，影响最小的是（　　）。

A. 配筋率　　B. 箍筋

C. 混凝土强度　　D. 截面形式

[解析] 箍筋是影响钢筋混凝土梁斜截面破坏的主要因素。

[答案] B

[经典例题·单选] 在钢筋混凝土梁中，箍筋的主要作用是（　　）。

A. 承受由于弯矩作用而产生的拉力

B. 承受由于弯矩作用而产生的压力

C. 承受剪力

D. 承受因混凝土收缩和温度变化产生的压力

[解析] 箍筋主要是承担剪力的，还可在结构中固定受力钢筋的位置，以便绑扎成钢筋骨架。

[答案] C

[经典例题·多选] 梁的正截面破坏形式与（　　）有关。

A. 配筋率　　B. 混凝土强度等级

C. 截面形式　　D. 设计水平

E. 试验水平

[解析] 影响梁正截面破坏的因素有配筋率、混凝土强度等级、截面形式。

[答案] ABC

考点 13 钢结构特点★

一、钢结构的优点

（1）钢材强度高，塑性和韧性好。

钢材与混凝土、木材及砖石相比，虽然密度较大，但强度要高得多，其密度与强度的比值一般较小，因此在同样受力的情况下，钢结构与钢筋混凝土结构、木结构相比，构件较小，质量较轻，适用于建造跨度大、高度高和承载重的结构。钢结构塑性好，在一般条件下不会因超载而突然断裂，只会增大变形，逐渐发生破坏，故容易及时发现。

（2）质量轻。

钢材密度大、强度高，做成的结构却比较轻。以同样的跨度承受同样的荷载，钢屋架的质量仅为钢筋混凝土屋架的 1/4～1/3。

（3）符合工程力学的基本假定。

钢材内部组织比较均匀，接近各向同性，可视为理想的弹塑性材料，因此钢结构的实际受力情况和工程力学的计算结果比较接近。在计算中采用的经验公式不多，计算的不确定性较小，计算结果比较可靠。

（4）工业化程度高，工期短。

钢结构所用材料皆可由专业化的金属结构厂轧制成各种型材，加工制作简便，准确度和精密度都较高。制成的构件可运到现场拼装，采用焊接或螺栓连接。因构件质量较轻，故安装方便，施工机械化程度高，工期短，造价低。

（5）密闭性好。

钢结构采用焊接连接后可以做到安全密封，能够满足一些气密性和水密性好的高压容器、大型油库、气柜油罐和管道等的要求。

（6）抗震性能好。

钢结构由于自重轻和结构体系相对较柔，所以受到的地震作用较小，钢材又具有较高的抗拉和抗压强度以及较好的塑性和韧性，因此在国内外的历次地震中，钢结构是损坏最轻的结构，被公认为抗震设防地区特别是强震区（如汶川）的最合适结构。

（7）耐热性较好。

温度在 200 ℃以内时，钢材性质变化很小；当温度达到 300 ℃以上时，钢材强度逐渐下降；当温度达到 600 ℃时，钢材强度几乎为零。因此，钢结构可用于温度不高于 200 ℃的场合。在有特殊防火要求的结构中，钢结构必须采取保护措施。

二、钢结构的缺点

（1）耐腐蚀性差。

钢材在潮湿环境中，特别是在有腐蚀性介质的环境中容易锈蚀。因此，新建造的钢结构应定期刷涂料加以保护，维护费用较高。目前国内外正在研发各种高性能的涂料和不易锈蚀的耐候钢，钢结构耐锈蚀性差的问题有望得到解决。

（2）耐火性较差。

钢结构耐火性较差，在火灾中，未加防护的钢结构一般只能维持 20 min 左右。因此在需要防火时，应采取防火措施，如在钢结构外面包裹混凝土或其他防火件，表面喷涂防火涂料等。

(3) 在低温和某些条件下可能发生脆性断裂。

钢结构在低温和某些条件下，可能发生脆性断裂，还有厚板的层状撕裂等，都应引起设计者的特别注意。

(4) 稳定问题突出。

钢材强度大，构件截面小，厚度薄，因而钢结构在压应力状态下会引起构件甚至整个结构的稳定问题。当稳定问题控制设计时，钢材的强度就难以得到充分利用。因此，如何防止构件或结构失稳是钢结构设计中需要考虑的重要问题之一。

考点 14 钢结构的技术要求★

根据《钢结构通用规范》(GB 55006—2021)，钢结构的主要技术要求如下（节选）。

一、材料要求

钢结构承重构件所用的钢材应具有屈服强度，断后伸长率，抗拉强度和硫、磷含量的合格保证，在低温使用环境下尚应具有冲击韧性的合格保证；对焊接结构尚应具有碳或碳当量的合格保证。

二、施工要求

首次采用的钢材、焊接材料、焊接方法、接头形式、焊接位置、焊后热处理制度以及焊接工艺参数、预热和后热措施等各种参数的组合条件，应在钢结构制作及安装施工之前按照规定程序进行焊接工艺评定，并制定焊接操作规程，焊接施工过程应遵守焊接操作规程规定。

全部焊缝应进行外观检查。要求全焊透的一级、二级焊缝应进行内部缺陷无损检测，一级焊缝探伤比例应为100%，二级焊缝探伤比例应不低于20%。

考点 15 砌体结构的特点★★

砌体结构是指由砖、砌块、石材等块体和砂浆砌筑而成的墙、柱作为建筑物主要受力构件的结构，是砖砌体、砌块砌体及石砌体结构的统称。

一、砌体结构的优点

(1) 易于就地取材。制作块材的原料（制造烧结普通砖的黏土、制造蒸压灰砂普通砖的砂、制造粉煤灰砖的工业废料、天然石料及制作砌块的工业废料等）及砂浆的原料（石灰、水泥、沙子、黏土等）几乎到处都有，均可就近获得，开采及运输也很方便，而且价格低廉。

(2) 砌体具有良好的耐火性能和较好的耐久性，具有较好的抗腐蚀性能、化学稳定性和大气稳定性，受环境的影响小，完全可以满足耐久年限的要求。

(3) 砌体砌筑时不需要模板和特殊的施工设备，可以节省模板和支、拆模板的人工。新砌筑的砌体即可承受一定荷载，因而可以连续施工。在寒冷地区，冬季可用冻结法砌筑，不需要特殊的保温措施。

(4)砌体具有良好的保温隔热性能，砖墙和砌块墙体自身的隔热和保温性能优良。砌体结构既是较好的承重结构，也是较好的围护结构，兼有承重与围护的双重功能。

(5)当采用砌块或大型板材做墙体时，可以减轻结构自重，加快施工进度，进行工业化生产和施工。

二、砌体结构的缺点

(1)自重大。由于砌体的强度较低，故构件的截面尺寸较大、自重大、材料用量多、运输量较大，且自重大致使地震作用下的惯性力较大，对砌体结构抗震不利。

(2)砌体结构的砌筑工作繁重，目前的砌筑操作基本上还是手工方式，施工效率低。

(3)块体与砂浆间的黏结力较弱，致使砌体的抗拉、抗弯及抗剪强度都很低。无筋砌体破坏具有明显的脆性性质，抗震性能差，因此有时需要采用配筋砌体或设置构造柱等措施以提高其延性和抗倒塌能力，改善砌体结构的抗震性能。

(4)在烧结普通砖的生产中要占用大量农田土地，影响农业生产，并且需要消耗大量的能源和资源，产生大量废弃物，对环境的影响不容忽视。

实战演练

[**2020真题·多选**] 下列选项中属于砌体结构工程特点的有(　　)。

A. 生产效率高　　B. 保温性能好

C. 自重大　　D. 抗震性能好

E. 可就地取材

[**解析**] 砌体结构的砌筑工作繁重，目前的砌筑操作基本上还是手工方式，施工效率低。由于砌体的强度较低，故构件的截面尺寸较大、自重大、材料用量多、运输量较大，且自重大致使地震作用下的惯性力较大，对砌体结构抗震不利。

[**答案**] BCE

第三节　建筑材料

考点 1 水泥的基本知识★★★

一、无机胶凝材料分类

在建筑工程中，凡是经过一系列物理、化学作用，能将散粒材料(如砂、石子和陶粒等)或块状材料(如砖、石和砌块等)黏结成为整体的材料，统称为胶凝材料。胶凝材料还能胶结其他物料，制成有一定机械强度的复合固体。

胶凝材料根据其化学组成可分为无机胶凝材料和有机胶凝材料两大类。有机胶凝材料以有机高分子为主要成分；无机胶凝材料以无机化合物为主要成分，如水泥等。

无机胶凝材料按其硬化条件不同，可分为气硬性胶凝材料和水硬性胶凝材料两大类。

气硬性胶凝材料是指只能在空气中凝结硬化，并能保持和继续提高强度的材料，如石膏、石灰和水玻璃等。气硬性胶凝材料的耐水性一般较差，一般只适用于干燥环境，而不宜用于潮湿环境，更不可用于水中。

水硬性胶凝材料是指不仅能在空气中凝结硬化，而且能更好地在水中硬化，保持并继续提高强度的材料。水硬性胶凝材料是目前应用非常广泛的建筑材料，最典型的水硬性胶凝材料就是各种水泥。水泥是建筑工程中主要的材料，主要用于配制混凝土、砂浆和其他灌浆材料。

实战演练

［经典例题·单选］在潮湿环境或水中使用的砂浆，必须选用（　　）作为胶凝材料。

A. 石灰　　B. 石膏

C. 水玻璃　　D. 水泥

［解析］由于石膏、石灰和水玻璃均属于只适用于干燥环境的气硬性胶凝材料，而水泥是水硬性胶凝材料，在空气和水中都可以硬化，故在潮湿环境或水中，必须选用水泥作为胶凝材料。

［答案］D

二、常用水泥的代号及强度等级

根据《建筑材料术语标准》（JGJ/T 191—2009），水泥是建筑工业三大基本材料之一，使用广，用量大，具有较好的可塑性、适应性、耐久性，广泛应用于建筑、水利、道路、国防等工程中，在整个国民经济中起着十分重要的作用。通用硅酸盐水泥包括硅酸盐水泥、普通硅酸盐水泥、矿渣硅酸盐水泥、火山灰质硅酸盐水泥、粉煤灰硅酸盐水泥和复合硅酸盐水泥六个品种，在建筑领域应用最为广泛。

根据《通用硅酸盐水泥》（GB 175—2007），通用硅酸盐水泥是指以硅酸盐水泥熟料和适量的石膏及规定的混合材料制成的水硬性胶凝材料。通用硅酸盐水泥按混合材料的品种和掺量分为硅酸盐水泥、普通硅酸盐水泥、矿渣硅酸盐水泥、火山灰质硅酸盐水泥、粉煤灰硅酸盐水泥和复合硅酸盐水泥。各品种水泥的组分和代号应符合表 1-3-1 的规定。

表 1-3-1　各品种水泥的组分和代号

品种	代号	组分/%				
		熟料＋石膏	粒化高炉矿渣	火山灰质混合材料	粉煤灰	石灰石
硅酸盐水泥	P·Ⅰ	100	—	—	—	—
	P·Ⅱ	≥95	≤5	—	—	—
		≥95	—	—	—	≤5
普通硅酸盐水泥	P·O	≥80 且＜95	＞5 且≤20[a]			—
矿渣硅酸盐水泥	P·S·A	≥50 且＜80	＞20 且≤50[b]	—	—	—
	P·S·B	≥30 且＜50	＞50 且≤70[b]	—	—	—
火山灰质硅酸盐水泥	P·P	≥60 且＜80	—	＞20 且≤40[c]	—	—
粉煤灰硅酸盐水泥	P·F	≥60 且＜80	—	—	＞20 且≤40[d]	—

续表

品种	代号	组分/%				
		熟料+石膏	粒化高炉矿渣	火山灰质混合材料	粉煤灰	石灰石
复合硅酸盐水泥	P·C	≥50 且<80	>20 且≤50[e]			

注：a. 本组分材料为符合本标准（即 GB 175—2007）5.2.3 的活性混合材料。其中允许用不超过水泥质量 8%且符合本标准 5.2.4 的非活性混合材料或不超过水泥质量 5%且符合本标准 5.2.5 的窑灰代替。

b. 本组分材料为符合 GB/T 203 或 GB/T 18046 的活性混合材料。其中允许用不超过水泥质量 8%且符合本标准 5.2.3 的活性混合材料或符合本标准 5.2.4 的非活性混合材料或符合本标准 5.8.5 的窑灰中的任一种材料代替。

c. 本组分材料为符合 GB/T 8847 的活性混合材料。

d. 本组分材料为符合 GB/T 1596 的活性混合材料。

e. 本组分材料为由两种（含）以上符合本标准 5.2.3 的活性混合材料或符合本标准 5.2.4 的非活性混合材料组成，其中允许用不超过水泥质量 8%且符合本标准 5.2.5 的窑灰代替。掺矿渣时混合材料掺量不得与矿渣硅酸盐水泥重复。

硅酸盐水泥的强度等级分为 42.5、42.5R、52.5、52.5R、62.5、62.5R 六个等级。普通硅酸盐水泥的强度等级分为 42.5、42.5R、52.5、52.5R 四个等级。矿渣硅酸盐水泥、火山灰质硅酸盐水泥、粉煤灰硅酸盐水泥、复合硅酸盐水泥的强度等级分为 32.5、32.5R、42.5、42.5R、52.5、52.5R 六个等级。

➢ **重点提示**：代号中的“R”，表示早强型等级。

三、常用水泥的主要特性

将六种通用硅酸盐水泥的成分、特性及应用进行汇总，见表 1-3-2。

表 1-3-2　六种通用硅酸盐水泥的成分、特性及应用

水泥品种	成分	特性	适用范围	不适用范围
硅酸盐水泥	水泥熟料、0%～5%（质量分数）石灰石或粒化高炉矿渣、适量石膏	（1）早期强度高； （2）水化热高； （3）抗冻性好； （4）耐腐蚀性差； （5）干缩性小； （6）抗碳化性能好； （7）耐热性差； （8）耐磨性好； （9）湿热养护效果差	（1）早强混凝土； （2）路面混凝土； （3）有抗冻要求的混凝土； （4）干燥气候条件下的混凝土； （5）有抗碳化要求的混凝土； （6）高强混凝土、预应力混凝土	（1）大体积混凝土； （2）受侵蚀的混凝土； （3）耐热混凝土
普通硅酸盐水泥	水泥熟料、6%～15%（质量分数）混合材料、适量石膏	与硅酸盐水泥基本相同	与硅酸盐水泥基本相同	与硅酸盐水泥基本相同

续表

水泥品种	成分	特性	适用范围	不适用范围
矿渣硅酸盐水泥	水泥熟料、20%～70%（质量分数）粒化高炉矿渣、适量石膏	(1) 水化热低； (2) 耐腐蚀性较强； (3) 抗冻性较差； (4) 干缩性较大； (5) 抗碳化性能差； (6) 耐磨性较差； (7) 抗渗性差； (8) 耐热性好； (9) 湿热养护效果好； (10) 早期强度较低，后期强度增长快	(1) 大体积混凝土； (2) 受侵蚀的混凝土； (3) 耐热混凝土； (4) 蒸汽养护的预制构件厂	(1) 有抗碳化要求的混凝土； (2) 有抗渗性要求的混凝土； (3) 早强混凝土
火山灰质硅酸盐水泥	水泥熟料、20%～50%（质量分数）火山灰质混合材料、适量石膏	(1) 水化热低； (2) 耐腐蚀性较强； (3) 抗冻性差； (4) 抗碳化性能差； (5) 耐磨性差； (6) 干缩性大； (7) 抗渗性好； (8) 湿热养护效果好； (9) 早期强度较低，后期强度增长快	(1) 大体积混凝土； (2) 受侵蚀的混凝土； (3) 抗渗混凝土； (4) 蒸汽养护的预制构件厂	(1) 有抗冻要求的混凝土； (2) 有抗碳化要求的混凝土； (3) 早强混凝土； (4) 干燥气候条件下的混凝土
粉煤灰硅酸盐水泥	水泥熟料、20%～40%（质量分数）粉煤灰、适量石膏	(1) 水化热低； (2) 耐腐蚀性较强； (3) 抗冻性差； (4) 抗碳化性能差； (5) 耐磨性差； (6) 抗渗性差； (7) 干缩性小，抗裂性好； (8) 湿热养护效果好； (9) 早期强度较低，后期强度增长快	(1) 大体积混凝土； (2) 受侵蚀的混凝土； (3) 蒸汽养护的预制构件厂； (4) 承受荷载较迟混凝土	(1) 有抗冻要求的混凝土； (2) 干燥气候条件下的混凝土； (3) 有抗碳化要求的混凝土； (4) 路面混凝土； (5) 早强混凝土

续表

水泥品种	成分	特性	适用范围	不适用范围
复合硅酸盐水泥	水泥熟料、15%～50%（质量分数）两种或两种以上的混合材料、适量石膏	(1) 水化热低； (2) 耐腐蚀性较强； (3) 抗冻性较差； (4) 抗碳化性能差； (5) 耐磨性差； (6) 湿热养护效果好； (7) 早期强度较低，后期强度增长快	(1) 大体积混凝土； (2) 蒸汽养护的预制构件厂； (3) 受侵蚀的混凝土	(1) 有抗冻要求的混凝土； (2) 干燥气候条件下的混凝土； (3) 有抗碳化要求的混凝土； (4) 路面混凝土

➤ **重点提示：**(1) 该考点为高频考点，选择题中经常考查。

(2) 硅酸盐水泥和普通硅酸盐水泥为第一类水泥，矿渣硅酸盐水泥、火山灰质硅酸盐水泥、粉煤灰硅酸盐水泥及复合硅酸盐水泥为第二类水泥。两类水泥的重要特性恰好相反。硅酸盐水泥凝结硬化速度和强度最高。

(3) 掌握各种水泥的突出特性。

➤ **知识拓展：**配制混凝土所用水泥的强度等级应与混凝土的设计强度等级相适应。原则上，配制高强度等级的混凝土选用高强度等级水泥；配制低强度等级的混凝土选用低强度等级水泥；对于一般强度混凝土，选用的水泥强度等级宜为混凝土强度等级的 1.5～2.0 倍。例如，配制 C25 混凝土，可选用强度等级为 42.5 的水泥；配制 C30 混凝土，可选用强度等级为 52.5 的水泥。

实战演练

[**2019 真题·单选**] 下列强度等级的水泥品种中，属于早强型水泥的是（　　）。

A. P·O42.5

B. P·O42.5R

C. P·Ⅰ42.5

D. P·Ⅱ42.5

[**解析**] P·O 代表普通水泥、P·Ⅰ、P·Ⅱ代表硅酸盐水泥。强度等级中，R 表示早强型。

[**答案**] B

[**经典例题·单选**] 下列水泥品种中，配制 C60 高强混凝土宜优先选用（　　）。

A. 矿渣水泥　　B. 硅酸盐水泥

C. 火山灰水泥　　D. 复合水泥

[**解析**] 硅酸盐水泥的凝结硬化最快，早期强度最高，故配置 C60 高强混凝土宜优先选用硅酸盐水泥。

[**答案**] B

［经典例题·多选］常用水泥中，具有水化热低特性的有（　　）水泥。

A. 硅酸盐　　B. 普通

C. 火山灰　　D. 粉煤灰

E. 复合

［解析］参见表 1-3-2。

［答案］CDE

考点 2 常用水泥的主要技术要求★★

一、强度

水泥的强度是其主要技术指标。由于硅酸盐水泥在硬化过程中，其强度随着龄期而提高，在 28 d 以内强度发展较快，故一般以 28 d 的抗压强度来表征水泥的强度等级。

二、水泥凝结时间

水泥的凝结时间在水泥混凝土工程施工中具有重要意义，施工时要求"初凝时间不宜过早，终凝时间不宜过迟"。初凝时间不宜过早，以便有足够的时间来完成混凝土的搅拌、运输、浇筑和振捣等工序。终凝时间不宜过迟，混凝土浇捣完毕后，应尽快硬化并达到一定的强度，以便于下一步工序的进行。

根据《通用硅酸盐水泥》(GB 175—2007)，硅酸盐水泥初凝时间不小于 45 min，终凝时间不大于 390 min；普通硅酸盐水泥、矿渣硅酸盐水泥、火山灰质硅酸盐水泥、粉煤灰硅酸盐水泥和复合硅酸盐水泥初凝时间不小于 45 min，终凝时间不大于 600 min。

三、体积安定性

水泥在凝结硬化过程中，水泥石体积变化的均匀性即水泥的体积安定性。如果水泥的体积安定性不良，则水泥硬化过程中会发生不均匀的体积变化，导致混凝土构件因膨胀而产生裂缝，对工程质量造成不良影响。

➤ **知识拓展：**混凝土的膨胀性裂缝与水泥的碱含量有关。除此之外，还有安定性不良，游离氧化镁、氧化钙石膏掺量过多，外加剂碱含量大等原因。

根据《水泥标准稠度用水量、凝结时间、安定性检验方法》(GB/T 1346—2011)，雷氏法是通过测定水泥标准稠度净浆在雷氏夹中沸煮后试针的相对位移表征其体积膨胀的程度。试饼法是通过观测水泥标准稠度净浆试件沸煮后的外形变化情况表征其体积安定性。

四、水泥的碱含量和细度

根据《通用硅酸盐水泥》(GB 175—2007)，水泥的碱含量和细度规定如下。

（一）碱含量（选择性指标）

水泥中碱含量按 $Na_2O+0.658\ K_2O$ 计算值表示。若使用活性骨料，用户要求提供低碱水泥时，水泥中的碱含量①应不大于 0.60%或由买卖双方协商确定。

---

① 注：本书未明确说明的"含量"均指质量分数。

（二）细度（选择性指标）

硅酸盐水泥和普通硅酸盐水泥的细度以比表面积表示，其比表面积不小于 300 m^2/kg；矿渣硅酸盐水泥、火山灰质硅酸盐水泥、粉煤灰硅酸盐水泥和复合硅酸盐水泥的细度以筛余表示，其 80 μm 方孔筛筛余不大于 10%或 45 μm 方孔筛筛余不大于 30%。

考点 3 砂浆的组成材料★

建筑砂浆是由无机胶凝材料、细骨料、水以及根据所需性能确定的掺加料和外加剂等，按照适当的比例配合、拌制，并经养护硬化而成的工程建筑材料。建筑砂浆中没有加入粗骨料，所以又称为无粗骨料的混凝土。

建筑砂浆在建筑工程中是一种用量大、用途广泛的建筑材料。在建筑工程中建筑砂浆主要起到黏结、衬垫、传递应力、补平勾缝、建筑装饰和保护主体的作用。在建筑工程中使用最多的是砌筑砂浆和抹面砂浆。

根据《砌筑砂浆配合比设计规程》（JGJ/T 98—2010），砌筑砂浆所用原材料不应对人体、生物与环境造成有害的影响，并应符合现行国家标准《建筑材料放射性核素限量》（GB 6566—2010）的规定。

水泥宜采用通用硅酸盐水泥或砌筑水泥，且应符合现行国家标准《通用硅酸盐水泥》（GB 175—2007）和《砌筑水泥》（GB/T 3183—2017）的规定。水泥强度等级应根据砂浆品种及强度等级的要求进行选择。M15 及以下强度等级的砌筑砂浆宜选用 32.5 级的通用硅酸盐水泥或砌筑水泥；M15 以上强度等级的砌筑砂浆宜选用 42.5 级通用硅酸盐水泥。

砂宜选用中砂，并应符合现行行业标准《普通混凝土用砂、石质量及检验方法标准》（JGJ 52—2006）的规定，且应全部通过 4.75 mm 的筛孔。

根据《抹灰砂浆技术规程》（JGJ/T 220—2010），抹灰砂浆所用原材料不应对人体、生物与环境造成有害的影响，并应符合现行国家标准《建筑材料放射性核素限量》（GB 6566—2010）的规定。

通用硅酸盐水泥和砌筑水泥除应分别符合现行国家标准《通用硅酸盐水泥》（GB 175—2007）和《砌筑水泥》（GB/T 3183—2017）的规定外，尚应符合下列规定：

（1）应分批复验水泥的强度和安定性，并应以同一生产厂家、同一编号的水泥为一批。

（2）当对水泥质量有怀疑或水泥出厂超过三个月时，应重新复验，复验合格的，可继续使用。

（3）不同品种、不同等级、不同厂家的水泥，不得混合使用。

抹灰砂浆宜用中砂。砂不得含有有害杂质，含泥量不应超过 5%，且不应含有 4.75 mm 以上粒径的颗粒，并应符合现行行业标准《普通混凝土用砂、石质量及检验方法标准》（JGJ 52—2006）的规定。人工砂、山砂及细砂应经试配试验证明能满足抹灰砂浆要求后再使用。

实战演练

[经典例题·单选] 砌筑砂浆用砂宜优先选用（　　）。

A. 特细砂　　B. 细砂　　C. 中砂　　D. 粗砂

[解析] 砌筑砂浆的砂宜选用中砂，并应符合现行行业标准《普通混凝土用砂、石质量及检验方法标准》（JGJ 52—2006）的规定，且应全部通过 4.75 mm 的筛孔。

［答案］C

［经典例题·多选］下列属于砂浆组成材料的有（　　）。

A. 无机胶凝材料　　B. 细集料

C. 组合料　　D. 水

E. 抹面细料

［解析］建筑砂浆是由无机胶凝材料、细骨料、水以及根据所需性能确定的掺加料和外加剂等，按照适当的比例配合、拌制，并经养护硬化而成的工程建筑材料。

［答案］ABD

考点 4　砂浆的主要技术性质★★

砂浆与混凝土在组成上的差别仅在于砂浆中不含粗骨料，所以有关混凝土和易性、强度的基本规律，原则上也适用于砂浆，但由于砂浆的组成及用途与混凝土有所不同，所以它还具有其自身的特点。

一、保水性

砂浆的保水性是指砂浆保持其内部水分的能力。砂浆在运输、静置或砌筑过程中，水分不应从砂浆中离析，使砂浆保持必要的稠度，以便于施工操作，同时使水泥正常水化，以保证砌体的强度。保水性不好的砂浆，会因失水过多而影响砂浆的铺设及砂浆与材料间的结合，并影响砂浆的正常硬化，从而使砂浆的强度，特别是砂浆与多孔材料的黏结力大大降低。

保水性用分层度（或保水率）表示。

根据《建筑砂浆基本性能试验方法标准》（JGJ/T 70—2009），分层度试验适用于测定砂浆拌合物的分层度，以确定在运输及停放时砂浆拌合物的稳定性。

分层度试验应使用下列仪器：

（1）砂浆分层度筒（图 1-3-1）：应由钢板制成，内径应为 150 mm，上节高度应为 200 mm，下节带底净高应为 100 mm，两节的连接处应加宽 3～5 mm，并应设有橡胶垫圈。

（2）振动台：振幅应为（0.5±0.05）mm，频率应为（50±3）Hz。

（3）砂浆稠度仪、木槌等。

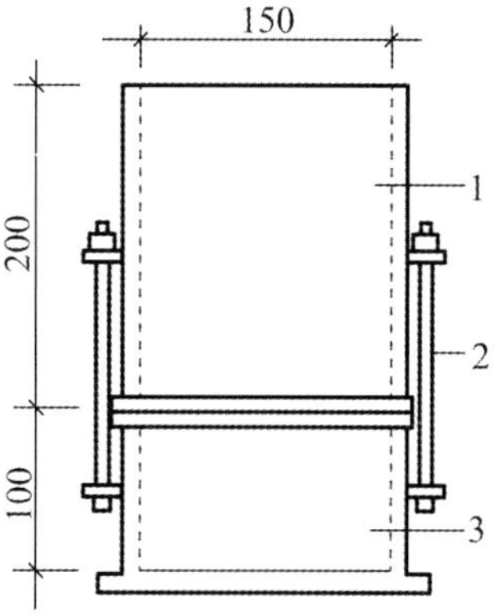

1—无底圆筒；2—连接螺栓；3—有底圆筒

图 1-3-1　砂浆分层度筒（单位：mm）

分层度的测定可采用标准法和快速法。当发生争议时，应以标准法的测定结果为准。

标准法测定分层度应按下列步骤进行：

（1）应按照标准规定（JGJ/T 70—2009 中“4 稠度试验”）测定砂浆拌合物的稠度。

（2）应将砂浆拌合物一次装入分层度筒内，待装满后，用木槌在分层度筒周围距离大致相等的四个不同部位轻轻敲击 1～2 下；当砂浆沉落到低于筒口时，应随时添加，然后刮去多余的砂浆并用抹刀抹平。

（3）静置 30 min 后，去掉上节 200 mm 砂浆，然后将剩余的 100 mm 砂浆倒在拌合锅内拌 2 min，再按照规定（JGJ/T 70—2009 中“4 稠度试验”）测其稠度。前后测得的稠度之差即为该砂浆的分层度值。

快速法测定分层度应按下列步骤进行：

（1）应按照规定（JGJ/T 70—2009 中“4 稠度试验”）测定砂浆拌合物的稠度。

（2）应将分层度筒预先固定在振动台上，砂浆一次装入分层度筒内，振动 20 s。

（3）去掉上节 200 mm 砂浆，剩余 100 mm 砂浆倒出放在拌合锅内拌 2 min，再按标准规定（JGJ/T 70—2009 中“4 稠度试验”）的稠度试验方法测其稠度，前后测得的稠度之差即为该砂浆的分层度值。

分层度试验结果应按下列要求确定：

（1）应取两次试验结果的算术平均值作为该砂浆的分层度值，精确至 1 mm。

（2）当两次分层度试验值之差大于 10 mm 时，应重新取样测定。

根据《砌筑砂浆配合比设计规程》（JGJ/T 98—2010），砌筑砂浆的保水率应符合表1-3-3的规定。

表 1-3-3　砌筑砂浆的保水率

砂浆种类	保水率
水泥砂浆	≥80%
水泥混合砂浆	≥84%
预拌砌筑砂浆	≥88%

二、流动性

砂浆的稠度又称流动性，是指新拌砂浆在其自重或外力作用下产生流动的性能，用“沉入度”表示。砂浆的稠度采用砂浆稠度仪测定，单位是 mm。砂浆沉入度值越大，表明砂浆越稀，流动性越大。

砂浆的流动性与用水量、胶凝材料的品种和用量、细骨料的级配和表面特征、掺合料及外加剂的特性和用量、拌合时间等因素有关。其中，流动性主要取决于用水量，施工中常以用水量来控制砂浆的稠度。

➤ **知识拓展：**根据《建筑砂浆基本性能试验方法标准》（JGJ/T 70—2009），稠度试验适用于确定砂浆的配合比或施工过程中控制砂浆的稠度。

稠度试验应使用下列仪器：

（1）砂浆稠度仪：由试锥、容器和支座三部分组成。试锥应由钢材或铜材制成，试锥高度应为 145 mm，锥底直径应为 75 mm，试锥连同滑竿的质量应为（300±2）g；盛浆容器应由钢板制成，筒高应为 180 mm，锥底内径应为 150 mm；支座应包括底座、支架及刻度显示三个部分，应由铸铁、钢或其他金属制成（图 1-3-2）。

（2）钢制捣棒：直径为 10 mm，长度为 350 mm，端部磨圆。

（3）秒表。

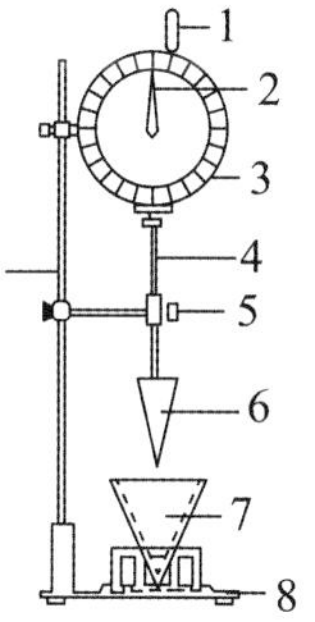

1—齿条测杆；2—指针；3—刻度盘；4—滑竿；5—制动螺丝；
6—试锥；7—盛浆容器；8—底座；9—支架

图 1-3-2　砂浆稠度仪

稠度试验应按下列步骤进行：

（1）应先采用少量润滑油轻擦滑竿，再将滑竿上多余的油用吸油纸擦净，使滑竿能自由滑动。

（2）应先采用湿布擦净盛浆容器和试锥表面，再将砂浆拌合物一次装入容器；砂浆表面宜低于容器口 10 mm，用捣棒自容器中心向边缘均匀地插捣 25 次，然后轻轻地将容器摇动或敲击 5～6 下，使砂浆表面平整，随后将容器置于稠度测定仪的底座上。

（3）拧开制动螺丝，向下移动滑竿，当试锥尖端与砂浆表面刚接触时，应拧紧制动螺丝，使齿条测竿下端刚接触滑竿上端，并将指针对准零点上。

（4）拧开制动螺丝，同时计时间，10 s 时立即拧紧螺丝，将齿条测竿下端接触滑竿上端，从刻度盘上读出下沉深度（精确至 1 mm），即为砂浆的稠度值。

（5）盛浆容器内的砂浆，只允许测定一次稠度，重复测定时，应重新取样测定。

根据《砌筑砂浆配合比设计规程》（JGJ/T 98—2010），砌筑砂浆施工时的稠度宜按表 1-3-4选用。

表 1-3-4　砌筑砂浆的施工稠度（单位：mm）

砌体种类	砂浆稠度
烧结普通砖砌体、粉煤灰砖砌体	70～90
混凝土砖砌体、普通混凝土小型空心砌块砌体、灰砂砖砌体	50～70
烧结多孔砖砌体、烧结空心砖砌体、轻集料混凝土小型空心砌块砌体、蒸压加气混凝土砌块砌体	60～80
石砌体	30～50

砂浆稠度的选择要考虑砌体材料的种类、气候条件等因素。一般基底为多孔吸水材料或

在干热条件下施工时，砂浆的流动性应大一些；而对于密实的、吸水较少的基底材料，或者在湿冷条件下施工时，砂浆的流动性应小一些。

三、抗压强度与强度等级

根据《建筑砂浆基本性能试验方法标准》（JGJ/T 70—2009），砂浆的强度等级是以边长为 70.7 mm×70.7 mm×70.7 mm 立方体试块，按标准养护条件养护 28 d 后测定的抗压强度平均值来确定。

立方体抗压强度试验的试验结果应按下列要求确定：

（1）应以三个试件测值的算术平均值作为该组试件的砂浆立方体抗压强度平均值，精确至 0.1 MPa。

（2）当三个测值的最大值或最小值中有一个与中间值的差值超过中间值的 15%时，应把最大值及最小值一并舍去，取中间值作为该组试件的抗压强度值。

（3）当两个测值与中间值的差值均超过中间值的 15%时，该组试验结果应为无效。

实战演练

［2016 真题·单选］普通砂浆的稠度越大，说明砂浆的（　　）。

A. 保水性越好　　B. 黏结力越强

C. 强度越小　　D. 流动性越大

［解析］砂浆的稠度又称流动性，是指新拌砂浆在其自重或外力作用下产生流动的性能，用“沉入度”表示。稠度由砂浆稠度测定仪的圆锥体沉入砂浆内的深度计算。圆锥沉入深度越大，砂浆的流动性越大。

［答案］D

［典型例题·单选］某砂浆试块一组三块，其强度值分别为 12.0 MPa、10.0 MPa、9.0 MPa，则该组试块的砂浆评定结果为（　　）。

A. 10.3 MPa　　B. 10.0 MPa

C. 9.0 MPa　　D. 无效

［解析］当三个测值的最大值或最小值中有一个与中间值的差值超过中间值的 15%时，应把最大值及最小值一并舍去，取中间值作为该组试件的抗压强度值。

［答案］B

［2020 真题·多选］影响砂浆稠度的因素有（　　）。

A. 胶凝材料种类　　B. 使用环境温度

C. 用水量　　D. 掺合料的种类

E. 搅拌时间

［解析］砂浆的稠度又称流动性。砂浆的流动性与用水量、胶凝材料的品种和用量、细骨料的级配和表面特征、掺合料及外加剂的特性和用量，拌合时间等因素有关。其中，流动性主要取决于用水量，施工中常以用水量来控制砂浆的稠度。

［答案］ACDE

考点 5　砌块要求★

根据《砌体结构设计规范》（GB 50003—2011），砌体结构是由块体和砂浆砌筑而成的墙、柱作为建筑物主要受力构件的结构，是砖砌体、砌块砌体和石砌体结构的统称。

根据《墙体材料术语》（GB/T 18968—2019），砌块是建筑用的人造块材，外形多为直角六面体，也有各种异形的。砌块系列中主规格的长度、宽度或高度有一项或一项以上分别大于 365 mm、240 mm 或 115 mm，但高度不大于长度或宽度的 6 倍，长度不超过高度的 3 倍。

混凝土砌块是以水泥为胶结料，以砂、石或炉渣、煤矸石等为骨料，经加水搅拌、成形、养护而成的块体材料。

目前，国内应用较为广泛的混凝土砌块有蒸压加气混凝土砌块（图 1-3-3）和混凝土小型空心砌块，混凝土小型空心砌块又包括普通混凝土小型砌块（图 1-3-4）和轻骨料混凝土小型空心砌块（图 1-3-5）。

图 1-3-3　蒸压加气混凝土砌块

图 1-3-4　普通混凝土小型砌块

图 1-3-5　轻骨料混凝土小型空心砌块

一、蒸压加气混凝土砌块

根据《蒸压加气混凝土砌块》（GB/T 11968—2020），蒸压加气混凝土是以硅质材料和钙质材料为主要原材料，掺加发气剂及其他调节材料，通过配料浇注、发气静停、切割、蒸压养护等工艺制成的多孔轻质硅酸盐建筑制品。

蒸压加气混凝土砌块是蒸压加气混凝土中用于墙体砌筑的矩形块材。常用规格尺寸见表 1-3-5。

表 1-3-5　常用规格尺寸（单位：mm）

长度 L	宽度 B	高度 H
600	100　120　125 150　180　200 240　250　300	200　240　250　300

注：如需要其他规格，可由供需双方协商确定。

蒸压加气混凝土砌块质量轻，具有保温隔热性能好、隔声性能好、抗震性强、耐火性好、易于加工、施工方便等优点，是应用较多的轻质墙体材料之一，适用于低层建筑的承重墙、多层建筑的间隔墙和高层框架结构的填充墙。在无可靠的防护措施时，该类砌块不得用于水中、高湿度和有侵蚀介质的环境中，也不得用于建筑物的基础和温度长期高于 80 ℃的建筑部位。

二、混凝土小型空心砌块

根据《砌体结构设计规范》（GB 50003—2011），混凝土小型空心砌块是由普通混凝土或轻集料混凝土制成，主规格尺寸为 390 mm×190 mm×190 mm、空心率为 25%～50%的空心砌块，简称混凝土砌块或砌块，如图 1-3-6 所示。

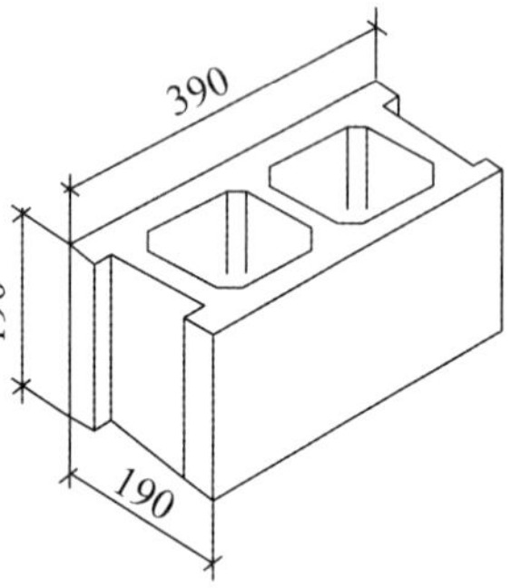

图 1-3-6　混凝土小型空心砌块（单位：mm）

根据《混凝土小型空心砌块建筑技术规程》（JGJ/T 14—2011），普通混凝土小型空心砌块是指以碎石或碎卵石为粗骨料制作的混凝土小型空心砌块，主规格尺寸为 390 mm×190 mm×190 mm，简称普通小砌块。轻骨料混凝土小型空心砌块是指以浮石、火山渣、煤渣、自然煤矸石、陶粒等粗骨料制作的混凝土小型空心砌块，主规格尺寸为 390 mm×190 mm×190 mm，简称为轻骨料小砌块。

根据《混凝土小型空心砌块建筑技术规程》（JGJ/T 14—2011），普通混凝土小型空心砌块强度等级可采用 MU20、MU15、MU10、MU7.5 和 MU5。轻骨料混凝土小型空心砌块强度等级可采用 MU15、MU10、MU7.5、MU5 和 MU3.5。

普通混凝土小型空心砌块具有强度较高、耐久性好、外表尺寸规整等优点，可用于低层和中层建筑的内墙和外墙。轻骨料混凝土小型空心砌块主要用于保温墙体或非承重墙体。

考点 6 混凝土的技术性能★★★

扫码听课

一、混凝土的和易性

根据《混凝土物理力学性能试验方法标准》（GB/T 50081—2019），混凝土是指以水泥、骨料和水为主要原材料，根据需要加入矿物掺合料和外加剂等材料，按一定配合比，经拌合、成型、养护等工艺制作的、硬化后具有强度的工程材料。

和易性是指混凝土拌合物在一定的施工条件下（如设备、工艺、环境等）易于各工序（搅拌、运输、浇筑、捣实）施工操作，并能获得质量稳定、整体均匀、成型密实的性能。和易性是一项综合性的技术指标，包括流动性、黏聚性（或称可塑性）、保水性（或称稳定性）三方面性能，和易性也称工作性。

（一）流动性

流动性是指混凝土拌合物在自重或机械振捣作用下，易于流动并均匀密实地填满模板的性能。流动性的大小，反映混凝土拌合物的稀稠，直接影响浇捣施工的难易和混凝土的质量优劣，流动性好的混凝土容易操作、成型。

根据《混凝土结构工程施工规范》（GB 50666—2011），混凝土拌合物的工作性应以坍落度或维勃稠度表示。坍落度适用于塑性和流动性混凝土拌合物；维勃稠度适用于干硬性混凝土拌合物。检测方法应按现行国家标准《普通混凝土拌合物性能试验方法标准》（GB/T 50080—2016）的规定进行。

根据《普通混凝土拌合物性能试验方法标准》（GB/T 50080—2016），坍落度是指混凝土拌合物在自重作用下坍落的高度；稠度表征混凝土拌合物流动性的指标，可用坍落度、维勃稠度或扩展度表示。

1. 坍落度试验

本试验方法宜用于骨料最大公称粒径不大于 40 mm、坍落度不小于 10 mm 的混凝土拌合物坍落度的测定。

坍落度试验应按下列步骤进行：

（1）坍落度筒内壁和底板应润湿无明水；底板应放置在坚实水平面上，并把坍落度筒放在底板中心，然后用脚踩住两边的脚踏板，坍落度筒在装料时应保持在固定的位置。

（2）混凝土拌合物试样应分三层均匀地装入坍落度筒内，每装一层混凝土拌合物，应用捣棒由边缘到中心按螺旋形均匀插捣 25 次，捣实后每层混凝土拌合物试样高度约为筒高的 1/3。

（3）插捣底层时，捣棒应贯穿整个深度，插捣第二层和顶层时，捣棒应插透本层至下一层的表面。

（4）顶层混凝土拌合物装料应高出筒口，插捣过程中，混凝土拌合物低于筒口时，应随时添加。

（5）顶层插捣完后，取下装料漏斗，应将多余混凝土拌合物刮去，并沿筒口抹平。

（6）清除筒边底板上的混凝土后，应垂直平稳地提起坍落度筒，并轻放于试样旁边；当试样不再继续坍落或坍落时间达 30 s 时，用钢尺测量出筒高与坍落后混凝土试体最高点之间的高度差，作为该混凝土拌合物的坍落度值。

混凝土拌合物坍落度试验示意图如图 1-3-7 所示。

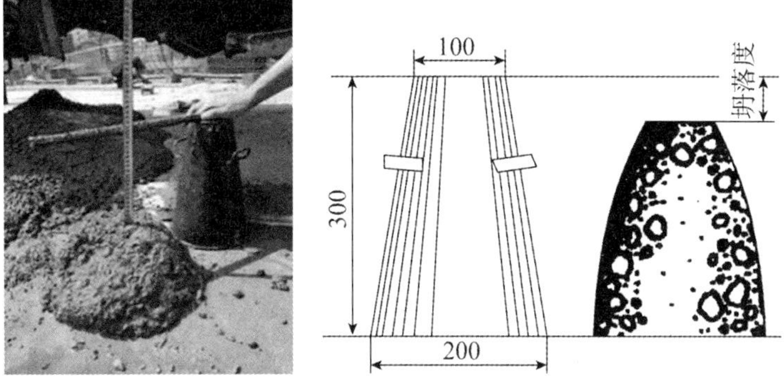

图 1-3-7 混凝土拌合物坍落度试验示意图（单位：mm）

2. 维勃稠度试验

本试验方法宜用于骨料最大公称粒径不大于 40 mm，维勃稠度在 5～30 s 的混凝土拌合物维勃稠度测定；坍落度不大于 50 mm 或干硬性混凝土和维勃稠度大于 30 s 的特干硬性混凝土拌合物的稠度，可采用增实因数法进行测定。

维勃稠度试验应按下列步骤进行：

（1）维勃稠度仪应放置在坚实水平面上，容器、坍落度筒内壁及其他用具应润湿无明水。

（2）喂料斗应提到坍落度筒上方扣紧，校正容器位置，使其中心与喂料中心重合，然后拧紧固定螺钉。

（3）混凝土拌合物试样应分三层均匀地装入坍落度筒内，捣实后每层高度应约为筒高的1/3。每装一层，应用捣棒在筒内由边缘到中心按螺旋形均匀插捣25次；插捣底层时，捣棒应贯穿整个深度，插捣第二层和顶层时，捣棒应插透本层至下一层的表面；顶层混凝土装料应高出筒口，插捣过程中，混凝土低于筒口时，应随时添加。

（4）顶层插捣完应将喂料斗转离，沿坍落度筒口刮平顶面，垂直地提起坍落度筒，不应使混凝土拌合物试样产生横向的扭动。

（5）将透明圆盘转到混凝土圆台体顶面，放松测杆螺钉，应使透明圆盘转至混凝土锥体上部，并下降至与混凝土顶面接触。

（6）拧紧定位螺钉，开启振动台，同时用秒表计时，当振动到透明圆盘的整个底面与水泥浆接触时应停止计时，并关闭振动台。

秒表记录的时间应作为混凝土拌合物的维勃稠度值，精确至1 s。混凝土拌合物维勃稠度试验示意图如图1-3-8所示。

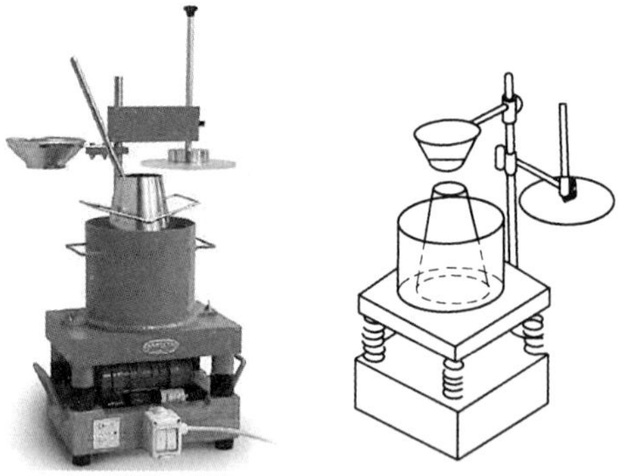

图1-3-8 混凝土拌合物维勃稠度试验示意图

➤ **提示：**试验方法不同，结论不同，注意理解、区分。

砂浆稠度越大，流动性越大。混凝土稠度越大，流动性越小。

影响和易性的主要因素包括：水泥浆的用量、水泥浆的稠度（水灰比或水灰比）、单位体积用水量、砂率、组成材料性质的影响、外加剂、时间和温度。

（二）黏聚性

黏聚性是指混凝土各组成材料之间有一定的黏聚力，使混凝土保持整体均匀完整和稳定的性能，在运输和浇筑过程中不致产生分层和离析现象。黏聚性差会影响混凝土的成型、浇筑质量，造成其强度下降、耐久性不满足要求。

（三）保水性

保水性是指混凝土拌合物在施工过程中，具有一定的保持内部水分的能力而不致产生严重的泌水现象。新拌混凝土由不同密度、不同粒径的颗粒（骨料和水泥）和水组成，在自重和外力作用下，固体颗粒下沉，水上浮于混凝土表面形成泌水，造成硬化后混凝土表面酥软，当泌水发生在骨料或钢筋下面时，影响混凝土的整体均匀性。保水性差的混凝土拌合物，因泌水会形成易透水的孔隙，使混凝土的密实性变差，强度和耐久性降低。

混凝土拌合物的流动性、黏聚性、保水性三者之间既互相联系，又互相矛盾。如黏聚性好则保水性一般也较好，但流动性可能较差；当增大流动性时，黏聚性和保水性往往变差。因此，拌合物的和易性良好，一般需要这三方面性能在某种具体工作条件下达到统一，达到均为良好的状况。

二、混凝土的强度

根据《混凝土结构设计规范（2015 年版）》（GB 50010—2010），混凝土强度等级应按立方体抗压强度标准值确定。立方体抗压强度标准值系指按标准方法制作、养护的边长为 150 mm 的立方体试件，在 28 d 或设计规定龄期以标准试验方法测得的具有 95%保证率的抗压强度值。

混凝土强度等级划分成 C15、C20、C25、C30、C35、C40、C45、C50、C55、C60、C65、C70、C75、C80 共 14 个等级。其中，C30 表示立方体抗压强度标准值为 30 N/mm^2 的混凝土强度等级。

混凝土的强度主要取决于水泥石强度及其与骨料的黏结强度，而黏结强度又与水泥强度等级、水灰比及骨料的性质有密切关系，此外混凝土的强度还受施工质量、养护条件及龄期的影响。

三、混凝土的耐久性

混凝土的耐久性是指混凝土在所处环境及使用条件下经久耐用的性能。

混凝土的耐久性是一个综合性概念，其包含的内容很多，如抗渗性、抗冻性、抗侵蚀性、抗碳化反应、抗碱骨料反应等。这些性能都决定着混凝土经久耐用的程度，故统称为耐久性。

（一）混凝土的抗渗性

混凝土的抗渗性是指混凝土抵抗有压介质（水、油、溶液等）渗透作用的能力，用抗渗等级表示。抗渗等级是以 28 d 龄期的标准试件，在标准试验方法下进行试验，以每组 6 个试件中有 4 个试件未出现渗水时，所承受的最大静水压来表示。国家标准《混凝土质量控制标准》（GB 50164—2011）将混凝土抗渗性划分为 P4、P6、P8、P10、P12 及>P12 共 6 个等级，分别表示混凝土能抵抗 0.4 MPa、0.6 MPa、0.8 MPa、1.0 MPa、1.2 MPa 和>1.2 MPa 的静水压力而不渗水。

提高混凝土抗渗性的主要措施是提高混凝土的密实度和改善混凝土中的孔隙结构，减少连通孔隙。这些可通过降低水灰比、选择好的骨料级配、充分振捣和养护、掺入引气剂等方法来实现。

（二）混凝土的抗冻性

混凝土的抗冻性是指混凝土在水饱和状态下，能经受多次冻融循环作用而不破坏，同时也不严重降低强度的性能。

混凝土的抗冻性用抗冻等级 F 来表示。抗冻等级是以 28 d 龄期的混凝土标准试件，在吸水饱和后承受反复冻融循环，以抗压强度损失不超过 25%，质量损失不超过 5%时所能承受的最大循环次数来表示。例如，F100 表示混凝土能够承受反复冻融循环次数为 100 次，强度下降不超过 25%，质量损失不超过 5%。密实的混凝土和具有闭口孔隙的混凝土（如引气混凝土）抗冻性较高。

（三）混凝土的碳化作用

混凝土的碳化作用是指混凝土中的 $Ca(OH)_2$ 与空气中的 CO_2 作用生成 $CaCO_3$ 和水，使表层混凝土的碱度降低的过程，如图 1-3-9 所示。

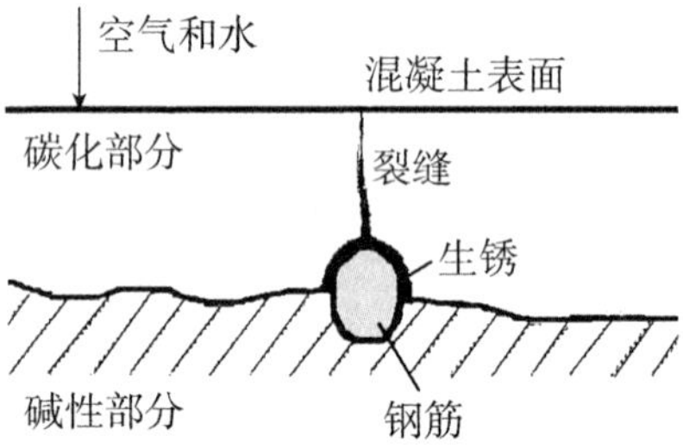

图 1-3-9　混凝土的碳化作用

碳化对混凝土有不利的影响：碳化减弱了混凝土对钢筋的保护作用，可能导致钢筋锈蚀；碳化还会引起混凝土的收缩，并可能导致微细裂缝。碳化作用对混凝土也有一些有利的影响，主要是可以提高碳化层的密实度和抗压强度。总体来说，碳化对混凝土的影响是弊多利少，因此应设法提高混凝土的抗碳化能力。为防止钢筋锈蚀，钢筋混凝土结构构件必须设置足够的混凝土保护层。

考点 7　混凝土掺合料、外加剂的种类与应用★★

一、混凝土掺合料的种类与作用

根据《矿物掺合料应用技术规范》（GB/T 51003—2014），矿物掺合料是以硅、铝、钙等一种或多种氧化物为主要成分，具有规定细度，掺入混凝土中能改善混凝土性能的粉体材料。

根据掺合料的活性程度可分为有胶凝性（或称潜在水硬活性）的掺合料，如粒化高炉矿渣、高钙粉煤灰或增钙液渣、沸腾炉燃煤脱硫排放的废渣等；有火山灰活性的掺合料，如粉煤灰、原状的或焙烧的酸性火山玻璃和硅藻土、某些烧页岩和黏土，以及某些工业废渣（如硅灰）等；惰性掺合料，如细磨的石灰岩、石英砂、白云岩以及各种硅质岩石的产物等。

在混凝土中合理使用掺合料不仅可以达到节约水泥、降低能耗和成本的目的，而且可以改善混凝土拌合物的工作性能，提高硬化混凝土的强度和耐久性。另外，掺合料的应用对于改善环境，减少二次污染，推动可持续发展的绿色混凝土的开发应用，也具有十分重要的意义。

二、混凝土外加剂的种类与作用

根据《混凝土外加剂术语》（GB/T 8075—2017），混凝土外加剂是混凝土中除胶凝材料、骨料、水和纤维组分以外，在混凝土拌制之前或拌制过程中加入的，用以改善新拌混凝土和（或）硬化混凝土性能，对人、生物及环境安全无有害影响的材料。

混凝土外加剂按其主要使用功能分为：

（1）改善混凝土拌合物流变性能的外加剂，如各种减水剂和泵送剂等。

（2）调节混凝土凝结时间、硬化过程的外加剂，如缓凝剂、早强剂、促凝剂和速凝剂等。

（3）改善混凝土耐久性的外加剂，如引气剂、防水剂和阻锈剂等。

（4）改善混凝土其他性能的外加剂，如膨胀剂、防冻剂和着色剂等。

根据《混凝土外加剂应用技术规范》（GB 50119—2013），外加剂的相关规定如下。

（一）早强剂

早强剂宜用于蒸养、常温、低温和最低温度不低于−5 ℃环境中施工的有早强要求的混凝土工程。炎热条件以及环境温度低于−5 ℃时不宜使用早强剂。

（二）缓凝剂

（1）缓凝剂宜用于延缓凝结时间的混凝土。

（2）缓凝剂宜用于对坍落度保持能力有要求的混凝土、静停时间较长或长距离运输的混凝土、自密实混凝土。

（3）缓凝剂可用于大体积混凝土。

（4）缓凝剂宜用于日最低气温 5 ℃以上施工的混凝土。

（三）泵送剂

（1）泵送剂宜用于泵送施工的混凝土。

（2）泵送剂可用于工业与民用建筑结构工程混凝土、桥梁混凝土、水下灌注桩混凝土、大坝混凝土、清水混凝土、防辐射混凝土和纤维增强混凝土等。

（3）泵送剂宜用于日平均气温 5 ℃以上的施工环境。

（4）泵送剂不宜用于蒸汽养护混凝土和蒸压养护的预制混凝土。

（四）速凝剂

（1）速凝剂可用于喷射法施工的砂浆或混凝土，也可用于有速凝要求的其他混凝土。

（2）粉状速凝剂宜用于干法施工的喷射混凝土，液体速凝剂宜用于湿法施工的喷射混凝土。

（3）永久性支护或衬砌施工使用的喷射混凝土、对碱含量有特殊要求的喷射混凝土工程，宜选用碱含量小于1%的低碱速凝剂。

考点 8　钢材的基础知识★

常用的建筑金属材料主要是钢材和铝合金。建筑钢材又划分为钢结构用钢、钢筋混凝土结构用钢和建筑装饰用钢材制品三种。

钢材按化学成分分为碳素钢和合金钢。具体分类见表 1-3-6。

碳素钢是指含碳量在0.02%～2.06%的钢。其化学成分主要是铁，其次是碳，还含有少量的硅、锰、硫、磷等微量元素。按照碳含量（质量分数）高低，又把碳素钢分为低碳钢、中碳钢、高碳钢和超高碳钢，其中低碳钢在工程中应用较多。

合金钢是在碳钢的基础上，为了改善钢的性能，或为了获得某种物理、化学或力学特性而有意向钢中加入一种或几种合金元素，并使其含量（质量分数）超过碳钢的允许含量的一类钢种。

表 1-3-6　钢材按化学成分分类

分类方法	类别		
按化学成分分类	碳素钢	低碳钢	碳含量小于 0.02%
		中碳钢	碳含量在 0.25%～0.60%之间
		高碳钢	碳含量大于 0.60%
	合金钢	低合金钢	合金元素总含量小于 5.0%
		中合金钢	合金元素总含量为 5.0%～10%
		高合金钢	合金元素总含量大于 10%

➤ **重点提示：**(1) 明确铁是钢材的主要元素，而不是钢。

(2) 碳是影响钢材受力的重要因素，简单了解钢材按化学成分如何分类。

实战演练

[**经典例题·单选**] 钢材是以（　　）为主要元素，并含有其他元素的合金材料。

A. 碳　　B. 铁　　C. 磷　　D. 锰

[**解析**] 钢是对碳含量介于 0.02%～2.06%之间的铁合金的统称。

[**答案**] B

考点 9　常用的建筑钢材★★★

一、建筑装饰用钢材制品

目前，建筑装饰工程中常用的钢材制品主要有不锈钢板与钢管、彩色不锈钢板、彩色涂层钢板、彩色压型钢板、塑料复合钢板及轻钢龙骨等。

二、钢结构用钢

钢结构所用钢材主要是型钢、钢板材和钢管，型钢有热轧型钢和冷弯薄壁型钢。

（一）热轧型钢

钢结构常用的型钢有角钢、工字钢、槽钢、H 型钢、T 型钢、圆钢等，如图 1-3-10 所示。型钢由于截面形式合理，材料在截面上的受力分布最为有利，且构件间连接方便，所以它是钢结构中采用的主要品种。

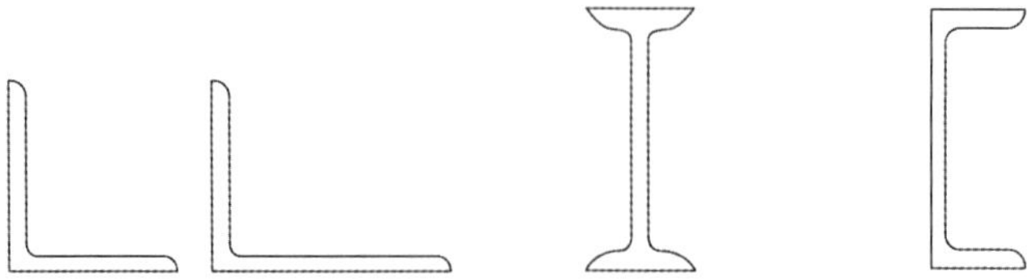

(a) 角钢　　(b) 工字钢　　(c) 槽钢

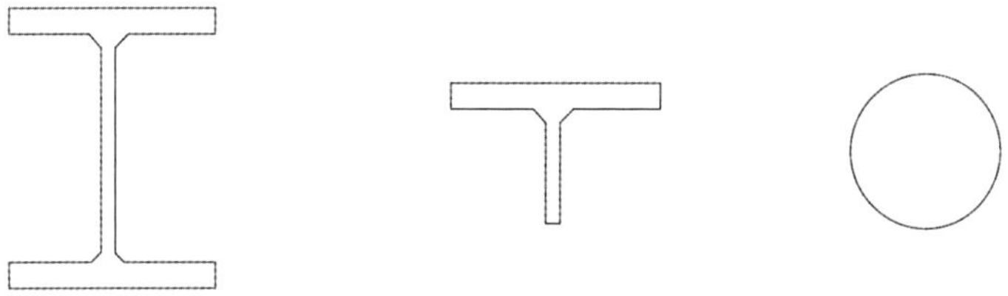

（d）H 型钢　　（e）T 型钢　　（f）圆钢

图 1-3-10　型钢示意图

（二）冷弯薄壁型钢

冷弯薄壁型钢是用薄钢板或者带钢经模压弯曲而成的各种断面形状的成品钢材。

（三）钢板材

钢板材包括钢板、花纹钢板、压型钢板和彩色涂层钢板。钢板是矩形平板状的钢材，直接轧制而成或由宽钢带剪切而成。按照轧制方式，钢板可分为热轧钢板和冷轧钢板。钢板规格表示方法为宽度（mm）×厚度（mm）×长度（mm）。按照厚度，钢材可分为厚板（厚度>4 mm）和薄板（厚度≤4 mm）两种，厚板主要用于结构，薄板主要用于屋面板、楼板和墙板等。在钢结构中，一般是用几块板组合成工字型、箱型等结构来承受荷载。

三、钢筋混凝土结构用钢

热轧钢筋是土木工程中用量最大的钢材品种之一，主要用于钢筋混凝土和预应力钢筋混凝土结构中的配筋。从外形上看，热轧钢筋分为热轧光圆钢筋（图 1-3-11）和热轧带肋钢筋（图 1-3-12）。

图 1-3-11　热轧光圆钢筋

图 1-3-12　热轧带肋钢筋

根据《钢筋混凝土用钢　第 1 部分：热轧光圆钢筋》（GB/T 1499.1—2017），热轧光圆钢筋是经热轧成型，横截面通常为圆形，表面光滑的成品钢筋。

热轧光圆钢筋的屈服强度特征值为 300 级。热轧光圆钢筋牌号的构成及其含义见表1-3-7。

表 1-3-7　热轧光圆钢筋牌号的构成及其含义

产品名称	牌号	牌号构成	英文字母含义
热轧光圆钢筋	HPB300	由 HPB+屈服强度特征值构成	HPB—热轧光圆钢筋的英文（Hot rolled Plain Bars）缩写

根据《钢筋混凝土用钢　第 2 部分：热轧带肋钢筋》（GB/T 1499.2—2018），普通热轧

钢筋是按热轧状态交货的钢筋；细晶粒热轧钢筋是在热轧过程中，通过控轧和控冷工艺形成的细晶粒钢筋，其晶粒度为9级或更细；带肋钢筋是横截面通常为圆形，且表面带肋的混凝土结构用钢材。

热轧带肋钢筋按屈服强度特征值分为400、500、600级。热轧带肋钢筋牌号的构成及其含义见表1-3-8。

表1-3-8　热轧带肋钢筋牌号的构成及其含义

类别	牌号	牌号构成	英文字母含义
普通热轧钢筋	HRB400	由HRB+屈服强度特征值构成	HRB—热轧带肋钢筋的英文（Hot rolled Ribbed Bars）缩写 E—“地震”的英文（Earthquake）首位字母
	HRB500		
	HRB600		
	HRB400E	由HRB+屈服强度特征值+E构成	
	HRB500E		
细晶粒热轧钢筋	HRBF400	由HRBF+屈服强度特征值构成	HRBF—在热轧带肋钢筋的英文缩写后加“细”的英文（Fine）首位字母。 E—“地震”的英文（Earthquake）首位字母
	HRBF500		
	HRBF400E	由HRBF+屈服强度特征值+E构成	
	HRBF500E		

热轧光圆钢筋强度较低，但塑性、韧性和焊接性能好，广泛用于普通钢筋混凝土的主要受力钢筋、构造钢筋和箍筋；也可作为冷轧带肋钢筋的原材料。带肋钢筋加强了钢筋与混凝土之间的黏结力，可有效防止混凝土与钢筋之间发生相对滑移。

梁、柱、支撑以及剪力墙边缘构件中，其受力钢筋宜采用热轧带肋钢筋。

按一、二、三级抗震等级设计的框架和斜撑构件，其纵向受力普通钢筋应符合下列要求：

（1）钢筋的抗拉强度实测值与屈服强度实测值的比值不应小于1.25。

（2）钢筋的屈服强度实测值与屈服强度标准值的比值不应大于1.30。

（3）钢筋最大拉力下的总伸长率实测值不应小于9%。

对按一、二、三级抗震等级设计的各类框架构件（包括斜撑构件），要求纵向受力钢筋检验所得的抗拉强度实测值（即实测最大强度值）与受拉屈服强度的比值（强屈比）不小于1.25，目的是使结构某部位出现较大塑性变形或塑性铰后，钢筋在大变形条件下具有必要的强度潜力，保证构件的基本抗震承载力；要求钢筋受拉屈服强度实测值与钢筋的受拉屈服强度标准值的比值（屈强比）不应大于1.3，主要是为了保证“强柱弱梁”“强剪弱弯”的设计要求不致因钢筋屈服强度离散性过大而受到干扰；钢筋最大拉力下的总伸长率不应小于9%，主要为了保证在抗震大变形条件下，钢筋具有足够的塑性变形能力。

➢ **重点提示：**（1）该考点为高频考点，选择题与案例题均会出现。

（2）按一、二、三级抗震等级设计的框架和斜撑构件的纵向受力普通钢筋，要与框架结构抗震知识点相联系，重点记忆数字，如案例题中给出了钢筋的屈服强度、抗拉强度的理论值和实测值，要求计算其是否满足相关要求。

实战演练

[**经典例题·单选**] 钢筋混凝土结构用钢的主要品种是（　　）。

A. 热轧钢筋

B. 热处理钢筋

C. 钢丝

D. 钢绞线

[**解析**] 热轧钢筋是土木工程中用量最大的钢材品种之一，主要用于钢筋混凝土结构和预应力钢筋混凝土结构中的配筋。

[**答案**] A

[**经典例题·单选**] 下列钢筋牌号，属于热轧光圆钢筋的是（　　）。

A. HPB300　　B. HRB335

C. HRBF400　　D. HRB400E

[**解析**] HPB300是热轧光圆钢筋的牌号。

[**答案**] A

[**经典例题·多选**] 下列属于牌号为“HRB400E”的钢筋需满足的要求有（　　）。

A. 钢筋实测抗拉强度与实测屈服强度之比不小于1.25

B. 钢筋实测抗拉强度与实测屈服强度之比不大于1.25

C. 钢筋实测屈服强度与规范规定的屈服强度标准值之比不大于1.30

D. 钢筋实测屈服强度与规范规定的屈服强度标准值之比不小于1.30

E. 钢筋的最大拉力下总伸长率不小于9%

[**解析**] 钢筋实测抗拉强度与实测屈服强度之比不应小于1.25。钢筋的屈服强度实测值与屈服强度标准值之比不应大于1.30。钢筋最大拉力下的总伸长率实测值不应小于9%。

[**答案**] ACE

考点10 建筑钢材的主要性能及特性★★

建筑钢材的主要性能包括力学性能和工艺性能两个方面。

一、建筑钢材的力学性能

建筑钢材的力学性能是指材料在外力作用下表现出变形和破坏方面的特性。建筑钢材力学性能的不同，是衡量钢材性能好坏的重要指标之一。建筑钢材的力学性能包括抗拉性能、冲击韧性、疲劳强度。

（一）抗拉性能

低碳钢轴向拉伸的应力（σ）-应变（ε）曲线如图1-3-13所示。

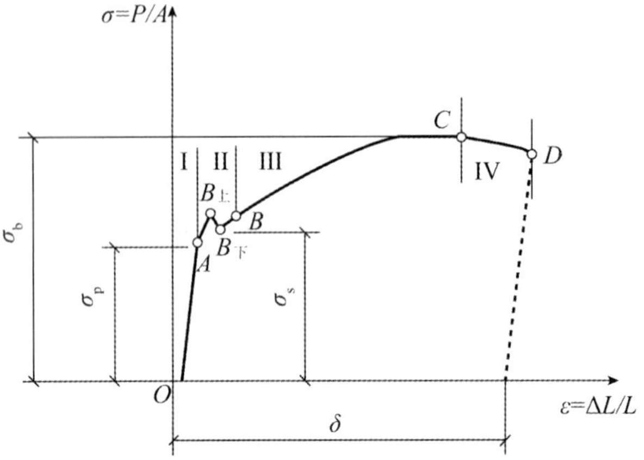

图 1-3-13 低碳钢受拉时的应力–应变曲线

从图中可以看出，低碳钢拉伸过程分为如下 4 个阶段，见表 1-3-9。

表 1-3-9 低碳钢拉伸过程

序号	名称	特征
Ⅰ	弹性阶段 O—A 段	(1) 试件在受力时发生变形，卸除拉伸力后变形能完全恢复，该过程为弹性变形阶段； (2) 应力和应变保持直线关系的最大应力称为材料的比例极限 σ_p
Ⅱ	屈服阶段 A—B 段	(1) 应力、应变不再成正比，应力基本不变，但变形增加较快，试件表面可观察到 45°滑移线，开始出现塑性变形； (2) 曲线呈现摆动，摆动的最大应力和最小应力分别称为屈服上限和屈服下限，由于屈服下限数值较为稳定，将其定义为材料屈服极限 σ_s； (3) 建筑钢材受力大于屈服点后，会出现较大的塑性变形，已不能满足使用要求，因此屈服强度是设计中钢材强度取值的依据，是工程结构计算中非常重要的一个参数
Ⅲ	强化阶段 B—C 段	(1) 当荷载卸到零时，试件不能恢复到原长，产生了塑性变形，建筑钢材抵抗塑性变形的能力重新得到提高，称为强化阶段； (2) 建筑钢材受拉力时所能承受的最大应力值称为抗拉强度 σ_b； (3) 屈服极限和抗拉强度之比称为屈强比 (σ_s/σ_b)，能反映建筑钢材的强度利用率和结构安全可靠程度，屈强比越小，其结构的安全可靠程度越高，但屈强比过小则说明建筑钢材强度的利用率偏低，造成钢材浪费
Ⅳ	颈缩阶段 C—D 段	(1) 建筑钢材受力达到最高点 C 后，其抵抗变形的能力明显降低，试件薄弱处的断面将显著减小，塑性变形急剧增加，产生“颈缩现象”，到 D 点构件断裂，这一阶段称为颈缩阶段； (2) 伸长率反映建筑钢材拉伸断裂时所具有的塑性变形能力，是衡量建筑钢材塑性性能的重要技术指标

➢ **扩展：**伸长率是试件拉断后标距的伸长量与原始标距的百分比，用 δ 表示，如图 1-3-14所示。

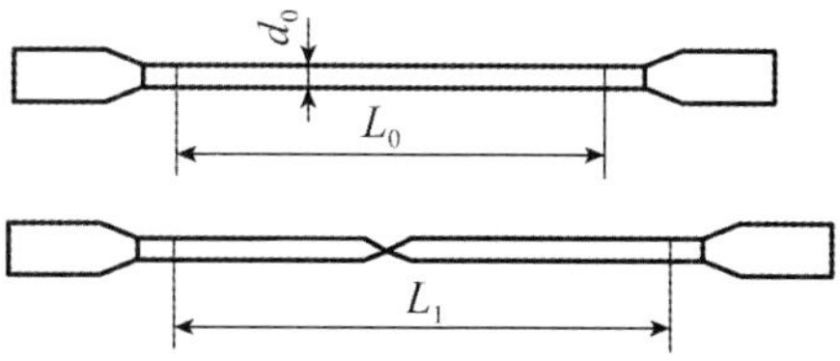

图 1-3-14　钢材拉伸试件

$$\delta = \frac{L_1 - L_0}{L_0}$$

式中　L_0——试件原始标距长度（mm）；

L_1——试件拉断后标距长度（mm）。

（二）冲击韧性

冲击韧性是指建筑钢材在冲击荷载作用下抵抗塑性变形和断裂的能力。

（三）疲劳强度

疲劳强度是指试件在交变应力作用下，不发生疲劳破坏的最大主应力值，一般把钢材承受荷载 106～107 次时不发生破坏的最大应力作为疲劳强度。

二、建筑钢材的工艺性能

建筑钢材不仅应具有优良的力学性能，还应有良好的工艺性能，以保证建筑钢材能够顺利通过各种处理而影响其质量。其中，冷弯性能和焊接性能是建筑钢材的两种重要工艺性能。

（一）冷弯性能

冷弯性能是指建筑钢材在常温下受弯曲变形的能力。建筑钢材的冷弯性能和伸长率均可反映其塑性变形能力。其中，伸长率反映试件均匀变形，而冷弯性能可揭示建筑钢材内部组织是否均匀，是否存在内应力和夹杂物等缺陷。工程中，还经常用冷弯试验来检验建筑钢材的焊接质量。

（二）焊接性能

建筑钢材的化学成分及冶炼质量对焊接性能有重要影响。建筑钢材中锰、硅、钒等杂质均会降低其焊接性，尤其是硫能使焊缝处产生热裂纹并硬脆，这种现象称为热脆性。对焊接结构用钢，宜选用碳含量和杂质含量低的镇静钢。对于高碳钢和合金钢，为改善焊接后的硬脆性，焊接时一般要采用焊前预热和焊后热处理等措施。此外，正确选用焊接工艺，也是提高焊接质量的正确措施。

➢ **整理归纳：** 建筑钢材的性能归纳见表 1-3-10。

表 1-3-10　建筑钢材的性能归纳

性能分类		特性
力学性能	抗拉性能	(1) 屈服强度是设计中建筑钢材强度取值的依据； (2) 屈服极限和抗拉强度之比称为屈强比，能反映建筑钢材的强度利用率和结构安全可靠程度； (3) 伸长率反映建筑钢材拉伸断裂时所具有的塑性变形能力，是衡量建筑钢材塑性性能的重要技术指标
	冲击韧性	建筑钢材在冲击荷载作用下抵抗塑性变形和断裂的能力
	疲劳强度	试件在交变应力作用下，不发生疲劳破坏的最大主应力值，一般把建筑钢材承受荷载106～107次时不发生破坏的最大应力作为疲劳强度
工艺性能	冷弯性能	建筑钢材在常温下受弯曲变形的能力
	焊接性能	建筑钢材的化学成分及冶炼质量对焊接性能有重要影响

➢ **重点提示**：(1) 该考点为高频考点，选择题中经常考查。

(2) 明确力学性能与工艺性能的内容，了解每一个衡量指标的具体含义。

(3) 注意屈服强度是结构设计中建筑钢材强度的取值依据。

实战演练

[2016 真题 · 单选] 钢筋的塑性指标通常用（　　）表示。

A. 屈服强度

B. 抗压强度

C. 伸长率

D. 抗拉强度

[解析] 伸长率反映建筑钢材拉伸断裂时所具有的塑性变形能力，是衡量建筑钢材塑性性能的重要技术指标。

[答案] C

[经典例题 · 单选]（　　）是结构设计中建筑钢材强度的取值依据。

A. 抗拉强度　　B. 抗压强度

C. 屈服强度　　D. 极限强度

[解析] 建筑钢材受力大于屈服点后，会出现较大的塑性变形，已不能满足使用要求，因此屈服强度是设计中建筑钢材强度取值的依据，是工程结构计算中非常重要的一个参数。

[答案] C

[2019 真题 · 多选] 下列建筑钢材的性能指标中，属于力学性能指标的有（　　）。

A. 拉伸　　B. 冲击

C. 疲劳　　D. 弯曲

E. 焊接

[解析] 建筑钢材力学性能包括抗拉性能、冲击韧性、疲劳强度。

[答案] ABC

考点 11 建筑工程常用的建筑玻璃★★

一、安全玻璃

根据《建筑用安全玻璃　第 1 部分：防火玻璃》(GB 15763.1—2009)，建筑用安全玻璃包括防火玻璃、钢化玻璃、夹层玻璃、均质钢化玻璃。

(一) 防火玻璃

根据《建筑用安全玻璃　第 1 部分：防火玻璃》(GB 15763.1—2009)，防火玻璃分类如下：

(1) 防火玻璃按结构可分为：复合防火玻璃（以 FFB 表示)；单片防火玻璃（以 DFB 表示)。

(2) 防火玻璃按耐火性能可分为：隔热型防火玻璃（A 类)；非隔热型防火玻璃（C 类)。

(3) 防火玻璃按耐火极限可分为五个等级：0.50 h、1.00 h、1.50 h、2.00 h、3.00 h。

(二) 钢化玻璃

根据《建筑用安全玻璃　第 2 部分：钢化玻璃》(GB 15763.2—2005)，钢化玻璃是经热处理工艺之后的玻璃，其特点是在玻璃表面形成压应力层，机械强度和耐热冲击强度得到提高，并具有特殊的碎片状态。

钢化玻璃的机械强度比未经钢化的玻璃要大 4～5 倍，抗冲击性能好、弹性好、热稳定性高，当玻璃破碎时，裂成圆钝的小碎片，不伤人。钢化玻璃在建筑上主要用于高层建筑的门窗、隔墙与幕墙等。破碎的钢化玻璃如图 1-3-15 所示。

图 1-3-15　破碎的钢化玻璃

(三) 夹层玻璃

根据《建筑用安全玻璃　第 3 部分：夹层玻璃》(GB 15763.3—2009)，夹层玻璃是玻璃与玻璃和/或塑料等材料，用中间层分隔并通过处理使其黏结为一体的复合材料的统称。常见和大多使用的是玻璃与玻璃，用中间层分隔并通过处理使其黏结为一体的玻璃构件。

夹层玻璃抗冲击性能和抗穿透性能好，玻璃破碎时不裂成分离的碎片，只有辐射状的裂纹和少量玻璃碎屑，碎片仍粘贴在膜片上，不致伤人。夹层玻璃在建筑上主要用于有特殊安全要求的门窗、隔墙、楼梯栏板，有抗冲击作用要求的银行窗口以及某些水下工程等。夹层玻璃如图 1-3-16 所示，楼梯栏板如图 1-3-17 所示，有抗冲击作用要求的银行窗口如图1-3-18 所示。

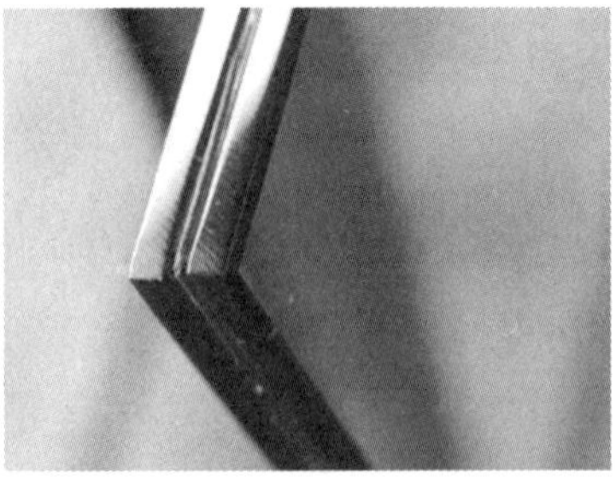

图 1-3-16　夹层玻璃

图 1-3-17　楼梯栏板

图 1-3-18　有抗冲击作用要求的银行窗口

(四) 均质钢化玻璃

根据《建筑用安全玻璃　第 4 部分：均质钢化玻璃》(GB 15763.4—2009)，均质钢化玻璃是指经过特定工艺条件处理过的钠钙硅钢化玻璃（简称 HST)。

二、节能装饰型玻璃

(一) 着色玻璃

着色玻璃是一种既能显著地吸收阳光中的热射线，又能保持良好透明度的节能装饰性玻璃。着色玻璃通常都带有一定的颜色，所以也称为着色吸热玻璃。着色玻璃有蓝色、茶色、灰色、绿色、金色等色泽。着色玻璃可有效吸收太阳的辐射热，产生“冷室效应”，达到蔽热节能的效果；使透过的阳光变得柔和，避免眩光；能有效地吸收太阳的紫外线，有效地防止太阳光对室内物品的褪色和变质作用。着色玻璃色泽鲜明、经久不变，能使建筑物的外形更美观。

(二) 中空玻璃

中空玻璃由两片或多片平板玻璃构成，用边框隔开，四周边缘部分用密封胶密封，玻璃层间充有干燥气体，如图 1-3-19 所示。

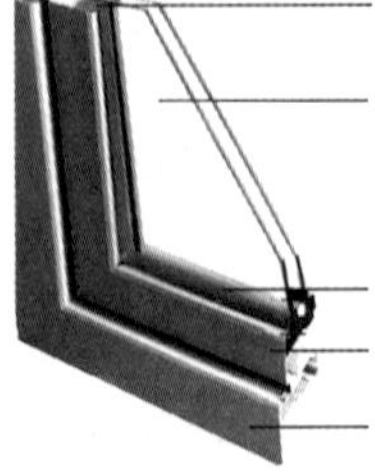

图 1-3-19　中空玻璃

中空玻璃的特性是保温隔热、节能性好，并能有效地防止结露。中空玻璃主要用于需要采暖、空调，防止噪声、结露，需要无直射阳光和特殊光线的建筑上，如住宅、饭店、宾馆、办公楼、学校、医院、商店等。

（三）镀膜玻璃

镀膜玻璃是通过物理或化学方法，在玻璃表面涂覆一层或多层金属、金属化合物或非金属化合物的薄膜，以满足特定要求的玻璃制品。

根据《镀膜玻璃　第1部分：阳光控制镀膜玻璃》（GB/T 18915.1—2013），镀膜玻璃分为两部分：阳光控制镀膜玻璃和低辐射镀膜玻璃。阳光控制镀膜玻璃是通过膜层，改变其光学性能，对波长范围300～2 500 nm的太阳光具有选择性反射和吸收作用的镀膜玻璃。

根据《镀膜玻璃　第2部分：低辐射镀膜玻璃》（GB/T 18915.2—2013），低辐射镀膜玻璃是对4.5～25 μm红外线有较高反射比的镀膜玻璃，也称Low-E玻璃（Low-E Coated Glass）。

阳光控制镀膜玻璃隔热性好、具有单向透视性，常制成建筑门窗及幕墙的玻璃，还可以用于制作中空玻璃。

低辐射镀膜玻璃的自然采光性好，能有效阻挡紫外线，常与其他平板玻璃、钢化玻璃等配合制成中空玻璃。

➤ **重点提示：** 该考点为高频考点，选择题中经常考查。明确安全玻璃与节能装饰型玻璃的分类。

实战演练

[**2020真题·单选**] 具有良好隔热和隔声性能的玻璃品种是（　　）。

A. 夹层玻璃　　B. 中空玻璃

C. 钢化玻璃　　D. Low-E玻璃

[**解析**] 中空玻璃的特性是保温隔热、节能性好，并能有效地防止结露。

[**答案**] B

[**经典例题·单选**] 下列不属于节能装饰型玻璃的是（　　）。

A. 着色玻璃　　B. 镀膜玻璃

C. 平板玻璃　　D. 中空玻璃

[**解析**] 节能装饰型玻璃包括着色玻璃、中空玻璃和镀膜玻璃。

[**答案**] C

[**经典例题·多选**] 下列玻璃中，属于安全玻璃的有（　　）。

A. 钢化玻璃　　B. 均质钢化玻璃

C. 防火玻璃　　D. 白片玻璃

E. 夹层玻璃

[**解析**] 安全玻璃包括防火玻璃、钢化玻璃、夹层玻璃和均质钢化玻璃。

[**答案**] ABCE

[经典例题·多选] 钢化玻璃的特性包括（　　）。

A. 机械强度高　　B. 抗冲击性好

C. 弹性比普通玻璃大　　D. 热稳定性好

E. 易切割、磨削

[解析] 钢化玻璃的机械强度比未经钢化的玻璃要大 4～5 倍，抗冲击性能好、弹性好、热稳定性高，当玻璃破碎时，裂成圆钝的小碎片，不伤人。

[答案] ABCD

考点 12 木材的特性★★

一、木材的含水率

（一）木材中的水分

（1）自由水：存在于木材细胞腔和细胞间隙中的水分。

（2）吸附水：吸附在细胞壁内细纤维之间的水分。

（3）结合水：形成细胞化学成分的化合水。

（二）木材的纤维饱和点

木材受潮时，首先形成吸附水，吸附水饱和后，多余的水成为自由水；木材干燥时，首先失去自由水，然后才失去吸附水。

当吸附水处于饱和状态而无自由水存在时，此时对应的含水率称为木材的纤维饱和点。

纤维饱和点随树种而异，一般为 23%～33%，平均为 30%。木材的纤维饱和点是木材物理、力学性质的转折点。

（三）木材的平衡含水率

木材的含水率是随着环境温度和湿度的变化而变化的。当木材长期处于一定的温度和湿度下，其含水率趋于一个定值，表明木材表面的蒸汽压与周围空气的压力达到平衡，此时的含水率称为平衡含水率。

二、木材的湿胀干缩变形

木材细胞壁内吸附水的变化而引起木材的变形，称为湿胀干缩。

湿胀干缩将影响木材的使用。干缩会使木材翘曲、开裂、松动，拼缝不严。湿胀可造成木材表面鼓凸，所以木材在加工或使用前应预先进行干燥，使其接近于与环境湿度相适应的平衡含水率。湿胀造成表面鼓凸如图 1-3-20 所示。

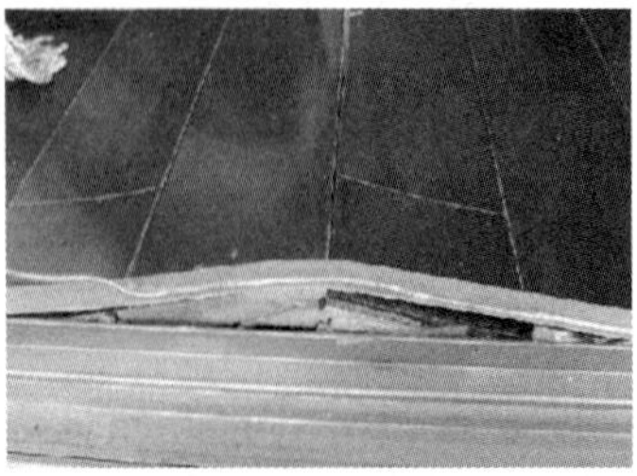

图 1-3-20　湿胀造成表面鼓凸

由于木材构造的不均匀性，在不同的方向的干缩值不同。顺纹方向（纤维方向）的干缩值最小，平均为0.1%～0.35%；径向的干缩值较大，平均为3%～6%；弦向的干缩值最大，平均为6%～12%。木材干缩方向如图1-3-21所示。

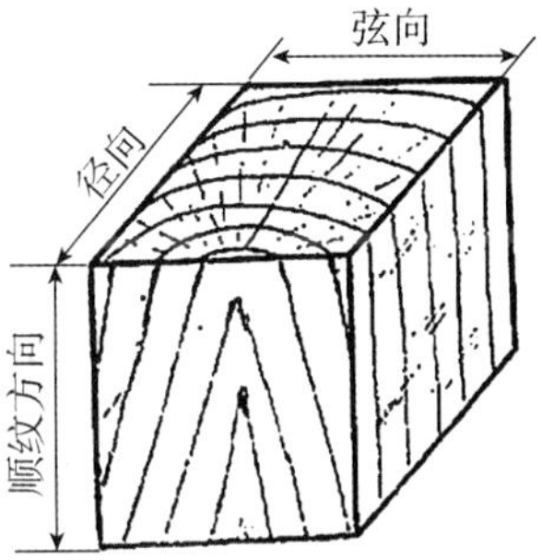

图 1-3-21 木材干缩方向

➢ **重点提示**：木材在不同方向的干缩值排序：顺纹方向＜径向＜弦向。

实战演练

［**2020 真题·单选**］木材湿胀后，可使木材（ ）。

A. 翘曲 B. 表面鼓凸 C. 开裂 D. 接榫松动

［**解析**］湿胀干缩将影响木材的使用。干缩会使木材翘曲、开裂、松动，拼缝不严。湿胀可造成木材表面鼓凸，所以木材在加工或使用前应预先进行干燥，使其接近于与环境湿度相适应的平衡含水率。

［**答案**］B

［**2018 真题·单选**］木材在使用前进行烘干的主要目的是（ ）。

A. 使其含水率与环境湿度基本平衡 B. 减轻重量

C. 防虫防蛀 D. 就弯取直

［**解析**］湿胀干缩将影响木材的使用。干缩会使木材翘曲、开裂、松动，拼缝不严。湿胀可造成木材表面鼓凸，所以木材在加工或使用前应预先进行干燥，使其接近于与环境湿度相适应的平衡含水率。

［**答案**］A

考点 13 木制品的种类、特性及应用★★

一、木质地板

建筑工程中常用的木质地板有实木UV淋漆地板、实木复合地板、强化木地板等，其特性见表1-3-11。

表 1-3-11 木质地板的特性

种类	特性
实木UV淋漆地板	（1）优点：纯木制品，材质性温，脚感好，真实自然，表面涂层光洁均匀，尺寸多，选择余地大，保养方便； （2）缺点：地板木质细腻，干缩湿胀现象明显，安装比较麻烦，价格较高

续表

种类	特性
实木复合地板	(1)优点：基层稳定干燥，不助燃，防虫，不反翘变形，铺装容易，材质性温，脚感舒适，耐磨性好，表面涂布层光洁均匀，保养方便； (2)缺点：表面材质偏软
强化木地板	(1)优点：花色品种多，质地硬，不易变形，防火，耐磨，维护简单，施工容易； (2)缺点：材料性冷，脚感偏硬

二、人造板

人造板是利用木材或含有一定量纤维的其他植物做原料，采用一般物理和化学的方法加工而成的。建筑工程中常用的人造板有胶合板、纤维板、细木工板、刨花板等，其特性及应用见表 1-3-12。

表 1-3-12　人造板的特性及应用

种类	特性及应用
胶合板	克服了木材的天然缺陷和局限，大大提高了木材的利用率，消除了天然疵点、变形、开裂等缺点，各向异性小，材质均匀，强度较高；纹理美观的优质材做面板，普通材做芯板，增加了装饰木材的出材率；因其厚度小、幅面宽大，产品规格化，使用起来很方便。胶合板常用做门面、隔断、吊顶、墙裙等室内高级装修
纤维板	材质均匀，完全避免了节子、腐朽、虫眼等缺陷，且胀缩性小、不翘曲、不开裂，各向强度一致，抗弯强度高，耐磨，绝热性好
细木工板	具有质坚、吸声、隔热等特点，适用于家具、车厢、船舶和建筑物内装修等
刨花板	表观密度小、强度低的板材主要作为绝热和吸声材料，表面喷以彩色涂料后，可以用于天花板；表观密度大、强度较高的板材可粘贴装饰单板或胶合板做饰面层，用做隔墙等

实战演练

[例题·单选] 关于木制品的特性与应用，说法错误的是（　　）。

A. 实木复合地板缺点是质地硬

B. 强化木地板质地硬，不易变形，防火，耐磨

C. 纤维板各向强度一致

D. 细木工板具有质坚、吸声、隔热等特点

[解析] 实木复合地板缺点是表面材质偏软。强化木地板花色品种多，质地硬，不易变形，防火，耐磨，维护简单，施工容易；缺点是材料性冷，脚感偏硬。纤维板各向强度一致，抗弯强度高，耐磨，绝热性好。细木工板具有质坚、吸声、隔热等特点，适用于家具、车厢、船舶和建筑物内装修等。

[答案] A

考点 14　饰面石材★★

一、天然花岗石板材

建筑装饰工程中所说的天然花岗石板材是指以花岗岩为代表的一类装饰石材，包括各类以石英、长石为主要组成矿物，并含有少量云母和暗色矿物的岩浆岩和花岗质的变质岩，如花岗岩、辉绿岩、辉长岩、玄武岩、橄榄岩等。从外观特征看，天然花岗石板材常呈整体均粒状结构，称为花岗结构。

（一）特性

天然花岗石板材构造致密、强度高、密度大、吸水率极低、质地坚硬、耐磨，属酸性硬石材。

天然花岗石板材的化学成分有 SiO_2、Al_2O_3、CaO、MgO、Fe_2O_3 等，其中 SiO_2 的质量分数常为 60%以上，为酸性石材，因此其耐酸、抗风化、耐久性好，使用年限长。天然花岗石板材所含的石英在高温下会发生晶变，体积膨胀而开裂，因此不耐火。

（二）应用

天然花岗石板材主要应用于大型公共建筑或装饰等级要求较高的室内外装饰工程。天然花岗石板材因不易风化，外观色泽可保持百年以上，所以粗面和细面板材常用于室外地面、墙面、柱面、勒脚、基座、台阶；镜面板材主要用于室内外地面、墙面、柱面、台面、台阶等，并且特别适宜做大型公共建筑大厅的地面。

二、天然大理石板材

建筑装饰工程中所说的天然大理石板材是广义的，除指大理岩外，还泛指具有装饰功能，可以磨平、抛光的各种碳酸盐岩和与其有关的变质岩，如石灰岩、白云岩、钙质砂岩等。天然大理石板材的主要成分为碳酸盐矿物。

（一）特性

天然大理石板材质地较密实、抗压强度较高、吸水率低、质地较软，属碱性中硬石材。它易加工、开光性好，常被制成抛光板材；其色调丰富、材质细腻，极富装饰性。

天然大理石板材的化学成分有 CaO、MgO、SiO_2 等，其中 CaO 和 MgO 的总质量分数占 50%以上，故大理石属碱性石材。在大气中受硫化物及水汽形成的酸雨长期的作用下，天然大理石板材容易发生腐蚀，造成表面强度降低、变色掉粉、失去光泽，影响其装饰性能。

（二）应用

天然大理石板材是装饰工程的常用饰面材料。一般用于宾馆、展览馆、剧院、商场、图书馆、机场、车站、办公楼、住宅等工程的室内墙面、柱面、服务台、栏板、电梯间门口等部位。由于其耐磨性相对较差，虽然也可用于室内地面，但不宜用于人流较多场所的地面。由于天然大理石板材耐酸腐蚀的能力较差，除个别品种外，一般仅适用于室内。

➤ **重点提示：** 天然花岗石板材最大的特点是耐磨，属于酸性石材，因此适用于室外的酸性环境与摩擦多的地方。天然大理石板材最大的特点是质地较软，属于碱性中硬石材，因此一般仅适用于室内且摩擦较少的地方。

实战演练

[**经典例题·单选**]（　　）耐酸腐蚀能力较差，除个别品种外，一般仅适用于室内。

A. 花岗石板材　　B. 大理石

C. 人造石　　D. 花岗岩

[**解析**]天然大理石板材由于其耐磨性相对较差，虽然也可用于室内地面，但不宜用于人流较多场所的地面。由于天然大理石板材耐酸腐蚀的能力较差，除个别品种外，一般仅适用于室内。

[**答案**]B

[**2021真题·多选**]关于建筑装饰用天然花岗石板材特性的说法，正确的有（　　）。

A. 构造致密　　B. 强度高

C. 吸水率高　　D. 质地坚硬

E. 碱性石材

[**解析**]花岗石构造致密、强度高、密度大、吸水率极低、质地坚硬、耐磨，为酸性石材，因此其耐酸、抗风化、耐久性好，使用年限长。

[**答案**]ABD

考点15　防火涂料分类★★

根据《钢结构防火涂料》（GB 14907—2018），钢结构防火涂料是指施涂于建（构）筑物钢结构表面，能形成耐火隔热保护层以提高钢结构耐火极限的涂料。

按防火机理，钢结构防火涂料可分为：

（1）膨胀型钢结构防火涂料：涂层在高温时膨胀发泡，形成耐火隔热保护层的钢结构防火涂料。

（2）非膨胀型钢结构防火涂料：涂层在高温时不膨胀发泡，其自身成为耐火隔热保护层的钢结构防火涂料。

钢结构防火涂料的耐火极限分为：0.50 h、1.00 h、1.50 h、2.00 h、2.50 h和3.00 h。

膨胀型钢结构防火涂料的涂层厚度不应小于1.5 mm，非膨胀型钢结构防火涂料的涂层厚度不应小于15 mm。

考点16　防火封堵材料★★★

根据《防火封堵材料》（GB 23864—2009），防火封堵材料按产品的组成和形状特征可分为以下几种类型：

（1）柔性有机堵料，如图1-3-22所示。

（2）无机堵料，如图1-3-23所示。

（3）阻火包，如图1-3-24所示。

（4）阻火模块：用防火材料制成的具有一定形状和尺寸规格的固体，可以方便地切割和钻孔，适用于孔洞或电缆桥架的防火封堵。

（5）防火封堵板材：用防火材料制成的板材，可方便地切割和钻孔，适用于大型孔洞的防火封堵。

（6）泡沫封堵材料：注入孔洞后可以自行膨胀发泡并使孔洞密封的防火材料。

（7）缝隙封堵材料：置于缝隙内，用于封堵固定或移动缝隙的固体防火材料。

（8）防火密封胶：具有防火密封功能的液态防火材料。

（9）阻火包带：用防火材料制成的柔性可缠绕卷曲的带状产品，缠绕在塑料管道外表面，并用钢带包覆或其他适当方式固定，遇火后膨胀挤压软化的管道，封堵塑料管道因燃烧或软化而留下的孔洞。

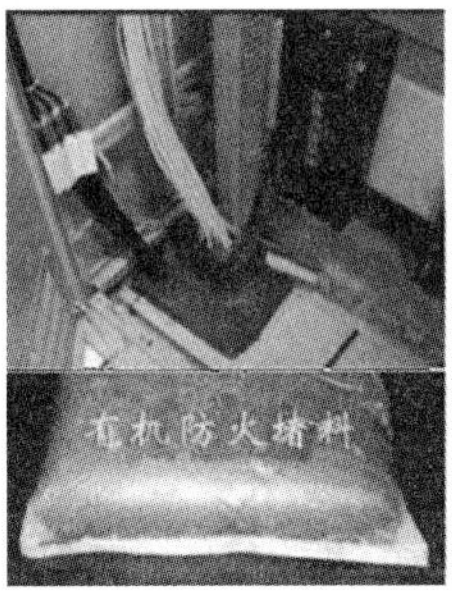

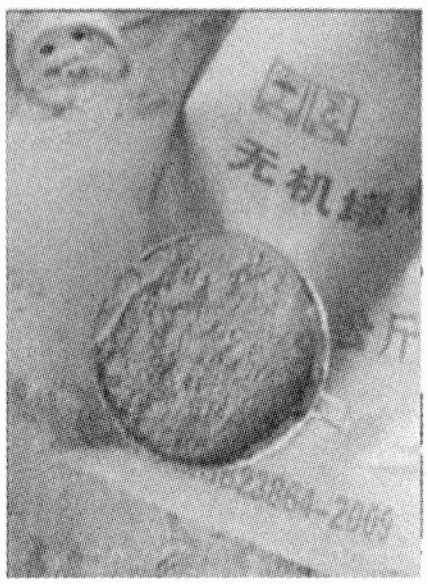

图 1-3-22　柔性有机堵料　图 1-3-23　无机堵料　图 1-3-24　阻火包

一、柔性有机堵料

根据《防火封堵材料》（GB 23864—2009），防火封堵材料是具有防火、防烟功能，用于密封或填塞建筑物、构筑物以及各类设施中的贯穿孔洞、环形缝隙及建筑缝隙，便于更换且符合有关性能要求的材料。

柔性有机堵料是以有机材料为黏结剂，使用时具有一定柔韧性或可塑性，产品为胶泥状物体。

有机防火堵料又称可塑性防火堵料，是以有机合成树脂为黏结剂，添加防火剂、填料等经辗压而成。该堵料长久不固化，可塑性很好，可以任意地进行封堵。这种堵料主要应用在建筑管道和电线电缆贯穿孔洞的防火封堵工程中，并与无机防火堵料、阻火包配合使用。

二、无机堵料

根据《防火封堵材料》（GB 23864—2009），无机堵料是以无机材料为主要成分的粉末状固体，与外加剂调和使用时，具有适当的和易性。

无机防火堵料又称速固型防火堵料，它是以无机黏结剂为基料，并配以无机耐火材料、阻燃剂等而制成的。使用时，在现场按比例加水调制。该类堵料不仅耐火极限高，而且具备相当高的机械强度，无毒无味，施工方便，固化速度快，具有很好的防火和水密、气密性能。

三、阻火包

根据《防火封堵材料》（GB 23864—2009），阻火包是将防火材料包装制成的包状物体，适用于较大孔洞的防火封堵或电缆桥架的防火分隔（阻火包亦称耐火包或防火包）。

该产品常温下具有良好的通风透气性、耐酸碱、耐水、耐油、质量轻、使用方便等特点，遇火迅速膨胀炭化形成具一定厚度和强度的阻火屏障，并在膨胀炭化过程中吸收热量、释放不燃气体，达到阻火、隔热、隔烟的目的，是电力电缆设施防火、阻燃的理想产品。

实战演练

[2021 真题·单选] 能够重复使用、可塑性好、容易封堵各种不规则形状孔洞的是（　　）。

A. 无机防火堵料　　B. 有机防火堵料

C. 防火包　　D. 防火板材

[解析] 有机防火堵料又称可塑性防火堵料，在使用过程中长久不固化，可塑性很好，可以任选进行封堵。

[答案] B

考点 17 保温材料技术要求★★

一、保温材料导热系数的影响因素

根据《民用建筑热工设计规范》（GB 50176—2016），对常用保温材料而言，在使用中能够对其导热系数产生影响的因素主要有：温度、湿度、各种应力作用下的应变（如变形、开裂），以及材料导热系数随时间的变化等。

二、常用保温材料

一般建筑保温隔热材料按材质可分为两大类：第一类是无机保温、隔热材料，一般是用矿物质原料制成，呈散粒状、纤维状或多孔状构造，可制成板、片、卷材或套管等形式的制品，包括岩棉、矿渣棉等；第二类是有机保温隔热材料，是由有机原料制成的保温、隔热材料，包括聚苯乙烯泡沫塑料、聚氨酯泡沫塑料等。

（1）矿物棉及制品是一种优质的保温材料，已有 100 余年生产和应用历史。其质轻、保温、隔热、吸声、化学稳定性好、不燃烧、耐腐蚀，并且原料来源丰富，成本较低。

矿物棉的主要用途：其制品主要用于建筑物的墙壁、屋顶、顶棚等处的保温绝热和吸声，还可制成防水毡和管道的套管。

（2）聚苯乙烯泡沫塑料具有质轻、保温、吸声、防震、吸水性小、耐低温性能好等特点，并且有较强的恢复变形的能力。聚苯乙烯泡沫塑料的特点是高温下易软化、变形，安全使用温度为 70 ℃，最高使用温度为 90 ℃，最低使用温度为－150 ℃，其本身可燃，可溶于苯酯、酮等有机溶剂。因其生产过程中毒性小、价格便宜、易加工成各种复杂制件，是当前使用最广的一类硬质泡沫塑料。

聚苯乙烯泡沫塑料的主要用途：广泛用于各种精密仪器、仪表、家用电器等的缓冲包装，也可用其直接制成杯、盘、盒等包装容器来包装物品。在特殊凿井法施工（冻结法施工复合井壁）中应用较广，机械强度好，缓冲性能优异；加工性好，易于模塑成型；着色性好，温度适应性强，抗放射性优异等优点。

（3）聚氨酯硬泡沫塑料多为闭孔结构，具有绝热效果好、质轻、比强度大、施工方便等优良特性，同时还具有隔声、防震、电绝缘、耐热、耐寒、耐溶剂等特点。

聚氨酯硬泡沫塑料的主要用途：食品等行业冷冻冷藏设备的绝热材料；工业设备（如储

罐、管道等）保温材料；建筑保温材料；灌封材料等。

考点 18 防水材料★★

一、防水材料的分类

建筑工程防水技术按其构造方法可分为构件自身防水和防水层防水两大类。防水层的做法又可分为刚性防水材料防水和柔性防水材料防水。刚性防水材料防水是采用涂抹防水砂浆、浇注掺入防水剂的混凝土或预应力混凝土等做法；柔性防水材料防水则是采用铺设防水卷材、涂抹防水涂料等做法。

通常将防水涂料、防水卷材、密封材料等称作柔性防水材料，而将掺有防水剂等的防水混凝土、防水砂浆称作刚性防水材料。此外，水泥基渗透结晶型防水涂料也归属于刚性防水材料。

水泥基渗透结晶型防水涂料能均匀涂覆并且能牢固地附着在混凝土等材料表面，并对被涂物体起防水、堵漏、防腐、补强及其他特殊保护作用。主要性能特点包括：

（1）具有极强的耐水压能力。

（2）具有独特的自我修复能力。

（3）具有防腐、耐老化、保护钢筋的作用。

（4）具有对混凝土结构的补强作用。

（5）具有长久性的防水作用。

（6）符合环保标准，无毒、无公害。

（7）施工方法简单、省工省时。

二、刚性防水材料的特点及适用性

根据《地下防水工程质量验收规范》（GB 50208—2011），防水混凝土适用于抗渗等级不小于 P6 的地下混凝土结构，不适用于环境温度高于 80 ℃的地下工程。

水泥砂浆防水层适用于地下工程主体结构的迎水面或背水面，不适用于受持续振动或环境温度高于 80 ℃的地下工程。

实战演练

［2018 真题 · 多选］关于水泥基渗透结晶型防水涂料特点的说法，正确的有（　　）。

A. 柔性防水材料　　B. 具有独特的保护钢筋能力

C. 节省人工　　D. 具有防腐特性

E. 耐老化

［解析］水泥基渗透结晶型防水涂料属于刚性防水材料，主要特点包括：①具有极强的耐水压能力；②具有独特的自我修复能力；③具有防腐、耐老化、保护钢筋的作用；④具有对混凝土结构的补强作用；⑤具有长久性的防水作用；⑥符合环保标准，无毒、无公害；⑦施工方法简单、省工省时。

［答案］BCDE

［**2015 真题·多选**］下列防水材料中，属于刚性防水材料的有（　　）。

A. JS 聚合物水泥基防水材料　　B. 聚氨酯防水材料

C. 水泥基渗透结晶型防水材料　　D. 防水混凝土

E. 防水砂浆

［**解析**］刚性防水材料包括防水混凝土和防水砂浆。此外，水泥基渗透结晶型防水涂料也是一种刚性防水材料。

［**答案**］CDE

第二章

建筑工程专业施工技术

名师导学

本章主要讲述建筑工程的专业施工技术，是整个建筑实务学习的核心与基础，与管理部分的质量管理和安全管理相联系，具体知识点的详细阐述和补充在法规部分（第三篇）也有呈现。建议结合第二篇建筑工程项目施工管理与第三篇建筑工程项目施工相关法规与标准进行学习，按照建筑工程施工的先后顺序形成逻辑脉络，融会贯通。此部分考试分值较高，大家应重点学习，为后面的学习做好铺垫。

本章内容具有非常强的专业性，对施工现场经验贫乏的考生来说是极大的挑战。分析近几年的考试真题，越来越偏向于对现场管理实践的考核，本章的分值占比也有较大提高，且试题的综合性越来越强。建议考生结合图片、生活实例及第四、五章一起学习，在充分理解的基础上记忆关键词，勿盲目追求做题数量，而要通过对典型习题进行剖析，总结并掌握出题的思路与模式。

考情分析

近四年考试真题分值统计表（单位：分）

序号	章节名称	2022年			2021年Ⅰ批			2021年Ⅱ批			2020年			2019年		
		单选	多选	案例	单选	多选	案例	单选	多选	案例	单选	多选	案例	单选	多选	案例
第一节	施工测量技术	1	0	0	1	0	0	1	0	0	1	0	0	1	0	0
第二节	地基与基础工程施工技术	0	2	0	1	2	0	1	2	0	2	2	0	0	2	0
第三节	主体结构工程施工技术	1	2	20	4	2	0	0	6	5	1	2	12	2	2	0
第四节	防水与保温工程施工技术	0	0	0	1	0	0	0	0	4	2	0	0	0	0	0

续表

序号	章节名称	2022年			2021年Ⅰ批			2021年Ⅱ批			2020年			2019年		
		单选	多选	案例	单选	多选	案例	单选	多选	案例	单选	多选	案例	单选	多选	案例
第五节	装饰装修工程施工技术	1	0	0	0	0	0	1	0	0	2	2	0	1	0	0
第六节	建筑工程季节性施工技术	2	2	0	1	2	0	0	0	0	1	2	0	1	0	0
合计		5	6	20	8	6	0	3	8	9	9	8	12	5	4	0

第一节　施工测量技术

考点 1　施工测量的内容与方法★★

一、施工测量的内容

施工测量的主要任务是测设或放样，即根据控制点或已有建筑物特征点与待测设点之间的角度、距离和高差等几何关系，应用测绘仪器和工具将角度、距离和高差标定出来。因此，测设已知水平距离、测设已知水平角、测设已知高程是施工测量的基本工作。

二、施工测量的方法

根据《工程测量标准》（GB 50026—2020），施工项目宜先建立场区控制网，再分别建立建筑物施工控制网；小规模或精度高的独立施工项目可直接布设建筑物施工控制网，然后以此为基础，测设建筑物的主轴线。

场区控制网应利用勘察阶段已有平面和高程控制网。原有平面控制网的边长应归算到场区的主施工高程面上，并应进行复测检查。精度满足施工要求时，可作为场区控制网使用，精度不满足要求时，应重新建立场区控制网。

建筑物施工控制网应根据场区控制网进行定位、定向和起算，控制网的坐标轴应与工程设计所采用的主副轴线一致，建筑物的±0 高程面应根据场区水准点测设。

（一）建筑物施工平面控制网

建筑物施工平面控制网的建立应符合下列规定（节选）：

（1）控制点应选在相互通视的稳固地段，便于观测、保存、施工放样的地方。

（2）控制网加密的指示桩宜选在建筑物行列线或主要设备中心线方向上。

（3）主要的控制网点和主要设备中心线端点应埋设固定标桩。

（4）控制网轴线起始点的定位误差不应大于 20 mm；两建筑物（厂房）间有联动关系时，不应大于 10 mm，定位点不得少于 3 个。

（二）建筑物高程控制

建筑物高程控制应符合下列规定：

（1）建筑物高程控制应采用水准测量，附合路线闭合差不应低于四等水准的要求。

（2）水准点可设置在平面控制网的标桩或外围的固定地物上，也可单独埋设；水准点的个数，不应少于 2 个。

（3）当场地高程控制点距离施工建筑物小于 200 m 时，可直接利用。

当施工中高程控制点标桩不能保存时，应将高程引测至稳固的建筑物或构筑物上，引测的精度，不应低于四等水准。

由于水准测量的精度较高，所以是高程测量中最主要的方法。

为了建立一个全国统一的高程系统，必须确定一个统一的高程基准面，通常采用大地水准面即平均海水面作为高程基准面。

高程测量也是按照“从整体到局部”的原则来进行。先在测区内设立一些高程控制点，并精确测出它们的高程，然后根据水准测量方法得到这些高程控制点并测量附近其他点的高程。

水准测量是利用水平视线来求得两点的高差。例如图 2-1-1 中，为了求出 A、B 两点的高差 h_{AB}，在 A、B 两个点上竖立带有分划的标尺——水准尺，在 A、B 两点之间安置可提供水平视线的仪器——水准仪。当视线水平时，在 A、B 两个点的标尺上分别读得后视读数 a 和前视读数 b（读数 a 是在已知高程点上的水准尺读数，称为“后视读数”；b 是在待求高程点上的水准尺读数，称为“前视读数”），则 A、B 两点的高差等于两个标尺读数之差。即：$h_{AB}=a-b$。高差必须是后视读数减去前视读数。利用高差计算高程的方法，称为高差法。高差 h_{AB} 可能是正值，也可能是负值，正值表示待求点 B 高于已知点 A，负值表示待求点 B 低于已知点 A。

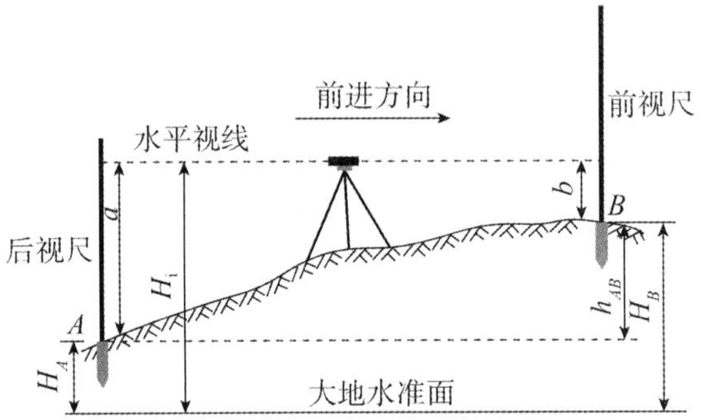

图 2-1-1　水准测量原理

如果 A 为已知高程的点，其高程为 H_A，B 为待求高程的点，其高程为 H_B，则 B 点的高程为 $H_B=H_A+h_{AB}$。

由此可见，水准测量的基本原理是利用水准仪提供的一条水平视线，借助前后两把水准尺，测得两点的高差，进而由已知点的高程推求未知点的高程。

➤ **重点提示：**水准测量易在选择题与案例题中考查计算题目，结合图片在理解的基础上记忆原始计算公式，即前视点的读数高程之和等于后视点的读数高程之和。

实战演练

[经典例题·单选] 小规模或精度高的独立施工项目，通常先布设（　　），然后以此为基础，测设建筑物的主轴线。

A. 高程控制网　　　　B. 城市控制网

C. 轴线控制网　　　　D. 施工控制网

[解析] 施工项目宜先建立场区控制网，再分别建立建筑物施工控制网。小规模或精度高的独立施工项目可直接布设建筑物施工控制网，然后以此为基础，测设建筑物的主轴线。

[答案] D

[经典例题·单选] 水准测量中，A 点为后视点，B 点为前视点，A 点高程为 H_A，后视读数为 a，前视读数为 b，则 B 点高程为（　　）。

A. H_A-a+b　　B. H_A+a-b　　C. $a+b-H_A$　　D. $a-b-H_A$

[解析] 后视点读数+后视点高程=前视点读数+前视点高程，即 $H_A+a=H_B+b$。

[答案] B

[2014 真题·案例节选]

背景资料：

某新建办公楼，由于建设单位提供的高程基准点 A 点（高程 H_A 为 75.141 m）离基坑较远，项目技术负责人要求将高程控制点引测至临近基坑的 B 点。技术人员在两点间架设水准仪，A 点立尺读数 a 为 1.441 m，B 点立尺读数 b 为 3.521 m。

……

[问题]

列式计算 B 点高程 H_B。

[答案]

$H_B=H_A+a-b=75.141+1.441-3.521=73.061$（m）。

三、建筑物施工放样应具备的资料

根据《工程测量标准》（GB 50026—2020），建筑物施工放样应具备下列资料：

（1）总平面图。

（2）建筑物的设计与说明。

（3）建筑物的轴线平面图。

（4）建筑物的基础平面图。

（5）设备的基础图。

（6）土方的开挖图。

（7）建筑物的结构图。

（8）管网图。

（9）场区控制点坐标、高程及点位分布图。

四、结构施工测量

根据《工程测量标准》（GB 50026—2020），施工测量的常规做法是在建筑物地下室基础底板或首层楼板浇筑混凝土后，若建筑周边测量控制点易遭破坏或移动，根据施工需要及时将建筑物外部控制转移至内部。内部控制点通常设置在浇筑完成的预埋件上或预埋的测量标板上。投点于建筑内部的测量控制点要求构成几何图形（如三点一直线、直角、四边形、三角形等），需复测图形闭合条件，若在允许偏差范围内，调整构成图形条件的边长、角度误差，并将调整后的点位作为建筑上部轴线的控制网放样基准。建筑上部的轴线控制采用激光铅垂仪投点的“内控法”。对于 3～5 层的低层建筑，通常采用经纬仪投递轴线的“外控法”，但在楼层细部放样前要先复核轴线投点构成几何图形的角度、边长等闭合条件。

第二章

考点 2 常用测量仪器的性能与应用★★★

常用测量仪器的性能与应用见表 2-1-1。

表 2-1-1 常用测量仪器的性能与应用

测量仪器	应用
钢尺	钢制的带尺，抗拉强度高，不易拉伸，量距精度较高。目前楼层测量放线最常用的方法是钢尺量距
水准仪	由望远镜、水准器和基座三部分组成，是为水准测量提供水平视线和对水准标尺进行读数的一种仪器，主要功能是测量两点间的高差 h，它不能直接测量待定点的高程 H
经纬仪	由照准部、水平度盘和基座三部分组成，是对水平角和竖直角进行测量的一种仪器
激光铅直仪	指借助仪器中安置的高灵敏度水准管或水银盘反射系统，将激光束导至铅垂方向用于进行竖向准直的一种工程测量仪器
全站仪	集水平角、垂直角、距离（斜距和平距）、高差测量功能于一体的测绘仪器系统。与光学经纬仪相比，全站仪将光学度盘换为光电扫描度盘，将人工光学测微读数代之以自动记录和显示读数，使测角操作简单化，且可避免读数误差的产生

➤ **重点提示：** 掌握各种测量仪器的主要功能和注意事项。明确水准仪只能测量高差，但不能直接测量高程；经纬仪只能测量角度，可以通过角度换算距离，但不能直接测量距离。

实战演练

[**2022 真题 · 单选**] 可以直接用来测量角度和距离的施工测量仪器是（　　）。

A. 全站仪　　B. 水准仪

C. 经纬仪　　D. 激光铅直仪

[**解析**] 全站仪是集水平角、垂直角、距离（斜距和平距）、高差测量功能于一体的测绘仪器系统。

[**答案**] A

[**2021 真题 · 单选**] 在楼层内进行距离测量时，最常用的器具是（　　）。

A. 水准仪　　B. 经纬仪

C. 激光铅直仪　　D. 钢尺

[**解析**] 目前楼层测量放线最常用的方法是钢尺量距。

[**答案**] D

[**经典例题 · 单选**] 施工测量中，测量角度的仪器是（　　）。

A. 水准仪　　B. 钢尺

C. 经纬仪　　D. 激光铅直仪

[**解析**] 经纬仪是对水平角和竖直角进行测量的一种仪器。

[**答案**] C

第二节　地基与基础工程施工技术

考点 1　基坑支护结构安全等级及重要性系数★★

根据《建筑基坑支护技术规程》（JGJ 120—2012），基坑支护设计时，应综合考虑基坑周边环境和地质条件的复杂程度、基坑深度等因素，按表 2-2-1 定义支护结构的安全等级。对同一基坑的不同部位，可采用不同的安全等级。

表 2-2-1　支护结构的安全等级

安全等级	破坏后果
一级	支护结构失效、土体过大变形对基坑周边环境或主体结构施工安全的影响很严重
二级	支护结构失效、土体过大变形对基坑周边环境或主体结构施工安全的影响严重
三级	支护结构失效、土体过大变形对基坑周边环境或主体结构施工安全的影响不严重

支护结构构件按承载能力极限状态设计时，作用基本组合的综合分项系数不应小于 1.25。对安全等级为一级、二级、三级的支护结构，其结构重要性系数分别不应小于 1.1、1.0、0.9。各类稳定性安全系数应按规范 JGJ 120—2012 规定取值。

➤ **重点提示：**此考点属于记忆性考点，注意基坑支护结构安全等级分三级，每个等级的重要性系数不同。

实战演练

［**2015 真题 · 单选**］根据《建筑基坑支护技术规程》，基坑侧壁的安全等级分为（　　）级。

A. 1　　B. 2

C. 3　　D. 4

［解析］基坑侧壁的安全等级分为一、二、三级，即 3 个等级。

［答案］C

考点 2　降排水形式★★

根据《建筑地基基础工程施工规范》（GB 51004—2015），地下水控制一般规定内容如下。

（1）地下水控制应包括基础开挖影响范围内的潜水、上层滞水与承压水控制，采用的方法应包括集水明排、降水、截水以及地下水回灌。

（2）应依据拟建场地的工程地质、水文地质、周边环境条件，以及基坑支护设计和降水设计等文件，结合类似工程经验，编制降水施工方案。

（3）基坑降水应进行环境影响分析，根据环境要求采用截水帷幕、坑外回灌井等减小对环境造成影响的措施。

（4）依据场地的水文地质条件、基础规模、开挖深度、各土层的渗透性能等，可选择集水明排、降水以及回灌等方法单独或组合使用。常用地下水控制方法及适用条件宜符合表2-2-2的规定。

表 2-2-2　常用地下水控制方法及适用条件

<table>
<tr><th colspan="2">方法名称</th><th>土类</th><th>渗透系数/（cm·s⁻¹）</th><th>降水深度（地面以下）/m</th><th>水文地质特征</th></tr>
<tr><td colspan="2">集水明排</td><td rowspan="6">填土、黏性土、粉土、砂土</td><td rowspan="3">$1\times10^{-7}\sim2\times10^{-4}$</td><td>≤3</td><td rowspan="6">上层滞水或潜水</td></tr>
<tr><td rowspan="6">降水</td><td>轻型井点</td><td>≤6</td></tr>
<tr><td>多级轻型井点</td><td>6～10</td></tr>
<tr><td>喷射井点</td><td>$1\times10^{-7}\sim2\times10^{-4}$</td><td>8～20</td></tr>
<tr><td>电渗井点</td><td>$<1\times10^{-7}$</td><td>6～10</td></tr>
<tr><td>真空降水管井</td><td>$>1\times10^{-6}$</td><td>>6</td></tr>
<tr><td>降水管井</td><td>黏性土、粉土、砂土、碎石土、黄土</td><td>$>1\times10^{-5}$</td><td>>6</td><td>含水丰富的潜水、承压水和裂隙水</td></tr>
<tr><td colspan="2">回灌</td><td>填土、粉土、砂土、碎石土、黄土</td><td>$>1\times10^{-5}$</td><td>不限</td><td>不限</td></tr>
</table>

一、集水明排

集水明排又称明排水法，其是采用截、疏、抽的方法来进行排水，即在开挖基坑时，沿坑底周围或中央开挖排水沟，再在沟底设置集水井，使基坑内的水经排水沟流向集水井内，然后用水泵抽出坑外，如图 2-2-1 所示。

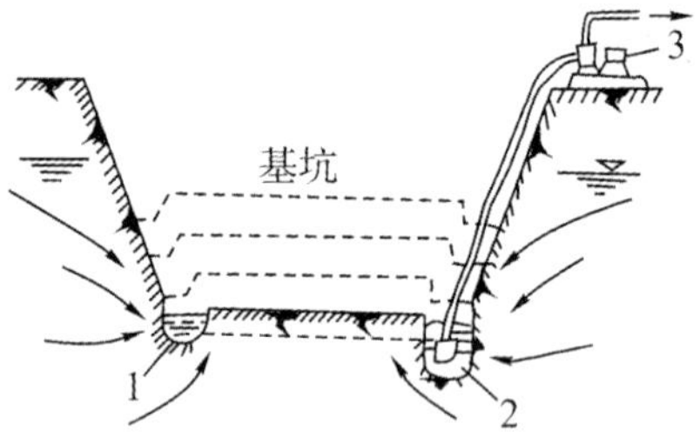

1—排水沟；2—集水坑；3—水泵

图 2-2-1　集水明排

根据《建筑地基基础工程施工规范》（GB 51004—2015），集水明排的相关内容如下。

（1）应结合场地地表排水系统进行基坑排水沟和集水井设置。排水沟可采用砖砌砂浆抹面，也可采用混凝土浇筑而成。基坑四周每隔 30～40 m 宜设一个集水井，排水沟纵坡坡度宜控制在 1‰～2‰，流向集水井，排水系统应通过沉淀系统后排入市政管线。

（2）排水沟底面应比挖土面低 0.3～0.4 m，集水井底面应比沟底面低 0.5 m 以上。为防止开挖排水沟和集水井导致基坑边部变形增大，靠近基坑边部的排水沟和集水井应与基坑边部保持一定距离。坑底排水沟和集水井可随垫层浇筑形成。

二、降水

井点降水法有轻型井点、多级轻型井点、喷射井点、电渗井点等方法，其中以轻型井点采用较广。轻型井点的设备由管路系统和抽水设备组成，具体如图 2-2-2 所示。管路系统由滤管、井点管、弯联管及总管等组成。

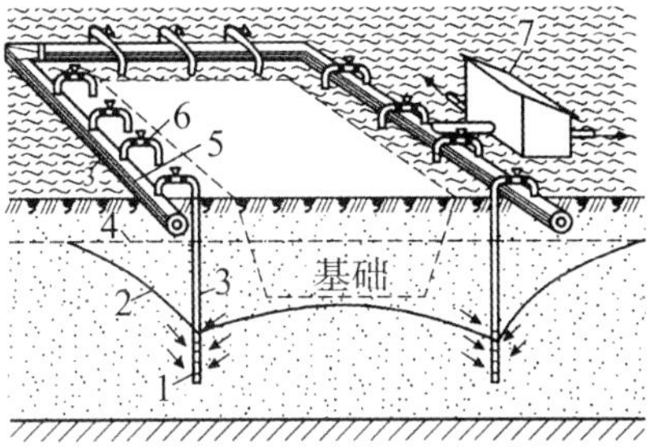

1—滤管；2—降低后地下水位线；3—井点管；4—原有地下水位线；5—总管；6—弯联管；7—水泵房

图 2-2-2　轻型井点降低地下水位

三、回灌

根据《建筑地基基础工程施工规范》（GB 51004—2015），回灌措施包括回灌井、回灌砂井、回灌砂沟和水位观测井等。回灌砂井、回灌砂沟一般用于浅层潜水回灌，回灌井用于承压水回灌。

回灌（图 2-2-3）可以消除或减轻由于水位降低后形成的降水漏斗而引起周围建筑物及地下管线的不均匀沉降等不利影响。潜水位、承压水位降低的区域都可采用地下水回灌技术，在砂性土、粉性土层中效果相对明显。

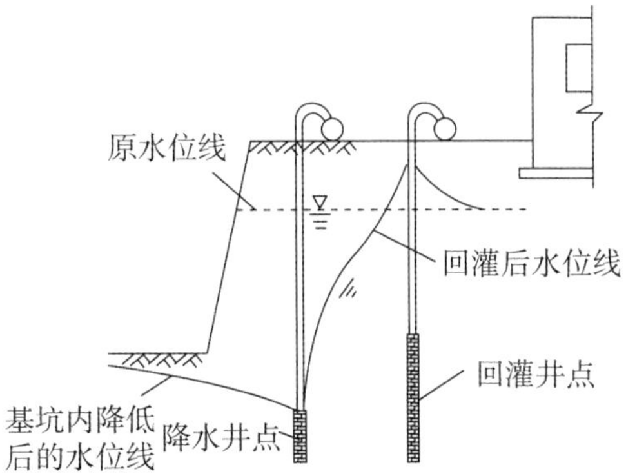

图 2-2-3　井点回灌

➤ **重点提示：**该考点一般以选择题形式考查，注意理解记忆。集水明排适用于降水深度在 3 m 以内的基坑降水，由于抽水过程会导致土颗粒流失而产生流沙，所以可以采用井点降水来防止这一现象。井点回灌的目的是防止抽水对周围建筑物的影响。

实战演练

［**2021 真题·单选**］下列措施中，不能减小降水对周边环境影响的是（　　）。

A. 砂沟、砂井回灌　　　　B. 减缓降水速度

C. 基坑内明排水　　　　D. 回灌井点

［**解析**］集水明排可以收集、外排基坑范围内的地下水及地表水，但不能减小降水对周围环境的影响。回灌可以防止抽水对周围建筑物的影响。减缓降水速度，可防止产生过大的沉降。

[答案] C

[2017 真题·单选] 不以降低基坑内地下水位为目的的井是（　　）。

A. 集水井　　B. 减压井

C. 回灌井　　D. 降水井

[解析] 回灌可以消除或减轻由于水位降低后形成的降水漏斗而引起周围建筑物及地下管线的不均匀沉降等不利影响。

[答案] C

考点 3 土方开挖的方法★★

一、土方开挖方法的分类

无支护土方工程可采用的土方开挖方法是放坡挖土，有支护土方工程可采用的土方开挖方法是盆式挖土、中心岛式挖土和逆作法挖土等。

二、各种方法的适用条件及优缺点

（一）放坡挖土

（1）基坑开挖条件允许且不影响相邻建（构）筑物的安全和正常使用时，基坑侧壁可按一定坡度放坡。

（2）可根据地层、开挖深度、开挖方法、周边环境及场地使用情况选择不同的坡形。斜坡坡面如图 2-2-4 所示，阶梯状坡面如图 2-2-5 所示。

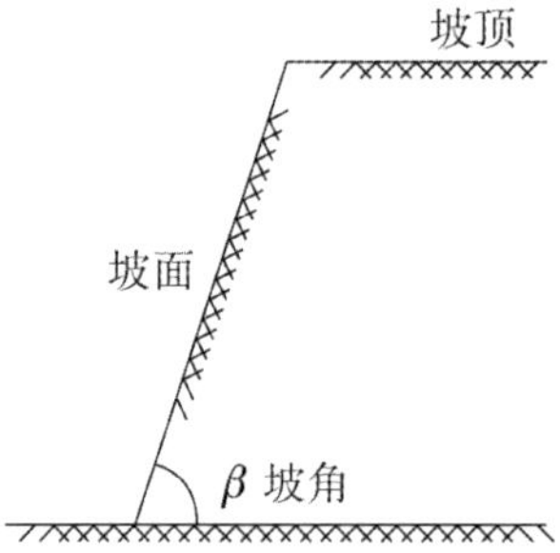

图 2-2-4　斜坡坡面

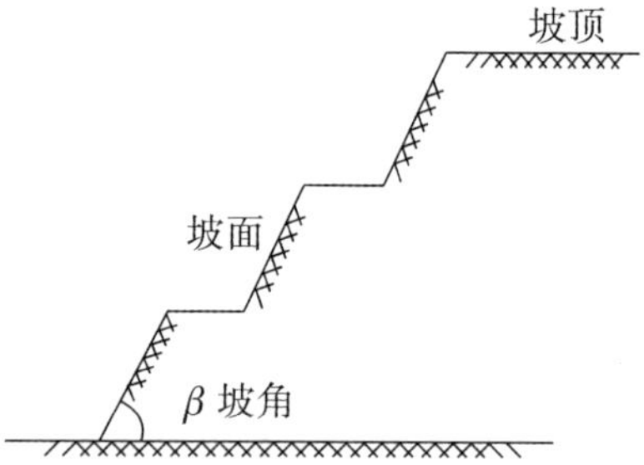

图 2-2-5　阶梯状坡面

（二）盆式开挖

根据《建筑深基坑工程施工安全技术规范》（JGJ 311—2013），盆式开挖是基坑侧壁内侧预留土，挖除基坑其余土体后形成类似盆状的基坑，待支撑形成后再开挖基坑侧壁内侧预留土方的基坑开挖方式。

盆式开挖由于保留基坑周边的土方，减小了基坑围护暴露的时间，对控制围护墙的变形和减小周边环境的影响较为有利，而基坑中部的土方可在支撑系统养护阶段进行开挖。盆式开挖一般适用于基坑周边环境保护要求较高或支撑较为密集的大面积基坑。盆式土石方开挖适用于明挖法或暗挖法施工工程。盆式开挖如图 2-2-6 所示。

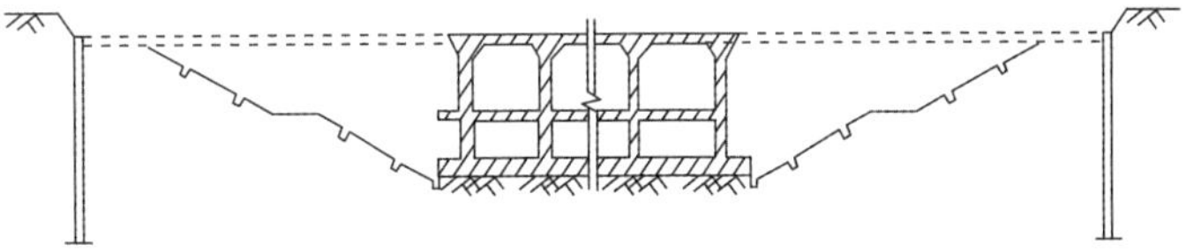

图 2-2-6　盆式开挖

(三) 中心岛式开挖

根据《建筑深基坑工程施工安全技术规范》(JGJ 311—2013)，中心岛式开挖（又称岛式开挖）是指先开挖基坑周边土方，最后挖去中心土墩的开挖方式。施工中可以利用中心土墩作为临时结构的支点。

中心岛式开挖可在较短时间内完成基坑周边土方开挖及支撑施工，这种开挖方式对基坑变形控制较为有利。而基坑中部大面积无支撑空间的土石方开挖较为方便，可在支撑系统养护阶段进行开挖。

中心岛式开挖适用于支撑系统沿基坑周边布置且中部留有较大空间的基坑。边桁架与角撑相结合的支撑体系、圆环形桁架支撑体系、圆形围檩体系的基坑采用中心岛式土石方开挖较为典型。土钉支护、土层锚杆支护的基坑也可采用中心岛式土石方开挖方式。中心岛式开挖宜适用于明挖法施工工程。中心岛式开挖如图 2-2-7 所示。

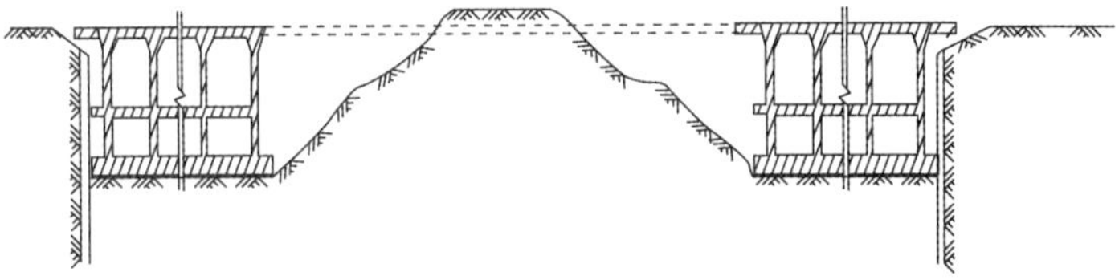

图 2-2-7　中心岛式开挖

➤ **重点提示**：结合图片掌握各种挖土方法的特点和适用性。

实战演练

［**2020 真题・单选**］“先挖基坑中间土体，周围四边留土坡，土坡最后挖除”属于(　　)挖土方法。

A. 中心岛式　　　　B. 放坡

C. 逆作　　　　D. 盆式

［**解析**］盆式开挖是基坑侧壁内侧预留土，挖除基坑其余土体后形成类似盆状的基坑，待支撑形成后再开挖基坑侧壁内侧预留土方的基坑开挖方式。

［**答案**］D

［**2015 真题・单选**］关于中心岛式挖土的说法，正确的是(　　)。

A. 基坑四边应留土坡　　　　B. 中心岛可作为临时施工场地

C. 有利于减少支护体系的变形　　　　D. 多用于无支护土方开挖

［**解析**］中心岛式开挖（又称岛式开挖）是指先开挖基坑周边土方，最后挖去中心土墩的开挖方式。施工中可以利用中心土墩作为临时结构的支点。

［**答案**］B

三、土方开挖的技术要点

基坑边缘堆置土方和建筑材料，或沿挖方边缘移动运输工具和机械，应距基坑上部边缘不少于 2 m，弃土堆置高度不应超过 1.5 m，并不应超过设计荷载值。

机械挖土时，坑底以上 200～300 mm 范围内的土方应采用人工修底的方式挖除。放坡开挖的基坑边坡应采用人工修坡的方式。

根据《建筑地基基础工程施工质量验收标准》（GB 50202—2018），在土石方工程开挖施工前，应完成支护结构、地面排水、地下水控制、基坑及周边环境监测、施工条件验收和应急预案准备等工作的验收，合格后方可进行土石方开挖。

在土石方工程开挖施工中，应定期测量和校核设计平面位置、边坡坡率和水平标高。平面控制桩和水准控制点应采取可靠措施加以保护，并应定期检查和复测。土石方不应堆在基坑影响范围内。

土石方开挖的顺序、方法必须与设计工况和施工方案相一致，并应遵循“开槽支撑，先撑后挖，分层开挖，严禁超挖”的原则。

实战演练

[经典例题·单选] 浅基坑土方开挖中，基坑边缘堆置土方和建筑材料，最大堆置高度不应超过（　　）m。

A. 1.2　　　　B. 1.5

C. 1.8　　　　D. 2.0

[解析] 基坑边缘堆置土方和建筑材料，或沿挖方边缘移动运输工具和机械，应距基坑上部边缘不少于 2 m，弃土堆置高度不应超过 1.5 m。

[答案] B

考点 4 基坑验槽★★★

扫码听课

一、验槽时必须具备的资料

根据《建筑地基基础工程施工质量验收标准》（GB 50202—2018），验槽时，现场应具备岩土工程勘察报告、轻型动力触探记录（可不进行轻型动力触探的情况除外）、地基基础设计文件、地基处理或深基础施工质量检测报告等。

二、验槽的程序

根据《建筑地基基础工程施工质量验收标准》（GB 50202—2018），验槽是指基坑或基槽开挖至坑底设计标高后，检验地基是否符合要求的活动，勘察、设计、监理、施工、建设等各方相关技术人员应共同参加验槽。

三、验槽的主要内容

根据《建筑地基基础工程施工质量验收标准》（GB 50202—2018），验槽的主要内容包括挡土墙基础宽度、埋深、放坡坡率、挡土墙的地基持力层等内容。墙身砌体应分层砌筑，采用挤浆法，确保灰缝饱满。砌体应牢固，内外搭砌，上下错缝，拉接石、丁砌石交错布置；墙身泄水孔通畅，严禁倒坡。

天然地基验槽应检验下列内容：

（1）根据勘察、设计文件核对基坑的位置、平面尺寸、坑底标高。

（2）根据勘察报告核对基坑底、坑边岩土体和地下水情况。

（3）检查空穴、古墓、古井、暗沟、防空掩体及地下埋设物的情况，并应查明其位置、深度和性状。

（4）检查基坑底土质的扰动情况以及扰动的范围和程度。

（5）检查基坑底土质受到冰冻、干裂、水冲刷或浸泡等扰动情况，并应查明影响范围和深度。

➢ **重点提示：**该考点为高频考点，选择题与案例题都会考查。验槽需参与建设的五方主体全部参加，由总监理工程师或建设单位项目负责人组织。注意记忆验槽的主要内容，案例题会考查问答题。

实战演练

［2016 真题·多选］可以组织基坑验槽的人员有（　　）。

A. 设计单位负责人

B. 总监理工程师

C. 施工单位负责人

D. 建设单位项目负责人

E. 勘察单位负责人

［解析］验槽需参与建设的五方主体全部参加，即勘察、设计、监理、施工、建设等各方相关技术人员应共同参加验槽。

［答案］BD

［经典例题·多选］验槽的主要内容有（　　）。

A. 基槽支护情况

B. 基坑的位置、平面尺寸、坑底标高

C. 坑边岩土体和地下水情况

D. 基槽之中是否有旧建筑物基础、古井、古墓、洞穴和地下掩埋物等

E. 基坑底土质的扰动情况以及扰动的范围和程度

［解析］验槽的主要内容有以下几点：①根据勘察、设计文件核对基坑的位置、平面尺寸、坑底标高；②根据勘察报告核对基坑底、坑边岩土体和地下水情况；③检查空穴、古墓、古井、暗沟、防空掩体及地下埋设物的情况，并应查明其位置、深度和性状；④检查基坑底土质的扰动情况以及扰动的范围和程度；⑤检查基坑底土质受到冰冻、干裂、水冲刷或浸泡等扰动情况，并应查明影响范围和深度。

［答案］BCDE

考点 5 验槽方法★★

一、钎探法

钎探法是利用锤将钢钎打入坑底以下土层一定深度，根据锤击次数和入土难易程度来判断土的软硬程度情况及有无古墓、古井等的一种方法。

使用的钢钎采用直径为 22～25 mm 的钢筋制作，使用人力（机械）让大锤（穿心锤）从规定高度自由落下，垂直打入土中，记录其单位进深所需锤数，为设计承载力、地勘结果、基土土层的均匀度等质量指标提供验收依据。

（一）工艺流程

绘制钎点平面布置图→放钎点线→核验钎点线→就位打钎→记录锤击数→拔钎→盖孔保护→验收→灌砂。

（二）打钎

打钎分人工和机械两种。

（1）人工打钎（图 2-2-8）：将钎尖对准孔位，一人扶正钢钎，一人站在操作凳上，用大锤（或穿心锤）打钢钎的顶端；锤举高度一般为 50 cm，自由下落，将钢钎垂直打入土层。

（2）机械打钎（图 2-2-9）：将触探杆尖对准孔位，再把穿心锤套在钎杆上，扶正钎杆，利用机械动力拉起穿心锤，使其自由下落，锤距为 50 cm，把触探杆垂直打入土层。

图 2-2-8 人工打钎

图 2-2-9 机械打钎

打钎时，同一工程应钎径一致、用力（落距）一致、锤重一致。每贯入 30 cm（通常称为一步），记录一次锤击数，每打完一个孔，填入钎探记录表内，最后统一进行整理。

二、轻型动力触探

根据《建筑地基检测技术规范》（JGJ 340—2015），轻型动力触探的优点是轻便，对于施工验槽、填土勘察、查明局部软弱土层、洞穴等分布，均有实用价值。

根据《建筑地基基础工程施工质量验收标准》（GB 50202—2018），天然地基验槽前应在基坑或基槽底普遍进行轻型动力触探检验，检验数据作为验槽依据。轻型动力触探应检查下列内容：

（1）地基持力层的强度和均匀性。

（2）浅埋软弱下卧层或浅埋突出硬层。

（3）浅埋的会影响地基承载力或基础稳定性的古井、墓穴和空洞等。

轻型动力触探宜采用机械自动化实施，检验完毕后，触探孔位处应灌砂填实。

三、观察法

验槽方法通常主要采用观察法，而对于基底以下的土层不可见部位，要先辅以钎探法。观察法应检查的内容如下：

（1）观察槽壁、槽底的土质情况，验证基槽开挖深度，初步验证基槽底部土质是否与勘察报告相符，观察槽底土质结构是否被人为破坏。

（2）基槽边坡是否稳定，是否有影响边坡稳定的因素存在，如地下渗水、坑边堆载或近距离扰动等（对难于鉴别的土质，应采用洛阳铲等手段挖至一定深度仔细鉴别）。

（3）基槽内有无旧的房基、洞穴、古井、掩埋的管道和人防设施等。如存在上述问题，应沿其走向进行追踪，查找其在基槽内的范围、延伸方向、长度、深度及宽度。

在采用观察法时，可用袖珍式贯入仪或其他手段作为验槽辅助。

实战演练

［2020 真题 · 单选］基坑验槽中，对于基底以下不可见部位的土层，通常采用的方法是（　　）。

A. 钎探法　　B. 贯入仪检测法

C. 轻型动力触探法　　D. 观察法

［解析］钎探是用锤将钢钎打入坑底以下的土层内一定深度，根据锤击次数和入土难易程度来判断土的软硬情况及有无古墓、古井等的一种方法。

［答案］A

［经典例题 · 单选］验槽钎探工作在打钎时，每贯入（　　）cm（通常称为一步），记录一次锤击数。

A. 20　　B. 30

C. 50　　D. 60

［解析］打钎时，同一工程应钎径一致，用力（落距）一致、锤重一致。每贯入 30 cm（通常称为一步），记录一次锤击数，每打完一个孔，填入钎探记录表内，最后进行统一整理。

［答案］B

［2017 真题 · 多选］地基验槽中采用钎探法时，同一单位工程中各钎探点打钎应（　　）。

A. 钎径一致　　B. 钎探耗时一致

C. 锤重一致　　D. 用力（落距）一致

E. 锤击数一致

［解析］打钎时，同一工程应钎径一致、用力（落距）一致、锤重一致。

［答案］ACD

[经典例题·多选] 钎探是根据（　　）来判断土的软硬情况及有无古井、古墓、洞穴、地下掩埋物等。

A. 钎孔大小　　B. 锤重

C. 锤击次数　　D. 入土深度

E. 入土难易程度

[解析] 钎探是用锤将钢钎打入坑底以下的土层内一定深度，根据锤击次数和入土难易程度来判断土的软硬情况及有无古墓、古井等的一种方法。

[答案] CE

考点 6 土方回填要求★★

根据《建筑地基基础工程施工规范》（GB 51004—2015），遇有地下障碍物或地基情况与原勘察报告不符时，应会同勘察、设计等单位确定处理方案。

回填土料应符合设计要求，土料不得采用淤泥和淤泥质土，有机质含量不大于5%，土料含水量应满足压实要求。膨胀土吸水膨胀、失水收缩和反复胀缩变形、浸水承载力衰减、干缩裂隙发育等特性，性质极不稳定，不可做为回填土料。

根据《建筑地基基础工程施工质量验收标准》（GB 50202—2018），施工前应检查基底的垃圾、树根等杂物清除情况，测量基底标高、边坡坡率，检查验收基础外墙防水层和保护层等。回填料应符合设计要求，并应确定回填料含水量控制范围、铺土厚度、压实遍数等施工参数。

施工中应检查排水系统，每层填筑厚度、辗迹重叠程度、含水量控制、回填土有机质含量、压实系数等。回填施工的压实系数应满足设计要求。当采用分层回填时，应在下层的压实系数经试验合格后进行上层施工。填筑厚度及压实遍数应根据土质、压实系数及压实机具确定。无试验依据时，应符合表2-2-3的规定。

表 2-2-3　填土施工时的分层厚度及压实遍数

压实机具	分层厚度/mm	每层压实遍数
平辗	250～300	6～8
振动压实机	250～350	3～4
柴油打夯	200～250	3～4
人工打夯	<200	3～4

施工结束后，应进行标高及压实系数检验。

➢ **重点提示：** 回填土含水量必须符合要求，否则会导致后期回填土密实度不符合要求。

实战演练

[经典例题·多选] 填方土料应符合设计要求，一般不能选用（　　）。

A. 砂土　　B. 淤泥质土

C. 膨胀土　　D. 有机质含量大于5%的土

E. 碎石土

［解析］回填土料应符合设计要求，土料不得采用淤泥和淤泥质土，有机质含量不大于5%，土料含水量应满足压实要求。膨胀土吸水膨胀、失水收缩和反复胀缩变形、浸水承载力衰减、干缩裂隙发育等特性，性质极不稳定，不可做为回填土料。

［答案］BCD

考点 7　基坑监测基本要求★★

根据《建筑基坑工程监测技术标准》（GB 50497—2019），基坑工程施工前，应由建设方委托具备相应能力的第三方对基坑工程实施现场监测。监测单位应编制监测方案，监测方案应经建设方、设计方等认可，必要时还应与基坑周边环境涉及的有关管理单位协商一致后方可实施。

现场监测的对象宜包括：

（1）支护结构。

（2）基坑及周围岩土体。

（3）地下水。

（4）周边环境中的被保护对象，包括周边建筑、管线、轨道交通、铁路及重要的道路等。

（5）其他应监测的对象。

监测单位应按监测方案实施监测。当基坑工程设计或施工有重大变更时，监测单位应与建设方及相关单位研究并及时调整监测方案。

监测单位应及时处理、分析监测数据，并将监测结果和评价及时向建设方及相关单位进行反馈。

围护墙或基坑边坡顶部的水平和竖向位移监测点应沿基坑周边布置，基坑各侧边中部、阳角处、邻近被保护对象的部位应布置监测点。监测点水平间距不宜大于 20 m，每边监测点数目不宜少于 3 个。水平和竖向位移监测点宜为共用点，监测点宜设置在围护墙顶或基坑坡顶上。

地下水位监测点的布置应符合下列规定：

（1）当采用深井降水时，基坑内地下水位监测点宜布置在基坑中央和两相邻降水井的中间部位；当采用轻型井点、喷射井点降水时，水位监测点宜布置在基坑中央和周边拐角处，监测点数量应视具体情况确定。

（2）基坑外地下水位监测点应沿基坑、被保护对象的周边或在基坑与被保护对象之间布置，监测点间距宜为 20～50 m，相邻建筑、重要的管线或管线密集处应布置水位监测点，当有止水帷幕时，宜布置在止水帷幕的外侧约 2 m 处。

（3）水位观测管的管底埋置深度应在最低设计水位或最低允许地下水位之下 3～5 m，承压水水位监测管的滤管应埋置在所测的承压含水层中。

（4）在降水深度内存在 2 个以上（含 2 个）含水层时，宜分层布设地下水位观测孔。

（5）岩体基坑地下水监测点宜布置在出水点和可能滑面部位。

（6）回灌井点观测井应设置在回灌井点与被保护对象之间。

基坑设计安全等级、基坑及地下工程的不同施工阶段以及周边环境、自然条件的变化等是确定监测频率应考虑的主要因素。

当出现下列情况之一时，应提高监测频率：

（1）监测值达到预警值。

（2）监测值变化较大或者速率加快。

（3）存在勘察未发现的不良地质状况。

（4）超深、超长开挖或未及时加撑等违反设计工况施工。

（5）基坑及周边大量积水、长时间连续降雨、市政管道出现泄漏。

（6）基坑附近地面荷载突然增大或超过设计限制。

（7）支护结构出现开裂。

（8）周边地面突发较大沉降或出现严重开裂。

（9）邻近建筑突发较大沉降、不均匀沉降或出现严重开裂。

（10）基坑底部、侧壁出现管涌、渗漏或流沙等现象。

（11）膨胀土、湿陷性黄土等水敏性特殊土基坑出现防水、排水等防护设施损坏，开挖暴露面有被水浸湿的现象。

（12）多年冻土、季节性冻土等温度敏感性土基坑经历冻、融季节。

（13）高灵敏性软土基坑受施工扰动严重、支撑施作不及时、有软土侧壁挤出、开挖暴露面未及时封闭等异常情况。

（14）出现其他影响基坑及周边环境安全的异常情况。

变形监测预警值应包括监测项目的累计变化预警值和变化速率预警值。

➤ **重点提示：**基坑监测是在基坑施工过程中探查基坑受力状态的重要手段，必须由建设方委托具备相应资质第三方对基坑工程实施现场检测。注意记忆相关数字。

实战演练

[2021 真题·单选] 基坑内采用深井降水时，水位监测点宜布置在（　　）。

A. 基坑周边拐角处

B. 基坑中央

C. 基坑周边

D. 基坑坡顶上

[解析] 当采用深井降水时，基坑内地下水位监测点宜布置在基坑中央和两相邻降水井的中间部位；当采用轻型井点、喷射井点降水时，水位监测点宜布置在基坑中央和周边拐角处，监测点数量应视具体情况确定。

[答案] B

[2014 真题·单选] 深基坑工程的第三方监测应由（　　）委托。

A. 建设单位　　B. 监理单位

C. 设计单位　　D. 施工单位

[解析] 基坑工程施工前，应由建设方委托具备相应能力的第三方对基坑工程实施现场检测。

［答案］A

［经典例题·多选］基坑水平和竖向位移监测点应沿基坑周边布置，并符合（　　）的规定。

A. 周边中部、阳角处应布置监测点

B. 监测点水平间距不宜大于 30 m

C. 每边监测点数不宜少于 3 个

D. 水平和竖向监测点宜为共用点

E. 监测点宜设置在围护墙顶或基坑坡顶上

［解析］围护墙或基坑边坡顶部的水平和竖向位移监测点应沿基坑周边布置，基坑各侧边中部、阳角处、邻近被保护对象的部位应布置监测点。监测点水平间距不宜大于 20 m，每边监测点数目不宜少于 3 个。水平和竖向位移监测点宜为共用点，监测点宜设置在围护墙顶或基坑坡顶上。

［答案］ACDE

考点 8 混凝土灌注桩、预制桩技术★★★

一、钢筋混凝土灌注桩

钢筋混凝土灌注桩的相关内容见表 2-2-4。

表 2-2-4 钢筋混凝土灌注桩的相关内容

项目	内容
分类（按成孔方法）	钻孔灌注桩、沉管灌注桩及人工挖孔灌注桩
泥浆护壁法钻孔灌注桩施工程序	场地平整→桩位放线→开挖浆池、浆沟→护筒埋设→钻机就位、孔位校正→成孔、泥浆循环、清除废浆、泥渣→一次清孔→质量验收→下钢筋笼和钢导管→二次清孔→浇筑水下混凝土→成桩
沉管灌成桩施工程序	桩机就位→锤击（振动）沉管→上料→边锤击（振动）边拔管，并继续浇筑混凝土→下钢筋笼，继续浇筑混凝土及拔管→成桩

护筒埋设如图 2-2-10 所示，钻机就位如图 2-2-11 所示，吊放钢筋笼如图 2-2-12 所示。泥浆护壁钻孔灌注桩施工工艺如图 2-2-13 所示。

图 2-2-10 护筒埋设

图 2-2-11　钻机就位

图 2-2-12　吊放钢筋笼

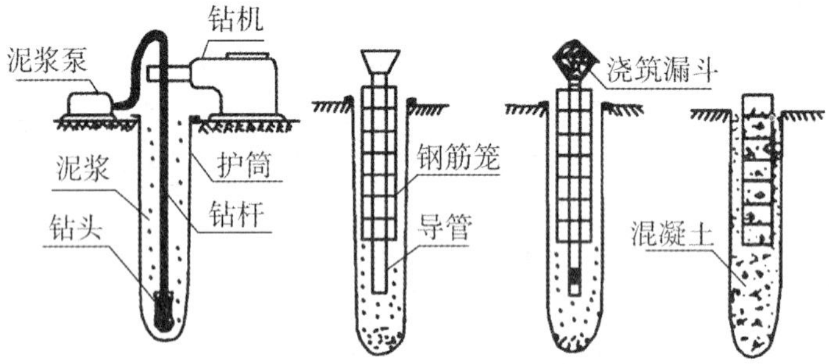

图 2-2-13　泥浆护壁钻孔灌注桩施工工艺

二、钢筋混凝土预制桩

钢筋混凝土预制桩相关内容见表 2-2-5。

表 2-2-5　钢筋混凝土预制桩相关内容

项目	内容
分类	锤击沉桩法、静力压桩法及振动法
锤击沉桩法施工程序	确定桩位和沉桩顺序→桩机就位→吊桩、喂桩→校正→锤击沉桩→接桩→再锤击沉桩→送桩→收锤→切割桩头
静力压桩法施工程序	测量定位→桩机就位→吊桩、插桩→桩身对中调直→静压沉桩→接桩→再静压沉桩→送桩→终止压桩→检查验收→转移桩机

锤击沉桩法如图 2-2-14 所示，静力压桩法如图 2-2-15 所示。

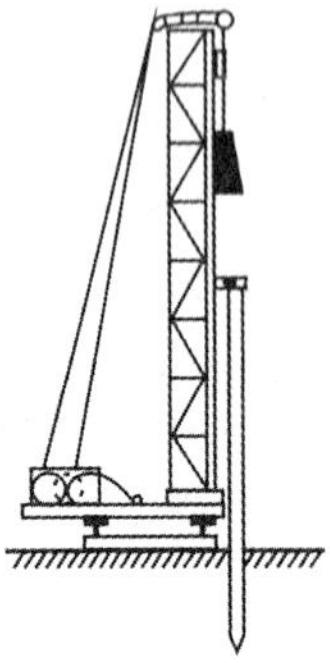

图 2-2-14　锤击沉桩法

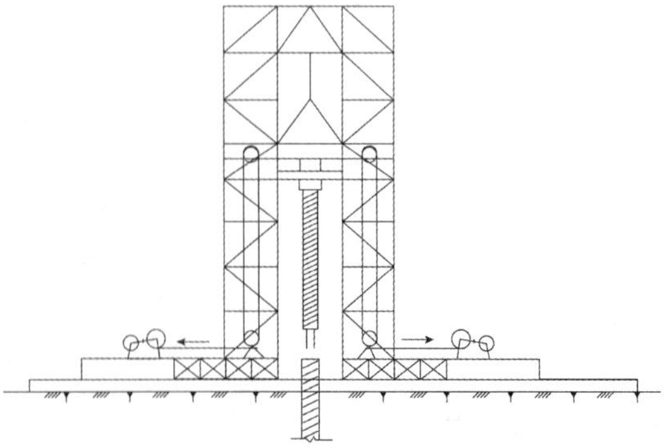

图 2-2-15　静力压桩法

➤ **重点提示：**该考点为高频考点，选择题与案例题均会考查。预制桩内容在选择题目中考查较多，灌注桩内容在选择题与案例题中考查均较多。重点记忆施工原理和施工流程，灌注桩注意在浇筑水下混凝土前一定要进行二次清孔。

实战演练

［经典例题·多选］钢筋混凝土灌注桩按其成孔方法不同，可分为（　　）等。

A. 水冲灌注桩　　B. 振动灌注桩

C. 钻孔灌注桩　　D. 沉管灌注桩

E. 人工挖孔灌注桩

［解析］钢筋混凝土灌注桩按其成孔方法不同，可分为钻孔灌注桩、沉管灌注桩和人工挖孔灌注桩等。

［答案］CDE

［例题·多选］在泥浆护壁法钻孔灌注桩施工程序中，二次清孔的后续工作包括（　　）。

A. 护筒埋设　　B. 泥浆循环

C. 成桩　　D. 浇筑水下混凝土

E. 下钢筋笼和钢导管

［解析］泥浆护壁法钻孔灌注桩施工工艺流程：场地平整→桩位放线→开挖浆池、浆沟→护筒埋设→钻机就位、孔位校正→成孔、泥浆循环、清除废浆、泥渣→一次清孔→质量验收→下钢筋笼和钢导管→二次清孔→浇筑水下混凝土→成桩。

［答案］CD

考点 9　混凝土基础★★

一、混凝土基础的主要形式

混凝土基础的类型和构造取决于建筑物上部结构和地基土的性质。当具有同样上部结构的建筑物建造在不同的地基上时，其基础的形式和构造可能是完全不同的。混凝土基础按照构造形式可分为如下几类。

（一）独立基础

当建筑物上部采用框架结构时，基础常采用方形或矩形的单独混凝土基础，这种混凝土基础称为独立基础。它是柱承重型建筑混凝土基础的基本形式，常用的断面形式有阶梯形、锥形、杯形等，如图2-2-16所示，适用于多层框架结构或厂房排架柱下基础，地基承载力不应低于 80 kPa。

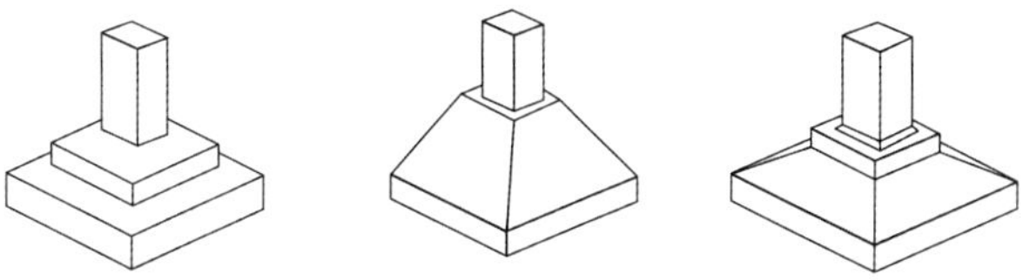

（a）阶梯形　　（b）锥形　　（c）杯形

图 2-2-16　独立基础

（二）条形基础

混凝土基础沿墙身设置成长条形，这样的混凝土基础称为条形基础。条形基础又分为墙下条形基础和柱下条形基础（图 2-2-17）。墙下条形基础一般用于多层混合结构的墙下，低层或小型建筑常用砖、混凝土等刚性条形基础。当上部为钢筋混凝土墙，或地基较差、荷载较大时，可采用钢筋混凝土条形基础。条形基础是墙承重型建筑混凝土基础的基本形式。上部结构为框架结构或排架结构，荷载较大或荷载分布不均匀，地基承载力偏低时，可用柱下条形基础。

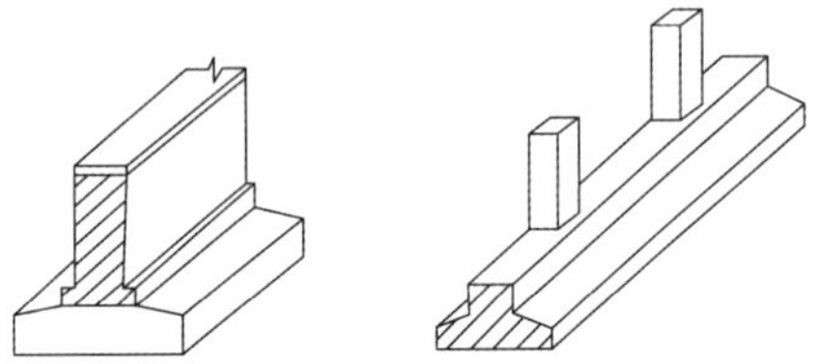

（a）墙下条形基础　　（b）柱下条形基础

图 2-2-17　条形基础

（三）箱形基础

当建筑物荷载很大，浅层土层地质情况较差或建筑物很高、基础需深埋时，为增加建筑物整体刚度，不致因地基的局部变形影响上部结构，常采用钢筋混凝土整浇成刚度很大的盒状基础，称为箱形基础，如图 2-2-18 所示。箱形基础用于上部建筑物荷载大、对地基不均匀沉降要求严格的高层建筑、重型建筑以及软弱土地基上的多层建筑。

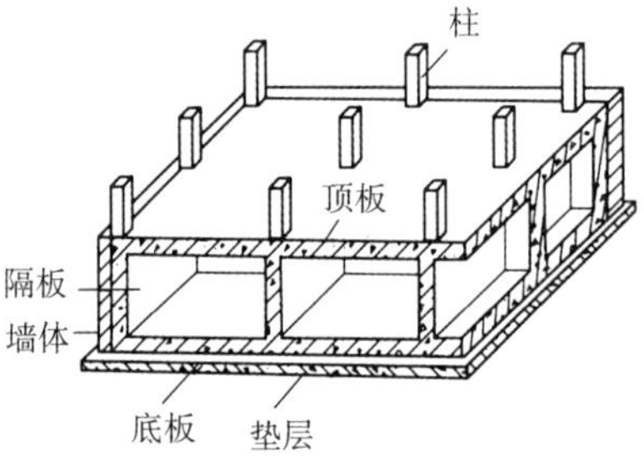

图 2-2-18　箱形基础

（四）筏形基础

当上部荷载较大，地基承载力较低时，可选用整片的筏板承受建筑物传来的荷载并将其传给地基，由于这种基础形似筏子，称为筏形基础。筏形基础常用于地基软弱的多层砌体结构、框架结构、剪力墙结构的建筑，以及上部结构荷载较大且不均匀或地基承载力低的情况。筏形基础按结构形式可分为板式筏形基础与梁式筏形基础两类。板式筏形基础的板厚度较大，构造简单，如图 2-2-19（a）所示。梁板式筏形基础的板厚度较小，但是增加了双向梁，构造较复杂，如图 2-2-19（b）所示。

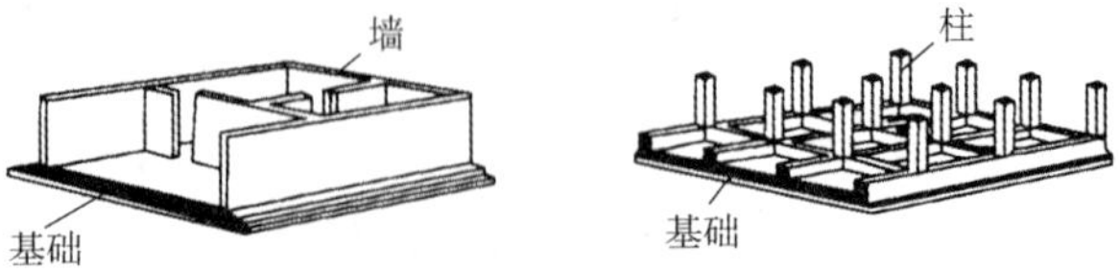

（a）板式筏形基础　　（b）梁板式筏形基础

图 2-2-19　筏形基础

（五）桩基础

当建筑物荷载较大，浅层地基土不能满足建筑物对地基承载力和变形的要求，而又不适宜采取地基处理措施时，就要考虑桩基础形式。桩基础的种类很多，最常采用的是钢筋混凝土桩。根据施工方法不同，钢筋混凝土桩基础可分为打入桩、压入桩、振入桩及灌入桩等；根据受力性能不同，钢筋混凝土桩基础又可分为端承桩和摩擦桩等，如图 2-2-20 所示。

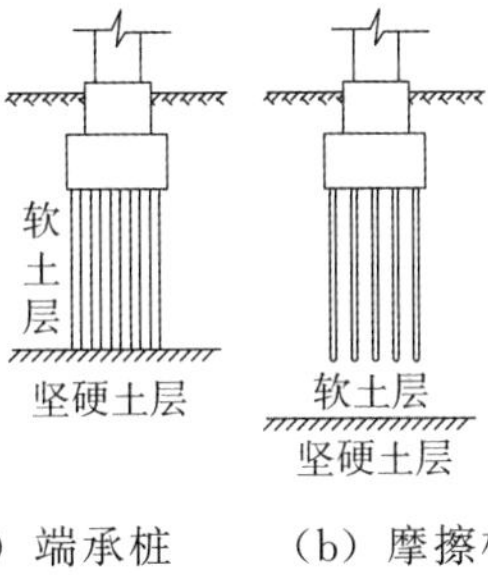

（a）端承桩　　（b）摩擦桩

图 2-2-20　桩基础

二、混凝土基础的施工技术

根据《建筑地基基础工程施工规范》（GB 51004—2015），混凝土基础施工技术相关内容如下。

（一）无筋扩展基础

（1）混凝土基础台阶应支模浇筑，模板支撑应牢固可靠，模板接缝不应漏浆。

（2）台阶式基础宜一次浇筑完成，每层宜先浇边角，后浇中间，坡度较陡的锥形基础可采取支模浇筑的方法。

（3）不同底标高的基础应开挖成阶梯状，混凝土应由低到高浇筑。

（4）混凝土浇筑和振捣应满足均匀性和密实性的要求，浇筑完成后应采取养护措施。

（二）钢筋混凝土扩展基础

柱下钢筋混凝土独立基础施工应符合下列规定：

（1）混凝土宜按台阶分层连续浇筑完成，对于阶梯形基础，每一台阶作为一个浇捣层，每浇筑完一台阶宜稍停 0.5～1.0 h，待其初步获得沉实后，再浇筑上层，基础上有插筋埋件时，应固定其位置。

（2）杯形基础的支模宜采用封底式杯口模板，施工时应将杯口模板压紧，在杯底应预留观测孔或振捣孔，混凝土浇筑应对称均匀下料，杯底混凝土振捣应密实。

（3）锥形基础模板应随混凝土浇捣分段支设并固定牢靠，基础边角处的混凝土应捣实。

钢筋混凝土条形基础施工应符合下列规定：

（1）绑扎钢筋时，底部钢筋应绑扎牢固，采用 HPB300 钢筋时，端部弯钩应朝上，柱的锚固钢筋下端应用 90°弯钩与基础钢筋绑扎牢固，按轴线位置校核后上端应固定牢靠。

（2）混凝土宜分段分层连续浇筑，每层厚度宜为 300～500 mm，各段各层间应互相衔接，混凝土浇捣应密实。

基础混凝土浇筑完后，外露表面应在 12 h 内覆盖并保湿养护。

第二章

（三）筏形与箱形基础

（1）基础混凝土可采用一次连续浇筑，也可留设施工缝分块连续浇筑，施工缝宜留设在结构受力较小且便于施工的位置。

（2）采用分块浇筑的基础混凝土，应根据现场场地条件、基坑开挖流程、基坑施工监测数据等合理确定浇筑的先后顺序。

（3）在浇筑基础混凝土前，应清除模板和钢筋上的杂物，表面干燥的垫层、木模板应浇水湿润。

（4）筏形与箱形基础混凝土浇筑应符合下列规定：

①混凝土运输和输送设备作业区域应有足够的承载力。

②混凝土浇筑方向宜平行于次梁长度方向，对于平板式筏形基础宜平行于基础长边方向。

③根据结构形状尺寸、混凝土供应能力、混凝土浇筑设备、场内外条件等划分泵送混凝土浇筑区域及浇筑顺序，采用硬管输送混凝土时，宜由远而近浇筑，多根输送管同时浇筑时，其浇筑速度宜保持一致。

④混凝土应连续浇筑，且应均匀、密实。

⑤混凝土浇筑的布料点宜接近浇筑位置，应采取减缓混凝土下料冲击的措施，混凝土自高处倾落的自由高度应根据混凝土的粗骨料粒径确定，粗骨料粒径大于 25 mm 时不应大于 3 m，粗骨料粒径不大于 25 mm 时不应大于 6 m。

⑥基础混凝土应采取减少表面收缩裂缝的二次抹面技术措施。

（5）筏形与箱形基础混凝土养护宜采用浇水、蓄热、喷涂养护剂等方式。

（6）筏形与箱形基础大体积混凝土浇筑应符合下列规定：

①混凝土宜采用低水化热水泥，合理选择外掺料、外加剂，优化混凝土配合比。

②混凝土浇筑应选择合适的布料方案，宜由远而近浇筑，各布料点浇筑速度应均衡。

③混凝土宜采用斜面分层浇筑方法，混凝土应连续浇筑，分层厚度不应大于 500 mm，层间间隔时间不应大于混凝土的初凝时间。

④混凝土裸露表面应采用覆盖养护方式，当混凝土表面以内 40～80 mm 位置的温度与环境温度的差值小于 25 ℃时，可结束覆盖养护，覆盖养护结束但尚未达到养护时间要求时，可采用洒水养护方式直至养护结束。

➤ **重点提示：**该考点一般考查选择题，注意结合图片记忆相关要求。掌握浅基础施工均不留设施工缝。

实战演练

[经典例题·单选] 关于混凝土基础施工技术的说法，错误的是（　　）。

A. 台阶式基础宜一次浇筑完成，每层宜先浇边角，后浇中间

B. 柱下钢筋混凝土独立基础宜按台阶分层连续浇筑完成

C. 钢筋混凝土条形基础宜分段分层连续浇筑，每层厚度宜为 500～800 mm

D. 筏形与箱形基础施工缝宜留设在结构受力较小且便于施工的位置

［解析］钢筋混凝土条形基础，混凝土宜分段分层连续浇筑，每层厚度宜为300～500 mm，各段各层间应互相衔接，混凝土浇捣应密实。

［答案］C

考点10　基础底板大体积混凝土工程施工要求★★

一、大体积基础混凝土的浇筑

根据《大体积混凝土施工标准》（GB 50496—2018），大体积混凝土是指混凝土结构物实体最小尺寸不小于1 m的大体量混凝土，或预计会因混凝土中胶凝材料水化引起的温度变化和收缩而导致有害裂缝产生的混凝土。

大体积混凝土浇筑应符合下列规定：

（1）混凝土浇筑层厚度应根据所用振捣器作用深度及混凝土的和易性确定，整体连续浇筑时（厚度）宜为300～500 mm，振捣时应避免过振和漏振。

（2）整体分层连续浇筑或推移式连续浇筑，应缩短间歇时间，并应在前层混凝土初凝之前将次层混凝土浇筑完毕。层间间歇时间不应大于混凝土初凝时间。混凝土初凝时间应通过试验确定。当层间间歇时间超过混凝土初凝时间时，层面应按施工缝处理。

（3）混凝土的浇灌应连续、有序，宜减少施工缝。

（4）混凝土宜采用泵送方式和二次振捣工艺。

二、大体积基础混凝土的养护

根据《大体积混凝土施工标准》（GB 50496—2018），大体积混凝土应采取保温保湿养护。在每次混凝土浇筑完毕后，除应按普通混凝土进行常规养护外，保温养护应符合下列规定：

（1）应专人负责保温养护工作，并应进行测试记录。

（2）保湿养护持续时间不宜少于14 d，应经常检查塑料薄膜或养护剂涂层的完整情况，并应保持混凝土表面湿润。

（3）保温覆盖层拆除应分层逐步进行，当混凝土表面温度与环境最大温差小于20 ℃时，可全部拆除。

三、大体积混凝土裂缝的控制措施

水泥中的水化热，使有一定保温性能的大体积混凝土内部升温比表面升温大得多，在降温时内部降温又比表面降温慢得多。混凝土各部分的热胀冷缩，以及内部与外部的约束作用，使混凝土产生温度变形和相应的温度应力，当它们超过混凝土所能承受的拉力极限值时，混凝土就会出现裂缝。这是大体积混凝土施工中必须解决的主要技术问题。

大体积混凝土多在升温或降温时产生裂缝，升温时易出现表面裂缝，一般混凝土成型后第三天升温最高，也最容易出现表面裂缝。收缩裂缝多出现于降温时，由于热量散失而产生收缩，再加上混凝土硬化过程中内部水分的水化和蒸发，以及胶质体的胶凝作用，促使混凝土收缩，这两种收缩由于受到基底或结构本身的约束，当收缩应力超过当时的混凝土极限抗拉强度时，就会产生收缩裂缝，这种裂缝有时会贯穿全断面，危害较严重，如图2-2-21（b） （c）所示。

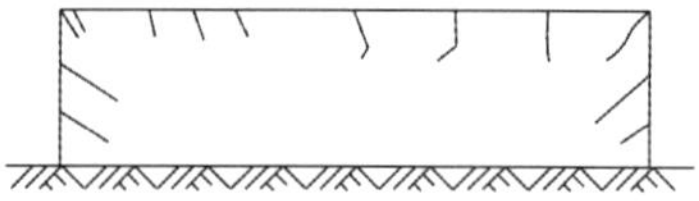

（a）表面裂缝

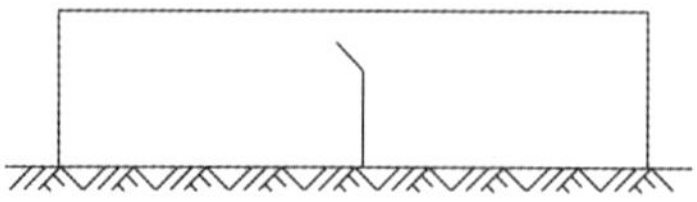

（b）收缩裂缝 1

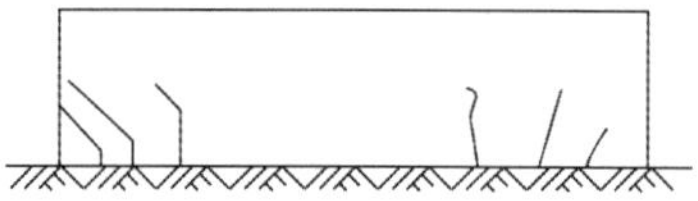

（c）收缩裂缝 2

图 2-2-21　温度裂缝

在施工前必须会同有关部门拟定相应的技术措施。为防止裂缝的产生，应注意以下几点：

（1）制定合适的允许温差。大体积混凝土施工，要在施工期间对混凝土采取温度控制，即控制混凝土的内外温差，以减小早期温度应力，从而避免裂缝的产生。

此外，控制内外温差固然重要，但是产生裂缝的原因往往是温度陡降。因为温度陡降，温度应力形成较快，徐变的影响较小，所以温度陡降的容许值远比内外温差小得多。通常采用的温度陡降的容许值是 10 ℃。

（2）采取适当的温度控制。预防大体积混凝土裂缝的基本条件是控制施工中的实际温差要小于容许温差。施工中一般可采取以下几种降温措施：

①选用水化热较低的水泥，降低水泥水化热引起的温度升高。

②降低水灰比和减少水泥用量，使用减水剂、加气剂、塑化剂，进一步降低水泥水化热引起的温度升高，但应保证混凝土的强度等级。

③降低混凝土的入模温度，如石子上浇水、水中加冰块等，降低混凝土浇筑温度。

④条件允许时，可投入毛石，以利降温，进一步降低混凝土浇筑温度。

⑤控制混凝土浇筑层厚度，适当减缓浇筑速度，以利降温。

⑥预埋冷却水管，用循环水降低混凝土温度。

➤ **重点提示：** 该考点为高频考点，选择题与案例题均会考查，其中选择题考查居多。大体积混凝土的核心问题是混凝土导热性差，水泥硬化过程中热量无法释放导致内外温差过大，因此裂缝的控制主要应从内外温差着手。

实战演练

[经典例题·单选] 混凝土浇筑时，为保证结构的整体性和施工的连续性，采取分层浇筑时，应保证在下层混凝土（　　）将上层混凝土浇筑完毕。

A. 终凝前　　　　B. 终凝后

C. 初凝前　　　　D. 初凝后

［解析］大体积混凝土浇筑应整体分层连续浇筑或推移式连续浇筑，应缩短间歇时间，并应在前层混凝土初凝之前将次层混凝土浇筑完毕。

［答案］C

［经典例题·单选］预防大体积混凝土裂缝的基本条件是控制施工中的实际温差要小于容许温差。施工中一般可采取的降温措施不包括（　　）。

A. 选用水化热较高的水泥

B. 降低混凝土的入模温度

C. 控制混凝土浇筑层厚度

D. 预埋冷却水管

［解析］预防大体积混凝土裂缝的基本条件是控制施工中的实际温差要小于容许温差。施工中一般可采取以下几种降温措施：①选用水化热较低的水泥，降低水泥水化热引起的温度升高；②降低水灰比和减少水泥用量，使用减水剂、加气剂、塑化剂，进一步降低水泥水化热引起的温度升高，但应保证混凝土的强度等级；③降低混凝土的入模温度，如石子上浇水、水中加冰块等，降低混凝土浇筑温度；④条件允许时，可投入毛石，以利降温，进一步降低混凝土浇筑温度；⑤控制混凝土浇筑层厚度，适当减缓浇筑速度，以利降温；⑥预埋冷却水管，用循环水降低混凝土温度。

［答案］A

第三节　主体结构工程施工技术

考点 1　砌筑砂浆技术要点★★

一、砂浆原材料要求

根据《砌体结构工程施工规范》（GB 50924—2014），对工程中所使用的原材料、成品及半成品应进行进场验收，检查其合格证书、产品检验报告等，并应符合设计及国家现行有关标准要求。对涉及结构安全、使用功能的原材料、成品及半成品应按有关规定进行见证取样、送样复验；其中水泥的强度和安定性应按其批号分别进行见证取样、复验。

砌筑砂浆所用水泥宜采用通用硅酸盐水泥或砌筑水泥，且应符合现行国家标准《通用硅酸盐水泥》（GB 175—2007）和《砌筑水泥》（GB/T 3183—2017）的规定。水泥强度等级应根据砂浆品种及强度等级的要求进行选择，M15 及以下强度等级的砌筑砂浆宜选用 32.5 级的通用硅酸盐水泥或砌筑水泥，M15 以上强度等级的砌筑砂浆宜选用 42.5 级普通硅酸盐水泥。

砌筑砂浆用砂宜选用过筛中砂，毛石砌体宜选用粗砂。

水泥砂浆和强度等级不小于 M5 的水泥混合砂浆，砂中含泥量（质量分数）不应超过 5%；强度等级小于 M5 的水泥混合砂浆，砂中含泥量不应超过 10%。

根据《砌筑砂浆配合比设计规程》（JGJ/T 98—2010），外加剂应符合国家现行有关标准的规定，引气型外加剂还应有完整的型式检验报告。拌制砂浆用水应符合现行行业标准《混凝土用水标准》（JGJ 63—2006）的规定。

二、砂浆配合比

根据《砌筑砂浆配合比设计规程》（JGJ/T 98—2010），砌筑砂浆施工时的稠度宜按表2-3-1选用。

表 2-3-1　砌筑砂浆的施工稠度（单位：mm）

砌体种类	施工稠度
烧结普通砖砌体、粉煤灰砖砌体	70～90
混凝土砖砌体、普通混凝土小型空心砌块砌体、灰砂砖砌体	50～70
烧结多孔砖砌体、烧结空心砖砌体、轻集料混凝土小型空心砌块砌体、蒸压加气混凝土砌块砌体	60～80
石砌体	30～50

砌筑砂浆的保水率应符合表 2-3-2 的规定。

表 2-3-2　砌筑砂浆的保水率

砂浆种类	保水率
水泥砂浆	≥80%
水泥混合砂浆	≥84%
预拌砌筑砂浆	≥88%

三、砂浆的拌制及使用

根据《砌体结构工程施工规范》（GB 50924—2014），现场搅拌的砂浆应随拌随用，拌制的砂浆应在 3 h 内使用完毕；当施工期间最高气温超过 30 ℃时，应在 2 h 内使用完毕。对掺用缓凝剂的砂浆，其使用时间可根据其缓凝时间的试验结果确定。

现场拌制砌筑砂浆时，应采用机械搅拌，搅拌时间自投料完起算，应符合下列规定：

（1）水泥砂浆和水泥混合砂浆不应少于 120 s。

（2）水泥粉煤灰砂浆和掺用外加剂的砂浆不应少于 180 s。

（3）掺液体增塑剂的砂浆，应先将水泥、砂干拌混合均匀后，将混有增塑剂的拌合水倒入干混砂浆中继续搅拌；掺固体增塑剂的砂浆，应先将水泥、砂和增塑剂干拌混合均匀后，将拌合水倒入其中继续搅拌。从加水开始，搅拌时间不应少于 210 s。

（4）预拌砂浆及加气混凝土砌块专用砂浆的搅拌时间应符合有关技术标准或产品说明书的要求。

四、砂浆强度

根据《砌筑砂浆配合比设计规程》（JGJ/T 98—2010），水泥砂浆及预拌砌筑砂浆的强度等级可分为 M5、M7.5、M10、M15、M20、M25、M30；水泥混合砂浆的强度等级可分为 M5、M7.5、M10、M15。

砂浆试块尺寸一般都是固定的，主要是边长为70.7 mm的立方体，按标准条件在(20±2)℃温度、相对湿度为90%以上的条件下养护至28 d的抗压强度值确定砂浆强度等级。

根据《建筑砂浆基本性能试验方法标准》(JGJ/T 70—2009)，立方体抗压强度试验的试验结果应按下列要求确定：

(1) 应以三个试件测值的算术平均值作为该组试件的砂浆立方体抗压强度平均值(f_2)，精确至0.1 MPa。

(2) 当三个测值的最大值或最小值中有一个与中间值的差值超过中间值的15%时，应把最大值及最小值一并舍去，取中间值作为该组试件的抗压强度值。

(3) 当两个测值与中间值的差值均超过中间值的15%时，该组试验结果应为无效。

➤ **重点提示：** 本考点主要从砂浆原材料要求、配合比、拌制及使用、强度几个方面进行讲述。其中拌制及使用、强度为高频考点，重点掌握数字要求，以应对单项选择题的考查。

实战演练

[2014真题·单选] 用于测定砌筑砂浆抗压强度的试块，其养护龄期是(　　)d。

A. 7　　B. 14

C. 21　　D. 28

[解析] 砂浆试块尺寸一般都是固定的，主要是边长为70.7 mm的立方体，按标准条件在(20±2)℃温度、相对湿度为90%以上的条件下养护至28 d的抗压强度值确定砂浆强度等级。

[答案] D

[经典例题·单选] 砌筑砂浆应随拌随用，当施工期间最高气温在30 ℃以内时，水泥混合砂浆最长应在(　　)h内使用完毕。

A. 2　　B. 3

C. 4　　D. 5

[解析] 现场拌制的砂浆应随拌随用，拌制的砂浆应在3 h内使用完毕；当施工期间最高气温超过30 ℃时，应在2 h内使用完毕。

[答案] B

考点2　砖砌体工程施工要求★★

一、砌筑方法

砌砖工程宜采用"三一"砌筑法。"三一"砌筑法又称铲灰挤砌法，它的基本动作是"一铲灰、一块砖、一挤揉"。

二、其他要求

根据《砌体结构工程施工规范》(GB 50924—2014)，砖砌体的灰缝应横平竖直，厚薄均匀。水平灰缝厚度和竖向灰缝宽度宜为10 mm，但不应小于8 mm，且不应大于12 mm。

当砌筑烧结普通砖、烧结多孔砖、蒸压灰砂砖和蒸压粉煤灰砖砌体时，砖应提前 1～2 d 适度湿润，不得采用干砖或吸水饱和状态的砖砌筑。砖湿润程度宜符合下列规定：

（1）烧结类砖的相对含水率宜为 60%～70%。

（2）混凝土多孔砖及混凝土实心砖不宜浇水湿润，但在气候干燥炎热的情况下，宜在砌筑前对其浇水湿润。

（3）其他非烧结类砖的相对含水率宜为 40%～50%。

当采用铺浆法砌筑时，铺浆长度不得超过 750 mm，当施工期间气温超过 30 ℃时，铺浆长度不得超过 500 mm。

砖过梁底部的模板，在灰缝砂浆强度不低于设计强度 75%时，方可拆除。

实战演练

[经典例题·单选] 砌砖工程采用铺浆法砌筑时，铺浆长度不得超过 750 mm；施工期间气温超过 30 ℃时，铺浆长度不得超过（　　）mm。

A. 500　　B. 550

C. 600　　D. 650

[解析] 当采用铺浆法砌筑时，铺浆长度不得超过 750 mm，当施工期间气温超过 30 ℃时，铺浆长度不得超过 500 mm。

[答案] A

[经典例题·多选] 砖砌体“三一”砌筑法的具体含义是指（　　）。

A. 一个人　　B. 一铲灰

C. 一块砖　　D. 一挤揉

E. 一勾缝

[解析]“三一”砌筑法，即一铲灰、一块砖、一挤揉的砌筑方法。

[答案] BCD

考点 3 砌体的留槎要求★

根据《砌体结构工程施工规范》（GB 50924—2014），砖砌体的转角处和交接处对非抗震设防及在抗震设防烈度为 6 度、7 度地区的临时间断处，当不能留斜槎时，除转角处外，可留直槎，但应做成凸槎。留直槎处应加设拉结钢筋（图 2-3-1），其拉结筋应符合下列规定：

（1）每 120 mm 墙厚应设置 1ϕ6 拉结钢筋；当墙厚为 120 mm 时，应设置 2ϕ6 拉结钢筋。

（2）间距沿墙高不应超过 500 mm，且竖向间距偏差不应超过 100 mm。

（3）埋入长度从留槎处算起每边均不应小于 500 mm，对抗震设防烈度为 6 度、7 度的地区，不应小于 1 000 mm。

（4）末端应设 90°弯钩。

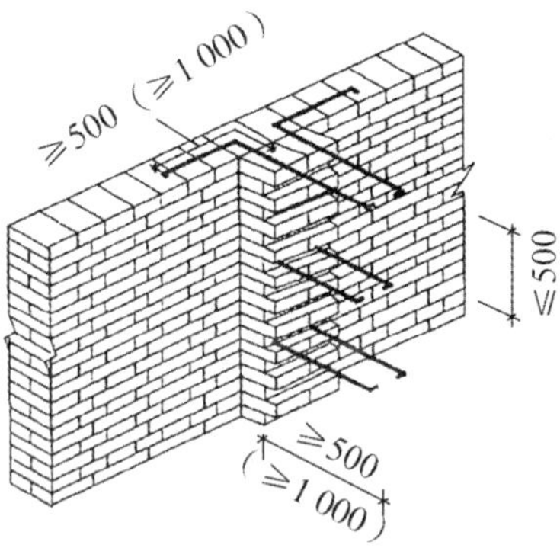

图 2-3-1　砖砌体直槎和拉结筋示意图（单位：mm）

➢ **重点提示：**（1）直槎拉结筋的设置与马牙槎的拉结筋设置较为相似，但在拉结筋的埋置长度上有所区别，要对比记忆。

（2）此考点一般会针对数字考查选择题或是考查找"不妥之处"的案例题。

考点 4　构造柱和砖砌体砌筑施工要求★★

一、构造柱

根据《砌体结构工程施工规范》（GB 50924—2014），与构造柱相邻部位砌体应砌成马牙槎，马牙槎应先退后进，每个马牙槎沿高度方向的尺寸不宜超过 300 mm，凹凸尺寸宜为 60 mm。砌筑时，砌体与构造柱间应沿墙高每 500 mm 设拉结钢筋，钢筋数量及伸入墙内长度应满足设计要求。构造柱如图 2-3-2 所示。

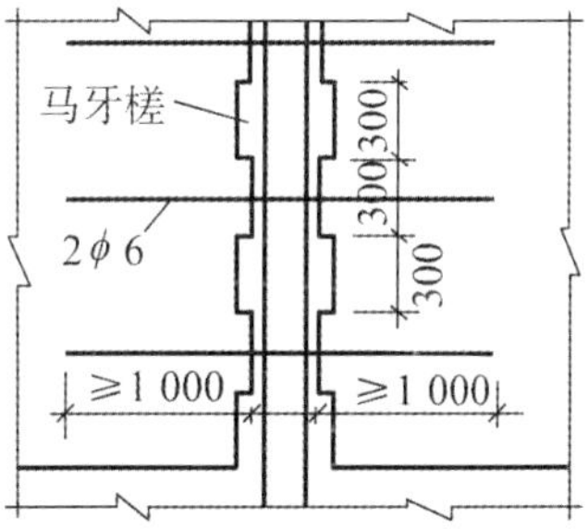

图 2-3-2　构造柱（单位：mm）

➢ **重点提示：**（1）构造柱的设置可以增强砌体结构抗震性能，重点掌握施工程序以及拉结筋的设置要求，考查形式一般为选择或案例题。

（2）砌筑的内容中重点掌握每日砌筑高度。

实战演练

[经典例题·多选] 设计有钢筋混凝土构造柱的抗震多层砖房，下列施工做法中正确的有（　　）。

A. 先绑扎构造柱钢筋，然后砌砖墙

B. 构造柱沿高度方向每 1 000 mm 设一道拉结筋

C. 拉结筋每边伸入砖墙不少于 500 mm

D. 马牙槎沿高度方向的尺寸不超过 300 mm

E. 马牙槎从每层柱脚开始，应先退后进

[解析] 砌体与构造柱间应沿墙高每 500 mm 设拉结钢筋，选项 B 错误。根据图 2-3-2，拉结钢筋每边伸入墙内不应少于 1 m，选项 C 错误。

[答案] ADE

二、砖砌体

根据《砌体结构工程施工规范》（GB 50924—2014），正常施工条件下，砖砌体每日砌筑高度宜控制在 1.5 m 或一步脚手架高度内。

考点 5 脚手眼的留置与补砌★

一、不得设置脚手眼的墙体或部位

根据《砌体结构工程施工质量验收规范》（GB 50203—2011），不得在下列墙体或部位设置脚手眼（图 2-3-3）：

（1）120 mm 厚墙、清水墙、料石墙、独立柱和附墙柱。

（2）过梁上与过梁成 60°角的三角形范围及过梁净跨度 1/2 的高度范围内（图 2-3-4）。

（3）宽度小于 1 m 的窗间墙（图 2-3-5）。

（4）门窗洞口两侧石砌体 300 mm、其他砌体 200 mm 范围内；转角处石砌体 600 mm、其他砌体 450 mm 范围内（图 2-3-6）。

（5）梁或梁垫下及其左右 500 mm 范围内（图 2-3-7）。

（6）设计不允许设置脚手眼的部位。

（7）轻质墙体。

（8）夹心复合墙外叶墙。

图 2-3-3 脚手眼

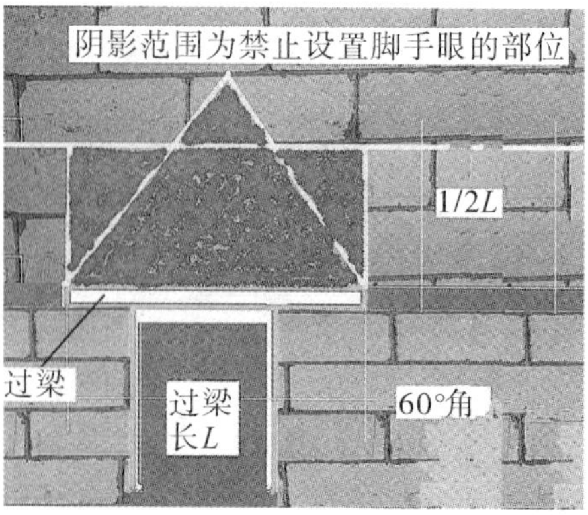

图 2-3-4 过梁不得设置脚手眼的位置

图 2-3-5 窗间墙

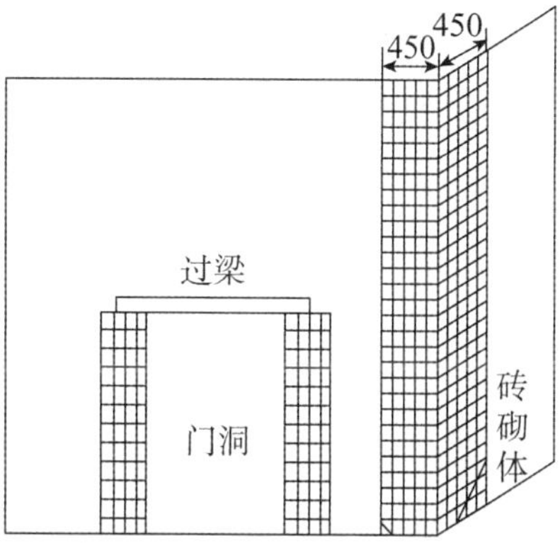

图 2-3-6 门窗洞口两侧及转角处（单位：mm）

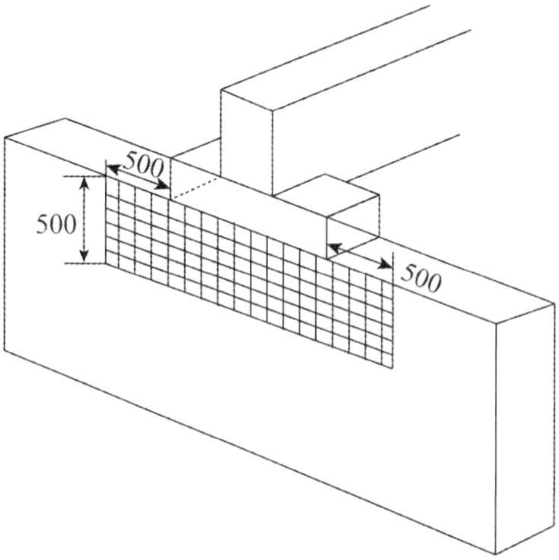

图 2-3-7 梁或梁垫下及其左右 500 mm 范围内（单位：mm）

➢ **重点提示**：脚手架的连墙件要固定在建筑主体上，所以在墙体上必须留置脚手眼。砌体结构本身抗压能力较强，但是抗剪、抗弯能力较差，严禁随意开洞，有些位置不能留置脚手眼，这些位置的具体描述需要记忆，可考查多项选择题或案例问答题，注意记忆重要数字。

实战演练

［经典例题·单选］砖砌体工程中可设置脚手眼的墙体或部位是（　　）。

A. 120 mm 厚墙

B. 砌体门窗洞口两侧 450 mm 处

C. 独立柱

D. 宽度为 800 mm 的窗间墙

［解析］不得在下列墙体或部位设置脚手眼：①120 mm 厚墙、清水墙、料石墙、独立柱和附墙柱；②过梁上与过梁成 60°角的三角形范围及过梁净跨度 1/2 的高度范围内；③宽度小于 1 m 的窗间墙；④门窗洞口两侧石砌体 300 mm、其他砌体 200 mm 范围内；转角处石砌体 600 mm、其他砌体 450 mm 范围内；⑤梁或梁垫下及其左右 500 mm 范围内；⑥设计不允许设置脚手眼的部位；⑦轻质墙体；⑧夹心复合墙外叶墙。

［答案］B

二、脚手眼补砌

根据《砌体结构工程施工质量验收规范》（GB 50203—2011），脚手眼补砌时，应清除脚手眼内掉落的砂浆、灰尘；脚手眼处砖及填塞用砖应湿润，并应填实砂浆。

考点 6 填充墙砌体工程★★

根据《砌体结构工程施工规范》（GB 50924—2014），轻骨料混凝土小型空心砌块、蒸压加气混凝土砌块砌筑时，其产品龄期应大于 28 d；蒸压加气混凝土砌块的含水率宜小于 30%。

吸水率较小的轻骨料混凝土小型空心砌块及采用薄层砂浆砌筑法施工的蒸压加气混凝土砌块，砌筑前不应对其浇水湿润；在气候干燥炎热的情况下，对吸水率较小的轻骨料混凝土小型空心砌块宜在砌筑前浇水湿润。

采用普通砂浆砌筑填充墙时，烧结空心砖、吸水率较大的轻骨料混凝土小型空心砌块应提前 1～2 d 浇水湿润；蒸压加气混凝土砌块采用专用砂浆或普通砂浆砌筑时，应在砌筑当天对砌块砌筑面浇水湿润。块体湿润程度宜符合下列规定：

（1）烧结空心砖的相对含水率宜为 60%～70%。

（2）吸水率较大的轻骨料混凝土小型空心砌块、蒸压加气混凝土砌块的相对含水率宜为 40%～50%。

在没有采取有效措施的情况下，不应在下列部位或环境中使用轻骨料混凝土小型空心砌块或蒸压加气混凝土砌块砌体：

（1）建筑物防潮层以下墙体。

（2）长期浸水或化学侵蚀环境。

（3）砌体表面温度高于 80 ℃的部位。

（4）长期处于有振动源环境的墙体。

在厨房、卫生间、浴室等处采用轻骨料混凝土小型空心砌块、蒸压加气混凝土砌块砌筑墙体时，墙体底部宜现浇混凝土坎台（图 2-3-8），其高度宜为 150 mm。

图 2-3-8 现浇混凝土坎台

根据《砌体结构工程施工质量验收规范》（GB 50203—2016），砌筑填充墙时应错缝搭砌，蒸压加气混凝土砌块搭砌长度不应小于砌块长度的 1/3；轻骨料混凝土小型空心砌块搭砌长度不应小于 90 mm；竖向通缝不应大于 2 皮。

填充墙砌体砌筑，应在承重主体结构检验批验收合格后进行；填充墙顶部与承重主体结构间的空隙部位，应在填充墙砌筑 14 d 后进行砌筑。

➢ **重点提示：**（1）此考点从轻骨料混凝土小型空心砌块和蒸压加气混凝土砌块本身的性质理解，两种砌块具有密度低、强度低、干缩值大、相对混凝土小型空心砌块吸水率较大的特点，故不能放在潮湿、干湿交替、高温、具有环境侵蚀的环境，否则会影响其本身强度。

（2）由于轻骨料混凝土小型空心砌块和蒸压加气混凝土砌块吸水率大，在厨房、卫生间、浴室的砌块墙体下要加混凝土坎台，坎台高度需要记忆。

实战演练

［**经典例题·多选**］蒸压加气混凝土砌块墙如无切实有效措施，不得使用的部位或环境有（　　）。

A. 建筑物防潮层以上墙体　　B. 长期浸水或化学侵蚀环境

C. 砌块表面温度高于 80 ℃的部位　　D. 抗震设防烈度 8 度地区的内隔墙

E. 长期处于有振动源环境的墙体

［**解析**］轻骨料混凝土小型空心砌块或蒸压加气混凝土砌块墙如无切实有效措施，不得使用于下列部位或环境：①建筑物防潮层以下墙体；②长期浸水或化学侵蚀环境；③砌块表面温度高于 80 ℃的部位；④长期处于有振动源环境的墙体。

［**答案**］BCE

［**2021 真题·案例节选**］

背景资料：

某新建住宅工程，建筑面积为 1.5 万 m^2，地下 2 层，地上 11 层，钢筋混凝土剪力墙结构。室内填充墙体采用蒸压加气混凝土砌块，水泥砂浆砌筑。室内卫生间采用聚氨酯防水涂料，水泥砂浆粘贴陶瓷饰面板。

监理工程师审查《填充墙砌体施工方案》时，指出以下错误内容：砌块使用时，产品龄期不小于 14 d；砌筑砂浆可现场人工搅拌；砌块使用时提前 2 d 浇水湿润，卫生间墙体底部用灰砂砖砌 200 mm 高坎台；填充墙砌筑可通缝搭砌；填充墙与主体结构连接钢筋采用化学植筋方式，进行外观检查验收。要求改正后再报。

……

［**问题**］

逐项改正填充墙砌体施工方案中的错误之处。

［**答案**］

错误之处一：砌块使用时，产品龄期不小于 14 d。

正确做法：砌筑填充墙时，蒸压加气混凝土砌块的产品龄期不应小于 28 d。

错误之处二：砌筑砂浆可现场人工搅拌。

正确做法：砌筑砂浆应采用机械搅拌。

错误之处三：砌块使用时提前 2 d 浇水湿润。

正确做法：蒸压加气混凝土砌块采用专用砂浆或普通砂浆砌筑时，应在砌筑当天对砌块砌筑面浇水湿润。

错误之处四：卫生间墙体底部用灰砂砖砌200 mm高坎台。

正确做法：在厨房、卫生间、浴室等处采用蒸压加气混凝土砌块砌筑墙体时，墙体底部宜现浇混凝土坎台，其高度宜为150 mm。

错误之处五：填充墙砌筑可通缝搭砌。

正确做法：砌筑填充墙时应错缝搭砌，蒸压加气混凝土砌块搭砌长度不应小于砌块长度的1/3。

考点 7 混凝土小型空心砌块砌体工程★★★

普通混凝土小型空心砌块如图2-3-9所示，轻骨料混凝土小型空心砌块如图2-3-10所示。

图 2-3-9 普通混凝土小型空心砌块

图 2-3-10 轻骨料混凝土小型空心砌块

根据《砌体结构工程施工规范》(GB 50924—2014)，砌筑的相关内容（节选）如下：

(1) 砌筑墙体时，小砌块产品龄期不应小于28 d。

(2) 承重墙体使用的小砌块应完整、无破损、无裂缝。

(3) 当砌筑厚度大于190 mm的小砌块墙体时，宜在墙体内外侧双面挂线，如图2-3-11所示。

图 2-3-11 墙体内外侧双面挂线

(4) 小砌块应将生产时的底面朝上反砌于墙上。

(5) 小砌块砌体应对孔错缝搭砌。搭砌应符合下列规定：

①单排孔小砌块的搭接长度应为块体长度的1/2，多排孔小砌块的搭接长度不宜小于砌块长度的1/3。

②当个别部位不能满足搭砌要求时，应在此部位的水平灰缝中设 $\phi 4$ 钢筋网片，且网片两端与该位置的竖缝距离不得小于 400 mm，或采用配块。

③墙体竖向通缝不得超过 2 皮小砌块，独立柱不得有竖向通缝。

(6) 墙体转角处和纵横交接处应同时砌筑。临时间断处应砌成斜槎，斜槎水平投影长度不应小于斜槎高度。临时施工洞口可预留直槎，但在补砌洞口时，应在直槎上下搭砌的小砌块孔洞内用强度等级不低于 Cb20 或 C20 的混凝土灌实。施工临时洞口直槎砌筑示意图如图 2-3-12 所示。

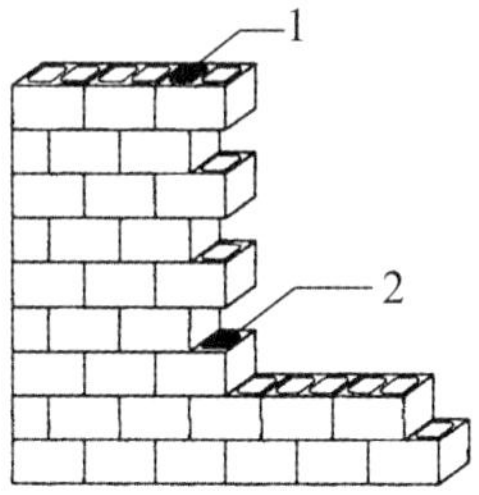

1—先砌洞口灌孔混凝土（随砌随灌）；2—后砌洞口灌孔混凝土（随砌随灌）

图 2-3-12　施工临时洞口直槎砌筑示意图

(7) 厚度为 190 mm 的自承重小砌块墙体宜与承重墙同时砌筑。厚度小于 190 mm 的自承重小砌块墙宜后砌，且应按设计要求预留拉结筋或钢筋网片。

(8) 小砌块砌体的水平灰缝厚度和竖向灰缝宽度宜为 10 mm，但不应小于 8 mm，也不应大于 12 mm，且灰缝应横平竖直。

(9) 正常施工条件下，小砌块砌体每日砌筑高度宜控制在 1.4 m 或一步脚手架高度内。

(10) 混凝土多孔砖及混凝土实心砖不宜浇水湿润，但在气候干燥炎热的情况下，宜在砌筑前对其浇水湿润。

➢ **重点提示：**(1) 理解记忆混凝土小型空心砌块砌筑要求，记忆 6 个字：对孔、错缝、反砌。

(2) 掌握混凝土小型空心砌块的龄期时间。

(3) 此考点可以针对数字考查单选题，也可综合考查案例题。

实战演练

[2016 真题・单选] 关于普通混凝土小型空心砌块的说法，正确的是（　　）。

A. 施工时先灌水湿透　　B. 生产时的底面朝下正砌

C. 生产时的底面朝上反砌　　D. 出场龄期 14 d 即可砌筑

[解析] 小砌块应将生产时的底面朝上，反砌于墙上。

[名师点拨] 本题考查普通混凝土小型空心砌块砌筑要求，砌体结构的砌筑要求是高频考点，选择题与案例分析题均会考查，考生应重点掌握砌体结构中的砌筑工艺要求与砌块的相关要求。

[答案] C

[经典例题·单选] 下列关于小型空心砌块砌筑工艺的说法，正确的是（　　）。

A. 上下通缝砌筑

B. 不可采用铺浆法砌筑

C. 先绑扎构造柱钢筋后砌筑，再浇筑混凝土

D. 防潮层以下的空心小砌块砌体，应用 C15 混凝土灌实砌体的孔洞

[解析] 砌块应对孔错缝搭砌，选项 A 错误。空心砌块可采用铺浆法砌筑，选项 B 错误。空心小砌块砌体的孔洞应用强度等级不低于 Cb20 或 C20 混凝土灌实，选项 D 错误。

[答案] C

[2018 真题·多选] 下列关于普通混凝土小砌块的施工做法，正确的有（　　）。

A. 在施工前先浇水湿透

B. 清除表面污物

C. 底面朝下正砌于墙上

D. 底面朝上反砌于墙上

E. 小砌块在使用时的龄期已达到 28 d

[解析] 普通混凝土小型空心砌块砌体，砌筑前不需要对小砌块浇水湿润，但遇天气干燥炎热，宜在砌筑前对其浇水湿润，选项 A 错误。小砌块应将生产时底面朝上反砌于墙上，选项 C 错误。

[答案] BDE

第二章

➤ **重点提示：** 根据《混凝土结构工程施工规范》（GB 50666—2011），考点 8～20 按照如下顺序展开介绍：模板工程→钢筋工程→预应力工程→混凝土制备与运输→现浇结构工程→装配式结构工程。

考点 8 模板工程材料的种类及体系★

模板工程材料的种类很多，木、钢、复合材料、塑料、铝，甚至混凝土本身都可作为模板工程材料。常见模板体系包括木模板、组合钢模板、胶合板模板等，其特点见表 2-3-3。

表 2-3-3　常见模板体系及其特点

体系	特点
木模板	制作、拼装灵活，尤其适用于浇筑外形复杂、数量不多的混凝土结构或异形混凝土构件。此外，因木材导热系数低，混凝土冬季施工时，木模板有一定的保温养护作用
组合钢模板（图 2-3-13）	施工方便、通用性强、易拼装、周转次数多，但一次投资大、拼缝多、易变形，拆模后一般都要进行抹灰，个别还需要进行剔凿
胶合板模板	可以做成不同弧度的曲面模板

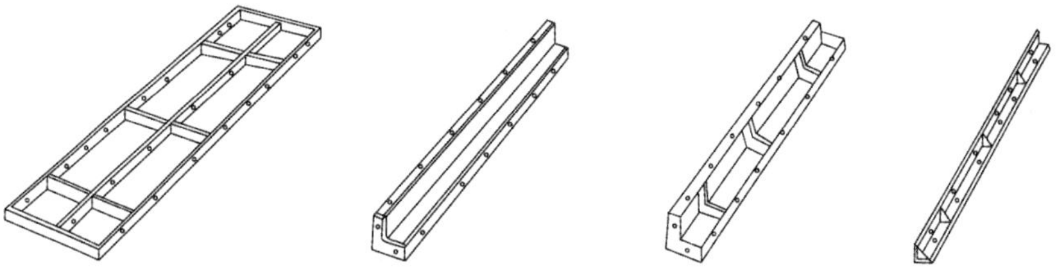

（a）平面模板　（b）阳角模板　（c）阴角模板　（d）连接角模

图 2-3-13　组合钢模板

➤ **重点提示：**简单区分各种模板的优缺点及适用情况，可考查选择题。

实战演练

［2015 真题·单选］在冬期施工某一外形复杂的混凝土构件时，最适宜的模板体系是（　　）。

A. 木模板体系　　B. 组合钢模板体系

C. 铝合金模板体系　　D. 大模板体系

［解析］木模板体系的优点是制作、拼装灵活，较适用于浇筑外形复杂、数量不多的混凝土结构或异形混凝土构件，以及冬期施工的混凝土工程。

［答案］A

［经典例题·单选］常用模板中，具有轻便灵活、拆装方便、通用性强、周转率高、接缝多且严密性差、混凝土成型后外观质量差等特点的是（　　）。

A. 木模板　　B. 组合钢模板

C. 钢框木胶合板模板　　D. 钢大模板

［解析］组合钢模板体系施工方便、通用性强、易拼装、周转次数多，但一次投资大、拼缝多、易变形，拆模后一般都要进行抹灰，个别还需要进行剔凿。

［答案］B

考点 9　模板工程设计★★

一、模板及支架形式和构造的确定条件

根据《混凝土结构工程施工规范》（GB 50666—2011），模板及支架的形式和构造应根据工程结构形式、荷载大小、地基土类别、施工设备和材料供应等条件确定。

二、模板及支架设计的主要内容

根据《混凝土结构工程施工规范》（GB 50666—2011），模板及支架设计应包括下列内容：

（1）模板及支架的选型及构造设计。

（2）模板及支架上的荷载及其效应计算。

（3）模板及支架的承载力、刚度验算。

（4）模板及支架的抗倾覆验算。

（5）绘制模板及支架施工图。

实战演练

［2016 真题 · 案例节选］

背景资料：

某高校新建校区，包括办公楼、教学楼、科研中心、后勤服务楼、学生宿舍等多个单体建筑，由某建筑工程公司进行该群体工程的施工建设。其中，科研中心工程为现浇钢筋混凝土框架结构，地上 10 层，地下 2 层，建筑檐口高度为 45 m，由于有超大尺寸的特殊试验设备，设置在地下二层的试验室为两层通高。

在施工过程中，发生了下列事件：

……

事件二：施工单位针对两层通告试验室区域单独编制了模板及支架专项施工方案，方案中针对模板整体设计进行了模板和支架选型、构造设计、荷载及其效应计算，并绘制施工节点详图。监理工程师审查要求补充该模板整体设计必要的验算内容。

［问题］

事件二中，按照监理工程师要求，针对模板及支架施工方案中模板整体设计，施工单位应补充哪些必要验算内容？

［答案］

施工单位应补充：①模板及支架的承载力、刚度验算；②模板及支架的抗倾覆验算。

三、参与模板及支架承载力计算的各项荷载

根据《混凝土结构工程施工规范》（GB 50666—2011），模板及支架承载力计算的各项荷载可按表 2-3-4 确定，并应采用最不利的荷载基本组合进行设计。参与组合的永久荷载应包括模板及支架自重（G_1）、新浇筑混凝土自重（G_2）、钢筋自重（G_3）及新浇筑混凝土对模板的侧压力（G_4）等；参与组合的可变荷载宜包括施工人员及施工设备产生的荷载（Q_1）、混凝土下料产生的水平荷载（Q_2）、泵送混凝土或不均匀堆载等因素产生的附加水平荷载（Q_3）及风荷载（Q_4）等。

表 2-3-4　参与模板及支架承载力计算的各项荷载

计算内容		参与荷载项
模板	底面模板的承载力	$G_1+G_2+G_3+Q_1$
	侧面模板的承载力	G_4+Q_2
支架	支架水平杆及节点的承载力	$G_1+G_2+G_3+Q_1$
	立杆的承载力	$G_1+G_2+G_3+Q_1+Q_4$
	支架结构的整体稳定	$G_1+G_2+G_3+Q_1+Q_3$ $G_1+G_2+G_3+Q_1+Q_4$

注：表中的“+”仅表示各项荷载参与组织，而不表示代数相加。

实战演练

[2020 真题 · 案例节选]

背景资料：

某工程项目部根据当地政府要求进行新冠疫情后复工，模板及其支架的设计中考虑了下列各项荷载：

（1）模板及其支架自重（G_1）。

（2）新浇筑混凝土自重（G_2）。

（3）钢筋自重（G_3）。

（4）新浇筑混凝土对模板侧面的压力（G_4）。

（5）施工人员及施工设备产生的荷载（Q_1）。

（6）浇筑和振捣混凝土时产生的荷载（Q_2）。

（7）泵送混凝土或不均匀堆载等附加水平荷载（Q_3）。

（8）风荷载（Q_4）。

进行各项模板设计时，参与模板及支架承载力计算的荷载项见表 2-3-5。

表 2-3-5　参与模板及支架承载力计算的荷载项（部分）

计算内容	参与荷载项
底面模板承载力	
支架水平杆及节点承载力	$G_1+G_2+G_3+Q_1$
支架立杆承载力	
支架结构整体稳定	

……

[问题]

写出表 2-3-5 中其他模板与支架承载力计算内容项目的参与荷载项。

（如：支架水平杆及节点承载力：$G_1+G_2+G_3+Q_1$）

[答案]

（1）底面模板承载力：$G_1+G_2+G_3+Q_1$。

（2）支架立杆承载力：$G_1+G_2+G_3+Q_1+Q_4$。

（3）支架结构整体稳定：$G_1+G_2+G_3+Q_1+Q_3$、$G_1+G_2+G_3+Q_1+Q_4$。

考点 10　模板安装要点★★★

扫码听课

根据《混凝土结构工程施工规范》(GB 50666—2011)，模板安装要点如下。

（1）支架立柱和竖向模板安装在土层上时，应符合下列规定：

①应设置具有足够强度和支承面积的垫板。

②土层应坚实，并应有排水措施；对湿陷性黄土、膨胀土，应有防水措施；对冻胀性土，应有防冻胀措施。

③对软土地基，必要时可采用堆载预压的方法调整模板面板安装高度。

（2）对跨度不小于 4 m 的梁、板，其模板施工起拱高度宜为梁、板跨度的 1/1 000～

3/1 000。起拱不得减少构件的截面高度。起拱高度如图 2-3-14 所示。

图 2-3-14 起拱高度

（3）采用扣件式钢管做模板支架时，支架搭设应符合下列规定（节选）：

①模板支架搭设所采用的钢管、扣件规格，应符合设计要求；立杆纵距、立杆横距、支架步距以及构造要求，应符合专项施工方案的要求。

②立杆纵距、立杆横距不应大于 1.5 m，支架步距不应大于 2.0 m；立杆纵向和横向宜设置扫地杆，纵向扫地杆距立杆底部不宜大于 200 mm，横向扫地杆宜设置在纵向扫地杆的下方；立杆底部宜设置底座或垫板。

③立杆接长除顶层步距可采用搭接外，其余各层步距接头应采用对接扣件连接，两个相邻立杆的接头不应设置在同一步距内。

（4）采用扣件式钢管作高大模板支架时，支架搭设除应符合 GB 50666—2011 第 4.4.7 条的规定外，尚应符合下列规定：

①宜在支架立杆顶端插入可调托座，可调托座螺杆外径不应小于 36 mm，螺杆插入钢管的长度不应小于 150 mm，螺杆伸出钢管的长度不应大于 300 mm，可调托座伸出顶层水平杆的悬臂长度不应大于 500 mm。

②立杆纵距、横距不应大于 1.2 m，支架步距不应大于 1.8 m。

③立杆顶层步距内采用搭接时，搭接长度不应小于 1 m，且不应少于 3 个扣件连接。

④立杆纵向和横向应设置扫地杆，纵向扫地杆距立杆底部不宜大于 200 mm。

⑤宜设置中部纵向或横向的竖向剪刀撑，剪刀撑的间距不宜大于 5 m；沿支架高度方向搭设的水平剪刀撑的间距不宜大于 6 m。

⑥立杆的搭设垂直偏差不宜大于 1/200，且不宜大于 100 mm。

⑦应根据周边结构的情况，采取有效的连接措施加强支架整体稳固性。

（5）对现浇多层、高层混凝土结构，上、下楼层模板支架的立杆宜对准。模板及支架杆件等应分散堆放。

（6）模板安装应保证混凝土结构构件各部分形状、尺寸和相对位置准确，并应防止漏浆。

（7）模板安装应与钢筋安装配合进行，梁柱节点的模板宜在钢筋安装后安装。

（8）模板与混凝土接触面应清理干净并涂刷脱模剂，脱模剂不得污染钢筋和混凝土接槎处。

（9）后浇带的模板及支架（图 2-3-15）应独立设置。

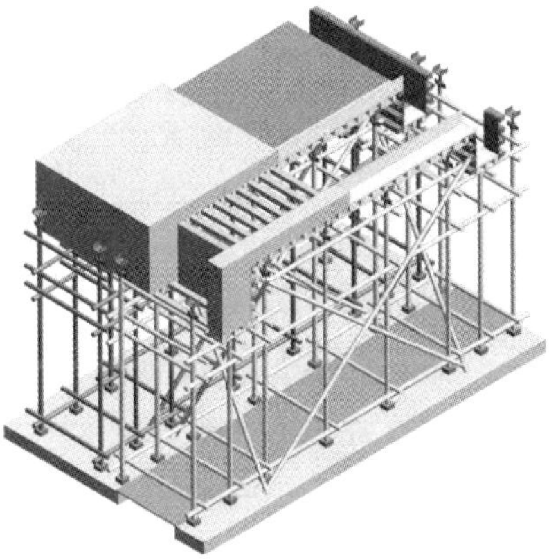

图 2-3-15　后浇带模板及支架

➤ **重点提示：** 该考点为高频考点，选择题与案例题均会考查。模板的起拱高度常以计算题的形式考查。记住跨度在 4 m 以上的模板需要起拱。

实战演练

[2020 真题 · 多选] 下列关于钢筋混凝土结构中模板、支架的说法，正确的有（　　）。

A. 钢管、门架的支架立杆可混用

B. 模板接缝不应漏浆

C. 模板脱模剂不得污染钢筋

D. 梁柱节点的钢筋宜在模板安装后绑扎

E. 后浇带的模板、支架应单独设置

[解析] 选项 A 错误，钢管、门架等支架立柱不得混用。选项 D 错误，梁柱节点宜绑扎钢筋后安装模板。

[答案] BCE

[2014 真题 · 多选] 对于跨度 6 m 的钢筋混凝土梁，当设计无要求时，其梁底木模板跨中可采用的起拱高度有（　　）。

A. 5 mm　　B. 10 mm

C. 15 mm　　D. 20 mm

E. 25 mm

[解析] 对跨度 6 m 的现浇钢筋混凝土梁、板，其模板应按设计要求起拱；当设计无具体要求时，起拱高度应为跨度的 1/1 000～3/1 000，即其起拱高度范围为 6～18 mm。

[答案] BC

考点 11　模板拆除工程★★★

一、模板拆除强度要求

根据《混凝土结构工程施工规范》(GB 50666—2011)，模板拆除强度要求如下。

(1) 底模及支架应在混凝土强度达到设计要求后再拆除；当设计无具体要求时，同条件养护的混凝土立方体试件抗压强度应符合表 2-3-6 的规定。

表 2-3-6　底模拆除时的混凝土强度要求

构件类型	构件跨度/m	达到设计的混凝土立方体抗压强度标准值的百分率/%
板	≤2	≥50
	>2，≤8	≥75
	>8	≥100
梁、拱、壳	≤8	≥75
	>8	≥100
悬臂结构		≥100

（2）当混凝土强度能保证其表面及棱角不受损伤时，方可拆除侧模。

（3）快拆支架体系的支架立杆间距不应大于 2 m。拆模时，应保留立杆并顶托支承楼板，拆模时的混凝土强度可按表 2-3-6 中构件跨度为 2 m 的规定确定。

（4）后张预应力混凝土结构构件，侧模宜在预应力筋张拉前拆除；底模及支架不应在结构构件建立预应力前拆除。

➤ **重点提示：**早拆模板体系能实现模板早拆，其基本原理实际上就是楼板混凝土达到设计强度的 50%时，即可提早拆除楼板托梁与模板块，但支柱仍然保留，继续支撑楼板混凝土，使楼板混凝土处于短跨度（支柱间距<2 m）受力状态，待楼板混凝土强度增长到足以承担自重和施工荷载时，再拆除支柱（图 2-3-16）。

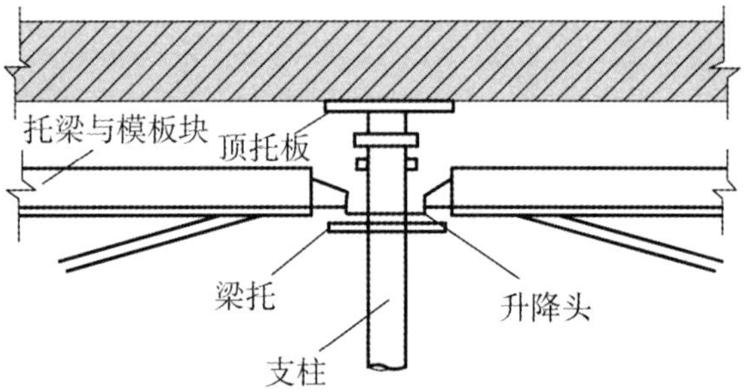

图 2-3-16　早拆模板示意图

二、拆除顺序

根据《混凝土结构工程施工规范》（GB 50666—2011），模板拆除时，可采取先支的后拆、后支的先拆，先拆非承重模板、后拆承重模板的顺序，并应从上而下进行拆除。

➤ **重点提示：**该考点为高频考点，选择题与案例题均会考查。应能叙述出模板拆除顺序，重点记忆底模拆除要求，关键词为“8 m”和“75%”。如果题目中出现“快拆支架体系”，则全部按照 2 m 计算。注意测量强度时，一定是采用同条件养护试块，而不是标准养护试块，与混凝土强度等级的知识点结合学习。

实战演练

［2018 真题·单选］当设计无要求时，模板的拆除顺序正确的是（　　）。

A. 从下而上　　B. 先支的先拆

C. 先拆承重模板　　D. 先拆非承重模板

［解析］模板拆除时可采取先支的后拆、后支的先拆，先拆非承重模板、后拆承重模板的顺序，并应从上而下进行拆除。

［答案］D

［经典例题·单选］某跨度为 2 m 的板，设计混凝土强度等级为 C20，其同条件养护的标准立方体试块的抗压强度标准值达到（　　）N/mm^2时即可拆除底模。

A. 5　　B. 10　　C. 15　　D. 20

［解析］跨度为 2 m 的板，其底模拆模时混凝土强度应大于等于设计强度的 50%。

［答案］B

［经典例题·单选］跨度为 8 m，混凝土设计等级为 C40 的钢筋混凝土简支梁，混凝土强度最少达到（　　）MPa 时才能拆除底模。

A. 28　　B. 30

C. 32　　D. 34

［解析］拆除跨度为不大于 8 m 的现浇钢筋混凝土梁的底模及支架时，其混凝土强度至少是混凝土设计抗压强度标准值的 75%。混凝土设计等级为 C40，则混凝土强度最少达到 40×75%＝30（MPa）时，才能拆除底模。

［答案］B

［经典例题·案例节选］

背景资料：

会议室顶板（跨度 8 m）底模支撑拆除前，试验员从标准养护室取一组试件进行试验，试验强度达到设计强度的 90%，项目部据此开始拆模。

……

［问题］

项目部的做法是否正确？说明理由。当设计无规定时，通常情况下模板拆除的顺序是什么？

［答案］

（1）不正确。

理由：试件应该在同样条件下养护后测试，框架间距为 8 m×8 m 时，板的强度至少达到 75%后才能拆模。

（2）拆模顺序为：按先支的后拆、后支的先拆，先拆除非承重模板、后拆除承重模板的拆模顺序进行。

考点 12 钢筋工程技术要求★★

一、钢筋代换

根据《混凝土结构工程施工规范》（GB 50666—2011），钢筋代换主要包括钢筋品种、级别、规格、数量等的改变，涉及结构安全，故予以强制。钢筋代换后应经设计单位确认，并按规定办理相关审查手续。

当施工中遇到钢筋品种或规格与设计要求不符时，可进行钢筋代换，并应办理设计变更文件。代换原则如下：

（1）等强度代换：当构件按强度控制时，钢筋可按强度相等原则进行代换。

（2）等面积代换：当构件按最小配筋率配筋时，或同钢号钢筋之间的代换，钢筋可按面积相等原则进行代换。

（3）当构件受裂缝宽度或挠度控制时，代换后应进行裂缝宽度或挠度验算。

根据《混凝土结构设计规范（2015 年版）》（GB 50010—2010），当进行钢筋代换时，除应符合设计要求的构件承载力、最大力下的总伸长率、裂缝宽度验算以及抗震规定以外，尚应满足最小配筋率、钢筋间距、保护层厚度、钢筋锚固长度、接头面积百分率及搭接长度等构造要求。

二、钢筋下料

钢筋下料长度的计算是钢筋配料的关键，结构施工图中注明的钢筋尺寸是钢筋的外轮廓尺寸（从钢筋外皮到外皮量得的尺寸），称为钢筋的外包尺寸，这是施工中度量钢筋的基本依据，在钢筋加工时，也按外包尺寸进行验收。

钢筋混凝土构件中的钢筋由于受力作用，一般需在两端弯钩或中间弯折。钢筋因弯曲或弯钩发生长度变化，配料中不能直接根据图纸尺寸下料，必须先了解混凝土保护层、钢筋弯曲、弯钩等规定，再根据图示尺寸计算其下料长度。

钢筋下料长度应根据构件尺寸、保护层厚度、弯曲调整值和弯钩增加长度等规定综合考虑。

（1）直钢筋下料长度＝构件长度－保护层厚度＋弯钩增加长度。

（2）弯起钢筋下料长度＝直段长度＋斜弯长度－弯曲调整值＋弯钩增加长度。

（3）箍筋下料长度＝箍筋内周长＋箍筋调整值＋弯钩增加长度。

➤ **注意：** 上述钢筋如需要搭接，还要增加钢筋搭接长度。

➤ **重点提示：**（1）重点掌握钢筋代换程序，可能就每一步程序的主体及对象进行考查。（2）重点掌握每一种钢筋的下料长度计算公式，此考点为高频考点，考试偏重对钢筋下料长度的计算公式考查，具体数据计算次之，主要以选择题形式考查。

实战演练

［**2016 真题·单选**］当钢筋混凝土构件按最小配筋率配筋时，其钢筋代换的原则是（　　）代换。

A. 等面积　　B. 等数量

C. 等刚度　　D. 等强度

[解析] 钢筋等面积代换，当构件按最小配筋率配筋时，或同钢号钢筋之间的代换，钢筋可按面积相等原则进行代换。

[答案] A

[经典例题・单选] 受力钢筋代换应征得（　　）同意。

A. 监理单位　　B. 施工单位

C. 设计单位　　D. 勘察单位

[解析] 钢筋代换时，应征得设计单位同意。

[答案] C

考点 13 钢筋连接★★

一、钢筋连接方法

钢筋连接可采用绑扎搭接、机械连接或焊接。

二、钢筋连接注意事项

根据《混凝土结构设计规范（2015 年版）》（GB 50010—2010），直接承受动力荷载结构中的纵向受力钢筋、轴心受拉及小偏心受拉杆件的纵向受力钢筋不得采用绑扎搭接；其他构件中的钢筋采用绑扎搭接时，受拉钢筋直径不宜大于 25 mm，受压钢筋直径不宜大于 28 mm。

根据《混凝土结构工程施工规范》（GB 50666—2011），当纵向受力钢筋采用机械连接接头或焊接接头时，接头的设置应符合下列规定：

（1）同一构件内的接头宜分批错开。

（2）接头连接区段的长度为 $35d$，且不应小于 500 mm，凡接头中点位于该连接区段长度内的接头均应属于同一连接区段；其中 d 为相互连接两根钢筋中较小直径。

（3）同一连接区段内，纵向受力钢筋接头面积百分率为该区段内有接头的纵向受力钢筋截面面积与全部纵向受力钢筋截面面积的比值；纵向受力钢筋的接头面积百分率应符合下列规定：

①受拉接头，不宜大于 50%；受压接头，可不受限制。

②板、墙、柱中受拉机械连接接头，可根据实际情况放宽；装配式混凝土结构构件连接处受拉接头，可根据实际情况放宽。

③直接承受动力荷载的结构构件中，不宜采用焊接；当采用机械连接时，不应超过 50%。

➤ **整理归纳**：钢筋连接方法及注意事项见表 2-3-7。

表 2-3-7　钢筋连接方法及注意事项

连接方法	注意事项
绑扎搭接	（1）轴心受拉及小偏心受拉杆件的纵向受力钢筋不得采用绑扎搭接； （2）其他构件中的钢筋采用绑扎搭接时，受拉钢筋直径不宜大于 25 mm，受压钢筋直径不宜大于 28 mm
机械连接	直接承受动力荷载的结构构件中，当采用机械连接时，纵向受力钢筋的接头百分率不应超过 50%

续表

连接方法	注意事项
焊接	直接承受动力荷载的结构构件中，不宜采用焊接

➢ **重点提示：**区分钢筋的连接方法以及每一种连接方法的适用范围。另外，还要注意虚词“不宜”与“不得”的变化，主要考查形式为选择题。

实战演练

［2014 真题·单选］直接承受动力荷载的钢筋混凝土结构构件，其纵向钢筋连接应优先采用（　　）。

A. 闪光对焊　　B. 绑扎搭接

C. 电弧焊　　D. 直螺纹套筒连接

［解析］直接承受动力荷载的结构构件中，纵向钢筋不宜采用焊接。直接承受动力荷载结构中的纵向受力钢筋均不得采用绑扎搭接接头。

［答案］D

［经典例题·单选］一般情况下，当受拉钢筋直径大于（　　）mm 时，不宜采用绑扎搭接接头。

A. 22　　B. 25

C. 28　　D. 32

［解析］其他构件中的钢筋采用绑扎搭接时，受拉钢筋直径不宜大于 25 mm，受压钢筋直径不宜大于 28 mm。

［答案］B

［经典例题·多选］钢筋常用的连接方法有（　　）。

A. 焊接　　B. 铆钉连接

C. 化学粘接　　D. 机械连接

E. 绑扎搭接

［解析］钢筋的连接方法有焊接、机械连接和绑扎搭接三种。

［名师点拨］本题考查钢筋常用的连接方法，考生应掌握钢筋常用连接方法以及连接时的具体要求，并与钢结构的连接方法相区分。

［答案］ADE

考点 14 钢筋加工★★★

扫码听课

钢筋的加工有除锈、调直、弯曲成型及下料剪切接长等。

一、除锈

钢筋除锈方式有三种，具体如下：

（1）手工除锈，如用钢丝刷、沙堆、麻袋沙包、砂盘等擦锈。

（2）除锈机机械除锈。

（3）在进行钢筋的其他加工工序的同时除锈，如在冷拉、调直过程中除锈。

二、调直

根据《混凝土结构工程施工规范》(GB 50666—2011)，钢筋宜采用机械设备进行调直，也可采用冷拉方法调直。当采用机械设备调直时，调直设备不应具有延伸功能。当采用冷拉方法调直时，HPB300 光圆钢筋的冷拉率不宜大于 4%；HRB335、HRB400、HRB500、HRBF335、HRBF400、HRBF500 及 RRB400 带肋钢筋的冷拉率不宜大于 1%。

钢筋调直过程中不应损伤带肋钢筋的横肋。调直后的钢筋应平直，不应有局部弯折。

三、弯曲成型

根据《混凝土结构工程施工规范》(GB 50666—2011)，钢筋加工宜在常温状态下进行，加工过程中不应对钢筋进行加热。钢筋应一次弯折到位。

➤ **重点提示**：首先掌握钢筋加工的程序，以程序为主线，关注每一个程序节点的具体技术要求。尤其注意“4%”和“1%”两个数字，重点考查选择题。

实战演练

[**2019 真题·多选**] 下列施工工序中，属于“钢筋加工”工作内容的有（　　）。

A. 机械连接

B. 下料切断

C. 搭接绑扎

D. 弯曲成型

E. 拉伸调直

[**解析**] 钢筋加工包括除锈、调直、弯曲成型及下料剪切接长等。

[**答案**] BDE

考点 15　钢筋安装★★

根据《混凝土结构工程施工规范》(GB 50666—2011)，钢筋绑扎应符合下列规定：

(1) 钢筋的绑扎搭接接头应在接头中心和两端用铁丝扎牢。

(2) 墙、柱、梁钢筋骨架中各竖向面钢筋网交叉点应全数绑扎；板上部钢筋网的交叉点应全数绑扎，底部钢筋网除边缘部分外可间隔交错绑扎。

(3) 梁、柱的箍筋弯钩及焊接封闭箍筋的焊点应沿纵向受力钢筋方向错开设置。

(4) 构造柱纵向钢筋宜与承重结构同步绑扎。

(5) 梁及柱中箍筋、墙中水平分布钢筋、板中钢筋距构件边缘的起始距离宜为 50 mm。

构件交接处的钢筋位置应符合设计要求。当设计无具体要求时，应保证主要受力构件和构件中主要受力方向的钢筋位置。框架节点处梁纵向受力钢筋宜放在柱纵向钢筋内侧；当主次梁底部标高相同时，次梁下部钢筋应放在主梁下部钢筋之上，如图 2-3-17 所示；剪力墙中水平分布钢筋宜放在外侧，并宜在墙端弯折锚固。

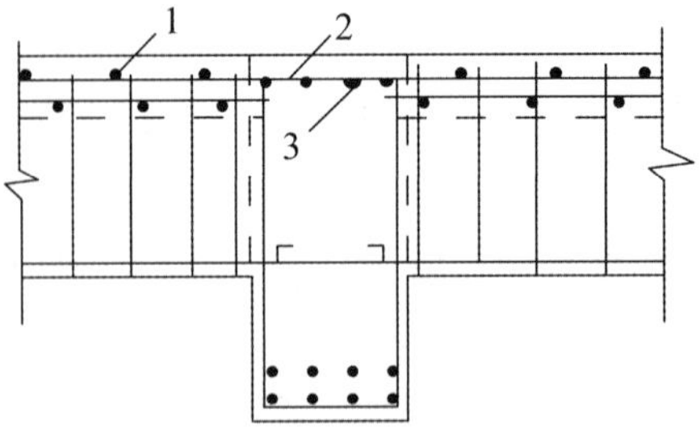

1—板的钢筋；2—次梁钢筋；3—主梁钢筋

图 2-3-17　板、次梁与主梁交叉处钢筋

实战演练

[2016 真题·单选] 框架结构的主梁、次梁与板交叉处，其上部钢筋从上往下的顺序是（　　）。

A. 板、主梁、次梁

B. 板、次梁、主梁

C. 次梁、板、主梁

D. 主梁、次梁、板

[解析] 板、次梁与主梁交叉处，板的钢筋在上，次梁的钢筋居中，主梁的钢筋在下；当有圈梁或垫梁时，主梁的钢筋在上。

[答案] B

考点 16 预应力工程★★

一、先张法施工

先张法是在浇筑混凝土构件之前，张拉预应力筋，将其临时锚固在台座或钢模上，然后浇筑混凝土构件，待混凝土达到一定强度（一般不低于混凝土强度标准值的 75%），并使预应力筋与混凝土间有足够黏结力时，放松预应力筋，预应力筋弹性回缩，借助于混凝土与预应力筋间的黏结，对混凝土产生预压应力。先张法多用于预制构件厂生产定型的中小型构件。

二、后张法施工

构件或块体制作时，在放置预应力筋的部位预先留有孔道，待混凝土达到规定强度后，孔道内穿入预应力筋，并用张拉机具夹持预应力筋将其张拉至设计规定的控制应力，然后借助锚具将预应力筋锚固在构件端部，最后进行孔道灌浆（亦有不灌浆者），这种施工方法称为后张法。预应力混凝土后张法构件生产的示意图如图 2-3-18 所示。

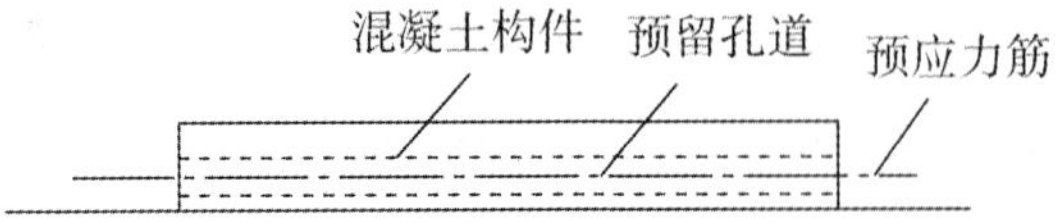

（a）制作混凝土构件

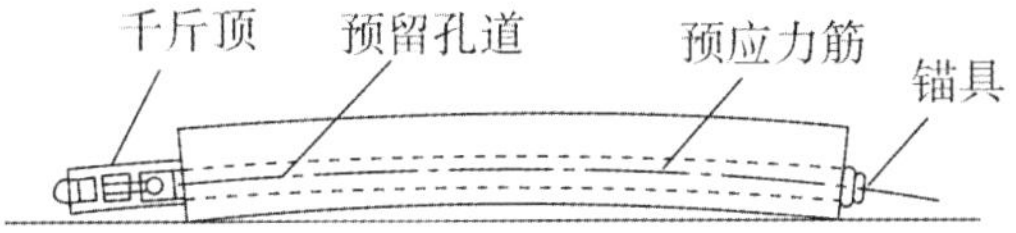

（b）张拉钢筋

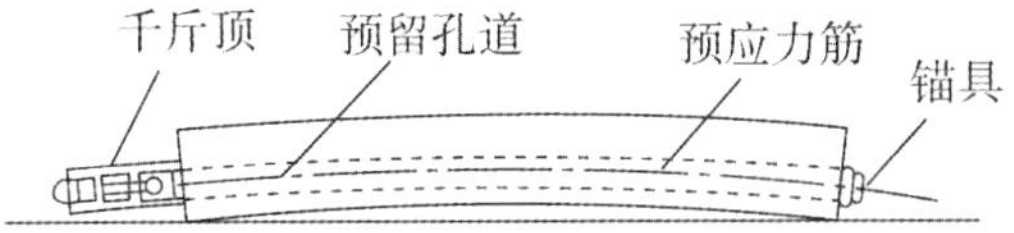

（c）锚固和孔道灌浆

图 2-3-18　预应力混凝土后张法构件生产示意图

后张法宜用于现场生产大型预应力构件、特种结构和构筑物，亦可作为一种预制构件的拼装手段。

三、无黏结预应力混凝土施工

无黏结预应力混凝土结构不需要预留孔道、穿筋及灌浆等复杂工序，操作简便且加快了施工进度。无黏结预应力筋摩擦力小且易弯成多跨曲线形状，特别适用于建造复杂的连续曲线配筋的大跨度结构。无黏结后张预应力在一些国家已成了后张法施工中的主要施工方法。

根据《混凝土结构工程施工规范》（GB 50666—2011），施加预应力时，混凝土强度应符合设计要求，且同条件养护的混凝土立方体抗压强度，应符合下列规定：

（1）不应低于设计混凝土强度等级值的 75%。

（2）采用消除应力钢丝或钢绞线作为预应力筋的先张法构件，尚不应低于 30 MPa。

（3）不应低于锚具供应商提供的产品技术手册要求的混凝土最低强度要求。

（4）后张法预应力梁和板，现浇结构混凝土的龄期分别不宜小于 7 d 和 5 d。

➢ **注意：** 为防止混凝土早期裂缝而施加预应力时，可不受上述条件的限制，但应满足局部受压承载力的要求。

考点 17　混凝土施工要求★★

一、混凝土原材料要求

根据《混凝土结构工程施工规范》（GB 50666—2011），水泥的选用应符合下列规定：

（1）水泥品种与强度等级应根据设计、施工要求，以及工程所处环境条件确定。

（2）普通混凝土宜选用通用硅酸盐水泥；有特殊需要时，也可选用其他品种水泥。

（3）有抗渗、抗冻融要求的混凝土，宜选用硅酸盐水泥或普通硅酸盐水泥。

（4）处于潮湿环境的混凝土结构，当使用碱活性骨料时，宜采用低碱水泥。

水泥进场时应对品种、级别、包装或散装仓号、出厂日期等进行检查。当使用中对水泥质量有怀疑或水泥出厂超过 3 个月（快硬硅酸盐水泥超过 1 个月）时，应进行复验，并依据复验结果使用。在钢筋混凝土结构、预应力混凝土结构中，严禁使用含氯化物的水泥。

根据《混凝土结构工程施工规范》（GB 50666—2011），粗骨料的相关内容如下。

（1）粗骨料宜选用粒形良好、质地坚硬的洁净碎石或卵石，并应符合下列规定：

①粗骨料最大粒径不应超过构件截面最小尺寸的 1/4，且不应超过钢筋最小净间距的

3/4；对实心混凝土板，粗骨料的最大粒径不宜超过板厚的 1/3，且不应超过 40 mm。

②粗骨料宜采用连续粒级，也可用单粒级组合成满足要求的连续粒级。

③含泥量、泥块含量指标应符合 GB 50666—2011 附录 F 的规定。

(2) 细骨料宜选用级配良好、质地坚硬、颗粒洁净的天然砂或机制砂，并应符合下列规定（节选）：

①细骨料宜选用Ⅱ区中砂。当选用Ⅰ区砂时，应提高砂率，并应保持足够的胶凝材料用量，同时应满足混凝土的工作性要求；当采用Ⅲ区砂时，宜适当降低砂率。

②混凝土细骨料中氯离子含量，对钢筋混凝土，按干砂的质量分数计算不得大于 0.06%；对预应力混凝土，按干砂的质量分数计算不得大于 0.02%。

(3) 有抗渗、抗冻融或其他特殊要求的混凝土，宜选用连续级配的粗骨料，最大粒径不宜大于 40 mm，含泥量不应大于 1.0%，泥块含量不应大于 0.5%；所用细骨料含泥量不应大于 3.0%，泥块含量不应大于 1.0%。

(4) 外加剂的选用应根据设计、施工要求，混凝土原材料性能以及工程所处环境条件等因素通过试验确定，并应符合下列规定：

①当使用碱活性骨料时，由外加剂带入的碱含量（以当量氧化钠计，指密度）不宜超过 1.0 kg/m^3，混凝土总碱含量尚应符合现行国家标准《混凝土结构设计规范（2015 年版）》(GB 50010—2010) 等的有关规定。

②不同品种外加剂首次复合使用时，应检验混凝土外加剂的相容性。

(5) 混凝土拌合及养护用水，应符合现行行业标准《混凝土用水标准》(JGJ 63—2006) 的有关规定。

(6) 未经处理的海水严禁用于钢筋混凝土结构和预应力混凝土结构中混凝土的拌制和养护。

二、混凝土搅拌与运输

根据《混凝土结构工程施工规范》(GB 50666—2011)，混凝土的搅拌与运输的相关内容如下（节选）。

(1) 采用分次投料搅拌方法时，应通过试验确定投料顺序、数量及分段搅拌的时间等工艺参数。矿物掺合料宜与水泥同步投料，液体外加剂宜滞后于水和水泥投料；粉状外加剂宜溶解后再投料。

(2) 对首次使用的配合比应进行开盘鉴定，开盘鉴定应包括下列内容：

①混凝土的原材料与配合比设计所采用原材料的一致性。

②出机混凝土工作性与配合比设计要求的一致性。

③混凝土强度。

④混凝土凝结时间。

⑤工程有要求时，尚应包括混凝土耐久性能等。

(3) 采用混凝土搅拌运输车运输混凝土时，应符合下列规定：

①接料前，搅拌运输车应排净罐内积水。

②在运输途中及等候卸料时，应保持搅拌运输车罐体正常转速，不得停转。

③卸料前，搅拌运输车罐体宜快速旋转搅拌 20 s 以上后再卸料。

（4）采用搅拌运输车运输混凝土，当混凝土坍落度损失较大不能满足施工要求时，可在运输车罐内加入适量的与原配合比相同成分的减水剂。减水剂加入量应事先由试验确定，并应做出记录。加入减水剂后，搅拌运输车罐体应快速旋转搅拌均匀，并应在达到要求的工作性能后再泵送或浇筑。

三、混凝土浇筑

根据《混凝土结构工程施工规范》（GB 50666—2011），混凝土浇筑的部分相关内容如下。

（1）浇筑混凝土前，应清除模板内或垫层上的杂物。表面干燥的地基、垫层、模板上应洒水湿润；现场环境温度高于 35 ℃时，宜对金属模板进行洒水降温；洒水后不得留有积水。

（2）混凝土浇筑应保证混凝土的均匀性和密实性。混凝土宜一次连续浇筑。

（3）混凝土应分层浇筑，分层厚度应符合表 2-3-8 的规定，上层混凝土应在下层混凝土初凝之前浇筑完毕。

表 2-3-8 混凝土分层振捣的最大厚度

振捣方法	混凝土分层振捣最大厚度
振动棒	振动棒作用部分长度的 1.25 倍
平板振动器	200 mm
附着振动器	根据设置方式、通过试验确定

（4）柱、墙模板内的混凝土浇筑不得发生离析，倾落高度应符合表 2-3-9 的规定；当不能满足要求时，应加设串筒、溜管、溜槽等装置。溜槽与串筒如图 2-3-19 所示。

表 2-3-9 柱、墙模板内混凝土浇筑倾落高度限值（单位：m）

条件	浇筑倾落高度限值
粗骨料粒径大于 25 mm	≤3
粗骨料粒径小于等于 25 mm	≤6

注：当有可靠措施能保证混凝土不产生离析时，混凝土倾落高度可不受本表限制。

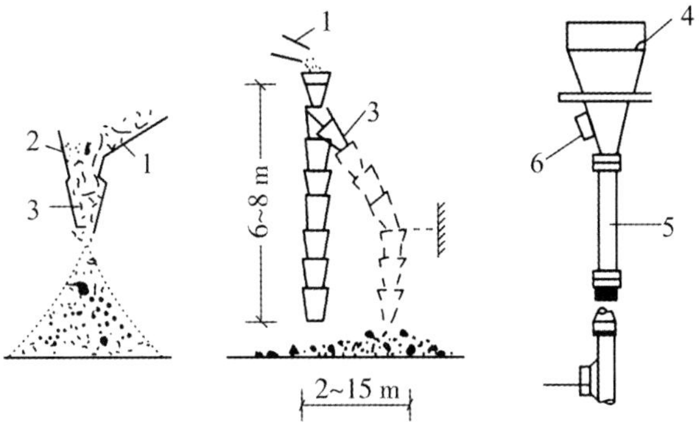

（a）溜槽　（b）串筒　（c）振动串筒

1—溜槽；2—挡板；3—串筒；4—漏斗；5—节管；6—振动器

图 2-3-19 溜槽与串筒

（5）混凝土浇筑后，在混凝土初凝前和终凝前，宜分别对混凝土裸露表面进行抹面处理。

（6）泵送混凝土浇筑应符合下列规定：

①宜根据结构形状及尺寸、混凝土供应、混凝土浇筑设备、场地内外条件等划分每台输送泵的浇筑区域及浇筑顺序。

②采用输送管浇筑混凝土时，宜由远而近浇筑；采用多根输送管同时浇筑时，其浇筑速度宜保持一致。

③润滑输送管的水泥砂浆用于湿润结构施工缝时，水泥砂浆应与混凝土浆液成分相同；接浆厚度不应大于 30 mm，多余水泥砂浆应收集后运出。

④混凝土泵送浇筑应连续进行；当混凝土不能及时供应时，应采取间歇泵送方式。

⑤混凝土浇筑后，应清洗输送泵和输送管。

⑥输送泵管应采用支架固定，支架应与结构牢固连接，输送泵管转向处支架应加密；支架应通过计算确定，设置位置的结构应进行验算，必要时应采取加固措施。

根据《混凝土结构工程施工规范》（GB 50666—2011），混凝土振捣相关内容如下。

（1）混凝土振捣应能使模板内各个部位混凝土密实、均匀，不应漏振、欠振、过振。

（2）混凝土振捣应采用插入式振动棒、平板振动器或附着振动器，必要时可采用人工辅助振捣。

（3）振动棒振捣混凝土应符合下列规定：

①应按分层浇筑厚度分别进行振捣，振动棒的前端应插入前一层混凝土中，插入深度不应小于 50 mm。

②振动棒应垂直于混凝土表面并快插慢拔均匀振捣；当混凝土表面无明显塌陷、有水泥浆出现、不再冒气泡时，应结束该部位振捣。

③振动棒与模板的距离不应大于振动棒作用半径的 50%；振捣插点间距不应大于振动棒的作用半径的 1.4 倍。

四、混凝土养护

根据《混凝土结构工程施工规范》（GB 50666—2011），混凝土浇筑后应及时进行保湿养护，保湿养护可采用洒水、覆盖、喷涂养护剂等方式。养护方式应根据现场条件、环境温湿度、构件特点、技术要求、施工操作等因素确定。

混凝土的养护时间应符合下列规定：

（1）采用硅酸盐水泥、普通硅酸盐水泥或矿渣硅酸盐水泥配制的混凝土，不应少于 7 d；采用其他品种水泥时，养护时间应根据水泥性能确定。

（2）采用缓凝型外加剂、大掺量矿物掺合料配制的混凝土，不应少于 14 d。

（3）抗渗混凝土、强度等级 C60 及以上的混凝土，不应少于 14 d。

（4）后浇带混凝土的养护时间不应少于 14 d。

（5）地下室底层墙、柱和上部结构首层墙、柱，宜适当增加养护时间。

（6）大体积混凝土养护时间应根据施工方案确定。

➢ **重点提示：** 此考点可以出选择题，也可以在案例中重点考查找“不妥之处”的题目。

实战演练

[经典例题·单选] 墙模板内混凝土浇筑（粗骨料最大粒径 36.5 mm）时出料口距离工作面达到（　　）m 及以上时，应采用溜槽或串筒的措施。

A. 1　　B. 2　　C. 3　　D. 5

[解析] 柱、墙模板内的混凝土浇筑不得发生离析，倾落高度应符合表 2-3-9 的规定；当不能满足要求时，应加设串筒、溜管、溜槽等装置。此题粗骨料最大粒径 36.5 mm，大于 25 mm，倾落高度限值为 3 mm。

[答案] C

[2018 真题·案例节选]

背景资料：

某写字楼工程，建筑面积为 8 640 m^2，建筑高度为 40 m，地下 1 层，基坑深度为 4.5 m，地上 11 层，钢筋混凝土框架结构。

隐蔽工程验收合格后，施工单位填报了浇筑申请单，监理工程师签字确认。施工班组将水平输送泵管固定在脚手架小横杆上，采用振捣棒倾斜于混凝土内由近及远、分层浇筑，监理工程师发现后责令停工整改。

……

[问题]

在浇筑混凝土工作中，施工班组的做法有哪些不妥之处？并说明正确做法。

[答案]

不妥之处一：施工班组将水平输送泵管固定在脚手架小横杆上。

正确做法：输送泵管应采用支架固定，支架应与结构牢固连接，输送泵管转向处支架应加密。

不妥之处二：振捣棒倾斜于混凝土内。

正确做法：振捣棒应垂直于混凝土表面。

不妥之处三：采用振捣棒倾斜于混凝土内由近及远、分层浇筑。

正确做法：应插入混凝土内由远及近浇筑。

考点 18 施工缝与后浇带★★★

扫码听课

根据《混凝土结构工程施工规范》(GB 50666—2011)，施工缝和后浇带的留设位置应在混凝土浇筑前确定。施工缝和后浇带宜留设在结构受剪力较小且便于施工的位置。受力复杂的结构构件或有防水抗渗要求的结构构件，施工缝留设位置应经设计单位确认。

一、施工缝和后浇带的留设位置

根据《混凝土结构工程施工规范》(GB 50666—2011)，水平施工缝的留设位置应符合下列规定：

（1）柱、墙施工缝可留设在基础、楼层结构顶面，柱施工缝与结构上表面的距离宜为0～100 mm，墙施工缝与结构上表面的距离宜为0～300 mm。

（2）柱、墙施工缝也可留设在楼层结构底面，施工缝与结构下表面的距离宜为0～50 mm；当板下有梁托时，可留设在梁托下0～20 mm。

（3）高度较大的柱、墙、梁以及厚度较大的基础，可根据施工需要在其中部留设水平施工缝；当因施工缝留设改变受力状态而需要调整构件配筋时，应经设计单位确认。

（4）特殊结构部位留设水平施工缝应经设计单位确认。

竖向施工缝和后浇带的留设位置应符合下列规定：

（1）有主次梁的楼板施工缝应留设在次梁跨度中间1/3范围内，如图2-3-20所示。

（2）单向板施工缝应留设在与跨度方向平行的任何位置。

（3）楼梯梯段施工缝宜设置在梯段板跨度端部1/3范围内，如图2-3-21所示。

（4）墙的施工缝宜设置在门洞口过梁跨中1/3范围内，也可留设在纵横墙交接处，如图2-3-22所示。

（5）后浇带留设位置应符合设计要求，如图2-3-23所示。

（6）特殊结构部位留设竖向施工缝应经设计单位确认。

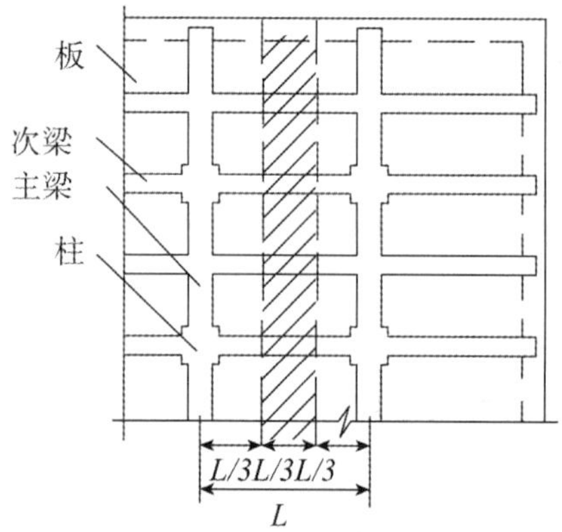

图 2-3-20　有主次梁的楼板施工缝

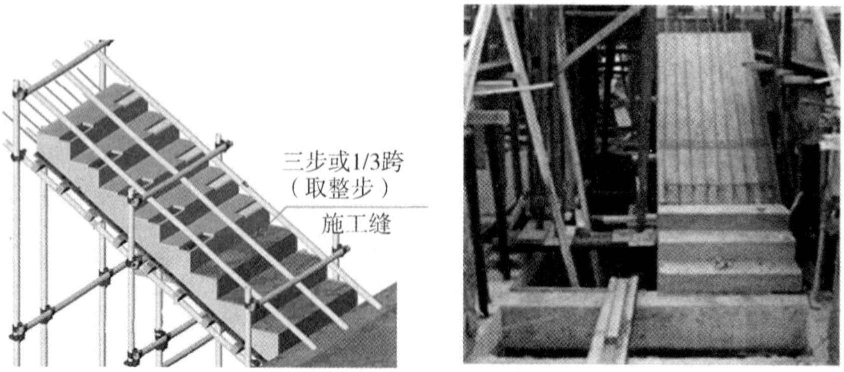

图 2-3-21　楼梯梯段施工缝

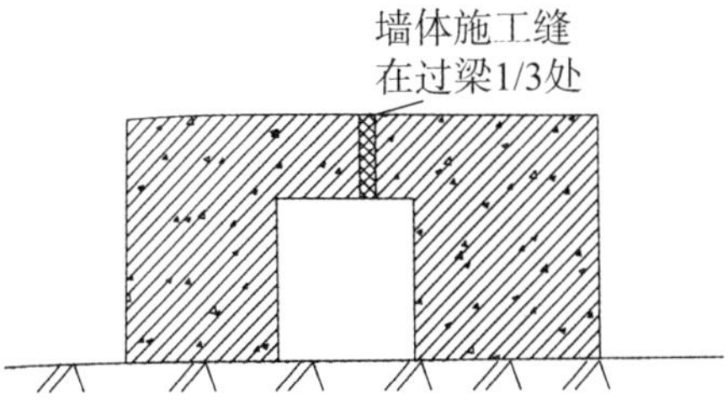

图 2-3-22　墙的施工缝

图 2-3-23　后浇带

二、施工缝或后浇带处混凝土浇筑

根据《混凝土结构工程施工规范》（GB 50666—2011），施工缝或后浇带处浇筑混凝土，应符合下列规定：

（1）结合面应为粗糙面，并应清除浮浆、松动石子、软弱混凝土层。

（2）结合面处应洒水湿润，但不得有积水。

（3）施工缝处已浇筑混凝土的强度不应小于 1.2 MPa。

（4）柱、墙水平施工缝水泥砂浆接浆层厚度不应大于 30 mm，接浆层水泥砂浆应与混凝土浆液成分相同。

（5）后浇带混凝土强度等级及性能应符合设计要求；当设计无具体要求时，后浇带混凝土强度等级宜比两侧混凝土提高一级，并宜采用减少收缩的技术措施。

（6）后浇带混凝土的养护时间不应少于 14 d。

（7）后浇带的模板及支架应独立设置。

➤ **重点提示：**（1）根据施工缝留置要求，混凝土的浇筑方向要与之吻合，所以，梁、板施工缝的留置要求与梁、板混凝土的浇筑方向规定应结合在一起理解掌握。

（2）后浇带的留设主要掌握填充混凝土的要求及养护时间，可考查找“不妥之处”的案例题目。

实战演练

[2019 真题・单选] 一般情况下，后浇带混凝土的最低养护时间是（　　）。

A. 3 d　　B. 7 d

C. 14 d　　D. 21 d

[解析] 后浇带混凝土的养护时间不应少于 14 d。

[答案] C

[2016 真题・单选] 有抗震要求的钢筋混凝土框架结构，其楼梯的施工缝宜留置在（　　）。

A. 任意部位　　B. 梯段板跨度中部的 1/3 范围内

C. 梯段与休息平台板的连接处　　D. 梯段板跨度端部的 1/3 范围内

[解析] 楼梯的施工缝宜留置在梯段板跨度端部的 1/3 范围内。

[答案] D

［2016 真题·案例节选］

背景资料：

某高校新建校区，包括办公楼、教学楼、科研中心、后勤服务楼、学生宿舍等多个单体建筑，由某建筑工程公司进行该群体工程的施工建设。其中，科研中心工程为现浇钢筋混凝土框架结构，地上 10 层，地下 2 层，建筑檐口高度为 45 m，由于有超大尺寸的特殊试验设备，设置在地下二层的试验室为两层通高，结构设计图纸说明中规定地下室的后浇带需待主楼结构封顶后才能封闭。

在施工过程中，发生了下列事件：

……

事件三：在科研中心工程的后浇带施工方案中，明确指出：

（1）梁、板的模板与支架整体一次性搭设完毕。

（2）两侧混凝土结构强度达到拆模条件后，拆除所有底模及支架，后浇带位置处重新搭设支架及模板，两侧进行回顶，待主体结构封顶后浇筑后浇带混凝土。

监理工程师认为方案中存在不妥，责令改正后重新报审，针对后浇带混凝土填充作业，监理工程师要求施工单位提前将施工技术要点以书面形式对作业人员进行交底。

［问题］

事件三中，后浇带施工方案中有哪些不妥之处？后浇带混凝土填充作业的施工技术要点主要有哪些？

［答案］

（1）不妥之处一：梁、板的模板与支架整体一次性搭设完毕。

正确做法：后浇带模板与支架单独设置。

不妥之处二：待主体结构封顶后浇筑后浇带混凝土。

正确做法：后浇带处的混凝土应待两侧主体结构混凝土达到龄期及强度要求时便可浇筑，并与主体结构连成整体。

不妥之处三：两侧混凝土结构强度达到拆模条件后，拆除所有底模及支架，后浇带位置处重新搭设支架及模板。

正确做法：后浇带处的模板应待后浇带混凝土达到拆模要求后再拆除。

（2）后浇带混凝土强度等级及性能应符合设计要求；当设计无具体要求时，后浇带混凝土强度等级宜比两侧混凝土提高一级，并宜采用减少收缩的技术措施。后浇带混凝土的养护时间不应少于 14 d。

考点 19 大体积混凝土施工技术要求★★

一、施工前准备工作

根据《大体积混凝土施工标准》（GB 50496—2018），大体积混凝土施工应编制施工组织设计或施工技术方案，并应有环境保护和安全施工的技术措施。

大体积混凝土施工前，应对混凝土浇筑体的温度、温度应力及收缩应力进行试算，并确定混凝土浇筑体的温升峰值，里表温差及降温速率的控制指标，制定相应的温控技术措施。

二、温控指标的有关规定

根据《大体积混凝土施工标准》（GB 50496—2018），大体积混凝土施工温控指标应符合下列规定：

（1）混凝土浇筑体在入模温度基础上的温升值不宜大于 50 ℃。

（2）混凝土浇筑体里表温差（不含混凝土收缩当量温度）不宜大于 25 ℃。

（3）混凝土浇筑体降温速率不宜大于 2.0 ℃/d。

（4）拆除保温覆盖时混凝土浇筑体表面与大气温差不应大于 20 ℃。

三、大体积混凝土施工要点

根据《大体积混凝土施工标准》（GB 50496—2018），水泥选择及其质量，应符合下列规定：

（1）水泥应符合现行国家标准《通用硅酸盐水泥》（GB 175—2007）的有关规定，当采用其他品种时，其性能指标应符合国家现行有关标准的规定。

（2）应选用水化热低的通用硅酸盐水泥，3 d 水化热不宜大于 250 kJ/kg，7 d 水化热不宜大于 280 kJ/kg；当选用 52.5 强度等级水泥时，7 d 水化热宜小于 300 kJ/kg。

（3）水泥在搅拌站的入机温度不宜高于 60 ℃。

超长大体积混凝土施工，结构有害裂缝控制应符合下列规定：

（1）当采用跳仓法时，跳仓的最大分块单向尺寸不宜大于 40 m，跳仓间隔施工的时间不宜小于 7 d，跳仓接缝处应按施工缝的要求设置和处理。

（2）当采用变形缝或后浇带时，变形缝或后浇带设置和施工应符合国家现行有关标准的规定。

➢ **知识拓展：**根据《钢铁企业冶金设备基础设计规范》（GB 50696—2011），跳仓法是指结合施工分块，将超长整体式钢筋混凝土结构按一定长度间隔交替划分为跳仓块和封仓块，先施工跳仓块，相隔一定时间后施工封仓块形成整体结构的施工方法。跳仓法示例如图 2-3-24 所示。

图 2-3-24 跳仓法示例

根据《大体积混凝土施工标准》（GB 50496—2018），大体积混凝土浇筑应符合下列规定：

（1）混凝土浇筑层厚度应根据所用振捣器作用深度及混凝土的和易性确定，整体连续浇筑时宜为 300～500 mm，振捣时应避免过振和漏振。

（2）整体分层连续浇筑或推移式连续浇筑，应缩短间歇时间，并应在前层混凝土初凝之前将次层混凝土浇筑完毕。层间间歇时间不应大于混凝土初凝时间。混凝土初凝时间应通过试验确定。当层间间歇时间超过混凝土初凝时间时，层面应按施工缝处理。

（3）混凝土的浇灌应连续、有序，宜减少施工缝。

（4）混凝土宜采用泵送方式和二次振捣工艺。

当采取分层间歇浇筑混凝土时，水平施工缝的处理应符合下列规定：

（1）在已硬化的混凝土表面，应清除表面的浮浆、松动的石子及软弱混凝土层。

（2）在上层混凝土浇筑前，应采用清水冲洗混凝土表面的污物，并应充分润湿，但不得有积水。

（3）新浇筑混凝土应振捣密实，并应与先期浇筑的混凝土紧密结合。

➢ **重点提示：**（1）大体积混凝土浇筑时，由于水泥水化热过大，而混凝土是热的不良导体，容易造成混凝土内外温差过大，产生温度性裂缝，这也是大体积混凝土浇筑质量的控制要点。

（2）复习时重点掌握：①混凝土的温控指标中具体的数字表达；②大体积混凝土裂缝的控制措施（理解记忆要点：凡是能够降低混凝土浇筑时所产生的水化热的，都是相应的裂缝控制措施）。

实战演练

［2017 真题・单选］在大体积混凝土养护的温控过程中，其降温速率一般不宜大于（　　）。

A. 1.0 ℃/d　　B. 1.5 ℃/d　　C. 2.0 ℃/d　　D. 2.5 ℃/d

［解析］在大体积混凝土养护的温控过程中，其降温速率不宜大于 2.0 ℃/d。

［答案］C

［经典例题・案例节选］

背景资料：

某办公楼工程，建筑面积为 82 000 m^2，地下 3 层，地上 20 层，钢筋混凝土框架剪力墙结构，距邻近 6 层住宅楼 7 m。基础底板混凝土厚 1 500 mm，水泥采用普通硅酸盐水泥，采取整体连续分层浇筑方式施工。在混凝土浇筑完成 12 h 内对混凝土表面进行保温保湿养护，养护持续 7 d。养护至 72 h 时，测温显示混凝土内部温度为 70 ℃，混凝土表面温度为 35 ℃。

……

［问题］

指出底板大体积混凝土浇筑及养护的不妥之处，并说明正确做法。

［答案］

（1）不妥之处一：混凝土保湿养护持续 7 d。

正确做法：保湿养护持续时间不少于 14 d。

（2）不妥之处二：养护至 72 h 时，测温显示混凝土内部温度为 70 ℃，混凝土表面温度为 35 ℃。

正确做法：大体积混凝土浇筑里表温差不宜大于 25 ℃。

考点 20 钢筋混凝土装配式工程施工技术★★

一、施工准备

根据《装配式混凝土建筑技术标准》（GB/T 51231—2016），装配式混凝土结构施工应制定专项方案。专项施工方案宜包括工程概况、编制依据、进度计划、施工场地布置、预制构件运输与存放、安装与连接施工、绿色施工、安全管理、质量管理、信息化管理、应急预案等内容。

施工现场应根据施工平面规划设置运输通道和存放场地，并应符合下列规定：

（1）现场运输道路和存放场地应坚实平整，并应有排水措施。

（2）施工现场内道路应按照构件运输车辆的要求合理设置转弯半径及道路坡度。

（3）预制构件运送到施工现场后，应按规格、品种、使用部位、吊装顺序分别设置存放场地。存放场地应设置在吊装设备的有效起重范围内，且应在堆垛之间设置通道。

（4）构件的存放架应具有足够的抗倾覆性能。

（5）构件运输和存放对已完成结构、基坑有影响时，应经计算复核。

二、构件进场

根据《装配式混凝土建筑技术标准》（GB/T 51231—2016），预制构件存放应符合下列规定：

（1）存放场地应平整、坚实，并应有排水措施。

（2）存放库区宜实行分区管理和信息化台账管理。

（3）应按照产品品种、规格型号、检验状态分类存放，产品标识应明确、耐久，预埋吊件应朝上，标识应向外。

（4）应合理设置垫块支点位置，确保预制构件存放稳定，支点宜与起吊点位置一致。

（5）与清水混凝土面接触的垫块应采取防污染措施。

（6）预制构件多层叠放时，每层构件间的垫块应上下对齐，预制楼板、叠合板、阳台板和空调板等构件宜平放，叠放层数不宜超过 6 层；长期存放时，应采取措施控制预应力构件起拱值和叠合板翘曲变形。

（7）预制柱、梁等细长构件宜平放且用两条垫木支撑。

（8）预制内外墙板、挂板宜采用专用支架直立存放，支架应有足够的强度和刚度，薄弱构件、构件薄弱部位和门窗洞口应采取防止变形开裂的临时加固措施。

预制构件在运输过程中应做好安全和成品防护，并应符合下列规定：

（1）应根据预制构件种类采取可靠的固定措施。

（2）对于超高、超宽、形状特殊的大型预制构件的运输和存放应制定专门的质量安全保证措施。

（3）运输时宜采取如下防护措施：

①设置柔性垫片避免预制构件边角部位或链索接触处的混凝土损伤。

②用塑料薄膜包裹垫块避免预制构件外观污染。

③墙板门窗框、装饰表面和棱角采用塑料贴膜或其他措施防护。

④竖向薄壁构件设置临时防护支架。

⑤装箱运输时，箱内四周采用木材或柔性垫片填实，支撑牢固。

（4）应根据构件特点采用不同的运输方式，托架、靠放架、插放架应进行专门设计，进行强度、稳定性和刚度验算：

①外墙板宜采用立式运输，外饰面层应朝外，梁、板、楼梯、阳台宜采用水平运输。

②采用靠放架立式运输时，构件与地面倾斜角度宜大于80°，构件应对称靠放，每侧不大于2层，构件层间上部采用木垫块隔离。

③采用插放架直立运输时，应采取防止构件倾倒措施，构件之间应设置隔离垫块。

④水平运输时，预制梁、柱构件叠放不宜超过3层，板类构件叠放不宜超过6层。

构件的运输如图2-3-25所示。

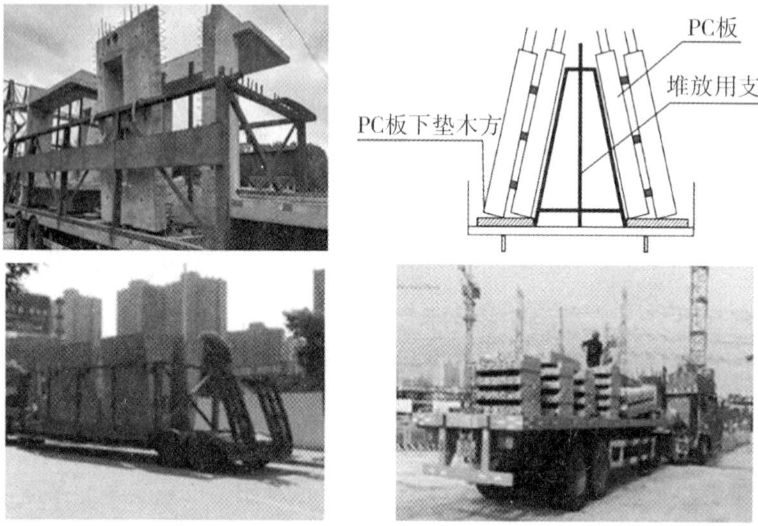

图 2-3-25　构件的运输

三、构件安装与连接

根据《装配式混凝土建筑技术标准》（GB/T 51231—2016），构件安装与连接的相关内容如下。

（一）预制构件吊运的相关规定

（1）应根据预制构件的形状、尺寸、重量和作业半径等要求选择吊具和起重设备，所采用的吊具和起重设备及其操作，应符合国家现行有关标准及产品应用技术手册的规定。

（2）吊点数量、位置应经计算确定，应保证吊具连接可靠，应采取保证起重设备的主钩位置、吊具及构件重心在竖直方向上重合的措施。

（3）吊索水平夹角不宜小于60°，不应小于45°。

（4）应采用慢起、稳升、缓放的操作方式，吊运过程，应保持稳定，不得偏斜、摇摆和扭转，严禁吊装构件长时间悬停在空中。

（5）吊装大型构件、薄壁构件或形状复杂的构件时，应使用分配梁或分配桁架类吊具，并应采取避免构件变形和损伤的临时加固措施。

（二）竖向预制构件安装采用临时支撑时的相关规定

（1）预制构件的临时支撑不宜少于 2 道。

（2）对预制柱、墙板构件的上部斜支撑，其支撑点距离板底的距离不宜小于构件高度的 2/3，且不应小于构件高度的 1/2；斜支撑应与构件可靠连接，如图 2-3-26 所示。

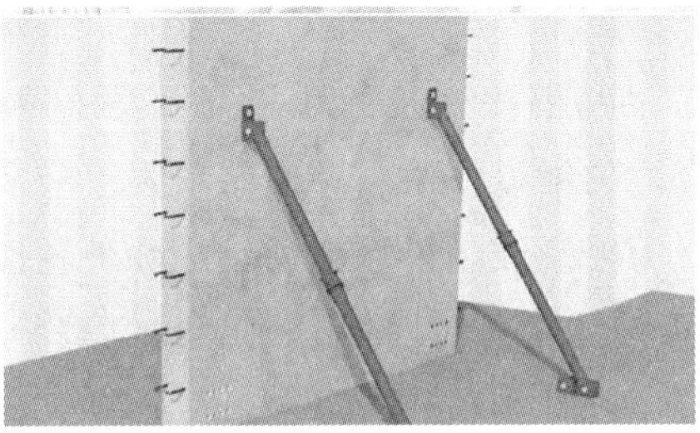

图 2-3-26　斜支撑

（3）构件安装就位后，可通过临时支撑对构件的位置和垂直度进行微调。

（三）水平预制构件安装采用临时支撑时的相关规定

（1）首层支撑架体的地基应平整坚实，宜采取硬化措施。

（2）临时支撑的间距及其与墙、柱、梁边的净距应经设计计算确定，竖向连续支撑层数不宜少于 2 层且上下层支撑宜对准。

（3）叠合板预制底板下部支架宜选用定型独立钢支柱，竖向支撑间距应经计算确定。

（四）预制柱安装的相关规定

（1）宜按照角柱、边柱、中柱顺序进行安装，与现浇部分连接的柱宜先行吊装。

（2）预制柱的就位以轴线和外轮廓线为控制线，对于边柱和角柱，应以外轮廓线控制为准。

（3）就位前应设置柱底调平装置，控制柱安装标高。

（4）预制柱安装就位后应在两个方向设置可调节临时固定措施，并应进行垂直度、扭转调整。

（5）采用灌浆套筒连接的预制柱调整就位后，柱脚连接部位宜采用模板封堵。

预制柱的安装流程如图 2-3-27 所示。

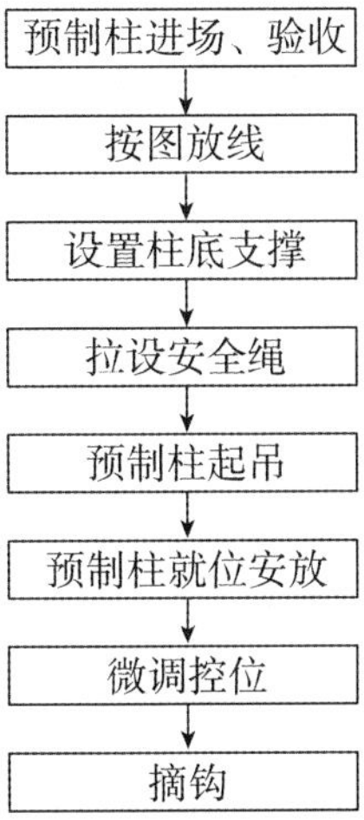

图 2-3-27　预制柱的安装流程

（五）预制剪力墙板安装的相关规定

（1）与现浇部分连接的墙板宜先行吊装，其他宜按照外墙先行吊装的原则进行吊装。

（2）就位前，应在墙板底部设置调平装置。

（3）采用灌浆套筒连接、浆锚搭接连接的夹芯保温外墙板应在保温材料部位采用弹性密封材料进行封堵。

（4）采用灌浆套筒连接、浆锚搭接连接的墙板需要分仓灌浆时，应采用座浆料进行分仓；多层剪力墙采用座浆时应均匀铺设座浆料；座浆料强度应满足设计要求。

（5）墙板以轴线和轮廓线为控制线，外墙应以轴线和外轮廓线双控制。

（6）安装就位后应设置可调斜撑临时固定，测量预制墙板的水平位置、垂直度、高度等，通过墙底垫片、临时斜支撑进行调整。

（7）预制墙板调整就位后，墙底部连接部位宜采用模板封堵。

（8）叠合墙板安装就位后进行叠合墙板拼缝处附加钢筋安装，附加钢筋应与现浇段钢筋网交叉点全部绑扎牢固。

预制剪力墙板施工技术流程及要点如下：

（1）承重墙板吊装准备：由于吊装作业需要连续进行，所以吊装前的准备工作非常重要，首先在吊装就位之前将所有柱、墙的位置在地面弹好墨线，根据后置埋件布置图，采用后钻孔法安装预制构件定位卡具，并进行复核检查；同时对起重设备进行安全检查，并在空载状态下对吊臂角度、负载能力、吊绳等进行检查，对吊装困难的部件进行空载实际演练（必须进行），将导链、斜撑杆、膨胀螺栓、扳手、2 m 靠尺、开孔电钻等操作工具准备齐全，操作人员对操作工具进行清点。检查预制构件预留灌浆套筒是否有缺陷、杂物和油污，保证灌浆套筒完好；提前架好经纬仪、激光水准仪并调平。填写《施工准备情况登记表》，施工现场负责人检查核对签字后，方可开始吊装。

（2）起吊预制墙板：吊装时采用带倒链的扁担式吊装设备，加设缆风绳。

（3）顺着吊装前所弹墨线缓缓放下墙板，吊装经过的区域下方设置警戒区，施工人员应撤离，由信号工指挥。就位时，待构件下降至作业面 1 m 左右高度时施工人员方可靠近操作，以保证操作人员的安全。墙板下放好垫块，垫块保证墙板底标高的正确（也可提前在预制墙板上安装定位角码，顺着定位角码的位置安放墙板）。

（4）墙板底部局部套筒若未对准，可使用倒链对墙板手动微调，重新对孔。底部没有灌浆套筒的外填充墙板直接顺着角码缓缓放下墙板。垫板造成的空隙可用座浆方式填补。为防止座浆料填充到各外叶板之间，在苯板处补充 50 mm×20 mm 的保温板（或橡胶止水条）堵塞缝隙。

（5）墙板垂直坐落在准确的位置后，使用激光水准仪复核水平方向是否有偏差，无误差后，利用预制墙板上的预埋螺栓和地面后置膨胀螺栓（将膨胀螺栓在环氧树脂内蘸一下，立即打入地面）安装斜支撑杆，用检测尺检测预制墙体垂直度及复测墙顶标高后，利用斜撑杆调节好墙体的垂直度后，方可松开吊钩。

（6）斜撑杆调节完毕后，再次校核墙板的水平位置和标高、垂直度，相邻墙板的平整度。检查工具：经纬仪、水准仪、靠尺、水平尺（或软篝）、铅锤、拉线。

（六）预制梁或叠合梁安装的相关规定

（1）安装顺序宜遵循先主梁后次梁、先低后高的原则。

（2）安装前，应测量并修正临时支撑标高，确保与梁底标高一致，并在柱上弹出梁边控制线；安装后根据控制线进行精密调整。

（3）安装前，应复核柱钢筋与梁钢筋位置、尺寸，对梁钢筋与柱钢筋位置有冲突的，应按经设计单位确认的技术方案调整。

（4）安装时梁伸入支座的长度与搁置长度应符合设计要求。

（5）安装就位后应对水平度、安装位置、标高进行检查。

（6）叠合梁的临时支撑，在后浇混凝土强度达到设计要求后方可拆除。

预制梁或叠合梁安装流程如图 2-3-28 所示。

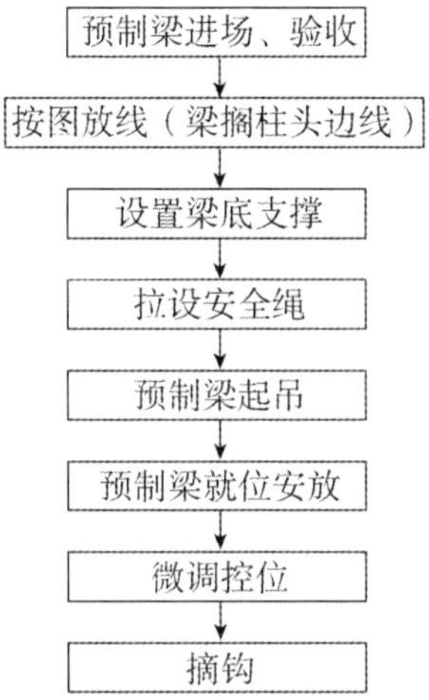

图 2-3-28　预制梁或叠合梁安装流程

（七）叠合板预制底板安装的相关规定

（1）预制底板吊装完后应对板底接缝高差进行校核；当叠合板板底接缝高差不满足设计要求时，应将构件重新起吊，通过可调托座进行调节。

（2）预制底板的接缝宽度应满足设计要求。

（3）临时支撑应在后浇混凝土强度达到设计要求后方可拆除。

（八）预制楼梯安装的相关规定

（1）安装前，应检查楼梯构件平面定位及标高，并宜设置调平装置。

（2）就位后，应及时调整并固定。

（九）预制阳台板、空调板安装的相关规定

（1）安装前，应检查支座顶面标高及支撑面的平整度。

（2）临时支撑应在后浇混凝土强度达到设计要求后方可拆除。

根据《装配式混凝土结构技术规程》（JGJ 1—2014），钢筋套筒灌浆连接接头、钢筋浆锚搭接连接接头应按检验批划分要求及时灌浆，灌浆作业应符合国家现行有关标准及施工方案的要求，并应符合下列规定：

(1) 灌浆施工时，环境温度不应低于 5 ℃；当连接部位养护温度低于 10 ℃时，应采取加热保温措施。

(2) 灌浆操作全过程应有专职检验人员负责旁站监督并及时形成施工质量检查记录。

(3) 应按产品使用说明书的要求计量灌浆料和水的用量，并搅拌均匀；每次拌制的灌浆料拌合物应进行流动度的检测，且其流动度应满足规程的规定。

(4) 灌浆作业应采用压浆法从下口灌注，当浆料从上口流出后应及时封堵，必要时可设分仓进行灌浆。

(5) 灌浆料拌合物应在制备后 30 min 内用完。

灌浆套筒钢筋连接注浆工序如图 2-3-29 所示。

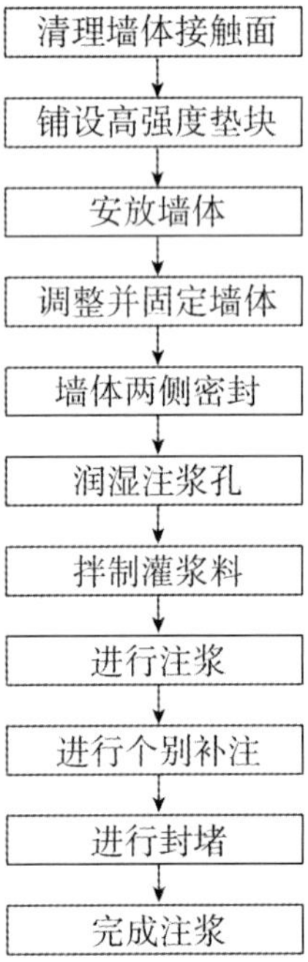

图 2-3-29　灌浆套筒钢筋连接注浆工序

根据《装配式混凝土结构技术规程》(JGJ 1—2014)：

(1) 钢筋套筒灌浆连接及浆锚搭接连接用的灌浆料强度应满足设计要求。

检查数量：按批检验，以每层为一检验批；每工作班应制作一组且每层不应少于三组 40 mm×40 mm×160 mm 的长方体试件，标准养护 28 d 后进行抗压强度试验。

检验方法：检查灌浆料强度试验报告及评定记录。

(2) 剪力墙底部接缝坐浆强度应满足设计要求。

检查数量：按批检验，以每层为一检验批；每工作班应制作一组且每层不应少于三组边长为 70.7 mm 的立方体试件，标准养护 28 d 后进行抗压强度试验。

检验方法：检查坐浆材料强度试验报告及评定记录。

➢ **重点提示：** 此考点在选择题与案例题中均可考查，重点记忆相关施工技术要求。

实战演练

［**2019 真题·单选**］关于装配式工程钢筋套筒灌浆作业的做法，正确的是（　　）。

A. 每工作班至少制作一组试件　　B. 浆料在制备后 1 h 内用完

C. 制作边长 100 mm 的立方体试件　　D. 施工环境温度不低于 0 ℃

［**解析**］选项 B 错误，灌浆料拌合物应在制备后 30 min 内用完。选项 C 错误，长方体试件的尺寸为 40 mm×40 mm×160 mm。选项 D 错误，灌浆施工时，环境温度不应低于 5 ℃；当连接部位养护温度低于 10 ℃时，应采取加热保温措施。

［**答案**］A

［**2020 真题·案例节选**］

背景资料：

某住宅工程，地下 2 层，地上 18 层，建筑面积为 2.4 万 m^2，地上二层以上为装配式混凝土结构，预制墙板主筋采用套筒灌浆连接，构件加工由建设单位和中标单位共同选定。

一个工作班组在吊装完成一个检验批工作量后，班组长抽调其中的 4 人开始给预留的孔隙（洞）做灌注浆料的前期准备和后续工作；浆料从上口灌注，在压力作用下从下口流出，并及时对留出浆料部位封堵；同时制作了一组 150 mm×150 mm×150 mm 的立方体试件，以验证 28 d 后的浆料抗压强度；此时，总监理工程师巡查发现，灌浆工作没有按方案操作，对现场监理提出了批评，给施工单位下发了停工令。

……

［问题］

指出该检验批灌浆过程中的不妥之处，并说明正确做法。

［答案］

（1）不妥之处一：一个工作班组在吊装完成一个检验批工作量后，班组长抽调其中的 4 人开始给预留的孔隙（洞）做灌注浆料的前期准备和后续工作。

正确做法：灌浆料应由经培训合格的专业人员按配置要求计量灌浆材料和水的用量，经搅拌均匀后测定其流动度满足设计要求后方可灌注。

（2）不妥之处二：浆料从上口灌注，在压力作用下从下口流出，并及时对留出浆料部位封堵。

正确做法：灌浆作业应采用压浆法从下口灌注，当浆料从上口流出后应及时封堵，必要时可设分仓进行灌浆。灌浆料拌合物应在制备后 30 min 内用完。

（3）不妥之处三：同时制作了一组 150 mm×150 mm×150 mm 的立方体试件，以验证 28 d 后的浆料抗压强度。

正确做法：灌浆作业应及时做好施工质量检查记录，并按要求每工作班应制作一组且每层不应少于三组 40 mm×40 mm×160 mm 的长方体试件，标准养护 28 d 后进行抗压强度试验。

考点 21　钢结构连接★★

钢结构的基本构件由钢板、型钢等连接而成，再由构件通过一定的连接方式组合成整体结构。钢结构的连接方式通常有焊缝连接、螺栓连接和铆钉连接三种，如图 2-3-30 所示。

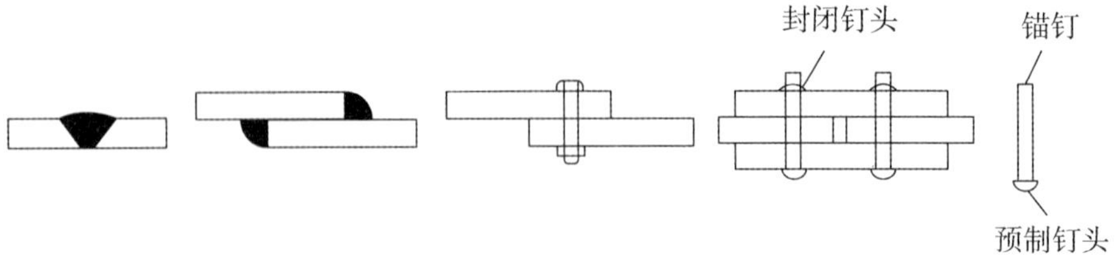

图 2-3-30 钢结构连接

连接时一般采用一种连接方式，有时也可采用螺栓和焊缝的混合连接方式。因铆钉连接费工费料，目前已基本被焊缝连接和高强度螺栓连接取代。钢结构的连接方式各有特点，其直接影响到结构的构造、制造工艺和工程造价，连接质量对结构的安全性和使用寿命也至关重要，因此选择恰当的连接方式，保证连接质量安全在钢结构中占有重要地位。

根据《钢结构工程施工规范》(GB 50755—2012)，高强度螺栓的相关内容如下（节选）。

(1) 高强度螺栓现场安装时应能自由穿入螺栓孔，不得强行穿入。螺栓不能自由穿入时，可采用铰刀或锉刀修整螺栓孔，不得采用气割扩孔，扩孔数量应征得设计单位同意，修整后或扩孔后的孔径不应超过螺栓直径的 1.2 倍。

(2) 高强度螺栓连接节点螺栓群初拧、复拧和终拧，应采用合理的施拧顺序。

(3) 高强度螺栓和焊接混用的连接节点，当设计文件无规定时，宜按先螺栓紧固后焊接的施工顺序。

(4) 高强度螺栓连接副的初拧、复拧、终拧，宜在 24 h 内完成。

(5) 高强度螺栓连接副初拧、复拧和终拧原则上应以接头刚度较大的部位向约束较小的方向、螺栓群中央向四周的顺序，是为了使高强度螺栓连接处板层能更好密贴。典型节点的施拧顺序如下：

①一般节点从中心向两端，如图 2-3-31 所示。

②箱形节点按图 2-3-32 中 A、C、B、D 顺序。

③工字梁节点螺栓群按图 2-3-33 中①～⑥顺序。

④H 型截面柱对接节点按先翼缘后腹板的顺序。

⑤两个节点组成的螺栓群按先主要构件节点，后次要构件节点的顺序。

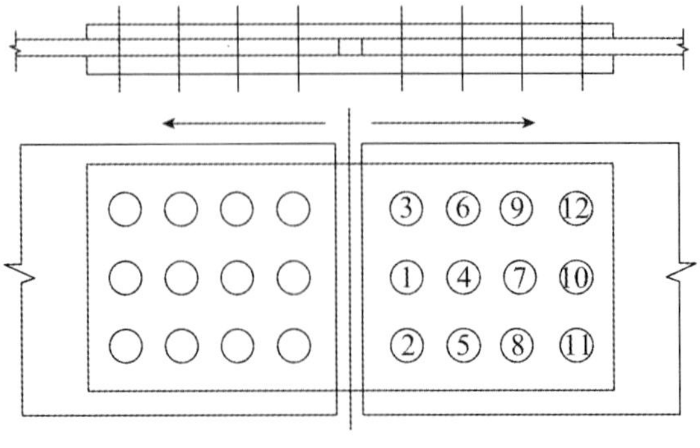

图 2-3-31 一般节点施拧顺序

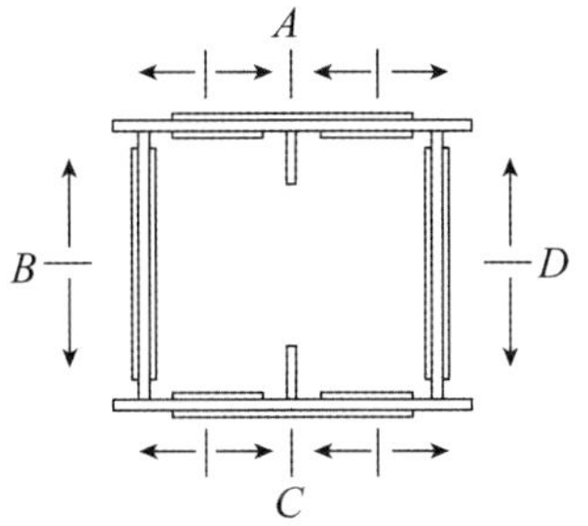

图 2-3-32　箱形节点施拧顺序

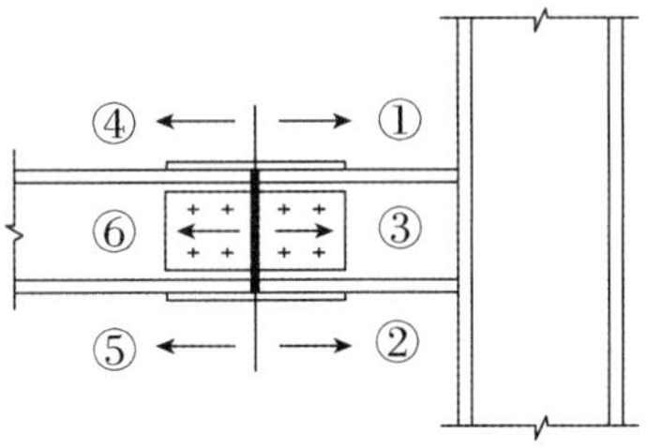

图 2-3-33　工字梁节点施拧顺序

（6）扭剪型高强度螺栓终拧检查，应以目测尾部梅花头拧断为合格。扭剪型高强度螺栓连接示意图如图 2-3-34 所示。

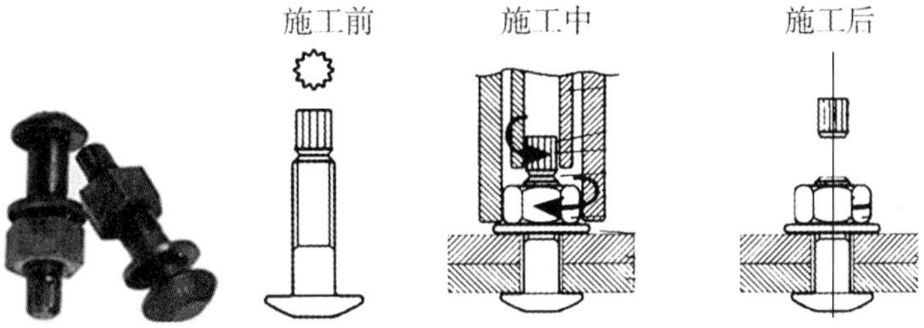

图 2-3-34　扭剪型高强度螺栓连接示意图

➢ **重点提示：**掌握钢结构的连接方式，与钢筋的连接方式区别记忆。

实战演练

［**2017 真题·单选**］高强度螺栓施工的说法正确的是（　　）。

A. 高强度螺栓不得强行穿入

B. 高强度螺栓可兼做安装螺栓

C. 高强度螺栓应该一次性拧紧到位

D. 高强度螺栓梅花头可用火焰切割

［**解析**］高强度螺栓现场安装时应能自由穿入螺栓孔，不得强行穿入，选项 A 正确。高强度螺栓安装时应先使用安装螺栓和冲钉。高强度螺栓不得兼做安装螺栓，选项 B 错误。高强度螺栓连接副的初拧、复拧、终拧宜在 24 h 内完成，选项 C 错误。扭剪型高强度螺栓终拧检查，应以目测尾部梅花头拧断为合格，选项 D 错误。

［**答案**］A

考点 22 钢结构涂装要求★★

一、涂装要求

（一）防腐涂料涂装

根据《钢结构工程施工规范》（GB 50755—2012），油漆防腐涂装可采用涂刷法、手工滚涂法、空气喷涂法和高压无气喷涂法。表面除锈处理与涂装的间隔时间宜在 4 h 之内，在车间内或湿度较低的晴天作业时不应超过 12 h。

（二）防火涂料涂装

根据《钢结构防火涂料》(GB 14907—2018)，钢结构防火涂料按防火机理分为：

（1）膨胀型钢结构防火涂料：涂层在高温时膨胀发泡，形成耐火隔热保护层的钢结构防火涂料。

（2）非膨胀型钢结构防火涂料：涂层在高温时不膨胀发泡，其自身成为耐火隔热保护层的钢结构防火涂料。

根据《钢结构工程施工规范》（GB 50755—2012），防火涂料可按产品说明书要求在现场进行搅拌或调配。当天配置的涂料应在产品说明书规定的时间内用完。

厚涂型防火涂料，属于下列情况之一时，宜在涂层内设置与构件相连的钢丝网或其他相应的措施：

（1）承受冲击、振动荷载的钢梁。

（2）涂层厚度大于或等于 40 mm 的钢梁和桁架。

（3）涂料黏结强度小于或等于 0.05 MPa 的钢构件。

（4）钢板墙和腹板高度超过 1.5 m 的钢梁。

防火涂料施工可采用喷涂、抹涂或滚涂等方法。防火涂料涂装施工应分层施工，应在上层涂层干燥或固化后，再进行下道涂层施工。

二、涂装顺序

根据《钢结构工程施工规范》（GB 50755—2012），防火涂料涂装前，钢材表面除锈及防腐涂装应符合设计文件和国家现行有关标准的规定。

第四节　保温与防水工程施工技术

考点 1 保温工程施工技术★★

一、保温材料分类

根据《外墙外保温工程技术标准》(JGJ 144—2019)，墙体保温材料如下。

（1）模塑聚苯板：由可发性聚苯乙烯珠粒经加热预发泡后在模具中加热成型而制得的具有闭孔结构的聚苯乙烯泡沫塑料板材，包含 033 级和 039 级，简称 EPS 板。

（2）挤塑聚苯板：以聚苯乙烯树脂或其共聚物为主要成分，加入少量添加剂，通过加热挤塑成型而制得的具有闭孔结构的硬质泡沫塑料板材，简称 XPS 板。

(3) 胶粉聚苯颗粒保温浆料：由可再分散胶粉、无机胶凝材料、外加剂等制成的胶粉料与作为主要骨料的聚苯颗粒复合而成的，可直接作为保温层材料的胶粉聚苯颗粒浆料，简称保温浆料。

(4) 胶粉聚苯颗粒贴砌浆料：由可再分散胶粉、无机胶凝材料、外加剂等制成的胶粉料与作为主要骨料的聚苯颗粒复合而成的，用于粘贴、砌筑和找平模塑聚苯板的胶粉聚苯颗粒浆料，简称贴砌浆料。

(5) EPS 钢丝网架板：由 EPS 板内插腹丝，单面外侧焊接钢丝网构成的三维空间网架芯板。

(6) 硬泡聚氨酯：由多亚甲基多苯基多异氰酸酯和多元醇及助剂等反应制成的以聚氨基甲酸酯结构为主的硬质泡沫塑料，简称 PUR 板/PIR 板。

(7) 硬泡聚氨酯板：以硬泡聚氨酯（包括聚氨酯硬质泡沫塑料和聚异氰脲酸酯硬质泡沫塑料）为芯材，在工厂制成的、双面带有界面层的板材，简称 PUR 板/PIR 板。

(8) 胶黏剂：由水泥基胶凝材料、高分子聚合物材料以及填料和添加剂等组成，用于基层墙体和保温板之间黏结的聚合物水泥砂浆。

(9) 界面砂浆：由水泥、砂、高分子聚合物材料以及添加剂为主要材料配置而成，用以改善基层墙体或保温层表面黏结性能的聚合物水泥砂浆。

(10) 抹面胶浆：由水泥基胶凝材料、高分子聚合物材料以及填料和添加剂等组成，具有一定变形能力和良好黏结性能，与玻璃纤维网布共同组成抹面层的聚合物水泥砂浆或非水泥基聚合物砂浆。

(11) 玻璃纤维网布：表面经高分子材料涂覆处理的、具有耐碱功能的网格状玻璃纤维织物，作为增强材料内置于抹面胶浆中，用以提高抹面层的抗裂性和抗冲击性，简称玻纤网。

(12) 锚栓：由膨胀件和膨胀套管组成，依靠膨胀产生的摩擦力或机械锁定作用连接保温系统与基层墙体的机械固定件。

二、外墙保温系统形式

按照保温材料设置位置的不同，可分为外墙外保温、外墙内保温和外墙夹芯保温。

外墙外保温就是将保温材料置于建筑主体围护结构的外侧以达到保温隔热的目的，这种技术可以有效解决因冬夏两季室内外温差大而造成的能源损失问题，它代表了我国建筑节能保温技术的发展方向。外墙外保温相比外墙内保温和外墙夹心保温具有以下优点：

(1) 适用范围广。

(2) 保温隔热效果明显，“热桥”影响小。

(3) 能保护主体结构。

(4) 扩大室内的使用空间。

(5) 利于旧房改造。

(6) 便于丰富美化外立面。

三、外墙保温系统分类

根据《外墙外保温工程技术标准》(JGJ 144—2019)，外墙保温系统分类如下。

(一) 粘贴保温板薄抹灰外保温系统

(1) 粘贴保温板薄抹灰外保温系统应由黏结层、保温层、抹面层和饰面层构成（图

2-4-1）。黏结层材料应为胶黏剂；保温层材料可为 EPS 板、XPS 板和 PUR 板或 PIR 板；抹面层材料应为抹面胶浆，抹面胶浆中满铺玻纤网；饰面层可为涂料或饰面砂浆。

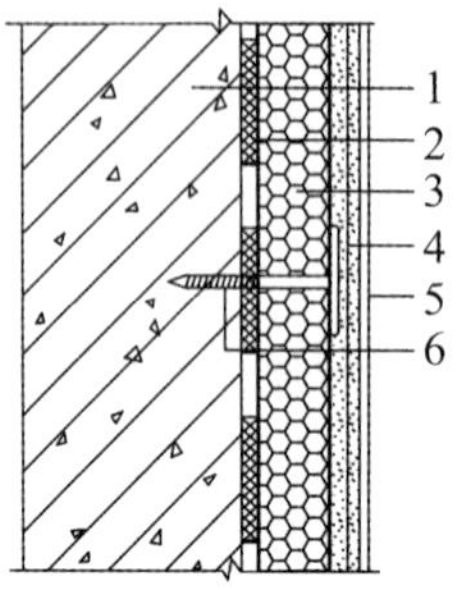

1—基层墙体；2—胶黏剂；3—保温板；4—抹面胶浆复合玻纤网；5—饰面层；6—锚栓

图 2-4-1　粘贴保温板薄抹灰外保温系统

（2）当粘贴保温板薄抹灰外保温系统做找平层时，找平层应与基层墙体黏结牢固，不得有脱层、空鼓、裂缝，面层不得有粉化、起皮、爆灰等现象。

（3）保温板应采用点框粘法或条粘法固定在基层墙体上，EPS 板与基层墙体的有效粘贴面积不得小于保温板面积的 40%，并宜使用锚栓辅助固定。XPS 板和 PUR 板或 PIR 板与基层墙体的有效粘贴面积不得小于保温板面积的 50%，并应使用锚栓辅助固定。

（4）受负风压作用较大的部位宜增加锚栓辅助固定。

（5）保温板宽度不宜大于 1 200 mm，高度不宜大于 600 mm。

（6）保温板应按顺砌方式粘贴，竖缝应逐行错缝。保温板应粘贴牢固，不得有松动。

（7）XPS 板内外表面应做界面处理。

（8）墙角处保温板应交错互锁。门窗洞口四角处保温板不得拼接，应采用整块保温板切割成形。

（二）胶粉聚苯颗粒保温浆料外保温系统

（1）胶粉聚苯颗粒保温浆料外保温系统应由界面层、保温层、抹面层和饰面层构成（图 2-4-2）。界面层材料应为界面砂浆；保温层材料应为胶粉聚苯颗粒保温浆料，经现场拌合均匀后抹在基层墙体上；抹面层材料应为抹面胶浆，抹面胶浆中满铺玻纤网；饰面层可为涂料或饰面砂浆。

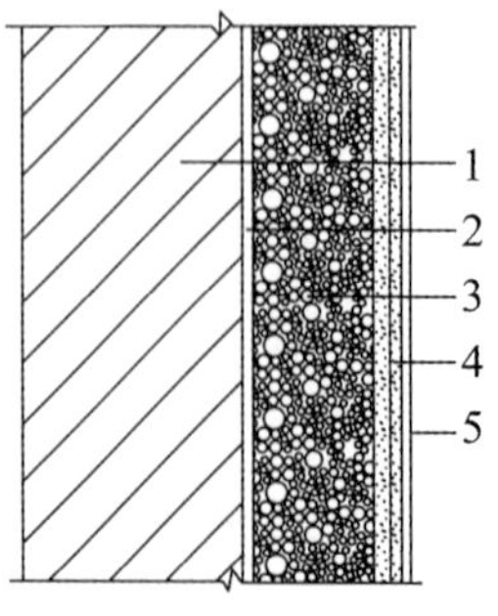

1—基层墙体；2—界面砂浆；3—保温浆料；4—抹面胶浆复合玻纤网；5—饰面层

图 2-4-2　胶粉聚苯颗粒保温浆料外保温系统

（2）胶粉聚苯颗粒保温浆料保温层设计厚度不宜超过 100 mm。

（3）胶粉聚苯颗粒保温浆料宜分遍抹灰，每遍间隔应在前一遍保温浆料终凝后进行，每遍抹灰厚度不宜超过 20 mm。第一遍抹灰应压实，最后一遍应找平，并应搓平。

（三）EPS 板现浇混凝土外保温系统

（1）EPS 板现浇混凝土外保温系统应以现浇混凝土外墙作为基层墙体，EPS 板为保温层，EPS 板内表面（与现浇混凝土接触的表面）并有凹槽，内外表面均应满涂界面砂浆（图 2-4-3）。施工时应将 EPS 板置于外模板内侧，并安装辅助固定件。EPS 板表面应做抹面胶浆抹面层，抹面层中满铺玻纤网；饰面层可为涂料或饰面砂浆。

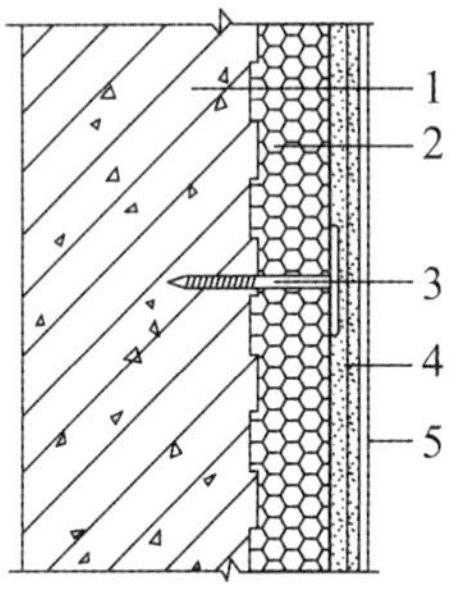

1—现浇混凝土外墙；2—EPS 板；3—辅助固定件；4—抹面胶浆复合玻纤网；5—饰面层

图 2-4-3　EPS 板现浇混凝土外保温系统

（2）进场前 EPS 板内外表面应预喷刷界面砂浆。

（3）EPS 板宽度宜为 1 200 mm，高度宜为建筑物层高。

（4）辅助固定件每平方米宜设 2～3 个。

（5）水平分隔缝宜按楼层设置。垂直分隔缝宜按墙面面积设置。在板式建筑中不宜大于 30 m^2，在塔式建筑中宜留在阴角部位。

（6）宜采用钢制大模板施工。

（7）混凝土墙外侧钢筋保护层厚度应符合设计要求。

（8）混凝土一次浇注高度不宜大于 1 m。混凝土应振捣密实均匀，墙面及接槎处应光滑、平整。

（9）混凝土结构验收后，保温层中的穿墙螺栓孔洞应使用保温材料填塞，EPS 板缺损或表面不平整处宜使用胶粉聚苯颗粒保温浆料修补和找平。

（四）EPS 钢丝网架板现浇混凝土外保温系统

EPS 钢丝网架板现浇混凝土外保温系统应以现浇混凝土外墙作为基层墙体，EPS 钢丝网架板为保温层，钢丝网架板中的 EPS 板外侧开有凹槽（图 2-4-4）。施工时应将钢丝网架板置于外墙外模板内侧，并在 EPS 板上安装辅助固定件。钢丝网架板表面应涂抹掺外加剂的水泥砂浆抹面层，外表可做饰面层。

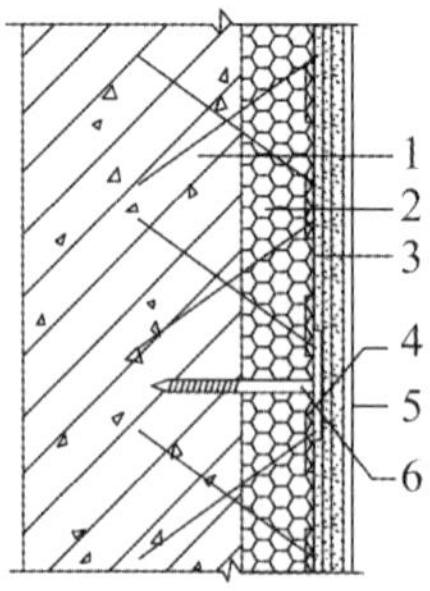

1—现浇混凝土外墙；2—EPS 钢丝网架板；3—掺外加剂的水泥砂浆抹面层；
4—钢丝网架；5—饰面层；6—辅助固定件

图 2-4-4 EPS 钢丝网架板现浇混凝土外保温系统

（五）胶粉聚苯颗粒浆料贴砌 EPS 板外保温系统

（1）胶粉聚苯颗粒浆料贴砌 EPS 板外保温系统应由界面砂浆层、胶粉聚苯颗粒贴砌浆料层、EPS 板保温层、胶粉聚苯颗粒贴砌浆料层、抹面层和饰面层构成（图 2-4-5）。抹面层中应满铺玻纤网，饰面层可为涂料或饰面砂浆。

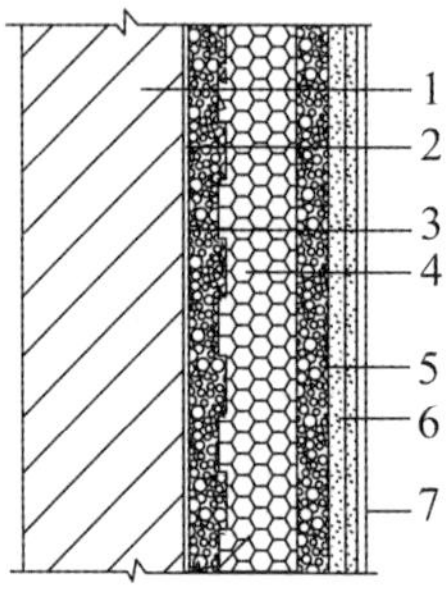

1—基层墙体；2—界面砂浆；3—胶粉聚苯颗粒贴砌浆料；
4—EPS 板；5—胶粉聚苯颗粒贴砌浆料；6—抹面胶浆复合玻纤网；7—饰面层

图 2-4-5 胶粉聚苯颗粒浆料贴砌 EPS 板外保温系统

（2）进场前 EPS 板内外表面应预喷刷界面砂浆。

（3）单块 EPS 板面积不宜大于 0.3 m^2。EPS 板与基层墙体的粘贴面上宜开设凹槽。

（六）现场喷涂硬泡聚氨酯外保温系统

（1）现场喷涂硬泡聚氨酯外保温系统应由界面层、现场喷涂硬泡聚氨酯保温层、界面砂浆层、找平层、抹面层和饰面层组成（图 2-4-6）。抹面层中应满铺玻纤网，饰面层可为涂料或饰面砂浆。

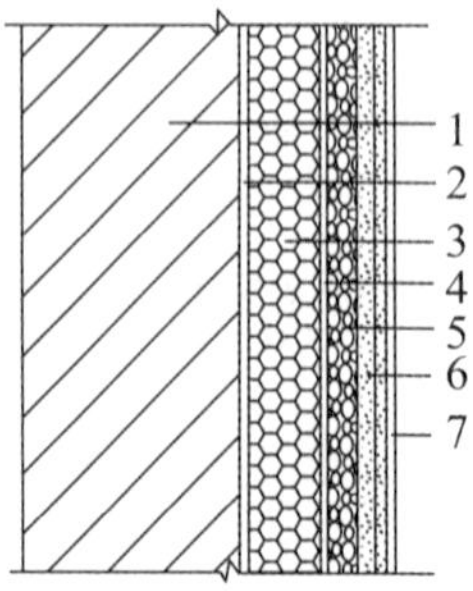

1—基层墙体；2—界面层；3—喷涂 PUR；4—界面砂浆；
5—找平层；6—抹面胶浆复合玻纤网；7—饰面层

图 2-4-6 现场喷涂硬泡聚氨酯外保温系统

(2) 喷涂硬泡聚氨酯时，施工环境温度不宜低于 10 ℃，风力不宜大于三级，空气相对湿度宜小于 85%，不应在雨天、雪天施工。当喷涂硬泡聚氨酯施工中途下雨、下雪时，作业面应采取遮盖措施。

(3) 喷涂时应采取遮挡或保护措施，应避免建筑物的其他部位和施工场地周围环境受污染，并应对施工人员进行劳动保护。

(4) 阴阳角及不同材料的基层墙体交接处应采取适当方式喷涂硬泡聚氨酯，保温层应连续不留缝。

(5) 硬泡聚氨酯的喷涂厚度每遍不宜大于 15 mm。当需进行多层喷涂作业时，应在已喷涂完毕的硬泡聚氨酯保温层表面不粘手后进行下一层喷涂。当日的施工作业面应当日连续喷涂完毕。

(6) 喷涂过程中应保持硬泡聚氨酯保温层表面平整度，喷涂完毕后保温层平整度偏差不宜大于 6 mm。应及时抽样检验硬泡聚氨酯保温层的厚度，最小厚度不得小于设计厚度。

实战演练

[2021 真题·案例节选]

背景资料：

某新建职业技术学校工程，由教学楼、实验楼、办公楼及 3 栋相同的公寓楼组成，均为钢筋混凝土现浇框架结构，合同中有创省优质工程的目标。

外墙保温采用 EPS 板薄抹灰系统，由 EPS 板、耐碱玻纤网布、胶黏剂、薄抹灰面层、饰面涂层等组成，其构造如图 2-4-7 所示。

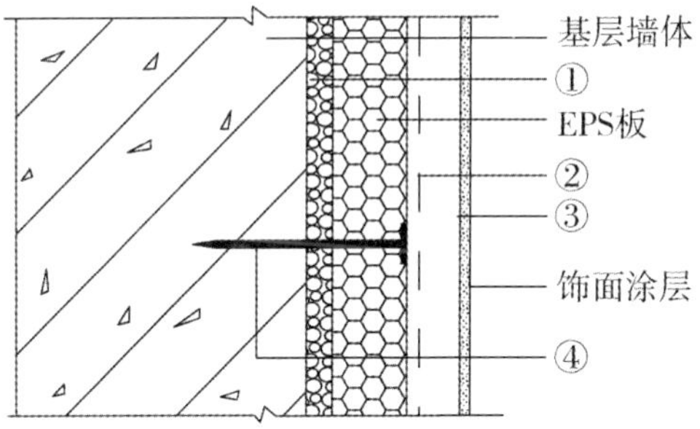

图 2-4-7 EPS 板薄抹灰构造图

……

[问题]

分别写出图 2-4-7 中数字代号所示各构造做法的名称。

[答案]

图 2-4-7 中数字代号所示各构造做法的名称如下：①为胶黏剂；②为耐碱玻纤网布；③为薄抹灰面层；④为锚栓。

四、屋面保温系统

(一) 倒置式屋面保温施工

根据《屋面工程技术规范》(GB 50345—2012)，倒置式屋面保温层施工应符合下列规定：

(1) 施工完的防水层，应进行淋水或蓄水试验，并应在合格后再进行保温层的铺设。

(2) 板状保温层的铺设应平稳，拼缝应严密。

(3) 保护层施工时，应避免损坏保温层和防水层。

根据《倒置式屋面工程技术规程》(JGJ 230—2010)，倒置式屋面是将保温层设置在防水层之上的屋面。

倒置式屋面基本构造宜由结构层、找坡层、找平层、防水层、保温层及保护层组成（图2-4-8）。

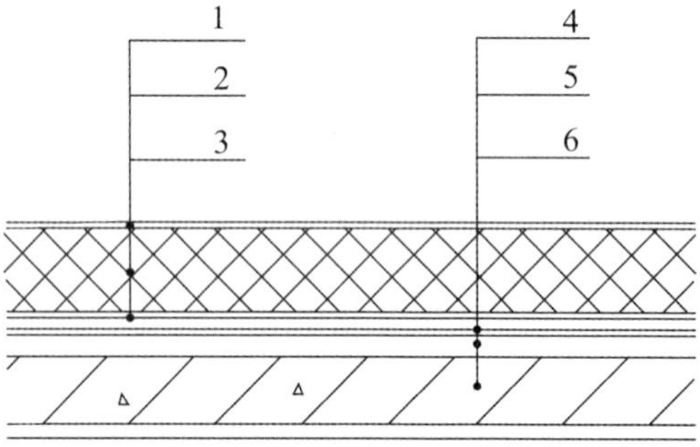

1—保护层；2—保温层；3—防水层；4—找平层；5—找坡层；6—结构层

图 2-4-8 倒置式屋面基本构造

(二) 喷涂硬泡聚氨酯保温层施工

根据《屋面工程技术规范》(GB 50345—2012)，喷涂硬泡聚氨酯保温层施工应符合下列规定：

(1) 基层应平整、干燥、干净。

(2) 施工前应对喷涂设备进行调试，并应喷涂试块进行材料性能检测。

(3) 喷涂时喷嘴与施工基面的间距应由试验确定。

(4) 喷涂硬泡聚氨酯的配比应准确计量，发泡厚度应均匀一致。

(5) 一个作业面应分遍喷涂完成，每遍喷涂厚度不宜大于 15 mm，硬泡聚氨酯喷涂后 20 min 内严禁上人。

(6) 喷涂作业时，应采取防止污染的遮挡措施。

(三) 现浇泡沫混凝土保温层施工

根据《屋面工程技术规范》(GB 50345—2012)，现浇泡沫混凝土保温层施工应符合下列规定：

(1) 基层应清理干净，不得有油污、浮尘和积水。

(2) 泡沫混凝土应按设计要求的干密度和抗压强度进行配合比设计，拌制时应计量准确，并应搅拌均匀。

(3) 泡沫混凝土应按设计的厚度设定浇筑面标高线，找坡时宜采取挡板辅助措施。

(4) 泡沫混凝土的浇筑出料口离基层的高度不宜超过 1 m，泵送时应采取低压泵送。

(5) 泡沫混凝土应分层浇筑，一次浇筑厚度不宜超过 200 mm，终凝后应进行保湿养护，养护时间不得少于 7 d。

实战演练

[2020 真题 · 案例节选]

背景资料：

某施工单位承接一栋新建物流仓库工程，钢筋混凝土框架结构，部分为钢结构，建筑层数为 2 层，独立基础，建筑面积为 1.1 万 m^2，屋面保温层为现浇泡沫混凝土，厚度为 350 mm。

在屋面泡沫混凝土浇筑前，项目部向监理单位提交了浇筑专项方案，内容包括：基层清理干净；配合比设计，拌制计量准确；一次浇筑厚度为 300 mm；保湿养护不少于 3 d 等。监理单位认为所报专项方案部分内容有误，要求按相关规定修改后重报。

……

[问题]

指出浇筑专项方案中，浇筑厚度和养护时间的错误之处并予以改正。

[答案]

(1) 错误之处一：一次浇筑厚度 300 mm。

正确做法：泡沫混凝土泵送时应采取低压泵送，且分层浇筑，一次浇筑厚度不宜超过 200 mm。

(2) 错误之处二：保湿养护不少于 3 d。

正确做法：终凝后应进行保湿养护，养护时间不得少于 7 d。

考点 2 地下防水工程一般要求★★

根据《地下防水工程质量验收规范》(GB 50208—2011)，地下工程的防水等级标准应符合表 2-4-1 的规定（节选）。

表 2-4-1 地下工程防水等级标准

防水等级	防水标准
一级	不允许渗水，结构表面无湿渍
二级	不允许漏水，结构表面可有少量湿渍
三级	有少量漏水点，不得有线流和漏泥砂
四级	有漏水点，不得有线流和漏泥砂

地下防水工程必须由持有资质等级证书的防水专业队伍进行施工，主要施工人员应持有省级及以上建设行政主管部门或其指定单位颁发的执业资格证书或防水专业岗位证书。

地下防水工程施工前，应通过图纸会审，掌握结构主体及细部构造的防水要求，施工单位应编制防水工程专项施工方案，经监理单位或建设单位审查批准后执行。

考点 3 地下工程混凝土结构主体防水——水泥砂浆防水层★★

根据《地下工程防水技术规范》（GB 50108—2008），水泥砂浆防水层的相关内容如下（节选）。

（1）防水砂浆应包括聚合物水泥防水砂浆、掺外加剂或掺合料的防水砂浆，宜采用多层抹压法施工。

（2）水泥砂浆防水层可用于地下工程主体结构的迎水面或背水面，不应用于受持续振动或温度高于 80 ℃的地下工程防水。

（3）水泥砂浆防水层应在基础垫层、初期支护、围护结构及内衬结构验收合格后施工。

（4）用于水泥砂浆防水层的材料，应符合下列规定：

①应使用硅酸盐水泥、普通硅酸盐水泥或特种水泥，不得使用过期或受潮结块的水泥。

②砂宜采用中砂，含泥量不应大于 1%，硫化物和硫酸盐含量不应大于 1%。

③拌制水泥砂浆用水，应符合国家现行标准《混凝土用水标准》（JGJ 63—2006）的有关规定。

④聚合物乳液的外观：应为均匀液体，无杂质、无沉淀、不分层。聚合物乳液的质量要求应符合国家现行标准《建筑防水涂料用聚合物乳液》（JC/T 1017—2020）的有关规定。

⑤外加剂的技术性能应符合现行国家有关标准的质量要求。

（5）基层表面应平整、坚实、清洁，并应充分湿润、无明水。

（6）基层表面的孔洞、缝隙，应采用与防水层相同的防水砂浆堵塞并抹平。

（7）施工前应将预埋件、穿墙管预留凹槽内嵌填密封材料后，再施工水泥砂浆防水层。

（8）防水砂浆的配合比和施工方法应符合所掺材料的规定，其中聚合物水泥防水砂浆的用水量应包括乳液中的含水量。

（9）水泥砂浆防水层应分层铺抹或喷射，铺抹时应压实、抹平，最后一层表面应提浆压光。

（10）聚合物水泥防水砂浆拌合后应在规定时间内用完，施工中不得任意加水。

（11）水泥砂浆防水层各层应紧密黏合，每层宜连续施工；必须留设施工缝时，应采用阶梯坡形槎，但离阴阳角处的距离不得小于 200 mm。

（12）水泥砂浆防水层不得在雨天、五级及以上大风中施工。冬期施工时，气温不应低于 5 ℃。夏季不宜在 30 ℃以上或烈日照射下施工。

（13）水泥砂浆防水层终凝后，应及时进行养护，养护温度不宜低于 5 ℃，并应保持砂浆表面湿润，养护时间不得少于 14 d。

聚合物水泥防水砂浆未达到硬化状态时，不得浇水养护或直接受雨水冲刷，硬化后应采用干湿交替的养护方法。潮湿环境中，可在自然条件下养护。

➢ **重点提示：** 重点把握水泥砂浆所使用的原材料及施工环境温度，可以考查选择题，也可以考查找“不妥之处”的案例题目。

实战演练

[经典例题·单选] 水泥砂浆防水层终凝后应及时进行养护，养护温度不宜低于（　　）。

A. 0 ℃　　B. 5 ℃

C. 10 ℃　　D. 15 ℃

[解析] 水泥砂浆防水层终凝后，应及时进行养护，养护温度不宜低于5 ℃，并应保持砂浆表面湿润，养护时间不得少于14 d。

[答案] B

考点4　地下工程混凝土结构主体防水——防水混凝土★★

一、施工要求

根据《地下工程防水技术规范》(GB 50108—2008)，防水混凝土的相关内容如下（节选）。

(1) 防水混凝土可通过调整配合比，或掺加外加剂、掺合料等措施配制而成，其抗渗等级不得小于P6。

(2) 防水混凝土的施工配合比应通过试验确定，试配混凝土的抗渗等级应比设计要求提高0.2 MPa。

(3) 防水混凝土的环境温度不得高于80 ℃；处于侵蚀性介质中防水混凝土的耐侵蚀要求应根据介质的性质按有关标准执行。

(4) 用于防水混凝土的水泥应符合下列规定：

①水泥品种宜采用硅酸盐水泥、普通硅酸盐水泥，采用其他品种水泥时应经试验确定。

②在受侵蚀性介质作用时，应按介质的性质选用相应的水泥品种。

③不得使用过期或受潮结块的水泥，并不得将不同品种或强度等级的水泥混合使用。

(5) 防水混凝土终凝后应立即进行养护，养护时间不得少于14 d。

二、施工缝有关要求

根据《地下工程防水技术规范》(GB 50108—2008)，防水混凝土应连续浇筑，宜少留施工缝。当留设施工缝时，应符合下列规定：

(1) 墙体水平施工缝不应留在剪力最大处或底板与侧墙的交接处，应留在高出底板表面不小于300 mm的墙体上。拱（板）墙结合的水平施工缝，宜留在拱（板）墙接缝线以下150～300 mm处。墙体有预留孔洞时，施工缝距孔洞边缘不应小于300 mm。

(2) 垂直施工缝应避开地下水和裂隙水较多的地段，并宜与变形缝相结合。

施工缝的施工应符合下列规定：

(1) 水平施工缝浇筑混凝土前，应将其表面浮浆和杂物清除，然后铺设净浆或涂刷混凝土界面处理剂、水泥基渗透结晶型防水涂料等材料，再铺30～50 mm厚的1∶1水泥砂浆，并应及时浇筑混凝土。

(2) 垂直施工缝浇筑混凝土前，应将其表面清理干净，再涂刷混凝土界面处理剂或水泥基渗透结晶型防水涂料，并应及时浇筑混凝土。

（3）遇水膨胀止水条（胶）应与接缝表面密贴。

（4）选用的遇水膨胀止水条（胶）应具有缓胀性能，7 d 的净膨胀率不宜大于最终膨胀率的 60%，最终膨胀率宜大于 220%。

（5）采用中埋式止水带或预埋式注浆管时，应定位准确、固定牢靠。

三、大体积防水混凝土温控指标

根据《地下工程防水技术规范》（GB 50108—2008），大体积防水混凝土的施工，应符合下列规定：

（1）在设计许可的情况下，掺粉煤灰混凝土设计强度等级的龄期宜为 60 d 或 90 d。

（2）宜选用水化热低和凝结时间长的水泥。

（3）宜掺入减水剂、缓凝剂等外加剂和粉煤灰、磨细矿渣粉等掺合料。

（4）炎热季节施工时，应采取降低原材料温度、减少混凝土运输时吸收外界热量等降温措施，入模温度不应大于 30 ℃。

（5）混凝土内部预埋管道，宜进行水冷散热。

（6）应采取保温保湿养护。混凝土中心温度与表面温度的差值不应大于 25 ℃，表面温度与大气温度的差值不应大于 20 ℃，温降梯度不得大于 3 ℃/d，养护时间不应少于 14 d。

➢ **重点提示：**（1）防水混凝土的抗渗要求较高，是施工过程中的质量控制要点，所以抗渗等级、施工缝留设及温控指标为考查的核心。

（2）抗渗等级及温控指标需要对数字进行记忆，但注意大体积防水混凝土及大体积混凝土的温控指标稍有不同，注意区别记忆。

（3）施工缝的留设，注意把握两个核心：一是缝的位置，二是浇筑混凝土时的施工程序。

实战演练

[2016 真题·单选] 防水混凝土试配时的抗渗等级应比设计要求提高（　　）MPa。

A. 0.1　　B. 0.2

C. 0.3　　D. 0.4

[解析] 防水混凝土抗渗等级不得小于 P6，其试配混凝土的抗渗等级应比设计要求提高 0.2 MPa。

[答案] B

[经典例题·单选] 大体积防水混凝土养护时间不得少于（　　）d。

A. 7　　B. 10

C. 14　　D. 21

[解析] 大体积防水混凝土应采取保温保湿养护，混凝土中心温度与表面温度的差值不应大于 25 ℃，表面温度与大气温度的差值不应大于 20 ℃，温降梯度不得大于 3 ℃/d，养护时间不得少于 14 d。

[答案] C

考点 5 地下工程混凝土结构主体防水——卷材防水层及保护层★★

一、一般规定

根据《地下工程防水技术规范》（GB 50108—2008），卷材防水层及保护层的相关内容如下（节选）：

（1）卷材防水层宜用于经常处在地下水环境，且受侵蚀性介质作用或受振动作用的地下工程。

（2）卷材防水层应铺设在混凝土结构的迎水面。

（3）卷材防水层用于建筑物地下室时，应铺设在结构底板垫层至墙体防水设防高度的结构基面上；用于单建式的地下工程时，应从结构底板垫层铺设至顶板基面，并应在外围形成封闭的防水层。

（4）阴阳角处应做成圆弧或45°坡角，其尺寸应根据卷材品种确定。在阴阳角等特殊部位，应增做卷材加强层，加强层宽度宜为300～500 mm。

（5）卷材防水层的基面应坚实、平整、清洁，阴阳角处应做圆弧或折角，并应符合所用卷材的施工要求。

（6）铺贴卷材严禁在雨天、雪天、五级及以上大风中施工；冷粘法、自粘法施工的环境气温不宜低于5 ℃，热熔法、焊接法施工的环境气温不宜低于－10 ℃。施工过程中下雨或下雪时，应做好已铺卷材的防护工作。

（7）铺贴各类防水卷材应符合下列规定：

①应铺设卷材加强层。

②结构底板垫层混凝土部位的卷材可采用空铺法或点粘法施工，其黏结位置、点粘面积应按设计要求确定；侧墙采用外防外贴法的卷材及顶板部位的卷材应采用满粘法施工。

③卷材与基面、卷材与卷材间的黏结应紧密、牢固；铺贴完成的卷材应平整顺直，搭接尺寸应准确，不得产生扭曲和皱折。

④卷材搭接处和接头部位应粘贴牢固，接缝口应封严或采用材性相容的密封材料封缝。

⑤铺贴立面卷材防水层时，应采取防止卷材下滑的措施。

⑥铺贴双层卷材时，上下两层和相邻两幅卷材的接缝应错开1/3～1/2幅宽，且两层卷材不得相互垂直铺贴。

➢ **重点提示：** 根据《地下工程防水技术规范》（GB 50108—2008），结构底板垫层混凝土部位的卷材可采用空铺法或点粘法施工，主要是考虑地下工程的工期一般较紧，要求基层干燥达到符合卷材铺设要求需时较长，以及防水层上压有较厚的底板防水混凝土等因素，因此允许该部位卷材采用空铺法或点粘法施工。

二、基础的外防外贴法

基础的外防外贴法示意图如图2-4-9所示。

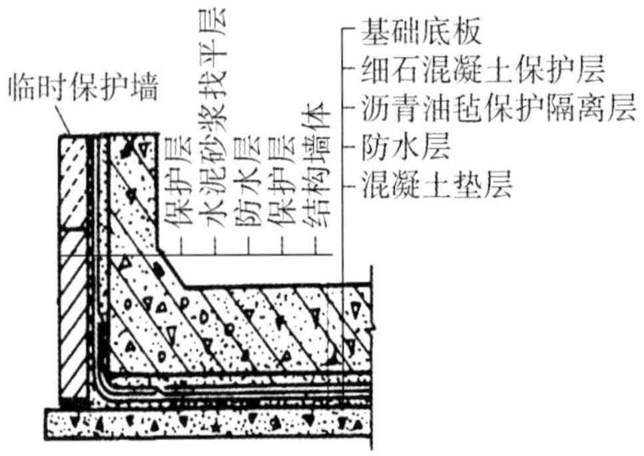

图 2-4-9　基础的外防外贴法示意图

根据《地下工程防水技术规范》（GB 50108—2008），采用外防外贴法铺贴卷材防水层时，应符合下列规定：

（1）应先铺平面，后铺立面，交接处应交叉搭接。

（2）临时性保护墙宜采用石灰砂浆砌筑，内表面宜做找平层。

（3）从底面折向立面的卷材与永久性保护墙的接触部位，应采用空铺法施工；卷材与临时性保护墙或围护结构模板的接触部位，应将卷材临时贴附在该墙上或模板上，并应将顶端临时固定。

（4）当不设保护墙时，从底面折向立面的卷材接槎部位应采取可靠的保护措施。

（5）混凝土结构完成，铺贴立面卷材时，应先将接槎部位的各层卷材揭开，并应将其表面清理干净，如卷材有局部损伤，应及时进行修补；卷材接槎的搭接长度，高聚物改性沥青类卷材应为 150 mm，合成高分子类卷材应为 100 mm；当使用两层卷材时，卷材应错槎接缝，上层卷材应盖过下层卷材。

卷材防水层甩槎、接槎构造如图 2-4-10 所示。

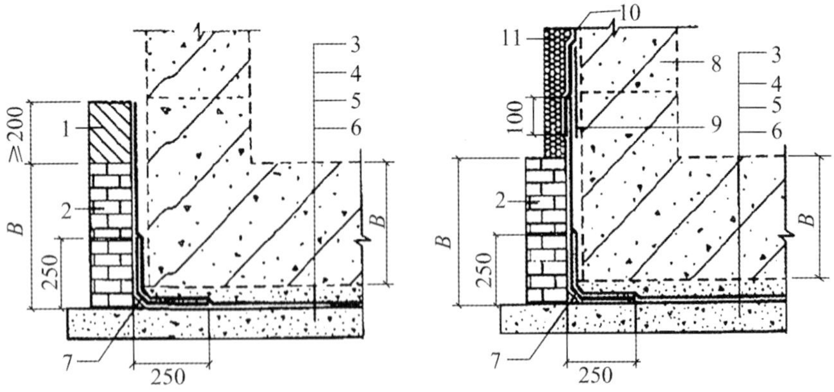

（a）甩槎　　　　（b）接槎

1—临时保护墙；2—永久保护墙；3—细石混凝土保护层；4—卷材防水层；5—水泥砂浆找平层；6—混凝土垫层；7—卷材加强层；8—结构墙体；9—卷材加强层；10—卷材防水层；11—卷材保护层

图 2-4-10　卷材防水层甩槎、接槎构造（单位：mm）

三、基础的外防内贴法

根据《地下工程防水技术规范》（GB 50108—2008），采用外防内贴法铺贴卷材防水层时，应符合下列规定：

（1）混凝土结构的保护墙内表面应抹厚度为 20 mm 的 1∶3 水泥砂浆找平层，然后铺贴卷材。

（2）卷材宜先铺立面，后铺平面；铺贴立面时，应先铺转角，后铺大面。

基础的外防内贴法如图 2-4-11 所示。

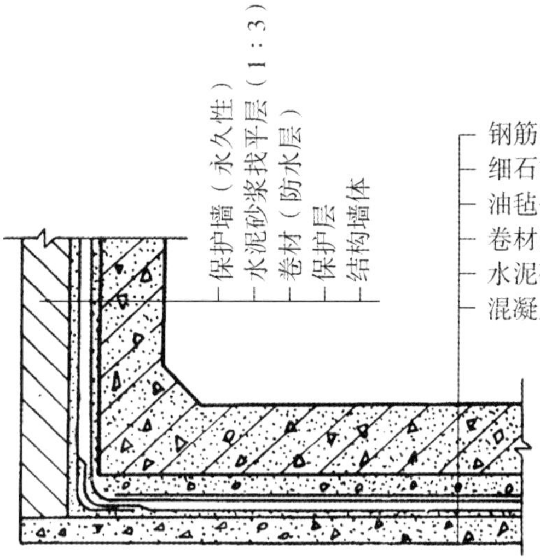

图 2-4-11　基础的外防内贴法

根据《地下工程防水技术规范》（GB 50108—2008），卷材防水层经检查合格后，应及时做保护层，保护层应符合下列规定：

（1）顶板卷材防水层上的细石混凝土保护层，应符合下列规定：

①采用机械碾压回填土时，保护层厚度不宜小于 70 mm。

②采用人工回填土时，保护层厚度不宜小于 50 mm。

③防水层与保护层之间宜设置隔离层。

（2）底板卷材防水层上的细石混凝土保护层厚度不应小于 50 mm。

（3）侧墙卷材防水层宜采用软质保护材料或铺抹 20 mm 厚 1∶2.5 水泥砂浆层。

➢ **重点提示：**（1）重点把握卷材在不同部位时的铺贴方法，防止卷材由于自重脱落应采用满粘法，防止卷材由于混凝土收缩被拉裂应采用空铺法或点粘法。

（2）外防外贴法是卷材直接粘贴在地下室外墙的墙体，而外防内贴法是卷材铺贴在保护墙上，两者的卷材铺贴顺序理解记忆（顺口溜“外平立，内立平”）。

（3）此考点在选择题中考查的频率较高，随着考试细度及难度增加，也会考查案例题，大家对于出现的数字要重点记忆，理解把握施工要点的关键词。

实战演练

[2015 真题·单选] 关于建筑防水工程的说法，正确的是（　　）。

A. 防水混凝土拌合物运输中坍落度损失时，可现场加水弥补

B. 水泥砂浆防水层适宜用于受持续振动的地下工程

C. 卷材防水层上下两层卷材不得相互垂直铺贴

D. 有机涂料防水层施工前应当充分润湿基层

[解析] 选项A错误，防水混凝土拌合物运输后出现离析时必须二次搅拌。当坍落度损失后不能满足施工要求时，应加入原水胶比的水泥浆或掺加同品种的减水剂进行搅拌，严禁直接加水。选项B错误，水泥砂浆防水层适用于地下工程主体结构的迎水面或背水面，不适用于受持续振动或环境温度高于80℃的地下工程。选项C正确，铺贴双层卷材时，上下两层和相邻两幅卷材的接缝应错开1/3～1/2幅宽，且两层卷材不得相互垂直铺贴。选项D错误，有机防水涂料基面应干燥。

[答案] C

[经典例题·单选] 可以进行防水工程防水层施工的环境是（　　）。

A. 雨天　　　　B. 夜间

C. 雪天　　　　D. 六级大风

[解析] 铺贴卷材严禁在雨天、雪天、五级及以上大风中施工；冷粘法、自粘法施工的环境气温不宜低于5℃，热熔法、焊接法施工的环境气温不宜低于－10℃。施工过程中下雨或下雪时，应做好已铺卷材的防护工作。

[答案] B

[2017 真题·多选] 关于施工防水卷材的说法，正确的有（　　）。

A. 基础底板防水混凝土垫层上铺卷材应采用满粘法

B. 地下室外墙外防外贴卷材应采用点粘法

C. 基层阴阳角处应做成圆弧或折角后再铺贴

D. 铺贴双层卷材时，上下两层卷材应垂直铺贴

E. 铺贴双层卷材时，上下两层卷材接缝应错开

[解析] 基础底板防水混凝土垫层上铺卷材应采用点粘法或空铺法，选项A错误。地下室外墙外防外贴法应采用满粘法，选项B错误。铺贴双层卷材时，上下两层卷材不应垂直铺贴，选项D错误。

[答案] CE

考点6 室内防水施工要求★★

一、一般规定

根据《建筑室内防水工程技术规程》（CECS 196：2006），建筑室内防水施工的一般规定如下：

（1）建筑室内防水工程施工前，施工单位应进行图纸会审和现场勘察，掌握工程的防水

技术要求和现场实际情况，必要时应对防水工程进行二次设计，并编制防水工程的施工方案。

(2) 建筑室内防水工程的施工，应建立各道工序的自检、交接检和专职人员检查的“三检”制度，并有完整的检查记录。对上道工序未经检查确认，不得进行下道工序的施工。

(3) 建筑室内防水工程必须由有资质的专业队伍进行施工，主要施工人员应持有建设行政主管部门颁发的岗位证书。

(4) 二次埋置的套管，其周围混凝土强度等级应比原混凝土提高一级 (0.2 MPa)，并应掺膨胀剂；二次浇筑的混凝土结合面应清理干净后进行界面处理，混凝土应浇捣密实；加强防水层应覆盖施工缝，并超出边缘不小于 150 mm。

二、厨房卫生间防水施工工艺流程

厨房卫生间防水施工工艺流程：墙面抹灰、镶贴→管道、地漏就位正确→堵洞→围水试验→找平层→防水层→蓄水试验→保护层→面层→二次蓄水试验。

三、室内卷材防水层施工

根据《住宅室内防水工程技术规范》(JGJ 298—2013)，室内卷材防水层施工的相关内容如下（节选）：

(1) 防水卷材与基层应满粘施工，防水卷材搭接缝应采用与基材相容的密封材料封严。

(2) 防水卷材的施工应符合下列规定：

①防水卷材应在阴阳角、管根、地漏等部位先铺设附加层，附加层材料可采用与防水层同品种的卷材或与卷材相容的涂料。

②卷材与基层应满粘施工，表面应平整、顺直，不得有空鼓、起泡、皱折。

③防水卷材应与基层黏结牢固，搭接缝处应黏结牢固。

(3) 聚乙烯丙纶复合防水卷材施工时，基层应湿润，但不得有明水。

(4) 自粘聚合物改性沥青防水卷材在低温施工时，搭接部位宜采用热风加热。

四、室内防水砂浆施工

根据《住宅室内防水工程技术规范》(JGJ 298—2013)，室内防水砂浆施工的相关内容如下：

(1) 施工前应洒水润湿基层，但不得有明水，并宜做界面处理。

(2) 防水砂浆应用机械搅拌均匀，并应随拌随用。

(3) 防水砂浆宜连续施工。当需留施工缝时，应采用坡形接槎，相邻两层接槎应错开 100 mm 以上，距转角不得小于 200 mm。

(4) 水泥砂浆防水层终凝后，应及时进行保湿养护，养护温度不宜低于 5 ℃。

(5) 聚合物防水砂浆，应按产品的使用要求进行养护。

五、室内防水混凝土施工

根据《建筑室内防水工程技术规程》(CECS 196：2006)，室内防水混凝土施工的相关内容如下（节选）：

(1) 防水混凝土拌合物出现离析现象时，必须进行二次搅拌后使用。当坍落度损失后不能满足施工要求时，应加入原水灰比的水泥浆或二次掺加减水剂进行搅拌，严禁直接加水。

(2) 防水混凝土应采用高频机械分层振捣密实，振捣时间宜为 10～30 s，以混凝土泛浆和不冒气泡为准，应避免漏振、欠振和超振。当采用自密实混凝土时，可不进行机械振捣。

(3) 防水混凝土终凝后应立即进行养护，养护时间不得少于 14 d。

(4) 防水混凝土的冬期施工，应符合下列规定：

①混凝土入模温度不应低于 5 ℃。

②宜采用综合蓄热法、蓄热法、暖棚法等养护方法，并应保持混凝土表面湿润，防止混凝土早期脱水。

③采用掺化学外加剂方法施工时，应采取保温保湿措施。

考点 7 屋面防水等级和设防要求★★

根据《屋面工程技术规范》（GB 50345—2012），屋面防水工程应根据建筑物的类别、重要程度、使用功能要求确定防水等级，并应按相应等级进行防水设防；对防水有特殊要求的建筑屋面，应进行专项防水设计。屋面防水等级和设防要求应符合表 2-4-2 的规定。

表 2-4-2 屋面防水等级和设防要求

防水等级	建筑类别	设防要求
Ⅰ级	重要建筑和高层建筑	两道防水设防
Ⅱ级	一般建筑	一道防水设防

➤ **重点提示：**(1) 屋面防水等级看似简单，若放在案例的背景资料里考查，难度会有所增加，所以当案例背景资料中出现与“细部及屋面防水卷材”有关的字眼时，一定要看清楚此建筑的类别，不同类别的建筑防水设防不同，卷材的铺贴技术要求尤其是卷材层数不同。

(2) 注意两个比较重要的数字：地下防水等级分为四级，屋面防水等级为两级，区分记忆。

实战演练

[经典例题 · 多选] 某民用住宅建筑为 16 层，关于屋面防水等级和设防要求的说法，正确的有（ ）。

A. 等级为Ⅰ级防水　　B. 等级为Ⅱ级防水

C. 等级为Ⅲ级防水　　D. 采用一道设防

E. 采用两道设防

[解析] 建筑高度大于 27.0 m 的住宅建筑和建筑高度大于 24.0 m 且不大于 100.0 m 的非单层公共建筑为高层民用建筑。高层建筑屋面防水等级为Ⅰ级，设防要求为两道防水设防。

[答案] AE

考点 8 屋面防水设计及施工要求★★

一、找坡层和找平层设计及施工要求

根据《屋面工程技术规范》(GB 50345—2012)，找坡层和找平层设计及施工要求如下(节选)。

(1) 混凝土结构层宜采用结构找坡，坡度不应小于3%；当采用材料找坡时，宜采用质量轻、吸水率低和有一定强度的材料，坡度宜为2%。

(2) 保温层上的找平层应留设分格缝(图2-4-12)，缝宽宜为5～20 mm，纵横缝的间距不宜大于6 m。

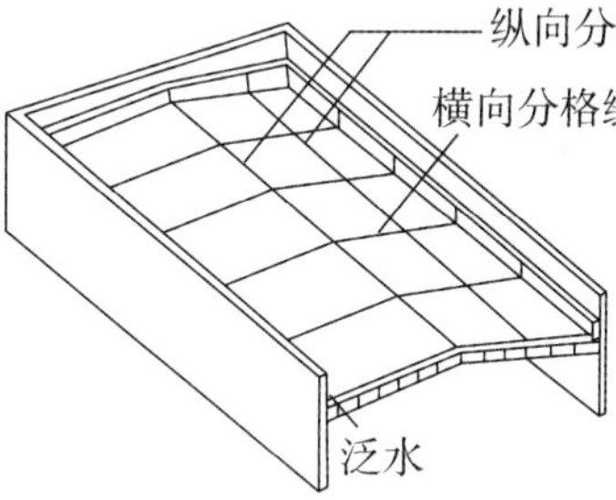

图 2-4-12　找平层分隔缝

(3) 找坡应按屋面排水方向和设计坡度要求进行，找坡层最薄处厚度不宜小于20 mm。

(4) 找坡材料应分层铺设和适当压实，表面宜平整和粗糙，并应适时浇水养护。

(5) 找平层应在水泥初凝前压实抹平，水泥终凝前完成收水后应二次压光，并应及时取出分格条。养护时间不得少于7 d。

(6) 卷材防水层的基层与突出屋面结构的交接处，以及基层的转角处，找平层均应做成圆弧形，且应整齐平顺。

(7) 找坡层和找平层的施工环境温度不宜低于5 ℃。

二、卷材防水层施工要求

根据《屋面工程技术规范》(GB 50345—2012)，卷材防水层施工要求如下(节选)。

(1) 卷材防水层基层应坚实、干净、平整，应无孔隙、起砂和裂缝。基层的干燥程度应根据所选防水卷材的特性确定。

(2) 卷材防水层铺贴顺序和方向应符合下列规定：

①卷材防水层施工时，应先进行细部构造处理(图2-4-13)，然后由屋面最低标高向上铺贴。

②檐沟、天沟卷材施工时，宜顺檐沟、天沟方向铺贴，搭接缝应顺流水方向。

③卷材宜平行屋脊铺贴(图2-4-14)，上下层卷材不得相互垂直铺贴。

图 2-4-13　细部构造处理

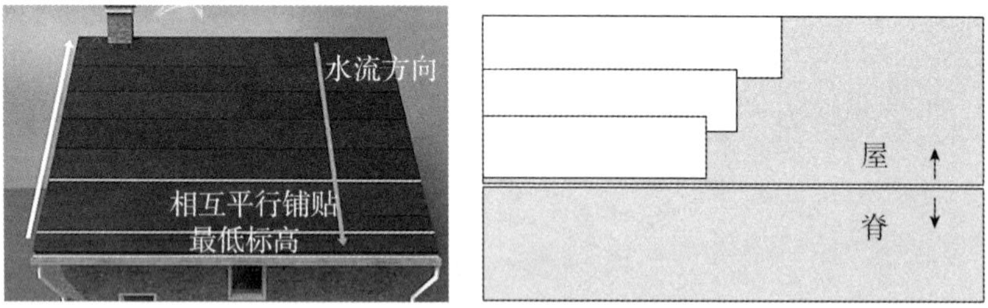

图 2-4-14　卷材平行屋脊铺贴

（3）立面或大坡面铺贴卷材时，应采用满粘法，并宜减少卷材短边搭接。

（4）卷材搭接缝应符合下列规定：

①平行屋脊的搭接缝应顺流水方向。

②同一层相邻两幅卷材短边搭接缝错开不应小于 500 mm。

③上下层卷材长边搭接缝应错开，且不应小于幅宽的 1/3。

④叠层铺贴的各层卷材，在天沟与屋面的交接处，应采用叉接法搭接，搭接缝应错开；搭接缝宜留在屋面与天沟侧面，不宜留在沟底。

➢ **重点提示：** 根据《屋面工程技术规范》（GB 50345—2012），在历次调查中，节点、附加层和屋面排水比较集中部位出现渗漏现象最多，故应按设计要求和规范规定先行仔细处理，检查无误后再开始铺贴大面卷材，这是保证防水质量的重要措施，也是较好素质施工队伍的一般施工顺序。

檐沟、天沟是雨水集中的部位，而卷材的搭接缝又是防水层的薄弱环节，如果卷材垂直于檐沟、天沟方向铺贴，搭接缝大大增加，搭接方向难以控制，卷材开缝和受水冲刷的概率增大，故规定檐沟、天沟铺贴的卷材宜顺流水方向铺贴，尽量减少搭接缝。

卷材铺贴方向规定宜平行屋脊铺贴，其目的是保证卷材长边接缝顺流水方向；上、下层卷材不得相互垂直铺贴，主要是避免接缝重叠，即重叠部位的上层卷材接缝造成间隙，接缝密封难以保证。

在铺贴立面或大坡面的卷材时，为防止卷材下滑和便于卷材与基层粘贴牢固，规定采取满粘法铺贴，必要时采取金属压条钉压固定，并用密封材料封严。短边搭接过多，对防止卷材下滑不利，因此要求尽量减少短边搭接。

实战演练

[**2018 真题 · 多选**] 关于屋面防水施工基本要求，正确的有（ ）。

A. 以排为主，以防为辅

B. 上下层卷材不得相互垂直铺贴

C. 屋面卷材防水施工时，由高向低铺贴

D. 天沟卷材施工时，宜顺天沟方向铺贴

E. 立面或大坡面贴卷材应采用满粘法

[**解析**] 屋面防水应以防为主，以排为辅，选项 A 错误。卷材防水层施工时，应先进行细部构造处理，然后由屋面最低标高向上铺贴，选项 C 错误。

[**答案**] BDE

[**2016 真题 · 多选**] 关于卷材防水层搭接缝的做法，正确的有（ ）。

A. 平行屋脊的搭接缝顺流水方向搭接

B. 上下层卷材接缝对齐

C. 留设于天沟侧面

D. 留设于天沟底部

E. 搭接缝口用密封材料封严

[**解析**] 上下层卷材长边搭接缝应错开，且不应小于幅宽的 1/3，选项 B 错误。叠层铺贴的各层卷材，在天沟与屋面的交接处，应采用叉接法，搭接缝应错开；搭接缝宜留在屋面与天沟侧面，不宜留在沟底，选项 D 错误。

[**答案**] ACE

三、细部施工要求

根据《屋面工程技术规范》(GB 50345—2012)，细部施工要求如下（节选）。

(1) 卷材防水屋面檐口 800 mm 范围内的卷材应满粘，卷材收头应采用金属压条钉压，并应用密封材料封严。檐口下端应做鹰嘴和滴水槽（图 2-4-15）。

(2) 涂膜防水屋面檐口的涂膜收头，应用防水涂料多遍涂刷。檐口下端应做鹰嘴和滴水槽（图 2-4-16）。

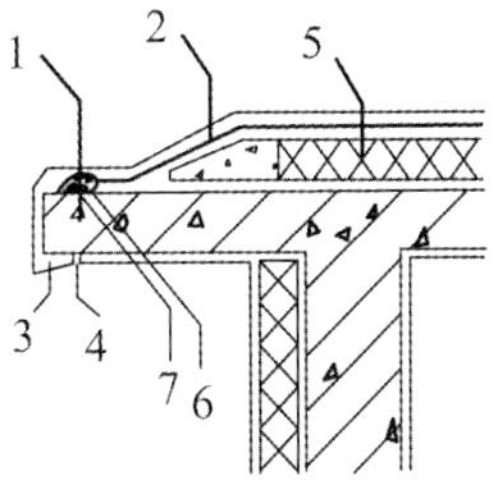

1—密封材料；2—卷材防水层；3—鹰嘴；4—滴水槽；5—保温层；6—金属压条；7—水泥钉

图 2-4-15 卷材防水屋面檐口

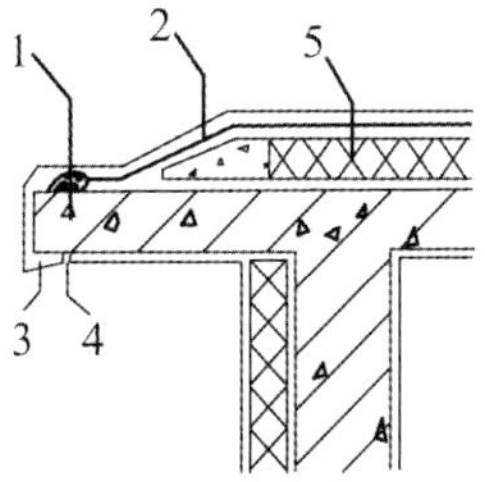

1—涂料多遍涂刷；2—涂膜防水层；3—鹰嘴；4—滴水槽；5—保温层

图 2-4-16 涂膜防水屋面檐口

(3) 卷材或涂膜防水屋面檐沟(图 2-4-17)和天沟的防水构造,应符合下列规定:

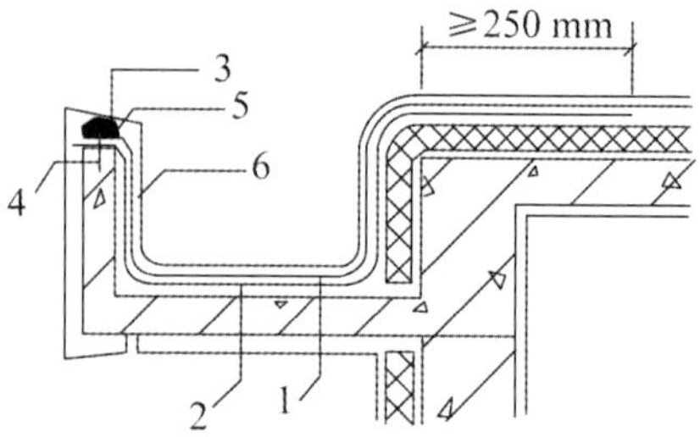

1—防水层;2—附加层;3—密封材料;4—水泥钉;5—金属压条;6—保护层

图 2-4-17 卷材、涂膜防水屋面檐沟

①檐沟和天沟的防水层下应增设附加层,附加层伸入屋面的宽度不应小于 250 mm。

②檐沟防水层和附加层应由沟底翻上至外侧顶部,卷材收头应用金属压条钉压,并应用密封材料封严,涂膜收头应用防水涂料多遍涂刷。

③檐沟外侧下端应做鹰嘴或滴水槽。

④檐沟外侧高于屋面结构板时,应设置溢水口。

(4) 女儿墙的防水构造应符合下列规定:

①女儿墙压顶可采用混凝土或金属制品。压顶向内排水坡度不应小于 5%,压顶内侧下端应做滴水处理。

②女儿墙泛水处的防水层下应增设附加层,附加层在平面和立面的宽度均不应小于 250 mm。

③低女儿墙泛水处的防水层可直接铺贴或涂刷至压顶下,卷材收头应用金属压条钉压固定,并应用密封材料封严;涂膜收头应用防水涂料多遍涂刷(图 2-4-18)。

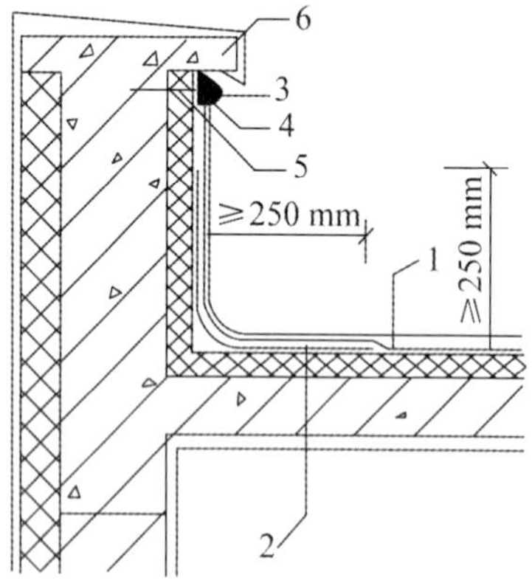

1—防水层;2—附加层;3—密封材料;4—金属压条;5—水泥钉;6—压顶

图 2-4-18 低女儿墙

④高女儿墙泛水处的防水层泛水高度不应小于 250 mm,防水层收头应符合③规定;泛水上部的墙体应做防水处理(图 2-4-19)。

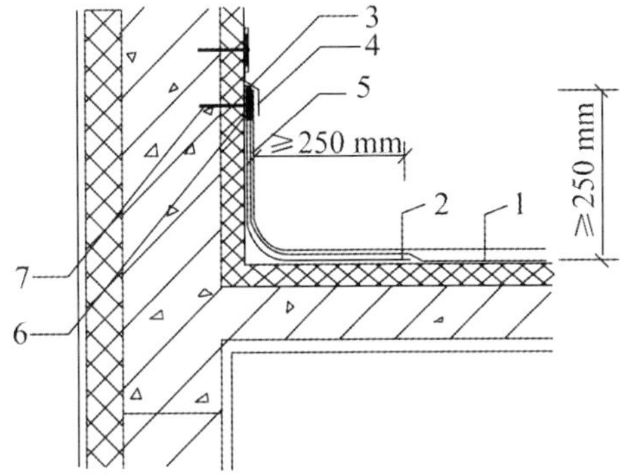

1—防水层；2—附加层；3—密封材料；4—金属盖板；5—保护层；6—金属压条；7—水泥钉

图 2-4-19　高女儿墙

⑤女儿墙泛水处的防水层表面，宜采用涂刷浅色涂料或浇筑细石混凝土保护。

(5) 重力式排水的水落口（图 2-4-20、图 2-4-21）防水构造应符合下列规定：

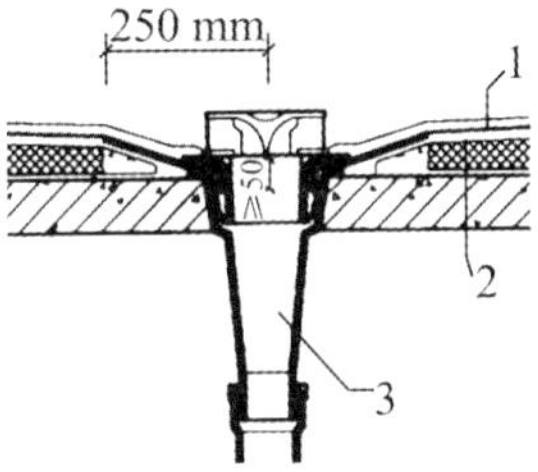

1—防水层；2—附加层；

3—水落斗

图 2-4-20　直式水落口

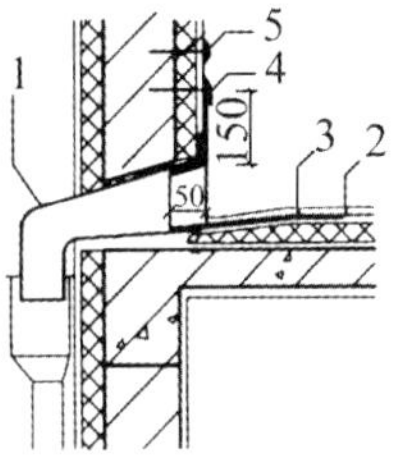

1—水落斗；2—防水层；3—附加层；

4—密封材料；5—水泥钉

图 2-4-21　模式水落口（单位：mm）

①水落口可采用塑料或金属制品，水落口的金属配件均应做防锈处理。

②水落口杯应牢固地固定在承重结构上，其埋设标高应根据附加层的厚度及排水坡度加大的尺寸确定。

③水落口周围直径 500 mm 范围内坡度不应小于 5%，防水层下应增设涂膜附加层。

④防水层和附加层伸入水落口杯内不应小于 50 mm，并应黏结牢固。

第五节　装饰装修工程施工技术

考点 1 门窗工程施工★★

根据《建筑装饰装修工程质量验收标准》(GB 50210—2018)，金属门窗和塑料门窗安装应采用预留洞口的方法施工；建筑外门窗安装必须牢固，在砌体上安装门窗严禁采用射钉固定。

根据《铝合金门窗工程技术规范》(JGJ 214—2010)，铝合金门窗安装施工的要求如下：

(1) 铝合金门窗工程不得采用边砌口边安装或先安装后砌口的施工方法。

(2) 铝合金门窗安装宜采用干法施工方式。

(3) 铝合金门窗的安装施工宜在室内侧或洞口内进行。

(4) 门窗应启闭灵活、无卡滞。

➢ **重点提示：**根据《建筑装饰装修工程质量验收标准》(GB 50210—2018)，安装金属门窗和塑料门窗，我国历来规定应采用预留洞口的方法施工，不得采用边安装边砌口或先安装后砌口的方法施工，其原因主要是防止门窗框受挤压变形和表面保护层受损。木门窗安装也宜采用预留洞口的方法施工。如果采用先安装后砌口的方法施工，则应注意避免门窗框在施工中受损、受挤压变形或受到污染。

砌体中砖、砌块以及灰缝的强度较低，在砌体上用射钉安装门窗受冲击容易破碎，门窗安装固定不牢固，会脱落伤人毁物，出现安全问题，故规定在砌体上安装门窗时严禁采用射钉固定，本条为强制性条文。

实战演练

[经典例题·单选] 下列金属框安装做法中，正确的是（ ）。

A. 采用预留洞口后安装的方法施工

B. 采用边安装边砌口的方法施工

C. 采用先安装后砌口的方法施工

D. 采用射钉固定于砌体上的方法施工

[解析] 金属门窗安装应采用预留洞口的方法施工，在砌体上安装金属门窗严禁用射钉固定。

[答案] A

[经典例题·单选] 金属门窗的固定方法应符合设计要求，在砌体上安装金属门窗严禁用（ ）。

A. 射钉

B. 钉子

C. 螺丝钉

D. 胀栓

[解析] 在砌体上安装金属门窗严禁用射钉固定。防止射钉在砌体上固定不牢脱落，影响使用功能。

[答案] A

考点 2 建筑幕墙预埋件的制作与安装★★

一、预埋件制作的技术要求

幕墙预埋件如图 2-5-1 所示。

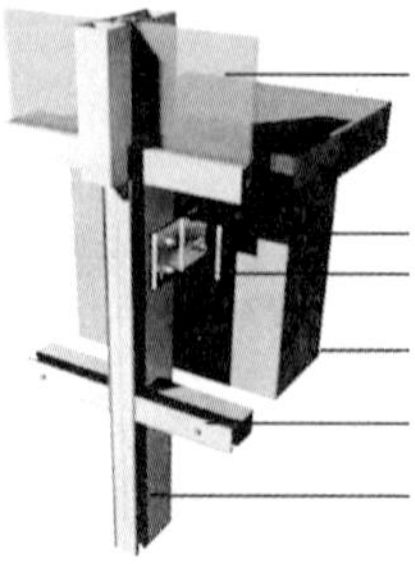

图 2-5-1 幕墙预埋件

锚板构造预埋件（图 2-5-2）、槽式预埋件（图 2-5-3）是目前常见的建筑幕墙预埋件。

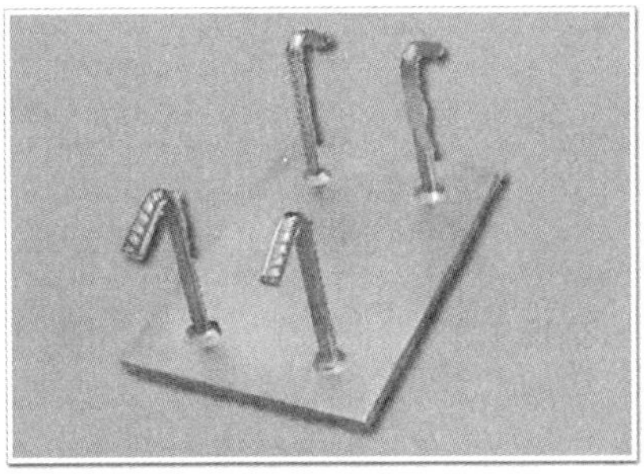

图 2-5-2　锚板构造预埋件

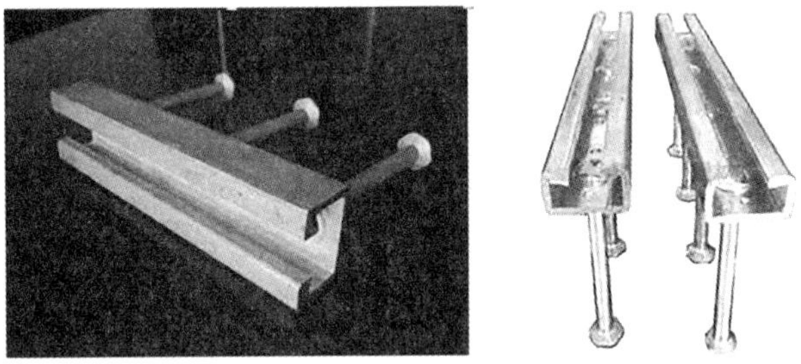

图 2-5-3　槽式预埋件

根据《玻璃幕墙工程技术规范》(JGJ 102—2003)，预埋件设计要求如下（节选）：

(1) 预埋件的锚板宜采用 Q235 级钢。锚筋应采用 HPB235、HRB335 或 HRB400 级热轧钢筋，严禁采用冷加工钢筋。

(2) 预埋件的受力直锚筋不宜少于 4 根，且不宜多于 4 层；其直径不宜小于 8 mm，且不宜大于 25 mm。受剪预埋件的直锚筋可采用 2 根。预埋件的锚筋应放置在构件的外排主筋的内侧。

(3) 直锚筋与锚板应采用 T 型焊。当锚筋直径不大于 20 mm 时，宜采用压力埋弧焊；当锚筋直径大于 20 mm 时，宜采用穿孔塞焊。当采用手工焊时，焊缝高度不宜小于 6 mm 及 $0.5d$（HPB235 级钢筋）或 $0.6d$（HRB335 或 HRB400 级钢筋），d 为锚筋直径。

二、预埋件安装的技术要求

根据《玻璃幕墙工程技术规范》(JGJ 102—2003)，预埋件安装的技术要求如下（节选）：

(1) 框支承玻璃幕墙的立柱宜悬挂在主体结构上。

(2) 玻璃幕墙立柱与主体混凝土结构应通过预埋件连接，预埋件应在主体结构混凝土施工时埋入，预埋件的位置应准确；当没有条件采用预埋件连接时，应采用其他可靠的连接措施，并通过试验确定其承载力。

(3) 幕墙与砌体结构连接时，宜在连接部位的主体结构上增设钢筋混凝土或钢结构梁、柱。轻质填充墙不应作为幕墙的支承结构。

➢ **重点提示：** 幕墙的荷载要通过预埋件传递给主体结构，预埋件的制作及安装要求、对主体结构的要求均为考查的核心，且考查的内容越来越细，应重点掌握。

实战演练

［2014 真题·单选］关于建筑幕墙预埋件制作的说法，正确的是（　　）。

A. 不得采用 HRB400 级热轧钢筋制作的锚筋

B. 可采用冷加工钢筋制作的锚筋

C. 直锚筋与锚板应采用 T 形焊焊接

D. 应将锚筋弯成 L 形与锚板焊接

［解析］预埋件制作的技术要求：锚板宜采用 Q235 级钢，HPB235、HRB335 或 HRB400 级热轧钢筋，严禁采用冷加工钢筋。直锚筋与锚板应采用 T 型焊。

［答案］C

考点 3 建筑幕墙施工★★

一、幕墙的分类

根据《玻璃幕墙工程技术规范》（JGJ 102—2003），幕墙的分类形式较多，而且不完全统一。参考规范按照下列方法分类。

（一）根据幕墙玻璃面板的支承形式分类

根据幕墙玻璃面板的支承形式可分为框支承幕墙、全玻幕墙和点支承幕墙。

1. 框支承玻璃幕墙

框支承玻璃幕墙是玻璃面板周边由金属框架支承的玻璃幕墙，主要包括下列类型：

（1）明框玻璃幕墙：金属框架的构件显露于面板外表面的框支承玻璃幕墙。

（2）隐框玻璃幕墙：金属框架的构件完全不显露于面板外表面的框支承玻璃幕墙。

（3）半隐框玻璃幕墙：金属框架的竖向或横向构件显露于面板外表面的框支承玻璃幕墙。

2. 全玻幕墙

全玻幕墙是由玻璃肋和玻璃面板构成的玻璃幕墙，其面板和支承结构全部为玻璃，玻璃面板通常为对边支承的单向板（整肋）或点支承面板（金属连接玻璃肋）。

3. 点支承幕墙

点支承幕墙是由玻璃面板、点支承装置和支承结构构成的玻璃幕墙，其特点是支承面板的方式是点而不是线，一般应用较多的为四点支承，也有六点支承、三点支承等其他方式。面板承受的荷载和地震作用，通过点支承装置传递给其后面的支承结构（常为钢结构，也有玻璃肋），支承结构将面板受到的作用传递到主体结构上。

（二）根据框支承幕墙安装方式分类

根据框支承幕墙安装方式可分为单元式和构件式两大类。

1. 单元式玻璃幕墙

将面板和金属框架（横梁、立柱）在工厂组装为幕墙单元，以幕墙单元形式在现场完成安装施工的框支承玻璃幕墙。

2. 构件式玻璃幕墙

在现场依次安装立柱、横梁和玻璃面板的框支承玻璃幕墙。

二、框支承玻璃幕墙制作安装

根据《玻璃幕墙工程技术规范》(JGJ 102—2003)，框支承玻璃幕墙制作安装的主要要求如下（节选）：

（一）一般规定

（1）幕墙开启窗的设置，应满足使用功能和立面效果要求，并应启闭方便，避免设置在梁、柱、隔墙等位置。开启扇的开启角度不宜大于 30°，开启距离不宜大于 300 mm。

（2）明框幕墙玻璃下边缘与下边框槽底之间应采用硬橡胶垫块衬托，垫块数量应为 2 个，厚度不应小于 5 mm，每块长度不应小于 100 mm。

（3）玻璃幕墙的非承重胶缝应采用硅酮建筑密封胶。开启扇的周边缝隙宜采用氯丁橡胶、三元乙丙橡胶或硅橡胶密封条制品密封。

（4）玻璃幕墙的单元板块不应跨越主体建筑的变形缝，其与主体建筑变形缝相对应的构造缝的设计，应能够适应主体建筑变形的要求。

（5）框支承玻璃幕墙，宜采用安全玻璃。

（二）玻璃

框支承玻璃幕墙单片玻璃的厚度不应小于 6 mm，夹层玻璃的单片厚度不宜小于 5 mm。夹层玻璃和中空玻璃的单片玻璃厚度相差不宜大于 3 mm。

（三）立柱

（1）立柱截面主要受力部位的厚度，应符合下列要求：

①铝型材截面开口部位的厚度不应小于 3.0 mm，闭口部位的厚度不应小于 2.5 mm。型材孔壁与螺钉之间直接采用螺纹受力连接时，其局部厚度尚不应小于螺钉的公称直径。

②钢型材截面主要受力部位的厚度不应小于 3.0 mm。

③对偏心受压立柱，其截面宽厚比应符合 JGJ 102—2003 第 6.2.1 条的相应规定。

（2）立柱可采用铝合金型材或钢型材。铝合金型材的表面处理应符合 JGJ 102—2003 第 3.2.2 条的要求；钢型材宜采用高耐候钢，碳素钢型材应采用热浸锌或采取其他有效防腐措施。处于腐蚀严重环境下的钢型材，应预留腐蚀厚度。

（3）上、下立柱之间应留有不小于 15 mm 的缝隙，闭口型材可采用长度不小于 250 mm 的芯柱连接，芯柱与立柱应紧密配合。芯柱与上柱或下柱之间应采用机械连接方法加以固定。开口型材上柱与下柱之间可采用等强型材机械连接。

（4）多层或高层建筑中跨层通长布置立柱时，立柱与主体结构的连接支承点每层不宜少于 1 个。在混凝土实体墙面上，连接支承点宜加密。每层设两个支承点时，上支承点宜采用圆孔，下支承点宜采用长圆孔。

（5）在楼层内单独布置立柱时，其上、下端均宜与主体结构铰接，宜采用上端悬挂方式。当柱支承点可能产生较大位移时，应采用与位移相适应的支承装置。

（6）横梁可通过角码、螺钉或螺栓与立柱连接。角码应能承受横梁的剪力，其厚度不应小于 3 mm。角码与立柱之间的连接螺钉或螺栓应满足抗剪和抗扭承载力要求。

(7) 立柱与主体结构之间每个受力连接部位的连接螺栓不应少于 2 个，且连接螺栓直径不宜小于 10 mm。

(8) 角码和立柱采用不同金属材料时，应采用绝缘垫片分隔或采取其他有效措施防止双金属腐蚀。

(四) 加工制作

(1) 采用硅酮结构密封胶黏结固定隐框玻璃幕墙构件时，应在洁净、通风的室内进行注胶，且环境温度、湿度条件应符合结构胶产品的规定；注胶宽度和厚度应符合设计要求。

(2) 单元式幕墙的单元组件、隐框幕墙的装配组件均应在工厂加工组装。

(3) 硅酮结构密封胶不宜作为硅酮建筑密封胶使用。

(4) 明框幕墙组件应拼装严密。设计要求密封时，应采用硅酮建筑密封胶进行密封。

(5) 硅酮结构密封胶注胶前必须取得合格的相容性检验报告，必要时应加涂底漆；双组分硅酮结构密封胶尚应进行混匀性蝴蝶试验和拉断试验。

(6) 采用硅酮结构密封胶黏结板块时，不应使结构胶长期处于单独受力状态。硅酮结构密封胶组件在固化并达到足够承载力前不应搬动。

(五) 构件式玻璃幕墙

构件式玻璃幕墙中硅酮建筑密封胶的施工应符合下列要求：

(1) 硅酮建筑密封胶的施工厚度应大于 3.5 mm，施工宽度不宜小于施工厚度的 2 倍。较深的密封槽口底部应采用聚乙烯发泡材料填塞。

(2) 硅酮建筑密封胶在接缝内应两对面黏结，不应三面黏结。

实战演练

[经典例题·单选] 玻璃幕墙开启窗的开启角度不宜大于 30°，开启距离不宜大于 (　　) mm。

A. 100　　B. 200

C. 300　　D. 400

[解析] 玻璃幕墙开启窗的开启角度不宜大于 30°，开启距离不宜大于 300 mm。

[答案] C

[经典例题·单选] 角码和立柱采用不同金属材料时，应采用 (　　) 分隔或采取其他有效措施防止双金属腐蚀。

A. 绝缘垫片　　B. 弹簧垫片

C. 不锈钢垫片　　D. 胶木垫片

[解析] 角码和立柱采用不同金属材料时，应采用绝缘垫片分隔或采取其他有效措施防止双金属腐蚀。

[答案] A

考点 4　全玻幕墙★★

根据《玻璃幕墙工程技术规范》（JGJ 102—2003），全玻幕墙的主要相关内容如下。

（1）全玻幕墙的板面不得与其他刚性材料直接接触。板面与装修面或结构面之间的空隙不应小于 8 mm，且应采用密封胶密封。

（2）面板玻璃的厚度不宜小于 10 mm；夹层玻璃单片厚度不应小于 8 mm。

（3）全玻幕墙玻璃肋的截面厚度不应小于 12 mm，截面高度不应小于 100 mm。

（4）采用胶缝传力的全玻幕墙，其胶缝必须采用硅酮结构密封胶。

（5）除全玻幕墙外，不应在现场打注硅酮结构密封胶。

➢ **重点提示：** 硅酮结构密封胶和硅酮建筑密封胶作用不同，不能相互替代。前者受力，后者密封，理解记忆。

实战演练

［2019 真题 · 单选］ 关于玻璃幕墙工程的说法，正确的是（　　）。

A. 采用胶缝传力的，胶缝可采用硅酮耐候密封胶

B. 全玻璃幕墙的板面不得与其他刚性材料直接接触

C. 全玻璃幕墙不可以在现场打硅酮结构密封胶

D. 不同金属的接触面之间可直接密贴连接

［解析］ 采用胶缝传力的，胶缝采用硅酮结构密封胶，选项 A 错误。全玻璃幕墙可以在现场打硅酮结构密封胶，选项 C 错误。不同金属的接触面之间不可直接密贴连接，防止双金属腐蚀，选项 D 错误。

［答案］ B

考点 5　石材幕墙工程★

根据《金属与石材幕墙工程技术规范》（JGJ 133—2001），石材幕墙工程的相关要求如下。

（1）用硅酮结构密封胶黏结石材时，结构胶不应长期处于受力状态。

（2）当石材幕墙使用硅酮结构密封胶和硅酮耐候密封胶时，应待石材清洗干净并完全干燥后方可施工。

（3）石板的转角宜采用不锈钢支撑件或铝合金型材专用件组装，并应符合下列规定：

①当采用不锈钢支撑件组装时，不锈钢支撑件的厚度不应小于 3 mm。

②当采用铝合金型材专用件组装时，铝合金型材壁厚不应小于 4.5 mm，连接部位的壁厚不应小于 5 mm。

考点 6　建筑幕墙防雷构造要求★★★

根据《玻璃幕墙工程技术规范》（JGJ 102—2003），玻璃幕墙的防雷设计应符合国家现行标准《建筑物防雷设计规范》（GB 50057—2010）和《民用建筑电气设计标准》（GB 51348—2019）的有关规定。幕墙的金属框架应与主体结构的防雷体系可靠连接，连接部位应清除非导电保护层。

玻璃幕墙是附属于主体建筑的围护结构，幕墙的金属框架一般不单独做防雷接地，而是利用主体结构的防雷体系，与建筑本身的防雷设计相结合，因此要求应与主体结构的防雷体系可靠连接，并保持导电通畅。

通常，玻璃幕墙的铝合金立柱，在不大于 10 m 范围内宜有一根柱采用柔性导线上、下连通，铜质导线截面积不宜小于 25 mm^2，铝质导线截面积不宜小于 30 mm^2。

在主体建筑有水平均压环的楼层，对应导电通路立柱的预埋件或固定件应采用圆钢或扁钢与水平均压环焊接连通，形成防雷通路，焊缝和连线应涂防锈漆。扁钢截面不宜小于 5 mm×40 mm，圆钢直径不宜小于 12 mm。

建筑幕墙防雷节点图如图 2-5-4 所示，幕墙立面防雷大样图如图 2-5-5 所示。

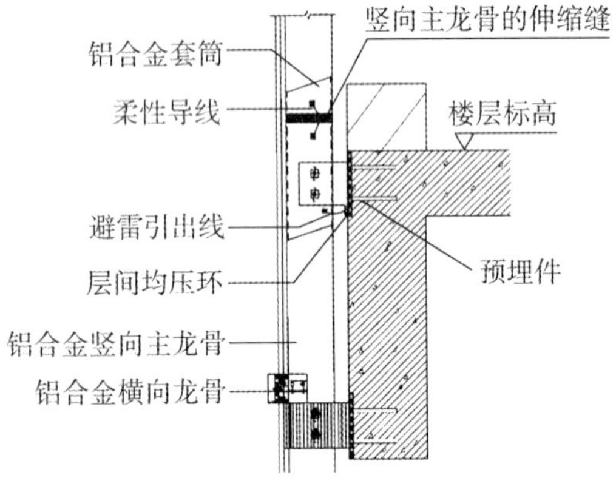

图 2-5-4　建筑幕墙防雷节点图

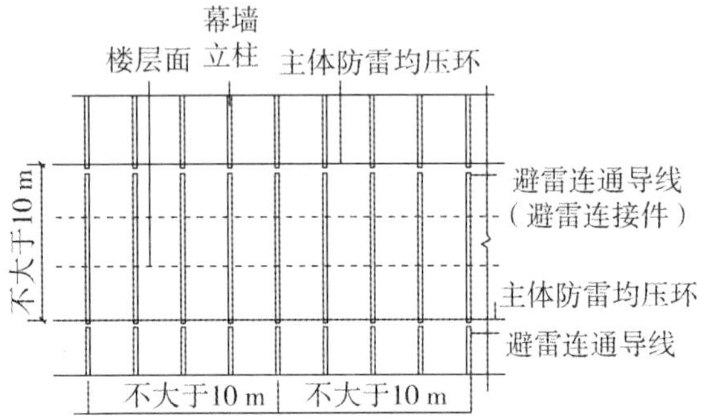

图 2-5-5　幕墙立面防雷大样图

兼有防雷功能的幕墙压顶板宜采用厚度不小于 3 mm 的铝合金板制造，压顶板截面面积不宜小于 70 mm^2（幕墙高度不小于 150 m 时）或 50 mm^2（幕墙高度小于 150 m 时）。幕墙压顶板体系与主体结构屋顶的防雷系统应有效连通。建筑幕墙顶部女儿墙防雷节点图如图 2-5-6所示。

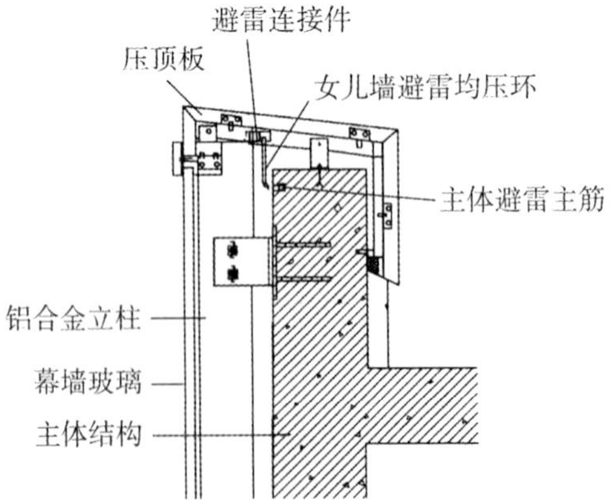

图 2-5-6　建筑幕墙顶部女儿墙防雷节点图

➤ **重点提示：** 注意幕墙的防雷体系要与主体结构的防雷系统有效连通，防雷构件的镀膜层要去除，钢构件要进行防锈处理。

实战演练

[**经典例题·单选**] 关于建筑幕墙防雷构造要求的说法，错误的是（　　）。

A. 幕墙的铝合金立柱采用柔性导线连通上、下柱

B. 幕墙立柱预埋件用圆钢或扁钢与主体结构的均压环焊接连通

C. 幕墙压顶板与主体结构屋顶的防雷系统有效连接

D. 在有镀膜层的构件上进行防雷连接应保护好所有的镀膜层

[**解析**] 选项 D 错误，在有镀膜层的构件上进行防雷连接，应除去其镀膜层。

[**答案**] D

考点 7　建筑幕墙防火构造要求★★★

扫码听课

根据《玻璃幕墙工程技术规范》(JGJ 102—2003)，建筑幕墙防火构造的主要要求如下。

（1）玻璃幕墙的防火设计应符合现行国家标准《建筑设计防火规范》（GB 50016—2014）的有关规定；高层建筑玻璃幕墙的防火设计尚应符合现行国家标准《高层民用建筑设计防火规范（2015 年版）》(GB 50045—98) 的有关规定。

（2）玻璃幕墙与其周边防火分隔构件间的缝隙、与楼板或隔墙外沿间的缝隙、与实体墙面洞口边缘间的缝隙等，应进行防火封堵设计。

（3）玻璃幕墙的防火封堵构造系统，在正常使用条件下，应具有伸缩变形能力、密封性和耐久性；在遇火状态下，应在规定的耐火时限内，不发生开裂或脱落，保持相对稳定性。

（4）玻璃幕墙防火封堵构造系统的填充料及其保护性面层材料，应采用耐火极限符合设计要求的不燃烧材料或难燃烧材料。

（5）无窗槛墙的玻璃幕墙，应在每层楼板外沿设置耐火极限不低于 1.0 h、高度不低于 0.8 m 的不燃烧实体裙墙或防火玻璃裙墙。

（6）玻璃幕墙与各层楼板、隔墙外沿间的缝隙，当采用岩棉或矿棉封堵时，其厚度不应小于 100 mm，并应填充密实；楼层间水平防烟带的岩棉或矿棉宜采用厚度不小于 1.5 mm 的镀锌钢板承托；承托板与主体结构、幕墙结构及承托板之间的缝隙宜填充防火密封材料。当建筑要求防火分区间设置通透隔断时，可采用防火玻璃，其耐火极限应符合设计要求。

（7）同一幕墙玻璃单元，不宜跨越建筑物的两个防火分区。

幕墙防火构造如图 2-5-7 所示。

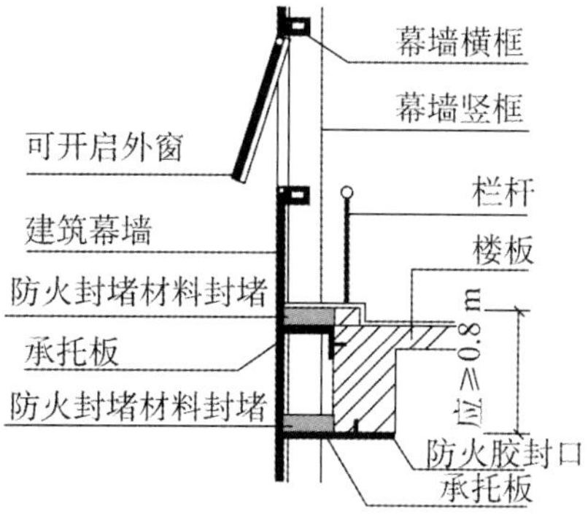

图 2-5-7　幕墙防火构造

➢ **重点提示：**重点记忆数字要求，一般针对数字考查找“不妥之处”的案例题。

实战演练

[经典例题·多选] 关于建筑幕墙防火构造要求的说法，正确的有（　　）。

A. 防火层应采用厚度不小于 1.0 mm 的镀锌钢板承托

B. 应采用不燃材料或难燃材料封堵，填充材料可采用岩棉或矿棉，其厚度不应小于 100 mm

C. 承托板与主体结构、幕墙结构及承托板之间的缝隙应采用防水密封胶密封

D. 同一幕墙玻璃单元不应跨越两个防火分区

E. 防火层不应与幕墙玻璃直接接触

[解析] 防火层应采用厚度不小于 1.5 mm 的镀锌钢板承托，选项 A 错误。承托板与主体结构、幕墙结构及承托板之间的缝隙应采用防火密封胶密封，选项 C 错误。

[答案] BDE

考点 8 地面工程变形缝★

根据《建筑地面设计规范》（GB 50037—2013），地面工程变形缝施工要求如下。

（1）地面变形缝的设置，应符合下列要求：

①底层地面的沉降缝和楼层地面的沉降缝、伸缩缝、防震缝的设置，均应与结构相应的缝位置一致，且应贯通地面的各构造层，并做盖缝处理。

②变形缝应设在排水坡的分水线上，不应通过有液体流经或聚集的部位。

③变形缝的构造应能使其产生位移或变形时，不受阻、不被破坏，且不破坏地面。变形缝的材料，应按不同要求分别选用具有防火、防水、保温、防油渗、防腐蚀、防虫害性能的材料。

（2）底层地面的混凝土垫层，应设置纵向缩缝和横向缩缝，并应符合下列要求：

①纵向缩缝应采用平头缝或企口缝（图 2-5-8（a）（b）），其间距宜为 3～6 m。

②纵向缩缝采用企口缝时，垫层的厚度不宜小于 150 mm，企口拆模时的混凝土抗压强度不宜低于 3 MPa。

③横向缩缝宜采用假缝（图 2-5-8（c）），其间距宜为 6～12 m，高温季节施工的地面假缝间距宜为 6 m。假缝的宽度宜为 5～12 mm，高度宜为垫层厚度的 1/3，缝内应填水泥砂浆或膨胀型砂浆。

④当纵向缩缝为企口缝时，横向缩缝应做假缝。

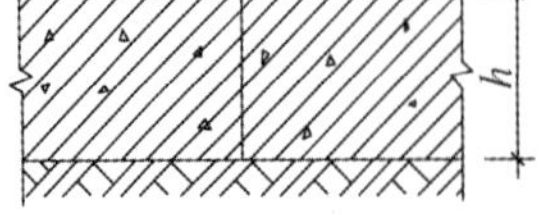

（a）平头缝

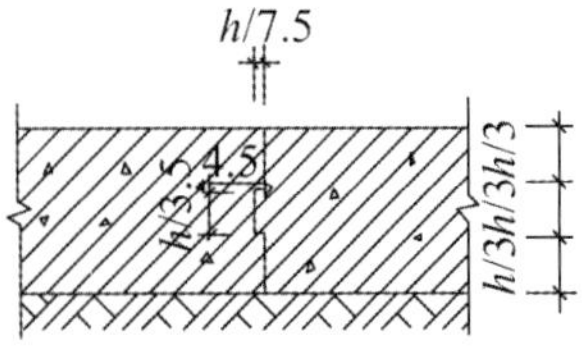

（b）企口缝

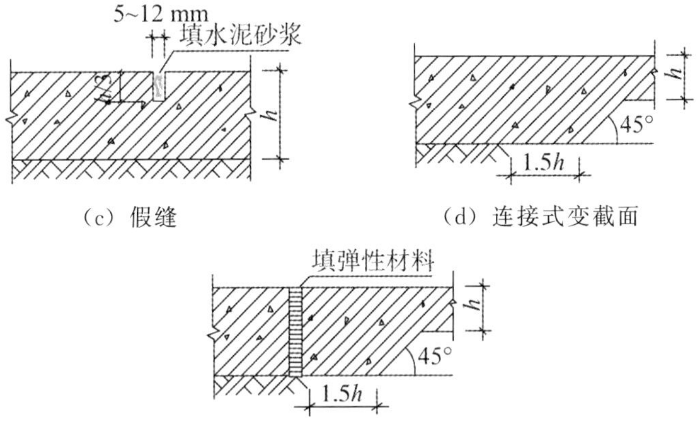

（c）假缝　　（d）连接式变截面

（e）间接式变截面

h—混凝土垫层厚度

图 2-5-8　混凝土垫层缩缝

（3）平头缝和企口缝的缝间应紧密相贴，不得设置隔离材料。

（4）室外地面的混凝土垫层宜设伸缝，间距宜为 30 m，缝宽宜为 20～30 mm，缝内应填耐候弹性密封材料，沿缝两侧的混凝土边缘应局部加强。

➤ **重点提示：**防止地面因受力被拉裂，应设置变形缝，且变形缝的设置应与建筑结构保持一致，其次水泥混凝土面层为了防止出现内部应力造成的收缩裂缝，应设置伸缩缝，其间距大小需要记忆。

考点 9　天然石材防碱背涂处理★

根据《住宅装饰装修工程施工规范》（GB 50327—2001），天然石材采用湿作业法铺贴，面层会出现反白污染，系混凝土外加剂中的碱性物质所致，因此，应进行防碱背涂处理。

➤ **重点提示：**注意概念性考查，镶贴大理石、花岗石的水泥砂浆析出的氢氧化钙会随水分透过板材析出，在板材表面形成“花斑”，影响面层的外观，故应在板材背面和表面涂上有机硅，俗称防碱背涂处理。

实战演练

[经典例题・单选] 天然石材采用湿作业法铺贴，面层会出现反白污染，系混凝土外加剂中的碱性物质所致，因此，应进行（　　）处理。

A. 防腐　　B. 防酸

C. 防碱背涂　　D. 防锈

[解析] 天然石材采用湿作业法铺贴，面层会出现反白污染，系混凝土外加剂中的碱性物质所致，因此应进行防碱背涂处理。

[答案] C

考点 10 面层成品保护★

根据《建筑地面工程施工质量验收规范》(GB 50209—2010),整体面层施工后,养护时间不应少于 7 d;抗压强度应达到 5 MPa 后方准上人行走;抗压强度应达到设计要求后,方可正常使用。

➢ **重点提示:** 为了防止面层出现裂纹,一定要进行保湿养护,养护时间需要直接记忆,一般考查选择题。

实战演练

[经典例题·单选] 地面水泥砂浆整体面层施工后,养护时间不应少于(　　)d。

A. 3　　B. 7

C. 14　　D. 28

[解析] 整体面层施工后,养护时间不应少于 7 d。

[答案] B

考点 11 饰面板(砖)工程施工★★

一、分类

(1)饰面板可安装于内墙和高度不大于 24 m、抗震设防烈度不大于 8 度的外墙。

(2)饰面砖可安装于内墙和高度不大于 100 m、抗震设防烈度不大于 8 度、采用满粘法施工的外墙。

二、饰面板(砖)安装工程

(一)饰面板安装工程

根据《建筑装饰装修工程质量验收标准》(GB 50210—2018),饰面板安装工程要求如下:

(1)饰面板工程的防震缝、伸缩缝、沉降缝等部位的处理应保证缝的使用功能和饰面的完整性。

(2)采用满粘法施工的石板工程,石板与基层之间的黏结料应饱满、无空鼓。石板黏结应牢固。

(3)木板的品种、规格、颜色和性能应符合设计要求及国家现行标准的有关规定。木龙骨、木饰面板的燃烧性能等级应符合设计要求。

(4)外墙金属板的防雷装置应与主体结构防雷装置可靠接通。

(二)饰面砖安装工程

根据《建筑装饰装修工程质量验收标准》(GB 50210—2018),饰面砖安装工程要求如下:

(1)外墙饰面砖工程施工前,应在待施工基层上做样板,并对样板的饰面砖黏结强度进行检验,检验方法和结果判定应符合现行行业标准《建筑工程饰面砖粘结强度检验标准》(JGJ/T 110—2017)的规定。

（2）饰面砖工程的防震缝、伸缩缝、沉降缝等部位的处理应保证缝的使用功能和饰面的完整性。

三、饰面板（砖）工程材料复验

根据《建筑装饰装修工程质量验收标准》（GB 50210—2018），饰面板（砖）工程材料复验要求如下：

（1）饰面板工程应对下列材料及其性能指标进行复验：

①室内用花岗石板的放射性、室内用人造木板的甲醛释放量。

②水泥基黏结料的黏结强度。

③外墙陶瓷板的吸水率。

④严寒和寒冷地区外墙陶瓷板的抗冻性。

（2）饰面砖工程应对下列材料及其性能指标进行复验：

①室内用花岗石和瓷质饰面砖的放射性。

②水泥基黏结材料与所用外墙饰面砖的拉伸黏结强度。

③外墙陶瓷饰面砖的吸水率。

④严寒及寒冷地区外墙陶瓷饰面砖的抗冻性。

四、饰面板（砖）工程隐蔽验收

根据《建筑装饰装修工程质量验收标准》（GB 50210—2018），饰面板（砖）工程隐蔽验收要求如下：

（1）饰面板工程应对下列隐蔽工程项目进行验收：

①预埋件（或后置埋件）。

②龙骨安装。

③连接节点。

④防水、保温、防火节点。

⑤外墙金属板防雷连接节点。

（2）饰面砖工程应对下列隐蔽工程项目进行验收：

①基层和基体。

②防水层。

➢ **重点提示：**所需材料及其性能指标的复验建议以案例问答题的考查形式备考。

实战演练

［经典例题·单选］饰面板安装工程是指内墙饰面板安装工程和高度不大于（　　）m、抗震设防烈度不大于 8 度的外墙饰面板安装工程。

A. 16　　B. 18

C. 20　　D. 24

［解析］饰面板可安装于内墙和高度不大于 24 m、抗震设防烈度不大于 8 度的外墙。

［答案］D

考点 12 轻质隔墙工程的分项工程★★

板材隔墙、骨架隔墙、活动隔墙和玻璃隔墙等，均属于轻质隔墙工程的分项工程。

根据《建筑装饰装修工程质量验收标准》(GB 50210—2018)，板材隔墙包括复合轻质墙板、石膏空心板、增强水泥板和混凝土轻质板等隔墙；骨架隔墙包括以轻钢龙骨、木龙骨等为骨架，以纸面石膏板、人造木板、水泥纤维板等为墙面板的隔墙；玻璃隔墙包括玻璃板、玻璃砖隔墙。

实战演练

[**经典例题·多选**] 下列隔墙类型中，属于轻质隔墙的有（　　）。

A. 板材隔墙

B. 骨架隔墙

C. 活动隔墙

D. 玻璃隔墙

E. 空心砌块墙

[**解析**] 板材隔墙、骨架隔墙、活动隔墙和玻璃隔墙等，均属于轻质隔墙工程的分项工程。

[**答案**] ABCD

考点 13 骨架隔墙★★

一、概念

骨架隔墙是使用金属材料和木材材料来做龙骨，并且在龙骨的两边用不同材料的板材做成罩面板的一种墙体，如图 2-5-9 所示。

图 2-5-9　骨架隔墙

二、施工技术要求

轻钢龙骨纸面石膏板隔墙是永久性墙体，它以轻钢龙骨为骨架，以纸面石膏板为基层面材组合而成，面部可用乳胶漆、壁纸、木材等多种材料进行装饰。其基本构造如图 2-5-10 所示。

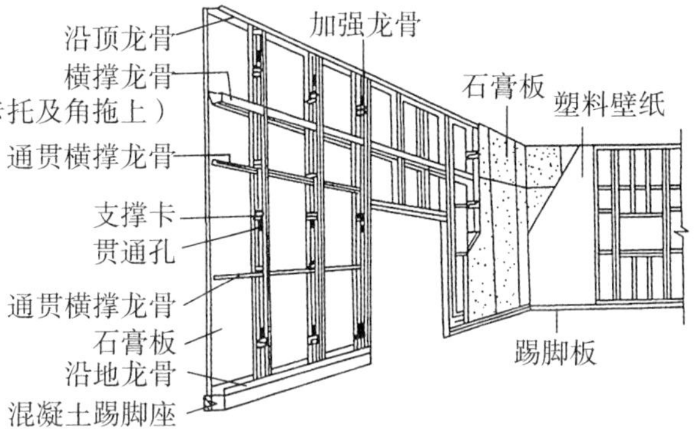

图 2-5-10　轻钢龙骨纸面石膏板隔墙基本构造

轻钢龙骨纸面石膏板隔墙施工工艺流程：弹线→墙垫施工→安装沿地、沿顶及沿边龙骨→安装竖龙骨→固定洞口及门窗框→安装通贯横撑龙骨和横撑龙骨→安装一侧石膏板→安装电线及附墙设备管线→安装另一侧石膏板→处理接缝→连接固定设备、电气→装饰墙面。

根据《住宅装饰装修工程施工规范》（GB 50327—2001），轻钢龙骨的安装应符合下列规定。

（1）应按弹线位置固定沿地、沿顶龙骨及边框龙骨，龙骨的边线应与弹线重合。龙骨的端部应安装牢固，龙骨与基体的固定点间距应不大于 1 m。

（2）安装竖向龙骨应垂直，龙骨间距应符合设计要求。潮湿房间和钢板网抹灰墙，龙骨间距不宜大于 400 mm。

（3）安装支撑龙骨时，应先将支撑卡安装在竖向龙骨的开口方向，卡距宜为 400～600 mm，距龙骨两端的距离宜为 20～25 mm。

（4）安装贯通系列龙骨时，低于 3 m 的隔墙安装一道，3～5 m 隔墙安装两道。

（5）饰面板横向接缝处不在沿地、沿顶龙骨上时，应加横撑龙骨固定。

（6）门窗或特殊接点处安装附加龙骨应符合设计要求。

纸面石膏板的安装应符合以下规定：

（1）石膏板宜竖向铺设，长边接缝应安装在竖龙骨上。

（2）龙骨两侧的石膏板及龙骨一侧的双层板的接缝应错开，不得在同一根龙骨上接缝。

（3）轻钢龙骨应用自攻螺钉固定，木龙骨应用木螺钉固定。沿石膏板周边钉间距不得大于 200 mm，板中钉间距不得大于 300 mm，螺钉与板边距离应为 10～15 mm。

（4）安装石膏板时应从板的中部向板的四边固定。钉头略埋入板内，但不得损坏纸面。钉眼应进行防锈处理。

（5）石膏板的接缝应按设计要求进行板缝处理。石膏板与周围墙或柱应留有 3 mm 的槽口，以便进行防开裂处理。

➤ **重点提示：**（1）掌握骨架隔墙为双侧板，注意应先安装一侧板，如需隔声、保温、防火等，则再填充隔声、保温及防火材料，最后安装另一侧板。

（2）骨架隔墙石膏板的安装，注意自攻螺钉的固定顺序，易在找“不妥之处”的案例题目中考查。

实战演练

[经典例题·单选] 符合骨架隔墙石膏板安装技术要求的是（　　）。

A. 从板的两边向中间固定

B. 从板的中间向板的四周固定

C. 石膏板的轻钢龙骨不得采用自攻螺钉固定

D. 石膏板应横向铺设，长边接缝应落在横向龙骨上

[解析] 安装石膏板时应从板的中部向板的四边固定，选项 A 错误。石膏板的轻钢龙骨应采用自攻螺钉固定，选项 C 错误。石膏板应竖向铺设，长边接缝应安装在竖龙骨上，选项 D 错误。

[答案] B

[经典例题·单选] 石膏板的轻钢龙骨应用自攻螺钉固定，中间部分螺钉的间距不应大于(　　)mm。

A. 100　　B. 200

C. 300　　D. 400

[解析] 轻钢龙骨应用自攻螺钉固定，木龙骨应用木螺钉固定。沿石膏板周边钉间距不得大于 200 mm，板中钉间距不得大于 300 mm，螺钉与板边距离应为 10～15 mm。

[答案] C

考点 14 条板隔墙★★

一、概念

条板隔墙（图 2-5-11）指不用骨架，而采用比较厚的、高度等于隔墙总高的板材拼装而成的隔墙，多以灰板条、石膏空心条板、加气混凝土墙板、石膏珍珠岩板等制作而成。其具有取材方便、造价低等特点，但防潮、隔声性能较差。目前，各种轻型的条板隔墙在室内隔墙中应用比较多，如旧房改造中用条板隔墙加设卫生间等。

图 2-5-11　条板隔墙

二、石膏条板隔墙施工技术要求

石膏条板隔墙的施工工艺流程为：结构墙面、地面和顶面清理找平→墙体位置放线、分档→配板、修补→架立简易支架→安装 U 形钢板卡（有抗震要求时）→配制胶黏剂→安装隔墙板→安装门窗框→安装设备和电气→板缝处理→板面装修。

根据《建筑轻质条板隔墙技术规程》(JGJ/T 157—2014)，当防水型石膏条板隔墙及其他有防水、防潮要求的条板隔墙用于潮湿环境时，下端应做C20细石混凝土条形墙垫，且墙垫高度不应小于100 mm，并应做泛水处理。防潮墙垫宜采用细石混凝土现浇，不宜采用预制墙垫。

条板隔墙安装应符合下列规定：

(1) 应按排板图在地面及顶棚板面上放线，条板应从主体墙、柱的一端向另一端按顺序安装；当有门洞口时，宜从门洞口向两侧安装。

(2) 应先安装定位板；可在条板的企口处、板的顶面均匀满刮黏结材料，空心条板的上端宜局部封孔，上下对准定位线立板；条板下端距地面的预留安装间隙宜保持在30～60 mm，并可根据需要调整。

(3) 可在条板下部打入木楔，并应楔紧，且木楔的位置应选择在条板的实心肋处。

(4) 应利用木楔调整位置，两个木楔为一组，使条板就位，可将板垂直向上挤压，顶紧梁、板底部，调整好板的垂直度后再固定。

(5) 应按顺序安装条板，将板榫槽对准榫头拼接，条板与条板之间应紧密连接；调整好垂直度和相邻板面的平整度，并应待条板的垂直度、平整度检验合格后，再安装下一块条板。

(6) 应按排板图在条板与顶板、结构梁，主体墙、柱的连接处设置定位钢卡、抗震钢卡。

(7) 板与板之间的对接缝隙内应填满、灌实黏结材料，板缝间隙应揉挤严密，被挤出的黏结材料应刮平勾实。

(8) 条板隔墙与楼地面空隙处，可用干硬性细石混凝土填实。

(9) 木楔可在立板养护3 d后取出，并应填实楔孔。

当双层条板隔墙设计为隔声隔墙或保温隔墙时，应在安装好一侧条板后，根据设计要求安装固定好墙内管线、留出空气层或铺装吸声或保温功能材料，验收合格后再安装另一侧条板。

门窗框的安装应在条板隔墙安装完成7 d后进行。

水电管线的安装、敷设应与条板隔墙安装配合进行，并应在条板隔墙安装完成7 d后进行。

条板隔墙安装施工过程中及工程验收前，应采取防护措施，不应受到施工机具碰撞。安装后的条板隔墙7 d内不得承受侧向作用力，施工梯架、工程用的物料等不得支撑、顶压或斜靠在墙体上。

➤ **重点提示：** 条板隔墙施工过程中，板材接缝和组装顺序为高频考点，多在选择题及找“不妥之处”的案例题目中出现。

考点15　吊顶工程施工技术要求★★

吊顶如图2-5-12所示。

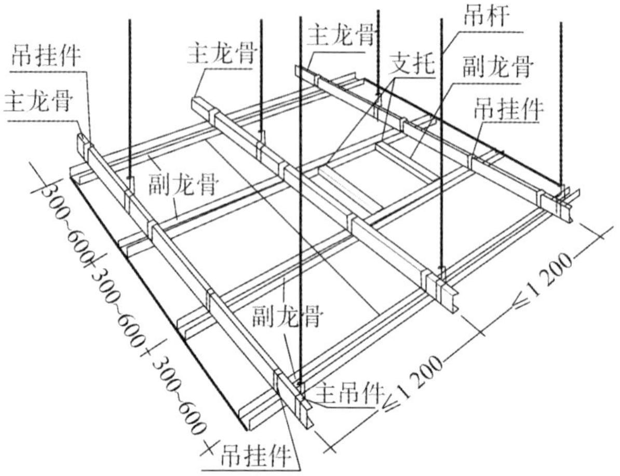

图 2-5-12　吊顶（单位：mm）

一、前期准备

根据《建筑装饰装修工程质量验收标准》（GB 50210—2018），安装龙骨前，应按设计要求对房间净高、洞口标高和吊顶内管道、设备及其支架的标高进行交接检验。吊顶工程的木龙骨和木面板应进行防火处理，并应符合有关设计防火标准的规定。吊顶工程中的埋件、钢筋吊杆和型钢吊杆应进行防腐处理。安装面板前应完成吊顶内管道和设备的调试及验收。

二、吊杆安装

根据《建筑装饰装修工程质量验收标准》（GB 50210—2018），吊杆距主龙骨端部距离不得大于 300 mm。当吊杆长度大于 1 500 mm 时，应设置反支撑（图 2-5-13）。当吊杆与设备相遇时，应调整并增设吊杆或采用型钢支架。

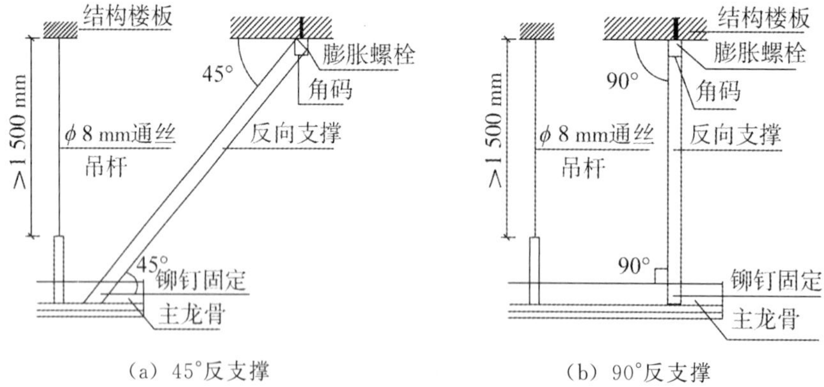

（a）45°反支撑　　（b）90°反支撑

图 2-5-13　反支撑

重型设备和有振动荷载的设备严禁安装在吊顶工程的龙骨上。大型灯具吊装做法如图 2-5-14所示。

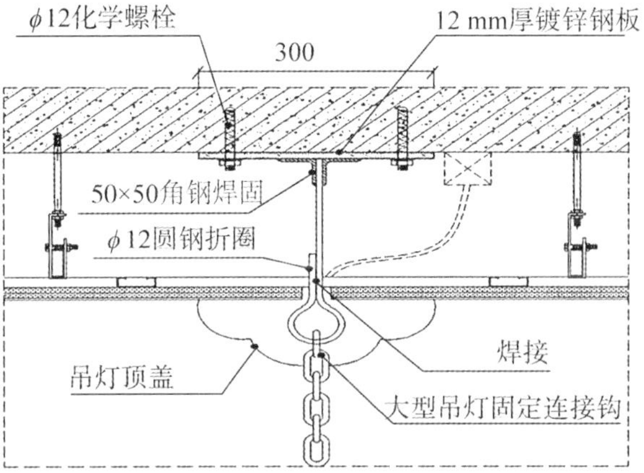

图 2-5-14 大型灯具吊装做法（单位：mm）

吊顶埋件与吊杆的连接、吊杆与龙骨的连接、龙骨与面板的连接应安全可靠。

吊杆上部为网架、钢屋架或吊杆长度大于 2 500 mm 时，应设有钢结构转换层（图 2-5-15）。

图 2-5-15 钢结构转换层做法示例

大面积或狭长形吊顶面层的伸缩缝及分格缝应符合设计要求。大面积石膏板吊顶留设伸缩缝如图 2-5-16 所示。

图 2-5-16 大面积石膏板吊顶留设伸缩缝

三、龙骨安装

根据《住宅装饰装修工程施工规范》(GB 50327—2001)，龙骨的安装应符合下列要求。

(1) 应根据吊顶的设计标高在四周墙上弹线。弹线应清晰、位置应准确。

(2) 主龙骨吊点间距、起拱高度应符合设计要求。当设计无要求时，吊点间距应小于 1.2 m，应按房间短向跨度的 1‰～3‰起拱。主龙骨安装后应及时校正其位置标高。

（3）吊杆应通直，距主龙骨端部距离不得超过 300 mm。当吊杆与设备相遇时，应调整吊点构造或增设吊杆。

四、饰面板安装

根据《住宅装饰装修工程施工规范》(GB 50327—2001)，饰面板安装要求如下。

（1）安装饰面板前应完成吊顶内管道和设备的调试和验收。

（2）饰面板安装前应按规格、颜色等进行分类选配。

（3）暗龙骨饰面板（包括纸面石膏板、纤维水泥加压板、胶合板、金属方块板、金属条形板、塑料条形板、石膏板、钙塑板、矿棉板和格栅等）的安装应符合下列规定：

①以轻钢龙骨、铝合金龙骨为骨架，采用钉固法安装时应使用沉头自攻钉固定。

②以木龙骨为骨架，采用钉固法安装时应使用木螺钉固定，胶合板可用铁钉固定。

③金属饰面板采用吊挂连接件、插接件固定时应按产品说明书的规定放置。

④采用复合粘贴法安装时，胶黏剂未完全固化前板材不得有强烈振动。

（4）纸面石膏板和纤维水泥加压板安装应符合下列规定：

①板材应在自由状态下进行安装，固定时应从板的中间向板的四周固定。

②纸面石膏板螺钉与板边距离：纸包边宜为 10～15 mm，切割边宜为 15～20 mm；水泥加压板螺钉与板边距离宜为 8～15 mm。

③板周边钉距宜为 150～170 mm，板中钉距不得大于 200 mm。

④安装双层石膏板时，上下层板的接缝应错开，不得在同一根龙骨上接缝。

⑤螺钉头宜略埋入板面，并不得使纸面破损。钉眼应做防锈处理并用腻子抹平。

⑥石膏板的接缝应按设计要求进行板缝处理。

➤ **重点提示：** 吊顶比较重要的构件分别是吊杆、主龙骨及次龙骨，三大构件只有满足受力要求才能保证吊顶的安全性，故吊杆间距、龙骨间距以及反支撑的设置为考查的核心，应理解受力原理并重点记忆数字。

实战演练

[2022 真题·单选] 吊顶工程施工时，重型吊顶灯具应安装在（　　）。

A. 主龙骨上　　B. 次龙骨上

C. 附加吊杆上　　D. 饰面板上

[解析] 选项 A、B 错误，重型设备和有振动荷载的设备严禁安装在吊顶工程的龙骨上。选项 D 错误，重型灯具不应直接安装在饰面板上。

[答案] C

[经典例题·单选] 吊杆距主龙骨端部距离不得大于（　　）mm。

A. 100　　B. 200

C. 300　　D. 400

[解析] 吊杆距主龙骨端部和距墙的距离不应大于 300 mm。当吊杆长度大于 1.5 m 时，应设置反支撑。当吊杆与设备相遇时，应调整并增设吊杆或采用型钢支架。

[答案] C

［经典例题·单选］关于建筑装饰装修吊顶工程施工方法的说法，错误的是（　　）。

A. 吊杆距主龙骨端部距离不得大于 300 mm

B. 纸面石膏板应在自由状态下进行固定，固定时应从板的四周向中间固定

C. 当石膏板吊顶面积大于 100 m^2 时，纵横方向每 15 m 距离处宜做伸缩缝处理

D. 吊杆长度大于 1 500 mm 时，应设置反向支撑

［解析］石膏板应从板的中部开始向板的四边固定，选项 B 错误。

［答案］B

考点 16　吊顶工程隐蔽工程验收★★★

根据《建筑装饰装修工程质量验收标准》（GB 50210—2018），吊顶工程应对下列隐蔽工程项目进行验收：

（1）吊顶内管道、设备的安装及水管试压、风管严密性检验。

（2）木龙骨防火、防腐处理。

（3）埋件。

（4）吊杆安装。

（5）龙骨安装。

（6）填充材料的设置。

（7）反支撑及钢结构转换层。

➤ **重点提示**：吊顶隐蔽工程的验收，易考查案例问答题，建议大家在理解的基础上进行记忆。记忆方法：理解吊顶安装的施工顺序，在罩面板安装以前，构件、管线、填充材料的设置和安装均要进行隐蔽验收。

第六节　建筑工程季节性施工技术

考点 1　混凝土工程季节性施工技术要求★★

根据《混凝土结构工程施工规范》（GB 50666—2011），混凝土工程季节性施工技术主要要求如下。

一、冬期施工技术要求

（1）根据当地多年气象资料统计，当室外日平均气温连续 5 日稳定低于 5 ℃时，应采取冬期施工措施；当室外日平均气温连续 5 日稳定高于 5 ℃时，可解除冬期施工措施。当混凝土未达到受冻临界强度而气温骤降至 0 ℃以下时，应按冬期施工的要求采取应急防护措施。工程越冬期间，应采取维护保温措施。

（2）当日平均气温达到 30 ℃及以上时，应按高温施工要求采取措施。

（3）雨季和降雨期间，应按雨期施工要求采取措施。

（4）冬期施工混凝土宜采用硅酸盐水泥或普通硅酸盐水泥；采用蒸汽养护时，宜采用矿渣硅酸盐水泥。

（5）冬期施工混凝土配合比，应根据施工期间环境气温、原材料、养护方法、混凝土性能要求等经试验确定，并宜选择较小的水灰比和坍落度。

（6）冬期施工混凝土搅拌前，原材料预热应符合下列规定：

①宜加热拌合水，当仅加热拌合水不能满足热工计算要求时，可加热骨料；拌合水与骨料的加热温度可通过热工计算确定，加热温度不应超过表 2-6-1 的规定。

②水泥、外加剂、矿物掺合料不得直接加热，应置于暖棚内预热。

表 2-6-1　拌合水及骨料最高加热温度

水泥强度等级	拌合水	骨料
42.5 以下	80 ℃	60 ℃
42.5、42.5R 及以上	60 ℃	40 ℃

（7）混凝土拌合物的出机温度不宜低于 10 ℃，入模温度不应低于 5 ℃；预拌混凝土或需远距离运输的混凝土，混凝土拌合物的出机温度可根据距离经热工计算确定，但不宜低于 15 ℃。大体积混凝土的入模温度可根据实际情况适当降低。

（8）混凝土分层浇筑时，分层厚度不应小于 400 mm。在被上一层混凝土覆盖前，已浇筑层的温度应满足热工计算要求，且不得低于 2 ℃。

（9）采用加热方法养护现浇混凝土时，应根据加热产生的温度应力对结构的影响采取措施，并应合理安排混凝土浇筑顺序与施工缝留置位置。

（10）冬期浇筑的混凝土，其受冻临界强度应符合下列规定：

①当采用蓄热法、暖棚法、加热法施工时，采用硅酸盐水泥、普通硅酸盐水泥配制的混凝土，不应低于设计混凝土强度等级值的 30%；采用矿渣硅酸盐水泥、粉煤灰硅酸盐水泥、火山灰质硅酸盐水泥、复合硅酸盐水泥配制的混凝土时，不应低于设计混凝土强度等级值的 40%。

②当室外最低气温不低于－15 ℃时，采用综合蓄热法、负温养护法施工的混凝土受冻临界强度不应低于 4.0 MPa；当室外最低气温不低于－30 ℃时，采用负温养护法施工的混凝土受冻临界强度不应低于 5.0 MPa。

③强度等级等于或高于 C50 的混凝土，不宜低于设计混凝土强度等级值的 30%。

④有抗渗要求的混凝土，不宜小于设计混凝土强度等级值的 50%。

⑤有抗冻耐久性要求的混凝土，不宜低于设计混凝土强度等级值的 70%。

⑥当采用暖棚法施工的混凝土中掺入早强剂时，可按综合蓄热法受冻临界强度取值。

⑦当施工需要提高混凝土强度等级时，应按提高后的强度等级确定受冻临界强度。

（11）冬期施工混凝土强度试件的留置，除应符合现行国家标准《混凝土结构工程施工质量验收规范》（GB 50204—2015）的有关规定外，尚应增加不少于 2 组的同条件养护试件。同条件养护试件应在解冻后进行试验。

➢ **重点提示：** 与常温下混凝土的出机、入模温度对比记忆，尤其掌握施工及混凝土养护试件的组数规定。

二、高温天气施工技术要求

（1）高温施工时，露天堆放的粗、细骨料应采取遮阳防晒等措施。必要时，可对粗骨料进行喷雾降温。

（2）高温施工的混凝土配合比设计，除应符合 GB 50666—2011 第 7.3 节的规定外，尚应符合下列规定：

①应分析原材料温度、环境温度、混凝土运输方式与时间对混凝土初凝时间、坍落度损失等性能指标的影响，根据环境温度、湿度、风力和采取温控措施的实际情况，对混凝土配合比进行调整。

②宜在近似现场运输条件、时间和预计混凝土浇筑作业最高气温的天气条件下，通过混凝土试拌、试运输的工况试验，确定适合高温天气条件下施工的混凝土配合比。

③宜降低水泥用量，并可采用矿物掺合料替代部分水泥；宜选用水化热较低的水泥。

④混凝土坍落度不宜小于 70 mm。

（3）混凝土的搅拌应符合下列规定：

①应对搅拌站料斗、储水器、皮带运输机、搅拌楼采取遮阳防晒措施。

②对原材料进行直接降温时，宜采用对水、粗骨料进行降温的方法。对水直接降温时，可采用冷却装置冷却拌合用水，并应对水管及水箱加设遮阳和隔热设施，也可在水中加碎冰作为拌合用水的一部分。混凝土拌合时掺加的固体冰应确保在搅拌结束前融化，且在拌合用水中应扣除其质量。

③原材料最高入机温度不宜超过表 2-6-2 的规定。

表 2-6-2　原材料最高入机温度

原材料	最高入机温度
水泥	60 ℃
骨料	30 ℃
水	25 ℃
粉煤灰等矿物掺合料	60 ℃

④混凝土拌合物出机温度不宜大于 30 ℃。

（4）混凝土宜采用白色涂装的混凝土搅拌运输车运输；混凝土输送管应进行遮阳覆盖，并应洒水降温。

（5）混凝土拌合物入模温度应符合 GB 50666—2011 的规定。

（6）混凝土浇筑宜在早间或晚间进行，且应连续浇筑。当混凝土水分蒸发较快时，应在施工作业面采取挡风、遮阳、喷雾等措施。

（7）混凝土浇筑前，施工作业面宜采取遮阳措施，并应对模板、钢筋和施工机具采用洒水等降温措施，但浇筑时模板内不得积水。

（8）混凝土浇筑完成后，应及时进行保湿养护。侧模拆除前宜采用带模湿润养护。

三、雨期施工技术要求

（1）雨期施工期间，水泥和矿物掺合料应采取防水和防潮措施，并应对粗骨料、细骨料的含水率进行监测，及时调整混凝土配合比。

（2）雨期施工期间，应选用具有防雨水冲刷性能的模板脱模剂。

(3) 雨期施工期间，混凝土搅拌、运输设备和浇筑作业面应采取防雨措施，并应加强施工机械检查维修及接地接零检测工作。

(4) 雨期施工期间，除应采用防护措施外，小雨、中雨天气不宜进行混凝土露天浇筑，且不应进行大面积作业的混凝土露天浇筑；大雨、暴雨天气不应进行混凝土露天浇筑。

(5) 雨后应检查地基面的沉降，并应对模板及支架进行检查。

(6) 雨期施工期间，应采取防止模板内积水的措施。模板内和混凝土浇筑分层面出现积水时，应在排水后再浇筑混凝土。

(7) 混凝土浇筑过程中，因雨水冲刷致使水泥浆流失严重的部位，应采取补救措施后再继续施工。

(8) 在雨天进行钢筋焊接时，应采取挡雨等安全措施。

(9) 混凝土浇筑完毕后，应及时采取覆盖塑料薄膜等防雨措施。

(10) 台风来临前，应对尚未浇筑混凝土的模板及支架采取临时加固措施；台风结束后，应检查模板及支架，已验收合格的模板及支架应重新办理验收手续。

实战演练

[经典例题·单选] 关于混凝土拌合物出机温度、入模温度最小限值的说法，正确的是(　　)℃。

A. 10，5　　B. 10，10

C. 20，5　　D. 20，10

[解析] 混凝土拌合物的出机温度不宜低于 10 ℃，入模温度不应低于 5 ℃。

[答案] A

[经典例题·单选] 关于混凝土工程雨期施工的说法，错误的是（　　）。

A. 对粗、细骨料含水率实时监测，及时调整混凝土配合比

B. 选用具有防雨水冲刷性能的模板脱模剂

C. 雨后应检查地基面的沉降，并应对模板及支架进行检查

D. 大雨、暴雨天气不宜进行混凝土露天浇筑

[解析] 雨期施工期间，除采用防护措施外，小雨、中雨天气不宜进行混凝土露天浇筑，且不应开始大面积作业面的混凝土露天浇筑；大雨、暴雨天气不应进行混凝土露天浇筑。选项 D 错误。

[答案] D

考点 2 砌体工程季节性施工技术要求★★

一、冬期施工技术要求

根据《砌体结构工程施工规范》（GB 50924—2014），冬期施工所用材料应符合下列主要规定。

(1) 砌筑前，应清除块材表面污物和冰霜，遇水浸冻后的砖或砌块不得使用。

(2) 石灰膏应防止受冻，当遇冻结，应经融化后方可使用。

(3) 拌制砂浆所用砂，不得含有冰块和直径大于 10 mm 的冻结块。

(4) 砂浆宜采用普通硅酸盐水泥拌制，冬期砌筑不得使用无水泥拌制的砂浆。

(5) 拌合砂浆宜采用两步投料法，水的温度不得超过 80 ℃，砂的温度不得超过 40 ℃，砂浆稠度宜较常温适当增大。

(6) 砌筑时砂浆温度不应低于 5 ℃。

(7) 砌筑砂浆试块的留置，除应按常温规定要求外，尚应增设一组与砌体同条件养护的试块。

冬期施工中，每日砌筑高度不宜超过 1.2 m，砌筑后应在砌体表面覆盖保温材料，砌体表面不得留有砂浆。在继续砌筑前，应清理干净砌筑表面的杂物，然后再施工。

下列砌体工程，不得采用掺氯盐的砂浆：

(1) 可能影响装饰效果的建筑物。

(2) 使用湿度大于 80%的建筑物。

(3) 热工要求高的工程。

(4) 配筋、铁埋件无可靠的防腐处理措施的砌体。

(5) 接近高压电线的建筑物。

(6) 经常处于地下水位变化范围内，而又无防水措施的砌体。

(7) 经常受 40 ℃以上高温影响的建筑物。

砖与砂浆的温度差值砌筑时宜控制在 20 ℃以内，且不应超过 30 ℃。

➢ **重点提示：** 此处内容多为规范规定，理论原理较少，对于采用氯盐砂浆的每日砌筑高度应重点把握。

二、雨期施工技术要求

根据《砌体结构工程施工规范》(GB 50924—2014)，雨期施工技术要求如下。

(1) 雨期施工应结合本地区特点，编制专项雨期施工方案，防雨应急材料应准备充足，并对操作人员进行技术交底，施工现场应做好排水措施，砌筑材料应防止雨水冲淋。

(2) 雨期施工应符合下列规定：

①露天作业遇大雨时应停工，对已砌筑砌体应及时进行覆盖；雨后继续施工时，应检查已完工砌体的垂直度和标高。

②应加强原材料的存放和保护，不得久存受潮。

③应加强雨期施工期间的砌体稳定性检查。

④砌筑砂浆的拌合量不宜过多，拌好的砂浆应防止雨淋。

⑤电气装置及机械设备应有防雨设施。

(3) 雨期施工时应防止基槽灌水和雨水冲刷砂浆，每天砌筑高度不宜超过 1.2 m。

(4) 当块材表面存在水渍或明水时，不得用于砌筑。

(5) 夹心复合墙每日砌筑工作结束后，墙体上口应采用防雨布遮盖。

根据《砌体结构工程施工质量验收规范》(GB 50203—2011)，砌筑普通混凝土小型空心砌块砌体，不需对小砌块浇水湿润，如遇天气干燥炎热，宜在砌筑前对其喷水湿润。对轻骨料混凝土小砌块，应提前浇水湿润，块体的相对含水率宜为40%～50%。雨天及小砌块表面有浮水时，不得施工。

➢ **重点提示：** 普通环境下，砌体每天砌筑高度为1.5 m，特殊环境（包括雨期）下，砌体每天砌筑高度为1.2 m。砌块的吸水率较低，故表面有浮水时不得施工。此部分内容需准确记忆，以防在找"不妥之处"的案例题目中考查。

实战演练

［经典例题·单选］冬期施工砌体采用氯盐砂浆施工，每日砌筑高度不宜超过（　　）m。

A. 1.2　　B. 1.4

C. 1.5　　D. 1.8

［解析］砌体采用氯盐砂浆施工，每日砌筑高度不宜超过1.2 m。

［答案］A

［经典例题·单选］雨期施工中，砌筑工程每天砌筑高度最大限值是（　　）m。

A. 0.8　　B. 1.2

C. 1.5　　D. 1.6

［解析］雨期施工中，砌筑工程每天砌筑高度不宜超过1.2 m。

［答案］B

考点 3 地基基础工程冬季施工技术要求★

根据《建筑工程冬期施工规程》（JGJ/T 104—2011），地基基础工程冬季施工技术主要要求如下。

（1）土方回填时，每层铺土厚度应比常温施工时减少20%～25%，预留沉陷量应比常温施工时增加。

对于大面积回填土和有路面的路基及其人行道范围内的平整场地填方，可采用含有冻土块的土回填，但冻土块的粒径不得大于150 mm，其含量不得超过30%。铺填时冻土块应分散开，并应逐层夯实。

（2）冬期施工应在填方前清除基底上的冰雪和保温材料，填方上层部位应采用未冻的或透水性好的土方回填，其厚度应符合设计要求。填方边坡的表层1 m以内，不得采用含有冻土块的土填筑。

（3）室外的基槽（坑）或管沟可采用含有冻土块的土回填，冻土块粒径不得大于150 mm，含量不得超过15%，且应均匀分布。管沟底以上500 mm范围内不得用含有冻土块的土回填。

（4）室内的基槽（坑）或管沟不得采用含有冻土块的土回填，施工应连续进行并应夯实。当采用人工夯实时，每层铺土厚度不得超过200 mm，夯实厚度宜为100～150 mm。

（5）冻结期间暂不使用的管道及其场地回填时，冻土块的含量和粒径可不受限制，但融化后应做适当处理。

(6) 室内地面垫层下回填的土方，填料中不得含有冻土块，并应及时夯实。填方完成后至地面施工前，应采取防冻措施。

(7) 永久性的挖、填方和排水沟的边坡加固修整，宜在解冻后进行。

➤ **重点提示：** 冻土不能填筑的部位内容为高频考点，一般在选择题中考查。

实战演练

[2022 真题·单选] 关于土方回填的说法，错误的是（　　）。

A. 土方回填前应验收基底高程

B. 控制回填材料的粒径和含水率

C. 填筑厚度及压实遍数应根据土质、压实系数及所用机具经试验确定

D. 冬期施工时预留沉降量比常温时适当减少

[解析] 冬季施工中，土方回填时，每层铺土厚度应比常温施工时减少 20%～25%，预留沉陷量应比常温施工时增加。

[答案] D

考点 4 保温工程冬季施工环境技术要求★★

根据《建筑工程冬期施工规程》(JGJ/T 104—2011)，保温工程冬季施工环境技术主要要求如下。

一、外墙外保温工程施工

(1) 外墙外保温工程冬期施工宜采用 EPS 板薄抹灰外墙外保温系统、EPS 板现浇混凝土外墙外保温系统或 EPS 钢丝网架板现浇混凝土外墙外保温系统。

(2) 建筑外墙外保温工程冬期施工最低温度不应低于−5 ℃。

(3) 外墙外保温工程施工期间以及完工后 24 h 内，基层及环境空气温度不应低于 5 ℃。

(4) 进场的 EPS 板胶黏剂、聚合物抹面胶浆应存放于暖棚内。液态材料不得受冻，粉状材料不得受潮，其他材料应符合 JGJ/T 104—2011 第 7 章有关规定。

(5) EPS 板薄抹灰外墙外保温系统应符合下列规定：

①应采用低温型 EPS 板胶黏剂和低温型聚合物抹面胶浆，并应按产品说明书要求进行使用。

②低温型 EPS 板胶黏剂和低温型 EPS 板聚合物抹面胶浆的性能应符合 JGJ/T 104—2011 表 7.2.5-1 和表 7.2.5-2 的规定。

③胶黏剂和聚合物抹面胶浆拌合温度皆应高于 5 ℃，聚合物抹面胶浆拌合水温度不宜大于 80 ℃，且不宜低于 40 ℃。

④拌合完毕的 EPS 板胶黏剂和聚合物抹面胶浆每隔 15 min 搅拌一次，1 h 内使用完毕。

⑤施工前应按常温规定检查基层施工质量，并确保干燥、无结冰、霜冻。

⑥EPS 板粘贴应保证有效粘贴面积大于 50%。

⑦EPS 板粘贴完毕后，应养护至 JGJ/T 104—2011 表 7.2.5-1 和表 7.2.5-2 的规定强度后方可进行面层薄抹灰施工。

➢ **重点提示：** 直接记忆温度要求，另外注意外保温墙保温工程是施工期间及完工后24 h内，基层及环境空气温度不应低于5 ℃，而不是仅在施工时环境空气温度保持在5 ℃。

二、屋面保温工程施工

干铺的保温层可在负温下施工；采用沥青胶结的保温层应在气温不低于−10 ℃时施工；采用水泥、石灰或其他胶结料胶结的保温层应在气温不低于5 ℃时施工。当气温低于上述要求时，应采取保温、防冻措施。

实战演练

[经典例题·多选] 关于外墙外保温工程冬期施工的说法，正确的有（　　）。

A. 施工最低温度不应低于−10 ℃

B. 施工期间以及完工后24 h内，基层及环境空气温度不应低于5 ℃

C. 胶黏剂和聚合物抹面胶浆拌合温度皆应高于5 ℃

D. 聚合物抹面胶浆拌合水温度不宜大于90 ℃，且不宜低于40 ℃

E. EPS板粘贴应保证有效粘贴面积大于30%

[解析] 建筑外墙外保温工程冬期施工最低温度不应低于−5 ℃，选项A错误。胶黏剂和聚合物抹面胶浆拌合温度皆应高于5 ℃，聚合物抹面胶浆拌合水温度不宜大于80 ℃，且不宜低于40 ℃，选项D错误。EPS板粘贴应保证有效粘贴面积大于50%，选项E错误。

[答案] BC

第二篇

建筑工程项目施工管理

第三章

建筑工程项目施工管理

名师导学

本章从招投标管理、合同管理、组织设计管理、现场管理、进度管理、质量管理、安全管理、造价与成本管理等方面讲述了项目经理施工管理工作的主要内容，为整个考试的核心，也是案例题目考查的主线，分值占70分左右。其中，建筑工程施工质量管理、建筑工程验收管理往往结合第二章的内容一起考查，分值占30分左右；建筑工程施工现场管理往往与建筑工程施工安全管理结合起来考查，分值占20分左右；建筑工程施工进度管理、建筑工程施工造价与成本管理、建筑工程施工合同管理为每年必考内容，且与公共课“建设工程施工管理”联系较大，建议结合公共课一起学习；招投标为实务与公共课“建设工程法规及相关知识”的交联考点，在实务题目中考查难度较小，且考查频率较低，建议对招投标程序及时间规定进行重点把握，其余做到了解即可。

考情分析

近四年考试真题分值统计表（单位：分）

节序	节名	2022年			2021年Ⅰ批			2021年Ⅱ批			2020年			2019年		
		单选	多选	案例	单选	多选	案例	单选	多选	案例	单选	多选	案例	单选	多选	案例
第一节	建筑工程施工招标投标管理	1	0	0	0	0	0	0	0	0	0	0	0	0	0	0
第二节	建设工程施工合同管理	1	0	5	1	0	10	1	0	0	0	0	9	0	0	8
第三节	单位工程施工组织设计	0	0	9	1	0	4	0	2	5	0	0	0	1	0	0
第四节	建筑工程施工现场管理	1	4	0	2	2	5	5	0	0	0	2	6	4	2	0

续表

节序	节名	2022年			2021年Ⅰ批			2021年Ⅱ批			2020年			2019年		
		单选	多选	案例	单选	多选	案例	单选	多选	案例	单选	多选	案例	单选	多选	案例
第五节	建筑工程施工进度管理	0	0	8	0	0	16	0	0	5	0	0	8	0	0	20
第六节	建筑工程施工质量管理	3	0	0	0	0	10	1	2	10	1	0	9	0	2	8
第七节	建筑工程施工安全管理	3	0	6	1	2	5	1	0	2	0	2	5	0	4	12
第八节	建筑工程造价与成本管理	0	0	18	0	2	10	0	0	0	0	0	9	0	0	8
第九节	建筑工程验收管理	0	2	0	0	0	5	1	0	0	1	0	0	1	0	15
合计		9	6	46	5	6	65	9	4	22	2	4	46	6	8	71

第一节　建筑工程施工招标投标管理

考点 1　必须进行招标的工程★★

根据《中华人民共和国招标投标法》，在中华人民共和国境内进行下列工程建设项目包括项目的勘察、设计、施工、监理以及与工程建设有关的重要设备、材料等的采购，必须进行招标：

（1）大型基础设施、公用事业等关系社会公共利益、公众安全的项目。

（2）全部或者部分使用国有资金投资或者国家融资的项目。

（3）使用国际组织或者外国政府贷款、援助资金的项目。

根据《中华人民共和国招标投标法实施条例》，这里的工程建设项目是指工程以及与工程建设有关的货物、服务。所称工程，是指建设工程，包括建筑物和构筑物的新建、改建、扩建及其相关的装修、拆除、修缮等。所称与工程建设有关的货物，是指构成工程不可分割的组成部分，且为实现工程基本功能所必需的设备、材料等。所称与工程建设有关的服务，是指为完成工程所需的勘察、设计、监理等服务。

根据《中华人民共和国招标投标法》，任何单位和个人不得将依法必须进行招标的项目化整为零或者以其他任何方式规避招标。

招标投标活动应当遵循公开、公平、公正和诚实信用的原则。

依法必须进行招标的项目，其招标投标活动不受地区或者部门的限制。任何单位和个人不得违法限制或者排斥本地区、本系统以外的法人或者其他组织参加投标，不得以任何方式非法干涉招标投标活动。

考点 2　公开招标与邀请招标★★

根据《中华人民共和国招标投标法》，招标分为公开招标和邀请招标。公开招标是指招标人以招标公告的方式邀请不特定的法人或者其他组织投标。邀请招标是指招标人以投标邀请书的方式邀请特定的法人或者其他组织投标。

根据《中华人民共和国招标投标法实施条例》，国有资金占控股或者主导地位的依法必须进行招标的项目，应当公开招标；但有下列情形之一的，可以邀请招标：

（1）技术复杂、有特殊要求或者受自然环境限制，只有少量潜在投标人可供选择。

（2）采用公开招标方式的费用占项目合同金额的比例过大。

扫码听课

考点 3　招投标程序与时间要求★★★

根据《中华人民共和国招标投标法》，招投标程序与时间要求如图 3-1-1 所示。

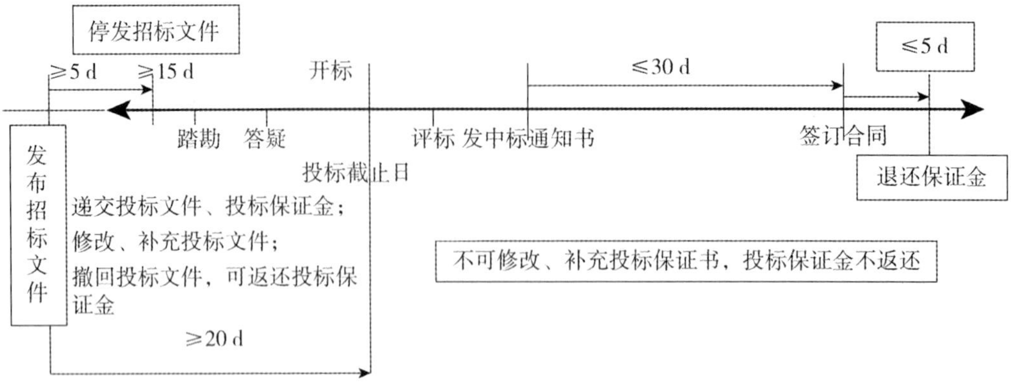

图 3-1-1 招投标程序与时间要求

➢ **重点提示：** 招投标程序与时间要求一般在案例判断是非题目中考查，难度较低，掌握关键词及招投标各个程序的时间节点即可。

实战演练

[**经典例题·多选**] 在中华人民共和国境内，下列项目中必须招标的有（ ）。

A. 大型基础设施、公用事业等关系社会公共利益、公众安全的项目

B. 全部或者部分使用国有资金投资或者国家融资的项目

C. 使用国际组织或者外国政府贷款、援助资金的项目

D. 采购人依法能够自行建设、生产或者提供

E. 抢险、救灾工程

[**解析**] 在中华人民共和国境内进行下列工程建设项目包括项目的勘察、设计、施工、监理以及与工程建设有关的重要设备、材料等的采购，必须进行招标：①大型基础设施、公用事业等关系社会公共利益、公众安全的项目；②全部或者部分使用国有资金投资或者国家融资的项目；③使用国际组织或者外国政府贷款、援助资金的项目。

[**答案**] ABC

考点 4 招投标主要管理要求★★★

根据《中华人民共和国招标投标法》及《中华人民共和国招标投标法实施条例》，对招投标主要管理要求进行总结，见表 3-1-1。

表 3-1-1 招投标主要管理要求

项目	管理要求
招标	（1）任何单位和个人不得以任何方式为招标人指定招标代理机构； （2）任何单位和个人不得强制招标人委托招标代理机构办理招标事宜； （3）招标人有权自行选择招标代理机构； （4）不得排斥潜在投标人； （5）投标人少于 3 个的，招标人应当依照《中华人民共和国招标投标法》重新招标； （6）出售招标文件的时间不得少于 5 d，出售招标文件至提交投标文件截止日不少于 20 d

续表

项目	管理要求
投标	（1）投标文件必须密封，且加盖单位公章和单位负责人签字； （2）投标文件必须在投标截止日前送达； （3）投标联合体必须提交共同投标协议； （4）在提交投标文件截止时间前，投标人可以修改、补充、替换和撤回投标文件； （5）在提交投标文件截止时间后，投标人不得修改、补充、替换投标文件，投标人撤销投标文件的，其投标保证金将被没收
开标	（1）开标与投标截止日同一时间公开进行，开标地为招标文件预先约定地点，主持人为招标人； （2）投标人少于 3 个的，不得开标
评标	（1）评标委员会由 5 人以上单数组成，由招标人的代表和有关技术、经济等方面的专家组成，其中经济、技术方面专家不得少于成员总数的 2/3； （2）投标文件中有含义不明确的内容、明显文字或者计算错误，评标委员会如需要投标人进行澄清的，应书面通知投标人； （3）中标人应由招标人确定，经招标人授权，评标委员会可直接确定中标人
中标	中标人确定后，招标人应当向中标人发出中标通知书，并同时将中标结果通知所有未中标的投标人
签订合同	招标人和中标人应当自中标通知书发出之日起 30 d 内，按照招标文件和中标人的投标文件订立书面合同。招标人和中标人不得再行订立背离合同实质性内容的其他协议，产生争议时，以经过备案的中标合同作为结算依据

➤ **重点提示：**招投标管理要求是案例题的考查重点，务必掌握。

实战演练

[经典例题·案例分析]

背景资料：

某国家重点项目工程，招标人自行采取邀请招标的方式进行招标，并于 2020 年 6 月 25 日向通过资格预审的 A、B、C、D、E、F、G、H 八家施工承包企业发出了投标邀请书，A、B、C、D、E 五家企业均接受邀请并购买了招标文件。招标文件规定，2020 年 7 月 18 日上午 9 时为投标截止时间，且投标单位在递交投标文件之日必须递交投标保证金。

在投标截止时间之前，A、C、D、E 四家企业提交了投标文件，B 企业由于路途遇到交通管制其投标文件于 2020 年 7 月 18 日上午 9 时 35 分送达。2020 年 7 月 19 日上午，在当地招投标监督管理办公室主任主持下进行了公开开标。

评标委员会由 6 人组成，其中当地招投标监督管理办公室 1 人、公证机构 1 人、招标人代表 1 人、技术经济专家 3 人。评标过程中，评标委员会发现 A 企业投标文件无法定代表人签字和单位公章，其他施工单位的投标文件均符合招标文件要求。后经评标委员会评标确定 D 企业中标，2020 年 7 月 23 日招标人向 D 企业发出了中标通知书，2020 年 8 月 25 日双方签订了书面合同。

[问题]

1. 在该工程开标之前所进行的招标工作有哪些不妥之处？请说明理由。

2. A 和 B 企业的投标文件是否有效？分别说明理由。

3. 请指出开标工作的不妥之处，并说明理由。

4. 请指出评标委员会组成的不妥之处，并说明理由。

5. 招标人签订合同的日期是否妥当？请说明理由。

[答案]

1. (1) 不妥之处一：招标人自行决定对国家重点项目采用邀请招标的方式不妥。

理由：按照《中华人民共和国招标投标法》的规定，对于国务院发展计划部门确定的国家重点项目和省、自治区、直辖市人民政府确定的地方重点项目不适宜公开招标的，要经过国务院发展计划部门或省、自治区、直辖市人民政府的批准，方可采取邀请招标方式。

(2) 不妥之处二：招标单位要求投标单位在递交投标文件之日必须递交投标保证金。

理由：按照《中华人民共和国招标投标法》的规定，投标保证金应在投标截止前递交。

2. A 和 B 企业的投标文件均无效。

理由：(1) A 企业投标文件无法定代表人的签字和单位公章，属于存在重大偏差，应作废标处理。

(2) B 企业的投标文件送达时间迟于投标截止时间，因此该投标文件应被拒收。

3. (1) 不妥之处一：投标截止日期后第二天开标。

理由：按照《中华人民共和国招标投标法》的规定，开标应在投标文件确定的提交投标文件截止时间的同一时间公开进行。

(2) 不妥之处二：由当地招投标监督管理办公室主任主持开标。

理由：按照《中华人民共和国招标投标法》的规定，开标应由招标人主持。

4. (1) 不妥之处一：评标委员会由 6 人组成。

理由：按照《中华人民共和国招标投标法》的规定，评标委员会成员人数为 5 人以上单数。

(2) 不妥之处二：评标委员会中有招投标监督管理办公室 1 人。

理由：按照《中华人民共和国招标投标法》和《评标委员会和评标方法暂行规定》(七部委令第 12 号 2013 年修订版) 要求，项目主管部门或者行政监督部门的人员不得担任评标委员会成员。

(3) 不妥之处三：评标委员会中有公证机构 1 人。

理由：通常情况下，公证人员不熟悉工程项目的相关业务，因此担任评标委员会成员不妥。

(4) 不妥之处四：技术、经济方面专家人数不到 2/3。

理由：按照《中华人民共和国招标投标法》的规定，评标委员会技术、经济等方面的专家不得少于成员总数的 2/3，本案例中技术、经济专家比例仅为 1/2，低于规定比例要求。

5. 招标人签订合同的日期不妥。

根据《中华人民共和国招标投标法》的规定，招标人和中标人应当自中标通知书发出之日起 30 日内订立书面合同，本案例中两者时间间隔已超过了 30 d。

第三章

第二节　建筑工程施工合同管理

施工单位中标后，建设单位与施工单位在《中华人民共和国招标投标法》规定的期限内，根据《建设工程施工合同（示范文本）》（GF—2017—0201）（以下简称《示范文本》），签订施工合同。施工合同贯穿于施工过程的始末。

考点 1　施工合同的组成★★

（1）《示范文本》由合同协议书、通用合同条款和专用合同条款三部分组成。

（2）《示范文本》合同协议书共计 13 条，主要包括：工程概况、合同工期、质量标准、签约合同价和合同价格形式、项目经理、合同文件构成、承诺以及合同生效条件等重要内容，集中约定了合同当事人基本的合同权利与义务。

（3）《合同协议书》与下列文件一起构成合同文件：

①中标通知书（如果有）。

②投标函及其附录（如果有）。

③专用合同条款及其附件。

④通用合同条款。

⑤技术标准和要求。

⑥图纸。

⑦已标价工程量清单或预算书。

⑧其他合同文件。

在合同订立及履行过程中形成的与合同有关的文件均构成合同文件组成部分。

上述各项合同文件包括合同当事人就该项合同文件所作出的补充和修改，属于同一类内容的文件，应以最新签署的为准。专用合同条款及其附件须经合同当事人签字或盖章。

➢ **重点提示：**（1）重点掌握《示范文本》的三大部分，可考查选择题，也可考查案例问答及问答补缺题。

（2）以上文件的排列顺序即施工合同文件的解释顺序，对于同一内容，文件的各个组成部分应能相互解释、互相说明。对于同一个文件，时间越晚，越具有优先解释权。

实战演练

[经典例题·单选] 中标通知书、施工合同协议书和施工合同专用条款是施工合同文件的组成部分，就这三部分而言，如果在施工合同文件中出现不一致时，其优先解释顺序为（　　）。

A. 中标通知书、施工合同协议书、施工合同专用条款

B. 施工合同协议书、中标通知书、施工合同专用条款

C. 施工合同协议书、施工合同专用条款、中标通知书

D. 中标通知书、施工合同专用条款、施工合同协议书

［解析］施工合同文件的组成：①中标通知书（如果有）；②投标函及其附录（如果有）；③专用合同条款及其附件；④通用合同条款；⑤技术标准和要求；⑥图纸；⑦已标价工程量清单或预算书；⑧其他合同文件。施工合同各组成部分应能互相解释、互相说明，当合同文件中出现不一致时，上述顺序即合同的优先解释顺序。

［答案］B

［经典例题·多选］关于《建设工程施工合同（示范文本）》组成部分的说法，正确的有（　　）。

A. 合同协议书　　B. 通用合同条款

C. 专用合同条款　　D. 保修书

E. 四方验收单

［解析］工程质量保修书作为施工合同附件，由施工合同发包人和承包人双方另外共同签署，故选项D错误。"四方验收单"不属于《建设工程施工合同（示范文本）》组成部分。四方验收单是指设计单位、施工单位、监理单位和建设单位这四方对该项目是否符合规划设计要求以及建筑施工和设备安装质量进行全面检验，取得竣工合格资料、数据和凭证，故选项E错误。

［答案］ABC

考点 2 合同的履行★

根据《建设项目工程总承包管理规范》（GB/T 50358—2017），合同履行的相关内容如下。

（1）工程总承包项目合同管理应包括工程总承包合同和分包合同管理。

（2）工程总承包合同管理宜包括下列主要内容：

①接收合同文本并检查、确认其完整性和有效性。

②熟悉和研究合同文本，了解和明确项目发包人的要求。

③确定项目合同控制目标，制定实施计划和保证措施。

④检查、跟踪合同履行情况。

⑤对项目合同变更进行管理。

⑥对合同履行中发生的违约、索赔和争议处理等事宜进行处理。

⑦对合同文件进行管理。

⑧进行合同收尾。

（3）项目部合同管理人员应全过程跟踪检查合同履行情况，收集和整理合同信息和管理绩效评价，并应按规定报告项目经理。

（4）项目合同变更应按下列程序进行：

①提出合同变更申请。

②控制经理组织相关人员开展合同变更评审并提出实施和控制计划。

③报项目经理审查和批准，重大合同变更应报工程总承包企业负责人签认。

④经项目发包人签认，形成书面文件。

⑤组织实施。

（5）提出合同变更申请时应填写合同变更单。合同变更单宜包括下列主要内容：

①变更的内容。

②变更的理由和处理措施。

③变更的性质和责任承担方。

④对项目质量、安全、费用和进度等的影响。

（6）合同争议处理应按下列程序进行：

①准备并提供合同争议事件的证据和详细报告。

②通过和解或调解达成协议，解决争议。

③和解或调解无效时，按合同约定提交仲裁或诉讼处理。

（7）项目部应依据合同约定，对合同的违约责任进行处理。

（8）合同索赔处理应符合下列规定：

①应执行合同约定的索赔程序和规定。

②应在规定时限内向对方发出索赔通知，并提出书面索赔报告和证据。

③应对索赔费用和工期的真实性、合理性及准确性进行核定。

④应按最终商定或裁定的索赔结果进行处理。索赔金额可作为合同总价的增补款或扣减款。

（9）项目合同文件管理应符合下列规定：

①应明确合同管理人员在合同文件管理中的职责，并依据合同约定的程序和规定进行合同文件管理。

②合同管理人员应对合同文件定义范围内的信息、记录、函件、证据、报告、合同变更、协议、会议纪要、签证单据、图纸资料、标准规范及相关法规等进行收集、整理和归档。

（10）合同收尾工作应符合下列规定：

①合同收尾工作应依据合同约定的程序、方法和要求进行。

②合同管理人员应建立合同文件索引目录。

③合同管理人员确认合同约定的保修期或缺陷责任期已满并完成了缺陷修补工作时，应向项目发包人发出书面通知，要求项目发包人组织核定工程最终结算及签发合同项目履约证书或验收证书，关闭合同。

④项目竣工后，项目部应对合同履行情况进行总结和评价。

考点 3　施工总承包★

根据《中华人民共和国建筑法》，施工总承包的相关内容如下。

（1）提倡对建筑工程实行总承包，禁止将建筑工程肢解发包。

建筑工程的发包单位可以将建筑工程的勘察、设计、施工、设备采购一并发包给一个工程总承包单位，也可以将建筑工程勘察、设计、施工、设备采购的一项或者多项发包给一个工程总承包单位；但是，不得将应当由一个承包单位完成的建筑工程肢解成若干部分发包给几个承包单位。

（2）按照合同约定，建筑材料、建筑构配件和设备由工程承包单位采购的，发包单位不得指定承包单位购入用于工程的建筑材料、建筑构配件和设备或者指定生产厂、供应商。

（3）承包建筑工程的单位应当持有依法取得的资质证书，并在其资质等级许可的业务范围内承揽工程。

禁止建筑施工企业超越本企业资质等级许可的业务范围或者以任何形式用其他建筑施工企业的名义承揽工程。禁止建筑施工企业以任何形式允许其他单位或者个人使用本企业的资质证书、营业执照，以本企业的名义承揽工程。

（4）大型建筑工程或者结构复杂的建筑工程，可以由两个以上的承包单位联合共同承包。共同承包的各方对承包合同的履行承担连带责任。

两个以上不同资质等级的单位实行联合共同承包的，应当按照资质等级低的单位的业务许可范围承揽工程。

（5）禁止承包单位将其承包的全部建筑工程转包给他人，禁止承包单位将其承包的全部建筑工程肢解以后以分包的名义分别转包给他人。

（6）建筑工程总承包单位可以将承包工程中的部分工程发包给具有相应资质条件的分包单位，但是除总承包合同中约定的分包外，必须经建设单位认可。施工总承包的，建筑工程主体结构的施工必须由总承包单位自行完成。

建筑工程总承包单位按照总承包合同的约定对建设单位负责；分包单位按照分包合同的约定对总承包单位负责。总承包单位和分包单位就分包工程对建设单位承担连带责任。

禁止总承包单位将工程分包给不具备相应资质条件的单位。禁止分包单位将其承包的工程再分包。

考点 4 施工合同的变更★★★

根据《建设工程施工合同（示范文本）》（GF—2017—0201），施工合同变更的相关内容如下。

一、变更的范围

除专用合同条款另有约定外，合同履行过程中发生以下情形的，应按照本条约定进行变更：

（1）增加或减少合同中任何工作，或追加额外的工作。

（2）取消合同中任何工作，但转由他人实施的工作除外。

（3）改变合同中任何工作的质量标准或其他特性。

（4）改变工程的基线、标高、位置和尺寸。

（5）改变工程的时间安排或实施顺序。

二、变更权

发包人和监理人均可以提出变更。变更指示均通过监理人发出，监理人发出变更指示前应征得发包人同意。承包人收到经发包人签认的变更指示后，方可实施变更。未经许可，承包人不得擅自对工程的任何部分进行变更。

涉及设计变更的，应由设计人提供变更后的图纸和说明。如变更超过原设计标准或批准的建设规模时，发包人应及时办理规划、设计变更等审批手续。

三、变更程序

(一) 发包人提出变更

发包人提出变更的，应通过监理人向承包人发出变更指示，变更指示应说明计划变更的工程范围和变更的内容。

(二) 监理人提出变更建议

监理人提出变更建议的，需要向发包人以书面形式提出变更计划，说明计划变更工程范围和变更的内容、理由，以及实施该变更对合同价格和工期的影响。发包人同意变更的，由监理人向承包人发出变更指示。发包人不同意变更的，监理人无权擅自发出变更指示。

(三) 变更执行

承包人收到监理人下达的变更指示后，认为不能执行，应立即提出不能执行该变更指示的理由。承包人认为可以执行变更的，应当书面说明实施该变更指示对合同价格和工期的影响，且合同当事人应当按照《建设工程施工合同（示范文本）》第 10.4 款〔变更估价〕约定确定变更估价。

四、变更估价

(一) 变更估价原则

除专用合同条款另有约定外，变更估价按照本款约定处理：

(1) 已标价工程量清单或预算书有相同项目的，按照相同项目单价认定。

(2) 已标价工程量清单或预算书中无相同项目，但有类似项目的，参照类似项目的单价认定。

(3) 变更导致实际完成的变更工程量与已标价工程量清单或预算书中列明的该项目工程量的变化幅度超过 15%的，或已标价工程量清单或预算书中无相同项目及类似项目单价的，按照合理的成本与利润构成的原则，由合同当事人按照《建设工程施工合同（示范文本）》第 4.4 款〔商定或确定〕确定变更工作的单价。

(二) 变更估价程序

承包人应在收到变更指示后 14 d 内，向监理人提交变更估价申请。监理人应在收到承包人提交的变更估价申请后 7 d 内审查完毕并报送发包人，监理人对变更估价申请有异议，通知承包人修改后重新提交。发包人应在承包人提交变更估价申请后 14 d 内审批完毕。发包人逾期未完成审批或未提出异议的，视为认可承包人提交的变更估价申请。

因变更引起的价格调整应计入最近一期的进度款中支付。

合同变更的程序如图 3-2-1 所示。

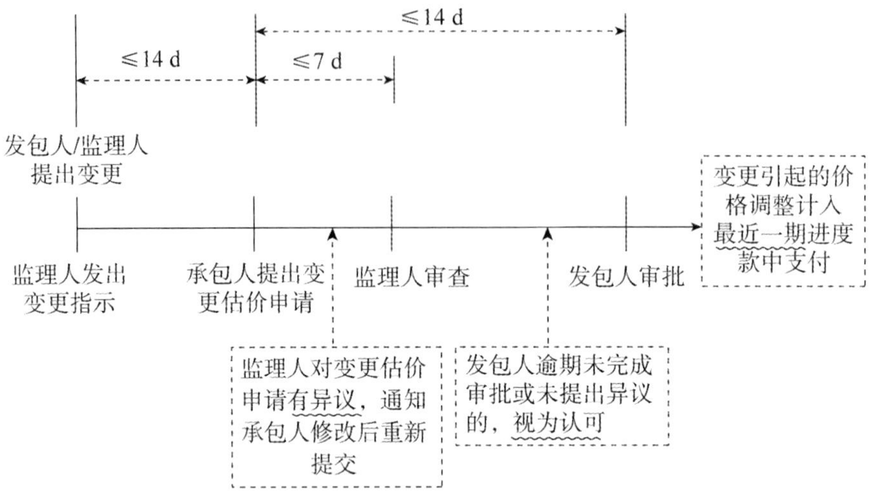

图 3-2-1　合同变更的程序

五、承包人的合理化建议

承包人提出合理化建议的，应向监理人提交合理化建议说明，说明建议的内容和理由，以及实施该建议对合同价格和工期的影响。

除专用合同条款另有约定外，监理人应在收到承包人提交的合理化建议后 7 d 内审查完毕并报送发包人，发现其中存在技术上的缺陷，应通知承包人修改。发包人应在收到监理人报送的合理化建议后 7 d 内审批完毕。合理化建议经发包人批准的，监理人应及时发出变更指示，由此引起的合同价格调整按照《建设工程施工合同（示范文本）》第 10.4 款〔变更估价〕的约定执行。发包人不同意变更的，监理人应书面通知承包人。

合理化建议降低了合同价格或者提高了工程经济效益的，发包人可对承包人给予奖励，奖励的方法和金额在专用合同条款中约定。

六、变更引起的工期调整

因变更引起工期变化的，合同当事人均可要求调整合同工期，由合同当事人按照《建设工程施工合同（示范文本）》第 4.4 款〔商定或确定〕并参考工程所在地的工期定额标准确定增减工期天数。

➢ **重点提示：** 施工合同变更属于公共课与实务课的交联考点，对于变更程序与时间结点务必掌握。

实战演练

［**2021 真题·单选**］发包人提出设计变更时，向承包人发出变更指令的是（　　）。

A. 监理人　　B. 发包人

C. 设计人　　D. 承包人

［**解析**］发包人提出设计变更时，向承包人发出变更指令的是监理人。

［**答案**］A

［2017 真题·案例节选］

背景资料：

某施工单位在中标的某高档办公楼工程中，与建设单位按照《建设工程施工合同（示范文本）》（GF—2013—0201）签订了施工总承包合同，合同中约定总承包单位将装饰装修、幕墙等分部分项工程进行专业分包。

施工过程中，监理单位下发针对专业分包工程范围内墙面装饰装修做法的设计变更指令，在变更指令下发后第 10 天，专业分包单位向监理工程师提出该项变更的估价申请。监理工程师审核时发现计算有误，要求施工单位修改。于变更令下发后的第 17 天，监理工程师再次收到变更估价申请，经审核无误后提交建设单位，但一直未收到建设单位的审批意见。次月底，施工单位在上报已完工程进度款支付时，包含了经监理工程师审核、已完成的该项变更所对应的费用，建设单位以未审批同意为由予以扣除，并提出变更设计增加款项只能在竣工结算前最后一期的进度款中支付。

……

［问题］

在墙面装饰装修做法的设计变更估价申请报送及进度款支付过程中都存在哪些错误之处？分别写出正确的做法。

［答案］

（1）错误之处一：专业分包单位不应直接向监理工程师提出变更估价申请。

正确做法：专业分包单应向总包单位提出，由总包单位向监理工程师提出申请。

（2）错误之处二：建设单位以未审批为理由予以扣除该项变更的费用。

正确做法：发包人在承包人提交变更估价申请后 14 d 内予以审批，逾期未审批的视为认可承包人提交的变更估价申请。建设单位应该认同该项变更费用，不应扣除。

（3）错误之处三：变更设计增加款项只能在竣工结算前最后一期的进度款中支付。

正确做法：变更设计增加款项应在同期的进度款中一起支付。

考点 5 施工合同的索赔★★★

扫码听课

根据《建设工程施工合同（示范文本）》（GF—2017—0201）和《建设工程项目管理规范》（GB/T 50326—2017），施工合同索赔的相关内容如下。

一、承包人的索赔

根据合同约定，承包人认为有权得到追加付款和（或）延长工期的，应按以下程序向发包人提出索赔：

（1）承包人应在知道或应当知道索赔事件发生后 28 d 内，向监理人递交索赔意向通知书，并说明发生索赔事件的事由；承包人未在前述 28 d 内发出索赔意向通知书的，丧失要求追加付款和（或）延长工期的权利。

（2）承包人应在发出索赔意向通知书后 28 d 内，向监理人正式递交索赔报告；索赔报告应详细说明索赔理由以及要求追加的付款金额和（或）延长的工期，并附必要的记录和证明材料。

(3) 索赔事件具有持续影响的，承包人应按合理时间间隔继续递交延续索赔通知，说明持续影响的实际情况和记录，列出累计的追加付款金额和（或）工期延长天数。

(4) 在索赔事件影响结束后 28 d 内，承包人应向监理人递交最终索赔报告，说明最终要求索赔的追加付款金额和（或）延长的工期，并附必要的记录和证明材料。

二、对承包人索赔的处理

(1) 监理人应在收到索赔报告后 14 d 内完成审查并报送发包人。监理人对索赔报告存在异议的，有权要求承包人提交全部原始记录副本。

(2) 发包人应在监理人收到索赔报告或有关索赔的进一步证明材料后的 28 d 内，由监理人向承包人出具经发包人签认的索赔处理结果。发包人逾期答复的，则视为认可承包人的索赔要求。

(3) 承包人接受索赔处理结果的，索赔款项在当期进度款中进行支付；承包人不接受索赔处理结果的，按照《建设工程施工合同（示范文本）》第 20 条〔争议解决〕约定处理。

三、索赔的证据

根据《建设工程项目管理规范》，索赔依据、索赔证据、索赔程序之间具有内在的关联性，是合同索赔成立不可或缺的三个重要条件。其中：

(1) 索赔证据包括当事人陈述、书证、物证、视听资料、电子数据、证人证言、鉴定意见、勘验笔录等证据形式。经查证属实的证据才能作为认定事实的依据。

(2) 在合同约定或者法律规定的期限内提出索赔文件、完成审查或者签认索赔文件，是索赔得以确认的重要保证。

考点 6 隐蔽工程检查★★

根据《建设工程施工合同（示范文本）》（GF—2017—0201），隐蔽工程检查的相关内容如下。

一、承包人自检

承包人应当对工程隐蔽部位进行自检，并经自检确认是否具备覆盖条件。

二、检查程序

除专用合同条款另有约定外，工程隐蔽部位经承包人自检确认具备覆盖条件的，承包人应在共同检查前 48 h 书面通知监理人检查，通知中应载明隐蔽检查的内容、时间和地点，并应附有自检记录和必要的检查资料。

监理人应按时到场并对隐蔽工程及其施工工艺、材料和工程设备进行检查。经监理人检查确认质量符合隐蔽要求，并在验收记录上签字后，承包人才能进行覆盖。经监理人检查质量不合格的，承包人应在监理人指示的时间内完成修复，并由监理人重新检查，由此增加的费用和（或）延误的工期由承包人承担。

除专用合同条款另有约定外，监理人不能按时进行检查的，应在检查前 24 h 向承包人提交书面延期要求，但延期不能超过 48 h，由此导致工期延误的，工期应予以顺延。监理人未按时进行检查，也未提出延期要求的，视为隐蔽工程检查合格，承包人可自行完成覆盖工作，并做相应记录报送监理人，监理人应签字确认。监理人事后对检查记录有疑问的，可按《建设工程施工合同（示范文本）》第5.3.3项〔重新检查〕（即下文的“三、重新检查”）的约定重新检查。

三、重新检查

承包人覆盖工程隐蔽部位后，发包人或监理人对质量有疑问的，可要求承包人对已覆盖的部位进行钻孔探测或揭开重新检查，承包人应遵照执行，并在检查后重新覆盖恢复原状。经检查证明工程质量符合合同要求的，由发包人承担由此增加的费用和（或）延误的工期，并支付承包人合理的利润；经检查证明工程质量不符合合同要求的，由此增加的费用和（或）延误的工期由承包人承担。

四、承包人私自覆盖

承包人未通知监理人到场检查，私自将工程隐蔽部位覆盖的，监理人有权指示承包人钻孔探测或揭开检查，无论工程隐蔽部位质量是否合格，由此增加的费用和（或）延误的工期均由承包人承担。

五、不合格工程的处理

（1）因承包人原因造成工程不合格的，发包人有权随时要求承包人采取补救措施，直至达到合同要求的质量标准，由此增加的费用和（或）延误的工期由承包人承担。无法补救的，按照《建设工程施工合同（示范文本）》第13.2.4项〔拒绝接收全部或部分工程〕约定执行。

（2）因发包人原因造成工程不合格的，由此增加的费用和（或）延误的工期由发包人承担，并支付承包人合理的利润。

六、质量争议检测

合同当事人对工程质量有争议的，由双方协商确定的工程质量检测机构鉴定，由此产生的费用及因此造成的损失，由责任方承担。合同当事人均有责任的，由双方根据其责任分别承担。合同当事人无法达成一致的，按照《建设工程施工合同（示范文本）》第4.4款〔商定或确定〕执行。

➢ **重点提示：**隐蔽工程的检查是案例题的高频考查对象，务必掌握其中的原理。

实战演练

［2013真题·案例节选］

背景资料：

某开发商投资新建一住宅小区工程，包括住宅楼5栋，会所1栋，以及小区市政管网和道路设施，总建筑面积为24 000 m^2。经公开招投标，某施工总承包单位中标，双方依据《建设工程施工合同（示范文本）》签订了施工总承包合同。

施工总承包合同中约定的部分条款如下：

（1）合同造价为3 600万元，除设计变更、钢筋与水泥价格变动及承包合同范围外的工作内容据实调整外，其他费用均不调整。

（2）合同工期为306 d，自2012年3月1日起至2012年12月31日止。工期奖罚标准为2万元/d。

在合同履行过程中，发生了下列事件：

事件一：因钢筋价格上涨较大，建设单位与施工总承包单位签订了《关于钢筋价格调整的补充协议》，协议价款为60万元。

事件二：施工总承包单位进场后，建设单位将水电安装及住宅楼塑钢窗指定分包给A专业公司，并指定采用某品牌塑钢窗。A专业公司为保证工期，又将塑钢窗分包给B公司施工。

事件三：2012年3月22日，施工总承包单位在基础底板施工期间，因连续降雨发生了排水费用6万元。2012年4月5日，某批次国产钢筋常规检测合格，建设单位以保证工程质量为由，要求施工总承包单位还需对该批次钢筋进行化学成分分析，施工总承包单位委托具备资质的检测单位进行了检测，化学成分检测费用8万元，检测结果合格。针对上述问题，施工总承包单位按索赔程序和时限要求，分别提出6万元排水费用、8万元检测费用的索赔。

事件四：工程竣工验收后，施工总承包单位于2012年12月28日向建设单位提交了竣工验收报告，建设单位于2013年1月5日确认验收通过，并开始办理工程结算。

［问题］

1. 分别指出事件三中施工总承包单位的两项索赔是否成立？并说明理由。

2. 指出本工程的竣工验收日期是哪一天，工程结算总价是多少万元？

［答案］

1.（1）施工总承包单位提出6万元排水费用索赔不成立。

理由：连续降雨属于一个有经验的承包商可以预见的事情，该降雨造成的费用损失应包含在合同价款中。

（2）施工总承包单位提出8万元钢筋检测费用索赔成立。

理由：根据规定，建设单位对已经过检验的材料质量有怀疑时，可进行重新检验，若重新检验合格的，由建设单位承担由此增加的费用。

2.（1）本工程竣工验收日期是2012年12月28日。

（2）工程结算总价＝合同造价＋补充协议价款＋检测费用索赔＋提前完工奖励＝3 600＋60＋8＋（2×3）＝3 674（万元）。

考点 7 不可抗力的索赔原则★★★

根据《建设工程施工合同（示范文本）》（GF—2017—0201），不可抗力索赔原则的相关内容如下。

一、不可抗力的确认

不可抗力是指合同当事人在签订合同时不可预见，在合同履行过程中不可避免且不能克服的自然灾害和社会性突发事件，如地震、海啸、瘟疫、骚乱、戒严、暴动、战争和专用合同条款中约定的其他情形。

不可抗力发生后，发包人和承包人应收集证明不可抗力发生及不可抗力造成损失的证据，并及时认真统计所造成的损失。合同当事人对是否属于不可抗力或其损失的意见不一致的，由监理人按第 4.4 款〔商定或确定〕的约定处理。发生争议时，按第 20 条〔争议解决〕的约定处理。

二、不可抗力的通知

合同一方当事人遇到不可抗力事件，使其履行合同义务受到阻碍时，应立即通知合同另一方当事人和监理人，书面说明不可抗力和受阻碍的详细情况，并提供必要的证明。

不可抗力持续发生的，合同一方当事人应及时向合同另一方当事人和监理人提交中间报告，说明不可抗力和履行合同受阻的情况，并于不可抗力事件结束后 28 d 内提交最终报告及有关资料。

三、不可抗力后果的承担

(1) 不可抗力引起的后果及造成的损失由合同当事人按照法律规定及合同约定各自承担。不可抗力发生前已完成的工程应当按照合同约定进行计量支付。

(2) 不可抗力导致的人员伤亡、财产损失、费用增加和（或）工期延误等后果，由合同当事人按以下原则承担：

①永久工程、已运至施工现场的材料和工程设备的损坏，以及因工程损坏造成的第三人人员伤亡和财产损失由发包人承担。

②承包人施工设备的损坏由承包人承担。

③发包人和承包人承担各自人员伤亡和财产的损失。

④因不可抗力影响承包人履行合同约定的义务，已经引起或将引起工期延误的，应当顺延工期，由此导致承包人停工的费用损失由发包人和承包人合理分担，停工期间必须支付的工人工资由发包人承担。

⑤因不可抗力引起或将引起工期延误，发包人要求赶工的，由此增加的赶工费用由发包人承担。

⑥承包人在停工期间按照发包人要求照管、清理和修复工程的费用由发包人承担。

不可抗力发生后，合同当事人均应采取措施尽量避免和减少损失的扩大，任何一方当事人没有采取有效措施导致损失扩大的，应对扩大的损失承担责任。

因合同一方迟延履行合同义务，在迟延履行期间遭遇不可抗力的，不免除其违约责任。

➤ **重点提示：** 施工合同的索赔属于案例题的必考点，尤其是不可抗力的索赔原则（谁的损失谁承担）是重中之重，对于索赔的判定原则务必掌握。

实战演练

［2021 真题·案例分析］

背景资料：

建设单位 A 与总承包公司 B 于 5 月 30 日签订了某科研实验楼的总承包合同，合同中约定了变更工作事项。B 公司编制施工组织设计与进度计划，并获得监理工程师批准。

B 公司将工程桩分包给 C 公司，并签订了分包合同，施工内容为混凝土灌注桩 600 根，桩直径为 600 mm，桩长为 20 m，混凝土充盈系数为 1.1。分包合同约定，6 月 18 日开工，7 月 17 日完工，打桩工程直接费单价为 280 元/m^3，综合费率为直接费的 20%。

在施工过程中发生了下列事件：

事件一：由于C公司桩机故障，C公司于6月16日以书面形式向B公司提交了延期开工申请，工程于6月21日开工。

事件二：由于建设单位图纸原因，监理工程师发出6月25日开始停工、6月27日复工指令。7月1日开始连续下了一周的罕见大雨，工程桩无法施工，停工7 d。

事件三：7月10日，由于建设单位图纸变更，监理工程师下达指令，增加100根工程桩（桩型同原工程桩）。B公司书面向监理工程师提出了工程延期及变更估价申请。

［问题］

1. 事件一中，C公司提出的延期申请是否有效？说明理由。

2. 事件二中，工期索赔是否成立？说明理由。如果成立，索赔工期为多少天？

3. 事件三中，可索赔工期多少天？列出计算式。合理的索赔金额是多少（保留小数点后两位）？并列出计算式。工程桩直接费单价是否可以调整？说明理由。

［答案］

1. C公司提出的延期申请无效。

理由：分包人不能按时开工，应当不迟于合同协议书约定的开工日期前5日，以书面形式向承包人提出延期开工的理由。

2.（1）由于建设单位图纸原因，监理工程师发出6月25日开始停工、6月27日开始复工指令。针对此事件的工期索赔成立，可索赔工期2 d。

理由：设计图纸属于建设单位应当承担的责任事件。

（2）7月1日开始连续下了一周的罕见大雨，停工7 d。针对此事件的工期索赔成立，可索赔工期7 d。

理由：不可抗力事件引起的工期延误应由建设单位承担。

（3）工期索赔合计：2+7=9（d）。

3.（1）分包合同约定，6月18日开工，7月17日完工，故可知工期为30 d。

分包合同施工内容为混凝土灌注桩600根，可知每天施工桩数为600/30=20（根）。

因此，事件三中可索赔工期为：100/20=5（d）。

（2）事件三费用索赔：3.14×（0.6/2）×（0.6/2）×20×1.1×100×280×（1+20%）=208 897.92（元）。

（3）工程桩直接费单价不可以调整。

理由：除专用合同条款另有约定外，变更估价按照条款约定处理，即“已标价工程量清单或预算书有相同项目的，按照相同项目单价认定”。

［2019真题·案例节选］

背景资料：

沿海地区某群体住宅工程，包含整体地下室、8栋住宅楼、1栋物业配套楼以及小区公共区域园林绿化等，业态丰富、体量较大，工期暂定3.5年。招标文件约定：采用工程量清单计价模式，要求投标单位充分考虑风险，特别是通用措施费用项目均应以有竞争力的报价投标，最终按固定总价签订施工合同。

第三章

招标过程中，投标单位针对招标文件不妥之处向建设单位申请答疑，建设单位修订招标文件后履行完招标流程，最终确定施工单位A中标，并参照《建设工程施工合同（示范文本）》（GF—2017—0201）与A单位签订施工承包合同。

……

在施工过程中，当地遭遇罕见强台风，导致项目发生如下情况：

（1）整体中断施工24 d。

（2）施工人员大量窝工，发生窝工费用88.4万元。

（3）工程清理及修复发生费用30.7万元。

（4）为提高后续抗台风能力，部分设计进行变更，经估算涉及费用22.5万元，该变更不影响总工期。

A单位针对上述情况均按合规程序向建设单位提出索赔，建设单位认为上述事项全部由罕见强台风导致，非建设单位过错，应属于总价合同模式下施工单位应承担的风险，均不予同意。

［问题］

针对A单位提出的四项索赔，分别判断是否成立。

［参考答案］

（1）事件一：24 d工期索赔成立。不可抗力造成的工期延误应该由建设单位承担。

（2）事件二：窝工费用索赔不成立。不可抗力造成的人员窝工，各自承担。

（3）事件三：费用索赔成立。不可抗力造成的工程损失及修复费用由建设单位承担。

（4）事件四：费用索赔成立。设计变更造成的费用增加由建设单位承担。

第三节　单位工程施工组织设计

考点 1　施工组织设计的分类★★

根据《建筑施工组织设计规范》（GB/T 50502—2009），施工组织设计是以施工项目为对象编制的，用以指导施工的技术、经济和管理的综合性文件。施工组织设计按编制对象，可分为施工组织总设计、单位工程施工组织设计和施工方案。以若干单位工程组成的群体工程或特大型项目为主要对象编制的施工组织设计为施工组织总设计，对整个项目的施工过程起统筹规划、重点控制的作用。以单位（子单位）工程为主要对象编制的施工组织设计为单位工程施工组织设计，对单位（子单位）工程的施工过程起指导和制约作用。以分部（分项）工程或专项工程为主要对象编制的施工技术与组织方案为施工方案，用以指导其施工过程。

考点 2　施工组织设计的基本内容★★

根据《建筑施工组织设计规范》（GB/T 50502—2009），对施工组织设计的基本内容进行总结，见表3-3-1。

表 3-3-1 施工组织设计的基本内容

施工组织总设计	单位工程施工组织设计	施工方案
工程概况	工程概况	工程概况
总体施工部署	施工部署	施工安排
施工总进度计划	施工进度计划	施工进度计划
总体施工准备与主要资源配置计划	施工准备与资源配置计划	施工准备与资源配置计划
主要施工方法	主要施工方案	施工方法及工艺要求
施工总平面布置	施工现场平面布置	

➢ **重点提示：**此部分内容一般考查案例问答题或案例补缺题，注意所有的组织设计中均有“编制依据”和“工程概况”，另外施工组织设计中还包括主要的施工管理计划。

实战演练

［2017 真题·案例节选］

背景资料：

某建筑施工单位在新建办公楼工程前，按照《建筑施工组织设计规范》（GB/T 50502—2009）规定的单位工程施工组织设计应包含的各项基本内容编制了本工程的施工组织设计，经相应人员审批后报监理机构，在总监理工程师审批签字后按此组织设计施工。

……

［问题］

本工程的施工组织设计中应包含哪些基本内容？

［答案］

单位工程施工组织设计的基本内容应包含：工程概况、施工部署、施工进度计划、施工准备与资源配置计划、主要施工方案、施工现场平面布置等基本内容。

考点 3 施工组织设计的管理要求★★★

扫码听课

根据《建筑施工组织设计规范》（GB/T 50502—2009），施工组织设计的管理要求如下。

一、施工组织设计编制及审批

施工组织设计的编制和审批应符合下列规定：

（1）施工组织设计应由项目负责人主持编制，可根据需要分阶段编制和审批。

（2）施工组织总设计应由总承包单位技术负责人审批；单位工程施工组织设计应由施工单位技术负责人或技术负责人授权的技术人员审批；施工方案应由项目技术负责人审批；重点、难点分部（分项）工程和专项工程施工方案应由施工单位技术部门组织相关专家评审，施工单位技术负责人批准。

（3）由专业承包单位施工的分部（分项）工程或专项工程的施工方案，应由专业承包单位技术负责人或技术负责人授权的技术人员审批；有总承包单位时，应由总承包单位项目技术负责人核准备案。

(4) 规模较大的分部（分项）工程和专项工程的施工方案应按单位工程施工组织设计进行编制和审批。

(5) 单位工程施工组织设计审批后加盖受控章，由项目资料员报送及发放并登记记录，报送监理方及建设方，发放至企业主管部门、项目相关部门、主要分包单位。

施工组织设计的管理各阶段主体总结见表 3-3-2。

表 3-3-2　施工组织设计的管理各阶段主体总结

主体			时间阶段										
			开工准备阶段					实施阶段					竣工阶段
			编制	审核	审批	交底	发/登	检查	修补	审核	审批	交底	归档
建设单位													
监理单位													
总包单位	公司	企业（单位）技术负责人			审批			主持			审批		
		企业（单位）相关部门		审核			☆			审核			
	项目部	项目负责人	主持			组织			组织			组织	负责
		相关管理部门/人员				☆	☆						
		资料员					负责						
主要分包单位						☆	☆						

注：①“交底”一列中☆代表交底对象（向谁交底）。

②“发/登”一列中☆代表发放对象。

二、单位工程施工组织设计的动态管理

施工组织设计应实行动态管理，并符合下列规定：

(1) 项目施工过程中，发生以下情况之一时，施工组织设计应及时进行修改或补充：

①工程设计有重大修改。

②有关法律、法规、规范和标准实施、修订和废止。

③主要施工方法有重大调整。

④主要施工资源配置有重大调整。

⑤施工环境有重大改变。

(2) 经修改或补充的施工组织设计应重新审批后实施。

(3) 项目施工前，应进行施工组织设计逐级交底；项目施工过程中，应对施工组织设计的执行情况进行检查、分析并适时调整。

施工组织设计应在工程竣工验收后归档。

➤ **重点提示：**(1) 此部分内容为施工组织设计的动态管理，重点掌握施工组织设计的编制、审核、审批的主体，一般考查案例是非判断题或案例问答题。

(2) 施工组织设计修改与补充的情况一般考查案例问答题或问答补缺题，注意备考深度。

第三章

实战演练

[2017 真题 · 案例节选]

背景资料：

某建筑施工单位在新建办公楼工程前，按照《建筑施工组织设计规范》(GB/T 50502—2009) 规定的单位工程施工组织设计应包含的各项基本内容，编制了本工程的施工组织设计，经相应人员审批后报监理机构，在总监理工程师审批签字后按此组织施工。

……

[问题]

施工单位哪些人员具备审批单位工程施工组织设计的资格？

[答案]

施工单位技术负责人或技术负责人授权的技术人员具备审批的资格。

[2014 真题 · 案例节选]

背景资料：

工程开工前，施工单位的项目技术负责人主持编制了施工组织设计，经项目负责人审核、施工单位技术负责人审批后，报项目监理机构审查。监理工程师认为该施工组织设计的编制、审核（批）手续不妥，要求改正，同时要求补充建筑节能工程施工的内容。施工单位认为，在建筑节能工程施工前还要编制、报审建筑节能施工技术专项方案，施工组织设计中没有建筑节能工程施工内容并无不妥，不必补充。

……

[问题]

1. 分别指出施工组织设计编制、审批程序的不妥之处，并写出正确做法。

2. 施工单位关于建筑节能工程施工的说法是否正确？说明理由。

[答案]

1. (1) 不妥之处一：施工单位的项目技术负责人主持编制了施工组织设计。

正确做法：单位工程施工组织设计由项目负责人主持编制。

(2) 不妥之处二：项目负责人审核、施工单位技术负责人审批。

正确做法：施工单位主管部门审核，施工单位技术负责人或其授权的技术人员审批。

(3) 不妥之处三：报项目监理机构审查。

正确做法：报项目监理机构审查，由总监签字审核后报送建设单位。

2. 不正确。

理由：单位工程的施工组织设计应包括建筑节能工程施工的内容。

[2013 真题 · 案例节选]

背景资料：

某高校新建宿舍楼工程，地下 1 层，地上 5 层，钢筋混凝土框架结构。采用悬臂式钻孔灌注桩排桩作为基坑支护结构，施工总承包单位按规定在土方开挖过程中实施桩顶位移监测，并设定了监测预警值。

第三章

施工过程中，发生了下列事件：

……

事件三：在主体结构施工前，与主体结构施工密切相关的某国家标准发生重大修改并开始实施，现场监理机构要求修改施工组织设计，重新审批后才能组织实施。

[问题]

除了事件三中国家标准发生重大修改的情况外，还有哪些情况发生后也需要修改施工组织设计并重新审批?

[答案]

施工组织设计还需要修改并重新审批的情况包括：①主要施工方法有重大调整；②主要施工资源配置有重大调整；③工程设计有重大修改；④施工环境有重大改变。

考点 4 施工部署的内容规定★★

根据《建筑施工组织设计规范》(GB/T 50502—2009)，对施工部署的内容规定总结如下。

(1) 工程施工目标应根据施工合同、招标文件以及本单位对工程管理目标的要求确定，包括进度、质量、安全、环境和成本等目标（即确定施工目标）。各项目应满足施工组织总设计中确定的总体目标。

(2) 施工部署中的进度安排和空间组织应符合下列规定：

①工程主要施工内容及其进度安排应明确说明，施工顺序应符合工序逻辑关系。

②施工流水段应结合工程具体情况分阶段进行划分；单位工程施工阶段的划分一般包括地基基础、主体结构、装修装饰和机电设备安装三个阶段（即明确进度安排与空间组织）。

(3) 对于工程施工的重点和难点应进行分析，包括组织管理和施工技术两个方面（即工程的施工重难点分析）。

(4) 工程管理的组织结构形式应按照施工项目的规模、复杂程度、专业特点、人员素质和地域范围确定，大中型项目宜设置矩阵式项目管理组织，远离企业管理层的大中型项目宜设置事业部式项目管理组织，小型项目宜设置直线职能式项目管理组织的规定执行，并确定项目经理部的工作岗位设置及其职责划分（即工程管理的组织架构）。

(5) 对于工程施工中开发和使用的新技术、新工艺应做出部署，对新材料和新设备的使用应提出技术及管理要求（即“四新”技术）。

(6) 对主要分包工程施工单位的选择要求及管理方式应进行简要说明（即项目管理的总安排）。

➤ **重点提示：** 施工组织设计这一节内容，考查的范围日趋扩大，除注重理论点的考查外，还增加了对施工现场部署规定的考查，应该注重这个考查趋势的变化。

实战演练

[2021 真题·案例节选]

背景资料：

某新建职业技术学校工程，由教学楼、实验楼、办公楼及 3 层 3 栋相同的公寓楼组成，均为相同的钢筋混凝土现浇框架结构，合同中有创省优质工程的目标。

施工单位中标进场后，项目部项目经理组织编制施工组织设计。施工部署作为施工组织设计的纲领性内容，项目经理重点对“重点和难点分析”“四新技术应用”等方面进行详细安排，要求为工程创优策划打好基础。

……

[问题]

除背景材料中提及的“重点和难点分析”“四新技术应用”外，施工部署的主要内容还有哪些?

[答案]

除背景材料中提及的“重点和难点分析”“四新技术应用”外，施工部署的主要内容还有确定施工目标、进度安排与空间组织、工程管理的组织架构、项目管理的总安排。

[2021 真题·案例节选]

背景资料：

某新建办公楼工程，地下 2 层，地上 20 层，建筑面积为 24 万 m^2，钢筋混凝土框架剪力墙结构，M 公司总承包施工。

……

事件四：M 公司拟在工程施工中推广应用“四新”技术，以加快进度，提高工程质量和安全生产水平。

[问题]

事件四中，“四新”技术是指哪四个方面的内容?

[答案]

“四新”技术包括：新技术、新工艺、新材料、新设备。

考点 5 绿色施工与新技术的应用★★★

根据《建筑工程绿色施工规范》(GB/T 50905—2014)，绿色施工与新技术的应用相关内容如下。

一、绿色施工的概念

在保证质量、安全等基本要求的前提下，通过科学管理和技术进步，最大限度地节约资源，减少对环境负面影响，实现节能、节材、节水、节地和环境保护（“四节一环保”）的建筑工程施工活动。

二、绿色施工中资源节约的具体要求

(一) 节材及材料利用的规定

(1) 应根据施工进度、材料使用时点、库存情况等制定材料的采购和使用计划。

(2) 现场材料应堆放有序，并满足材料储存及质量保持的要求。

(3) 工程施工使用的材料宜选用距施工现场 500 km 以内生产的建筑材料。

(二) 节水及水资源利用的规定

(1) 现场应结合给排水点位置进行管线线路和阀门预设位置的设计，并采取管网和用水

器具防渗漏的措施。

（2）施工现场办公区、生活区的生活用水应采用节水器具。

（3）宜建立雨水、中水或其他可利用水资源的收集利用系统。

（4）应按生活用水与工程用水的定额指标进行控制。

（5）施工现场喷洒路面、绿化浇灌不宜使用自来水。

（三）节能及能源利用的规定

（1）应合理安排施工顺序及施工区域，减少作业区机械设备数量。

（2）应选择功率与负荷相匹配的施工机械设备，机械设备不宜低负荷运行，不宜采用自备电源。

（3）应制定施工能耗指标，明确节能措施。

（4）应建立施工机械设备档案和管理制度，机械设备应定期保养维修。

（5）生产、生活、办公区域及主要机械设备宜分别进行耗能、耗水及排污计量，并做好相应记录。

（6）应合理布置临时用电线路，选用节能器具，采用声控、光控和节能灯具；照明照度宜按最低照度设计。

（7）宜利用太阳能、地热能、风能等可再生能源。

（8）施工现场宜错峰用电。

（四）节地及土地资源保护的规定

（1）应根据工程规模及施工要求布置施工临时设施。

（2）施工临时设施不宜占用绿地、耕地以及规划红线以外场地。

（3）施工现场应避让、保护场区及周边的古树名木。

三、绿色施工中环境保护的具体要求

（一）施工现场扬尘控制规定

（1）施工现场宜搭设封闭式垃圾站。

（2）细散颗粒材料、易扬尘材料应封闭堆放、存储和运输。

（3）施工现场出口应设冲洗池，施工场地、道路应采取定期洒水抑尘措施。

（4）土石方作业区内扬尘目测高度应小于1.5 m，结构施工、安装、装饰装修阶段目测扬尘高度应小于0.5 m，不得扩散到工作区域外。

（5）施工现场使用的热水锅炉等宜使用清洁燃料。不得在施工现场融化沥青或焚烧油毡、油漆以及其他产生有毒、有害烟尘和恶臭气体的物质。

（二）噪声控制规定

（1）施工现场宜对噪声进行实时监测；施工场界环境噪声排放昼间不应超过70 dB（A），夜间不应超过55 dB（A）。噪声测量方法应符合现行国家标准《建筑施工场界环境噪声排放标准》（GB 12523—2011）的规定。

（2）施工过程宜使用低噪声、低振动的施工机械设备，对噪声控制要求较高的区域应采取隔声措施。

（3）施工车辆进出现场，不宜鸣笛。

（三）光污染控制规定

（1）应根据现场和周边环境采取限时施工、遮光和全封闭等避免或减少施工过程中光污染的措施。

（2）夜间室外照明灯应加设灯罩，光照方向应集中在施工范围内。

（3）在光线作用敏感区域施工时，电焊作业和大型照明灯具应采取防光外泄措施。

（四）水污染控制规定

（1）污水排放应符合现行行业标准《污水排入城镇下水道水质标准》（CJ 343—2010）的有关要求。

（2）使用非传统水源和现场循环水时，宜根据实际情况对水质进行检测。

（3）施工现场存放的油料和化学溶剂等物品应设专门库房，地面应做防渗漏处理。废弃的油料和化学溶剂应集中处理，不得随意倾倒。

（4）易挥发、易污染的液态材料，应使用密闭容器存放。

（5）施工机械设备使用和检修时，应控制油料污染；清洗机具的废水和废油不得直接排放。

（6）食堂、盥洗室、淋浴间的下水管线应设置过滤网，食堂应另设隔油池。

（7）施工现场宜采用移动式厕所，并应定期清理。固定厕所应设化粪池。

（8）隔油池和化粪池应做防渗处理，并应进行定期清运和消毒。

（五）施工现场垃圾处理规定

（1）垃圾应分类存放、按时处置。

（2）应制定建筑垃圾减量计划，建筑垃圾的回收利用应符合现行国家标准《工程施工废弃物再生利用技术规范》（GB/T 50743—2012）。

（3）有毒有害废弃物的分类率应达到100%；对有可能造成二次污染的废弃物应单独储存，并设置醒目标识。

（4）现场清理时，应采用封闭式运输，不得将施工垃圾从窗口、洞口、阳台等处抛撒。

（六）危险化学品规定

施工使用的乙炔、氧气、油漆、防腐剂等危险品、化学品的运输和储存应采取隔离措施。

➤ **重点提示：** 绿色施工的考查内容比较贴合行业发展趋势，目前考查形式以选择题为主，但今后的考查会逐步增加案例题，分值占比也会不断加大。

实战演练

［**2019真题·单选**］下列内容中，不属于绿色施工“四节”范畴的是（　　）。

A. 节约能源　　B. 节约用地

C. 节约用水　　D. 节约用工

［**解析**］本题考查比较简单，仅涉及“四节”概念的考查，“四节”是指节能、节材、节水、节地。

［**答案**］D

第四节　建筑工程施工现场管理

考点 1　施工总平面的布置原则★

（1）在保证顺利施工的前提下，布置应科学合理，尽量减少占用施工用地。

（2）合理布置起重机械和各项施工措施，合理规划运输，减少二次搬运的费用。

（3）科学划分施工区域和场地面积，符合施工部署要求，减少专业工种和各工程之间的干扰。

（4）尽量利用永久性建筑物、构筑物或现有设施为施工服务，降低新的施工设施的建造费用。

（5）各种生产、生活设施的布置应便于工人的生产和生活，办公区、生活区、生产区宜分区域设置。

（6）满足安全防火和劳动保护、节能、环保、安全的要求。

（7）遵守相关的法规。

考点 2　施工总平面布置图的设计要点★★★

（1）材料堆场的布置，应根据其用量的大小、使用时间的长短、供应与运输情况等研究决定。凡用量较大、使用时间较长、供应与运输比较方便者，为保证施工进度与连续施工的情况下，均应考虑分期分批进场，以减小堆场或仓库所需面积，达到降低损耗、节约施工费用的目的。

（2）钢模板、脚手架等堆场材料，应选择在装卸、取用、整理方便和靠近拟建工程的地方布置。

（3）垂直运输机械的布置应考虑建筑物的平面形状和四周场地的条件，一般沿建筑物的长边方向布置，塔式起重机的平面布置还应考虑施工工艺和吊装工艺，使起重臂在活动范围内能将材料和构件运至任何施工地点，避免出现死角。

（4）内部临时运输道路，尽可能利用原有或拟建的永久性道路；场地临时干线和施工机械行驶路线，最好采用碎石级配路面，以利修补。主要干道应按环形布置，单车道宽度不小于 4 m，双车道宽度不小于 6 m。

（5）工地附近可以利用的水源、电源，可以将水电从外面接入工地，沿主要干道布置干管、主线。临时总变电站应设置在高压电引入处；临时水池应设在地势较高处。

➤ **重点提示：**施工总平面布置的原则及设计要点，在一级建造师的考试中考查频率较高，对于二级建造师的考试也有同样的要求，考查概率较大，建议大家结合相关题目掌握相关内容。

实战演练

［经典例题・案例节选］

背景资料：

一建筑施工场地，东西长 110 m，南北宽 70 m。拟建建筑物首层平面 80 m×40 m，地下2层，地上6/20层，檐口高26/68 m，建筑面积约48 000 m^2。施工场地部分临时设施平面布置示意图如图3-4-1所示（单位：m）。图中布置施工临时设施有现场办公室、木工加工及堆场、钢筋加工及堆场、油漆库房、塔吊、施工电梯、物料提升机、混凝土地泵、大门及围墙、车辆冲洗池（图中未显示的设施均视为符合要求）。

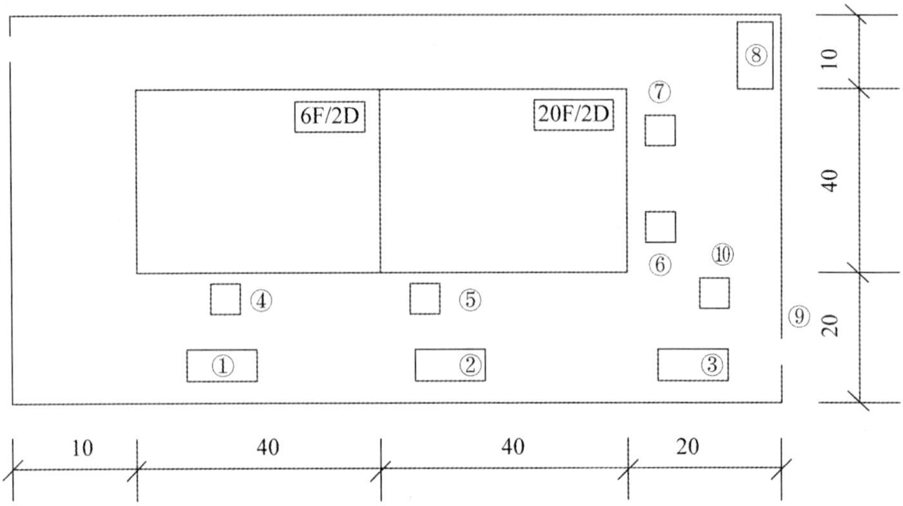

图3-4-1　施工场地部分临时设施平面布置图

……

［问题］

1. 写出图3-4-1中临时设施编号所处位置最宜布置的临时设施名称（如⑨大门及围墙）。

2. 简单说明布置理由。

［参考答案］

1. 各编号对应的临时设施如下：①钢筋加工及堆场；②木工加工及堆场；③现场办公室；④物料提升机；⑤塔吊；⑥混凝土地泵；⑦施工电梯；⑧油漆库房；⑨大门及围墙；⑩车辆冲洗池。

2. 依据总平面图的设计原则及设计要点，理由如下：依据施工现场文明环保施工相关要求，车辆冲洗池⑩应布置在进出口大门附近。油漆属于易燃易爆、有毒有害物品，库房应尽量远离施工区和办公区，布置在⑧。⑥混凝土地泵：布置混凝土地泵的位置时，应考虑泵管的输送距离、罐车行走停靠方便，一般情况下，立管位置应相对固定且固定牢固，泵车可以现场流动使用。⑦施工电梯：多数为人货两用，少数仅为货用。相较于物料提升机更适合楼层较高的建筑。塔吊应布置在场地中心位置，提高塔吊的覆盖面积，布置于⑤。为了便于现场办公，外界人员往来办公方便、安全，办公区宜在醒目位置等考虑，现场办公室宜布置在③。依据总平面设计要点，仓库、堆场其纵向宜与现场临时道路平行，尽可能利用现场设施装卸货，货物装卸需要时间长的仓库应远离道路边。为了减少二次搬运距离，确定钢筋加工及堆场、木工加工及堆场应布置在①和②，其中钢筋量明显大于模板量，布置在①较为合理，木工加工及堆场布置在②。

考点 3 施工现场防火的一般规定★

根据《建设工程施工现场消防安全技术规范》（GB 50720—2011），对其中关于施工现场防火的一般规定总结如下。

（1）实行施工总承包时，应由总承包单位负责。分包单位应向总承包单位负责，并应服从总承包单位的管理，同时应承担国家法律、法规规定的消防责任和义务。

（2）我国的消防工作方针是“预防为主、防消结合”。

（3）施工现场防火技术方案是施工单位依据相关规范规定，结合施工现场和各分部分项工程施工的实际情况编制的，用以具体安排并指导施工人员消除或控制火灾危险源、扑灭初起火灾，避免或减少火灾发生和危害的技术文件。施工现场防火技术方案应作为施工组织设计的一部分，也可单独编制。

防火技术方案应包括下列主要内容：

①施工现场重大火灾危险源辨识。

②施工现场防火技术措施。

③临时消防设施、临时疏散设施配备。

④临时消防设施和消防警示标识布置图。

（4）施工现场出入口的设置应满足消防车通行的要求，并宜布置在不同方向，其数量不宜少于2个。当确有困难只能设置1个出入口时，应在施工现场内设置满足消防车通行的环形道路。

（5）可燃材料堆场及其加工场、易燃易爆危险品库房不应布置在架空电力线下。

（6）施工现场应设置灭火器、临时消防给水系统和应急照明等临时消防设施。

（7）临时消防设施应与在建工程的施工同步设置。房屋建筑工程中，临时消防设施的设置与在建工程主体结构施工进度的差距不应超过3层。

（8）在建工程可利用已具备使用条件的永久性消防设施作为临时消防设施。当永久性消防设施无法满足使用要求时，应增设临时消防设施。

➢ **重点提示：** 此考点内容考查频率较低，但作为建筑施工现场消防的一般规定务必了解。

实战演练

［**2016 真题·单选**］我国消防安全的基本方针是（　　）。

A. 预防为主、防消结合、专项治理　　B. 预防为主、防消结合

C. 安全第一、预防为主、专项治理　　D. 安全第一、防消结合、综合治理

［**解析**］我国的消防工作方针是“预防为主、防消结合”。

［**答案**］B

考点 4 现场消防安全教育与培训★

根据《建设工程施工现场消防安全技术规范》（GB 50720—2011），施工单位应针对施工现场可能导致火灾发生的施工作业及其他活动，制定消防安全管理制度。消防安全管理制

度应包括下列主要内容：

（1）消防安全教育与培训制度。

（2）可燃及易燃易爆危险品管理制度。

（3）用火、用电、用气管理制度。

（4）消防安全检查制度。

（5）应急预案演练制度。

其中消防安全教育和培训应包括下列内容：

（1）施工现场消防安全管理制度、防火技术方案、灭火及应急疏散预案的主要内容。

（2）施工现场临时消防设施的性能及使用、维护方法。

（3）扑灭初起火灾及自救逃生的知识和技能。

（4）报警、接警的程序和方法。

考点 5 现场消防安全技术交底★

根据《建设工程施工现场消防安全技术规范》（GB 50720—2011），施工作业前，施工现场的施工管理人员应向作业人员进行消防安全技术交底。消防安全技术交底应包括下列主要内容：

（1）施工过程中可能发生火灾的部位或环节。

（2）施工过程应采取的防火措施及应配备的临时消防设施。

（3）初起火灾的扑救方法及注意事项。

（4）逃生方法及路线。

考点 6 现场消防安全检查★

根据《建设工程施工现场消防安全技术规范》（GB 50720—2011），施工过程中，施工现场的消防安全负责人应定期组织消防安全管理人员对施工现场的消防安全进行检查。消防安全检查应包括下列主要内容：

（1）可燃物及易燃易爆危险品的管理是否落实。

（2）动火作业的防火措施是否落实。

（3）用火、用电、用气是否存在违章操作，电、气焊及保温防水施工是否执行操作规程。

（4）临时消防设施是否完好有效。

（5）临时消防车道及临时疏散设施是否畅通。

考点 7 现场消防灭火及应急预案★

根据《建设工程施工现场消防安全技术规范》（GB 50720—2011），施工单位应编制施工现场灭火及应急疏散预案。灭火及应急疏散预案应包括下列主要内容：

（1）应急灭火处置机构及各级人员应急处置职责。

（2）报警、接警处置的程序和通信联络的方式。

（3）扑救初起火灾的程序和措施。

（4）应急疏散及救援的程序和措施。

➤ **重点提示：**考点 4～7 虽然不属于高频考点，但此部分内容可能会考查案例问答题或问答补缺题，所以建议熟练掌握。

考点 8 动火审批制度★★★

禁止在具有火灾、爆炸危险的场所吸烟、使用明火。因施工等特殊情况需要使用明火作业的，应当按照规定事先办理审批手续，采取相应的消防安全措施，作业人员应当遵守消防安全规定。

进行电焊、气焊等具有火灾危险作业的人员和自动消防系统的操作人员，必须持证上岗，并遵守消防安全操作规程。施工现场三级动火申请审批表见表3-4-1。

表 3-4-1　施工现场三级动火申请审批表

<table>
<tr><th colspan="6">动火申请审批表</th></tr>
<tr><td>施工单位</td><td></td><td>工程名称</td><td></td><td>动火等级</td><td></td></tr>
<tr><td colspan="2" rowspan="6">动火须知：
（1）一级动火。
①禁火区域；
②油罐、油箱、油槽车和储存过可燃气体、易燃液体的容器以及与其连接在一起的辅助设备；
③各种受压设备；
④危险性较大的登高焊、割作业；
⑤比较密封的室内、容器内，地下室内等场所；
⑥现场堆有大量可燃和易爆物质的场所；
项目负责人组织编制消防安全技术方案，填写动火申请表，报企业安全管理部门审查批准
（2）二级动火。
①在具有一定危险因素的非禁火区域内进行临时焊割等动火作业；
②小型油箱等容器；
③登高焊、割作业等动火作业；
项目责任工程师组织拟订防火安全技术措施，填写动火申请表，报项目安全管理部门和项目负责人审查批准
（3）三级动火。
在非固定的、无明显危险因素的场所进行动火作业的均属三级动火；
动火班组填写动火申请表，经项目责任工程师和项目安全管理部门审查批准</td><td>动火部位</td><td></td><td>动火时间</td><td></td></tr>
<tr><td>防火措施</td><td colspan="3">（1）电焊、气割，严格遵守“十不烧”规程操作；
（2）操作前应检查所有工具、电焊机、电源开关及线路是否良好，金属外壳应有安全可靠接地或接零，进出线应有完整的防护罩，进出线端应用铜接头焊牢；
（3）每台电焊机应有专用电源控制开关。开关的保险丝容量，应为该机的1.5倍，严禁用其他金属丝代替保险丝，完工后，切断电源；
（4）清除焊渣时，面部不应正对焊纹，防止焊渣溅入眼内；
（5）注意安全用电，电线不准乱拖乱拉，电源线均应架空扎牢；
（6）焊割点周围和下方应采取防火措施，并应指定专人防火监护；
（7）电焊时应正确使用防护面罩和专门手套进行操作</td></tr>
<tr><td>审批意见</td><td colspan="3">批准人签名：
年　　月　　日</td></tr>
<tr><td>焊工姓名</td><td></td><td>监护人姓名</td><td></td></tr>
<tr><td>操作证号码</td><td></td><td>申请动火人签名</td><td></td></tr>
<tr><td colspan="2">申请日期</td><td colspan="2"></td></tr>
</table>

注：动火审批手续当日有效，如动火地点发生变化，则需重新办理动火审批手续。

➤ **重点提示：**此考点为高频考点，重点掌握一级、二级、三级动火的动火审批程序，以及动火审批手续的编制主体及审查主体。此部分在客观题及案例题中均可考查。

实战演练

[2021 真题 · 单选] 施工现场一级动火作业要由（　　）组织编制防火安全技术方案。

A. 项目负责人　　B. 项目责任工程师

C. 专职安全员　　D. 班组长

[解析] 一级动火作业由所在单位项目负责人组织编制防火安全技术方案，并填写动火申请表，报企业安全管理部门审查批准后，方可动火。

[答案] A

[2016 真题 · 单选] 下列施工作业中，动火等级最低的是（　　）。

A. 钢构焊接　　B. 登高焊接

C. 设备管道焊接　　D. 办公区大门焊接

[解析] 一级动火具体场所包括：禁火区域；油罐、油箱、油槽车和储存过可燃气体、易燃气体的容器及与其连接在一起的辅助设备；各种受压设备；危险性较大的登高焊、割作业；比较密封的室内、容器内、地下室场所内；现场堆有大量可燃和易燃物质的场所。故选项 C 属于一级动火作业。二级动火作业包括：在具有一定危险因素的非禁火区域内进行临时焊、割等用火作业；小型油箱等容器；登高焊、割等用火作业。选项 A、B 虽属于焊、割作业，但是不能明确是否是危险性较大，故为二级动火作业。三级动火作业：即在非固定的、无明显危险因素的场所进行动火作业，选项 D 属于三级动火作业。

[答案] D

[2021 真题 · 多选] 下列施工属于一级动火等级的有（　　）。

A. 储存过易燃液体的容器　　B. 各种受压设备

C. 小型油箱　　D. 比较密封的室内

E. 堆有大量可燃物的场所

[解析] 凡属于下列情况之一的动火，均为一级动火：①禁火区域；②油罐、油箱、油槽车和储存过可燃气体、易燃液体的容器及与其连接在一起的辅助设备；③各种受压设备；④危险性较大的登高焊、割作业；⑤比较密封的室内、容器内、地下室场所；⑥现场堆有大量可燃和易燃物质的场所。

[答案] ABDE

考点 9 施工现场消防车道的规定★★★

根据《建设工程施工现场消防安全技术规范》（GB 50720—2011），施工现场消防车道的规定如下。

（1）施工现场内应设置临时消防车道，临时消防车道与在建工程、临时用房、可燃材料堆场及其加工场的距离不宜小于 5 m，且不宜大于 40 m；施工现场周边道路满足消防车通行及灭火救援要求时，施工现场内可不设置临时消防车道。

（2）临时消防车道的设置应符合下列规定：

①临时消防车道宜为环形，设置环形车道确有困难时，应在消防车道尽端设置尺寸不小于 12 m×12 m 的回车场。

②临时消防车道的净宽度和净空高度均不应小于 4 m。

③临时消防车道的右侧应设置消防车行进路线指示标识。

④临时消防车道路基、路面及其下部设施应能承受消防车通行压力及工作荷载。

消防车道与回车场平面示意图如图 3-4-2 所示。

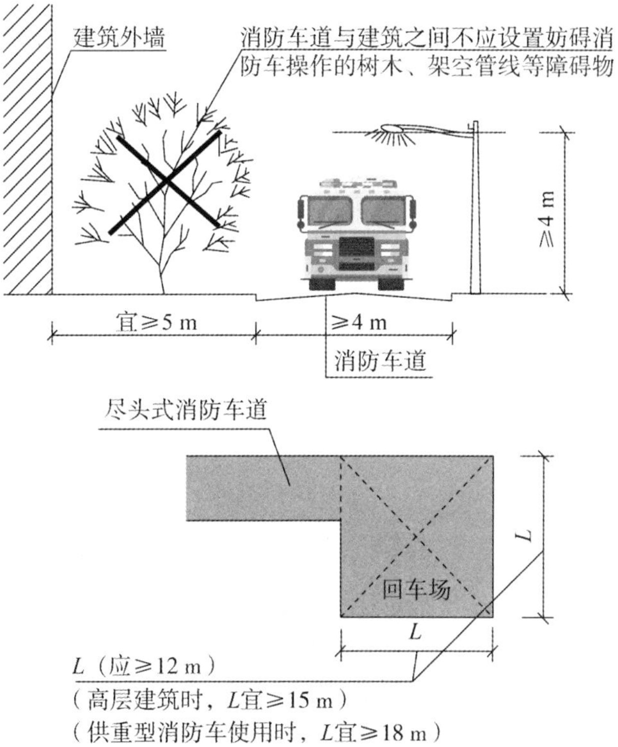

图 3-4-2　消防车道与回车场平面示意图

（3）下列建筑应设置环形临时消防车道，设置环形临时消防车道确有困难时，除应按(2) 的规定设置回车场外，尚应按 GB 50720—2011 第 3.3.4 条的规定设置临时消防救援场地：

①建筑高度大于 24 m 的在建工程。

②建筑工程单体占地面积大于 3 000 m^2 的在建工程。

③超过 10 栋，且成组布置的临时用房。

临时消防设施如图 3-4-3 所示。

图 3-4-3　临时消防设施

考点 10 施工现场消防设施的规定★★★

(1) 灭火器数量配置要求见表 3-4-2。

表 3-4-2 灭火器数量配置要求

区域	要求
一般临时设施区	每 100 m^2 配备 2 个 10 L 的灭火器，大型临时设施总面积超过 1 200 m^2 的，应备有消防专用的消防桶、消防锹、消防钩、盛水桶（池）、消防沙箱等器材设施
临时木工加工车间、油漆作业间	每 25 m^2 应配置 1 个种类合适的灭火器
仓库、油库、危化品库或堆料厂	每组灭火器不应少于 4 个，每组灭火器之间的距离不应大于 30 m

(2) 手提式灭火器放置要求如下：

①灭火器的摆放应稳固，其铭牌应朝外。手提式灭火器宜设置在灭火器箱内或挂钩、托架上，其顶部离地面高度不应大于 1.50 m，底部离地面高度不宜小于 0.15 m。灭火器箱不得上锁。灭火器不宜设置在潮湿或强腐蚀性的地点。当必须设置时，应有相应的保护措施。消防器材的存放如图 3-4-4 所示。

图 3-4-4 消防器材的存放

②灭火器设置在室外时，应有相应的保护措施。

(3) 施工现场临时室外消防给水系统的设置应符合下列规定：

①给水管网宜布置成环状。

②临时室外消防给水干管的管径，应根据施工现场临时消防用水量和干管内水流计算速度计算确定，且不应小于 $DN100$。

③室外消火栓应沿在建工程、临时用房和可燃材料堆场及其加工场均匀布置，与在建工程、临时用房和可燃材料堆场及其加工场的外边线的距离不应小于 5 m。

④消火栓的间距不应大于 120 m。

⑤消火栓的最大保护半径不应大于 150 m。

(4) 建筑高度大于 24 m 或单体体积超过 30 000 m^3 的在建工程，应设置临时室内消防给水系统。

➢ **重点提示：**(1) 掌握不同区域灭火器的设置要求，重点掌握具体的数字要求。注意：每

100 m^2 配备 2 个 10 L 的灭火器不代表每 50 m^2 设置 1 个灭火器，而是最小的计算面积即为 100 m^2。

(2) 手提式灭火器既要方便取放，又要注意防潮，顶部离地面高度及底部离地面高度具体数字要求记忆。

实战演练

[经典例题·单选] 施工现场消防器材配备正确的是（　　）。

A. 一般临时设施区内每 100 m^2 配备 1 只 10 L 灭火器

B. 安装临时消防竖管，管径不得小于 75 mm

C. 临时木工加工车间、油漆作业间等，每 30 m^2 应配置一个种类合适的灭火器

D. 大型临时设施总面积超过 1 000 m^2，应配有消防用的积水桶等器材设施

[解析] 一般临时设施区，每 100 m^2 配备 2 个 10 L 的灭火器，大型临时设施总面积超过 1 200 m^2 的，应备有消防专用的消防桶、消防锹、消防钩、盛水桶（池）、消防沙箱等器材设施，故选项 A、D 错误。安装临时消防竖管，管径不得小于 75 mm，故选项 B 正确。临时木工加工车间、油漆作业间等，每 25 m^2 应配置一个种类合适的灭火器，故选项 C 错误。

[答案] B

[2020 真题·多选] 关于手提式灭火器放置的说法，正确的有（　　）。

A. 放在托架上

B. 放置地点有温度限制

C. 使用挂钩悬挂

D. 可放在潮湿地面上

E. 可设置在室内干燥的地面上

[解析] 灭火器不宜设置在潮湿或强腐蚀性的地点，故选项 D 错误。

[答案] ABCE

[2017 真题·案例节选]

背景资料：

某新建商用群体建设项目，地下 2 层，地上 8 层，现浇钢筋混凝土框架结构，桩筏基础，建筑面积为 88 000 m^2。某施工单位中标后组建项目部进场施工，在项目现场搭设了临时办公室，各类加工车间、库房、食堂和宿舍等临时设施，并根据场地实际情况，在现场临时设施区域内设置了环形消防通道、消火栓、消防供水池等消防设施。

施工单位在每月例行的安全生产与文明施工巡查中，对照《建筑施工安全检查标准》(JGJ 59—2011) 中"文明施工检查评分表"的保证项目逐一进行检查。经统计，现场生产区临时设施总面积超过了 1 200 m^2，检查组认为临时设施区域内消防设施配置不齐全，要求项目部整改。

……

［问题］

针对本项目生产区临时设施总面积情况，在生产区临时设施区域内还应增设哪些消防器材或设施？

［答案］

一般临时设施区，每 100 m^2 配备 2 个 10 L 的灭火器；大型临时设施总面积超过 1 200 m^2 的，应备有消防专用的消防桶、消防锹、消防钩、盛水桶（池）、消防沙箱等器材设施。

考点 11 施工现场文明施工管理要求★★★

根据《建筑工程施工现场环境与卫生标准》（JGJ 146—2013），施工现场文明施工管理要求如下（节选）：

（1）施工现场出入口应标有企业名称或企业标识。主要出入口明显处应设置工程概况牌，施工现场大门内应有施工现场总平面图和安全管理、环境保护与绿色施工、消防保卫等制度牌和宣传栏，即“五牌一图”，包括工程概况牌、管理人员名单及监督电话牌、消防保卫牌、安全生产牌、文明施工和环境保护牌、施工现场平面布置图，如图 3-4-5 所示。

图 3-4-5 五牌一图

（2）施工现场应实行封闭管理，并应采用硬质围挡。市区主要路段的施工现场围挡高度不应低于 2.5 m，一般路段围挡高度不应低于 1.8 m，围挡应牢固、稳定、整洁。距离交通路口 20 m 范围内占据道路施工设置的围挡，其 0.8 m 以上部分应采用通透性围挡，并应采取交通疏导和警示措施。施工现场围挡如图 3-4-6 所示。

图 3-4-6 施工现场围挡

（3）施工人员的教育培训、考核应包括环境与卫生等有关内容。

（4）施工现场临时设施、临时道路的设置应科学合理，并应符合安全、消防、节能、环保等有关规定。施工区、材料加工及存放区应与办公区、生活区划分清楚，并应采取相应的隔离措施。

（5）施工现场应设置办公室、宿舍、食堂、厕所、盥洗设施、淋浴房、开水间、文体活动室、职工夜校等临时设施。文体活动室应配备文体活动设施和用品。尚未竣工的建筑物内严禁设置宿舍。

（6）生活区、办公区的通道、楼梯处应设置应急疏散、逃生指示标识和应急照明灯。宿舍内宜设置烟感报警装置。

（7）宿舍内应保证必要的生活空间，室内净高不得小于 2.5 m，通道宽度不得小于 0.9 m，宿舍人员人均面积不得小于 2.5 m^2，每间宿舍居住人员不得超过 16 人。宿舍应有专人负责管理，床头宜设置姓名卡。

（8）施工现场生活区宿舍、休息室必须设置可开启式外窗，床铺不得超过 2 层，不得使用通铺，如图 3-4-7 所示。

图 3-4-7　宿舍床铺设置

（9）施工现场宜采用集中供暖，使用炉火取暖时应采取防止一氧化碳中毒的措施。彩钢板活动房严禁使用炉火或明火取暖。

（10）食堂应设置独立的制作间、储藏间，门扇下方应设不低于 0.2 m 的防鼠挡板。制作间灶台及周边应采取宜清洁、耐擦洗措施，墙面处理高度大于 1.5 m，地面应做硬化和防滑处理，并保持墙面、地面整洁。

➤ **重点提示：**此考点内容为高频考点，重点把握宿舍管理的数字要求，一般在案例找不妥之处的题目中考查。“五牌一图”的内容易考查案例问答题目。

实战演练

［**2019 真题·单选**］针对市区主要路段的施工现场，其围挡高度至少应为（　　）。

A. 1.5 m　　　　B. 1.8 m

C. 2.0 m　　　　D. 2.5 m

［**解析**］一般路段的围挡高度不得低于 1.8 m，市区主要路段的围挡高度不得低于 2.5 m。

［**答案**］D

第三章

［2015 真题·单选］关于建筑施工现场安全文明施工的说法，正确的是（　　）。

A. 场地四周围挡应连续设置

B. 现场主出入口可以不设置保安值班室

C. 高层建筑消防水源可与生产水源共用管线

D. 在建工程审批后可以住人

［解析］现场必须实施封闭管理，现场出入口应设大门和保安值班室，选项 B 错误。高层建筑要设置专用的消防水源和消防立管，每层留设消防水源接口，选项 C 错误。现场的施工区域应与办公、生活区划分清楚，并应采取相应的隔离防护措施，在建工程内严禁住人，选项 D 错误。

［答案］A

［经典例题·多选］下列属于现场出入口处“五牌一图”内容的有（　　）。

A. 安全生产牌

B. 工程概况牌

C. 物料管理牌

D. 消防保卫牌

E. 首层平面图

［解析］现场出入口明显处应设置“五牌一图”，即：工程概况牌、管理人员名单及监督电话牌、消防保卫牌、安全生产牌、文明施工和环境保护牌及施工现场总平面图。

［答案］ABD

考点 12　施工现场大气污染防治要求★★★

根据《建筑工程施工现场环境与卫生标准》（JGJ 146—2013），施工现场大气污染防治要求如下（节选）：

（1）施工现场的主要道路要进行硬化处理。裸露的场地和堆放的土方应采取覆盖、固化或绿化等措施，如图 3-4-8 所示。

图 3-4-8　土方覆盖、绿化

（2）施工现场土方作业应采取防止扬尘措施，主要道路应定期清扫、洒水。

（3）拆除建筑物或者构筑物时，应采用隔离、洒水等降噪、降尘措施，并及时清理废弃物。

（4）土方和建筑垃圾的运输必须采用封闭式运输车辆或采取覆盖措施。施工现场出口处应设置车辆冲洗设施，并应对驶出的车辆进行清洗，车辆冲洗设施如图 3-4-9 所示。

图 3-4-9　车辆冲洗设施

（5）建筑物内垃圾应采用容器或搭设专用封闭式垃圾道的方式清运，严禁凌空抛掷。

（6）施工现场严禁焚烧各类废弃物。

考点 13　施工现场水土污染防治要求★★

根据《建筑工程施工现场环境与卫生标准》（JGJ 146—2013），施工现场水土污染防治要求如下（节选）：

（1）施工现场应设置排水沟及沉淀池，施工污水应经沉淀处理达到排放标准后，方可排入市政污水管网。

（2）废弃的降水井应及时回填，并应封闭井口，防止污染地下水。

（3）施工现场临时厕所的化粪池应进行防渗漏处理。

（4）施工现场存放的油料和化学溶剂等物品应设置专用库房，地面应进行防渗漏处理。

考点 14　施工现场施工噪声及光污染防治要求★★

根据《建筑工程施工现场环境与卫生标准》（JGJ 146—2013），施工现场施工噪声及光污染防治要求如下（节选）：

（1）施工现场场界噪音排放应符合现行国家标准《建筑施工场界环境噪声排放标准》（GB 12523—2011）的规定。施工现场应对场界噪声排放进行监测、记录和控制，并应采取降低噪音的措施。

（2）施工现场应对强光作业和照明灯具采取遮挡措施，减少对周边居民和环境的影响（图 3-4-10）。

图 3-4-10　避免光污染的措施

➢ **重点提示：** 此考点内容近两年考查形式已由简单的选择题转变为案例题，所以更加需要明确夜间施工的时间段、夜间及白天的噪声限值，以及夜间施工的准备工作。

夜间施工时间段为晚上 22：00 至次日 6：00。施工现场噪声限值：夜间 55 dB，昼间 75 dB。夜间噪声最大声级超过限值幅度不得高于 15 dB。夜间施工准备工作：①办理夜间施工许可证；②公告附近居民。

第三章

实战演练

[**2019 真题 · 单选**] 一般情况下，夜间施工的时段是（　　）。

A. 当日 18 时至午夜 24 时　　B. 当日 18 时至次日 8 时

C. 当日 20 时至次日 6 时　　D. 当日 22 时至次日 6 时

[**解析**] 夜间施工时间段为晚上 22：00 至次日 6：00。

[**答案**] D

考点 15　施工现场的职业危害★

一、危害种类划分

建筑行业职业病危害种类繁多、复杂，既有施工工艺产生的危害因素，也有自然环境、施工环境产生的危害因素，还有施工过程产生的危害因素；既存在粉尘、噪声、放射性物质和其他有毒有害物质等的危害，也存在高处作业、密闭空间作业、高温作业、低温作业、高原（低气压）作业、水下（高压）作业等产生的危害，劳动强度大、劳动时间长的危害也相当突出。

建筑行业的主要职业危害因素有粉尘、噪声、紫外线（高温）、生产性（化学）毒物、环境条件（如高原作业）。

二、职业病种类

职业病种类见表 3-4-3。

表 3-4-3　职业病种类

种类	工作内容
矽肺	土石方回填、支护，金属喷砂、除锈等
水泥尘肺	水泥的运输、搬运、投料等

续表

种类	工作内容
电焊工尘肺	手工电弧焊、气体保护焊等
锰尘中毒	手工电弧焊、气体保护焊、碳弧气刨
一氧化碳中毒	深井、深基坑作业，密闭空间作业
苯、甲苯、二甲苯中毒	油漆涂饰、机电绝缘、镇流器绝缘
中暑	深井、深基坑作业，露天作业，高温作业，管道安装
手臂振动病	混凝土浇筑、喷浆作业，土石方的炮眼打孔
电光性皮炎	金属材料切割作业、各种焊接作业
噪声聋	混凝土浇筑、喷浆作业，土石方的炮眼打孔

➢ **重点提示：** 近两年逐渐开始考查职业病的相关内容，属于专业常识，能够应对客观题即可。

实战演练

[经典例题·多选] 下列属于建筑工程施工主要职业危害种类的有（　　）。

A. 粉尘的危害

B. 防护装置缺失的危害

C. 噪声的危害

D. 紫外线的危害

E. 卫生设施不足的危害

[解析] 施工现场主要职业危害来自粉尘、噪声、紫外线（高温）、生产性（化学）毒物和环境条件（如高原作业）等。

[答案] ACD

考点 16　施工现场卫生防疫★

根据《建筑工程施工现场环境与卫生标准》（JGJ 146—2013），施工现场卫生防疫要求如下（节选）。

（1）办公区和生活区应设专职或兼职保洁员，并应采取灭鼠、灭蚊蝇、灭蟑螂等措施。

（2）食堂应取得相关部门颁发的许可证，并应悬挂在制作间醒目位置。炊事人员必须经体检合格并持证上岗。

（3）存放食品原料的储藏间或库房应有通风、防潮、防虫、防鼠等措施，库房不得兼作他用。粮食存放台距墙和地面应大于 0.2 m。

（4）当施工现场遇突发疫情时，应及时上报（一般在 2 h 内上报给所在地建设行政主管部门和有关部门），并应按卫生防疫有关部门相关规定进行处理。

第三章

实战演练

[2021 真题 · 单选] 施工现场发生法定传染病时，向工程所在地建设行政主管部门报告的时间要求是（　　）。

A. 1 h 内　　B. 2 h 内　　C. 4 h 内　　D. 8 h 内

[解析] 知识拓展：施工现场应结合季节特点，做好作业人员的饮食卫生和防暑降温、防寒取暖、防煤气中毒、防疫等各项工作。如发生法定传染病、食物中毒或急性职业中毒时，必须在 2 h 内向所在地建设行政主管部门和有关部门报告，并应积极配合调查处理；同时法定传染病应及时进行隔离，由卫生防疫部门进行处置。

[答案] B

考点 17 施工现场临时用水分类★★

建筑工地的临时供水，包括生产用水（一般生产用水和施工机械用水）、生活用水（施工现场生活用水和生活区生活用水）和消防用水三部分。

➢ **重点提示：** 重点掌握现场临时用水的内容。此内容一般考查多选题，但也可能考查案例问答题或问答补缺题。

实战演练

[经典例题 · 多选] 施工现场临时用水包含（　　）。

A. 生产用水　　B. 生活区生活用水

C. 消防用水　　D. 施工降排水

E. 施工现场生活用水

[解析] 现场临时用水包括生产用水（一般生产用水和施工机械用水）、生活用水（施工现场生活用水和生活区生活用水）和消防用水三部分。

[答案] ABCE

考点 18 施工现场安全警示牌分类与基本形式★★★

根据《建筑工程施工现场标志设置技术规程》（JGJ 348—2014），对施工现场安全警示牌分类与基本形式总结如下：

（1）建筑施工现场应设置安全标志和专用标志，其中安全标志（安全警示牌）分为禁止标志、警告标志、指令标志、提示标志 4 种类型。

（2）安全警示牌的基本形式见表 3-4-4。

表 3-4-4　安全警示牌的基本形式

图形	含义	安全色	背景色	标识图色
 圆环加斜线	禁止	红色	白色	黑色

续表

图形	含义	安全色	背景色	标识图色
 圆	指令	蓝色	白色	白色
 等边三角形	警告	黄色	黄色	黑色
 正方形和长方形	提示	绿色	白色	白色

考点 19　安全警示牌的设置要求★★★

根据《建筑工程施工现场标志设置技术规程》（JGJ 348—2014），对安全警示牌的设置要求总结如下：

（1）标志材料应采用坚固、安全、环保、耐用、不褪色的材料制作，不宜使用易变形、易变质或易燃的材料。有触电危险的作业场所应使用绝缘材料。

（2）施工现场涉及紧急电话、消防设备、疏散等标志应采用主动发光或照明式标志，其他标志宜采用主动发光或照明式标志。

（3）安全标志应设在与安全有关的醒目位置，且应使进入现场的人员有足够的时间注视其所表示的内容。

（4）标志牌不宜设在门、窗、架等可移动的物体上，标志牌前不得放置妨碍认读的障碍物。

（5）安全标志设置的高度，宜与人眼的视线高度相一致；专用标志的设置高度应视现场情况确定，但不宜低于人眼的视线高度。采用悬挂式和柱式的标志的下缘距地面的高度不宜小于 2 m。

（6）施工现场安全标志的类型、数量应根据危险部位的性质分别设置不同的安全标志。

（7）当多个安全标志（如安全警示牌）在同一处设置时，应按禁止、警告、指令、提示类型的顺序，先左后右、先上后下地排列（各标志牌之间的距离至少应为标志牌尺寸的 0.2 倍）。

➤ **重点提示：** 明确安全警示牌的类型以及布置原则，其为近 10 年的高频考点，务必掌握。

实战演练

［2021 真题 · 单选］正三角形边框是黑色、背景为黄色、图形是黑色的标志是（　　）。

A. 警告标志　　B. 禁止标志

C. 指令标志　　D. 提示标志

［解析］根据表 3-4-4，警告标志图形是黑色，背景为黄色。

［答案］A

［2016 真题 · 案例节选］

背景资料：

某新建综合楼工程，现浇钢筋混凝土框架结构，地下 1 层，地上 10 层，建筑檐口高度 45 m。某建筑工程公司中标后成立项目部进场组织施工。公司例行安全检查中，发现施工区域主出入通道处多种类型的安全警示牌布置混乱，要求项目部按规定要求从左到右正确排列。

……

［问题］

安全警示牌通常都有哪些类型？各种类型的安全警示牌按一排布置时，从左到右的正确排列顺序是什么？

［答案］

（1）安全警示牌有禁止标志、警告标志、指令标志和提示标志 4 种类型。

（2）多个安全警示牌在一排布置时，应按警告、禁止、指令、提示类型的顺序，先左后右、向上后下进行排列。

考点 20 施工现场综合考评的对象与内容★

施工现场综合考评是文明施工管理的一种评价机制，主要是对建设、监理、设计、施工、材料及设备供应单位等主要参建各方的行为及责任履行情况进行评价。具体考评的方面为工程质量管理、施工组织管理、施工安全管理、文明施工管理、建设与监理单位的现场管理等。

实战演练

［2020 真题 · 多选］下列属于建设工程施工现场综合考评的对象有（　　）。

A. 建设单位

B. 质量监督单位

C. 设备供应单位

D. 监理单位

E. 施工单位

[解析] 建设工程施工现场综合考评是指对工程主要参建各方（建设、监理、设计、施工、材料及设备供应单位等）在现场中的行为及责任履行情况进行评价。

[答案] ACDE

[经典例题·多选] 下列属于施工企业现场综合考评内容的有（　　）。

A. 施工组织管理

B. 工程质量管理

C. 施工安全管理

D. 文明施工管理

E. 施工单位的现场管理

[解析] 建设工程施工现场综合考评的内容分为建筑业企业的施工组织管理、工程质量管理、施工安全管理、文明施工管理、建设与监理单位的现场管理等五个方面。

[答案] ABCD

第五节　建筑工程施工进度管理

扫码听课

考点 1　建筑工程施工组织方式★★

常用的施工组织方式有依次施工、平行施工和流水施工三种。三种施工组织方式不同，工作效率有别，适用范围各异。其中，流水施工的工期比较理想，不仅可以实现工作队的专业化，提高工程质量，还可以较合理地利用工作面，提高劳动生产效率并实现资源的均衡供应。

扫码听课

考点 2　流水施工的基本参数★★

流水施工的基本参数主要可以分为三大类，即工艺参数、空间参数、时间参数。具体内容见表 3-5-1。

表 3-5-1　流水施工的基本参数

分类	具体内容
工艺参数	施工过程（n）、流水强度（σ）
空间参数	施工段、施工层（M）
时间参数	流水节拍（t）、流水步距（K）和流水施工工期（T）

考点 3　流水施工的基本组织方式与特点★★

扫码听课

流水施工的基本形式可以分为有节奏和无节奏流水施工两大类，有节奏流水施工又可以分为等节奏流水施工和异节奏流水施工，具体内容与特点总结见表 3-5-2。

表 3-5-2　流水施工的基本形式与特点

<table>
<tr><th colspan="2">类型</th><th>流水节拍</th><th>施工队数</th><th>流水步距</th><th>工期计算</th></tr>
<tr><td colspan="2">等节奏</td><td>都相等</td><td>施工队数＝施工过程数</td><td>流水步距＝流水节拍</td><td rowspan="4">T＝所有流水步距之和（$\sum K$）＋最后一个施工过程在各个施工段上流水节拍之和（$\sum t_n$）＋间歇时间（$\sum G$）－搭接时间（$\sum C$）</td></tr>
<tr><td rowspan="2">异节奏</td><td>等步距</td><td>同一施工过程在其各个施工段上的流水节拍均相等，不同施工过程的流水节拍不等，其值为倍数关系</td><td>施工队数＞施工过程数</td><td>流水节拍的最大公约数</td></tr>
<tr><td>异步距</td><td>同一施工过程在各个施工段上流水节拍均相等，不同施工过程之间的流水节拍不尽相等</td><td>施工队数＝施工过程数</td><td>流水步距不尽相等，用大差法（详见［经典例题］）求得</td></tr>
<tr><td colspan="2">无节奏</td><td>不相等</td><td>施工队数＝施工过程数</td><td>流水步距不尽相等，用大差法求得</td></tr>
</table>

➤ **重点提示：**流水施工作为施工进度管理的工具之一，一般在选择题中考查流水施工相关知识的基本概念，在案例中考查工期的计算。作为考试的必考内容，学习时不需要死记硬背，也不需要深度理解，只需要多练习，会做题即可。

实战演练

［经典例题·案例节选］

某施工过程要做 5 根柱子，每个柱子包括扎钢筋、做模板、浇混凝土 3 个施工过程，每个施工过程的流水施工参数见表 3-5-3。

表 3-5-3　每个施工过程的流水施工参数

施工过程	施工段一	施工段二	施工段三	施工段四	施工段五
扎钢筋	2	2	2	2	2
做模板	2	2	2	2	2
浇混凝土	2	2	2	2	2

……

［问题］

计算该工程的总工期。

［答案］

（1）$M=5$，$n=3$，$t=2$。

（2）$K=t=2$（流水步距＝流水节拍）

(3) $T=(M+n-1)\times K=(5+3-1)\times 2=14$。

[经典例题·案例节选]

背景资料：

某拟建工程由甲、乙、丙3个施工过程组成。该工程共划分成4个施工流水段，每个施工过程在各个施工流水段上的流水节拍见表3-5-4。按相关规范规定，施工过程乙完成后其相应施工段至少要养护2 d，才能进入下道工序。为了尽早完工，经过技术攻关，实现施工过程乙在施工过程甲完成之前1 d提前插入施工。

表3-5-4　各个施工流水段上的流水节拍

施工过程（工序）	流水节拍/d			
	施工一段	施工二段	施工三段	施工四段
甲	2	4	3	2
乙	3	2	3	3
丙	4	2	1	3

……

[问题]

1. 计算各施工过程间的流水步距和总工期。

2. 编制该工程流水施工横道计划图。

[答案]

1. (1) 各施工过程之间的流水步距计算（大差法）如下：

①各施工过程流水节拍的累加数列：

甲：2，6，9，11

乙：3，5，8，11

丙：4，6，7，10

②错位相减，取最大得流水步距：

$K_{甲,乙}$	2	6	9	11	
−)		3	5	8	11
	2	3	4	3	−11

所以，$K_{甲,乙}=4$ (d)。

$K_{乙,丙}$	3	5	8	11	
−)		4	6	7	10
	3	1	2	4	−10

所以，$K_{乙,丙}=4$ (d)。

(2) 总工期：$T=\sum K+\sum t_n+\sum G-\sum C=(4+4)+(4+2+1+3)+2-1=19$ (d)。

2. 该工程流水施工横道计划图如图 3-5-1 所示。

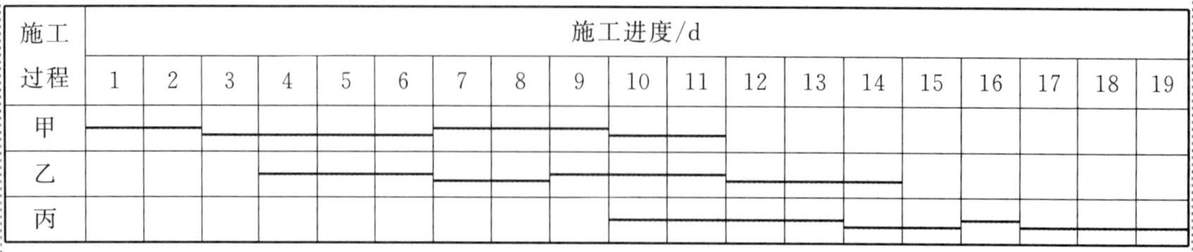

图 3-5-1 施工横道计划图

考点 4 双代号网络计划图的概念与组成★

用一条箭线表示一个施工过程（一项工作），施工过程（一项工作）的名称写在箭线上面，持续时间写在箭线下面，箭尾表示施工过程开始，箭头表示施工过程结束。在箭线的两端分别画一个圆圈作为节点，并在节点内编号，用箭尾节点号码 i 和箭头节点号码 j 作为这个施工过程的代号，如图 3-5-2 所示。

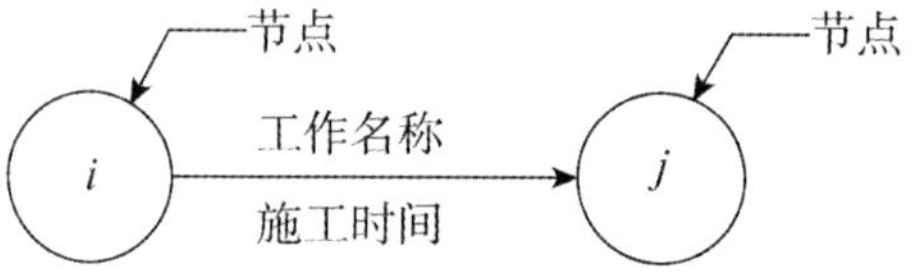

图 3-5-2 双代号表示法

由于各个施工过程均用两个代号表示，所以叫双代号表示法。用这种表示方法把一项计划中的所有施工过程按先后顺序及其相互之间的逻辑关系，从左到右绘制成的网状图形，即为双代号网络计划图，如图 3-5-3 所示。

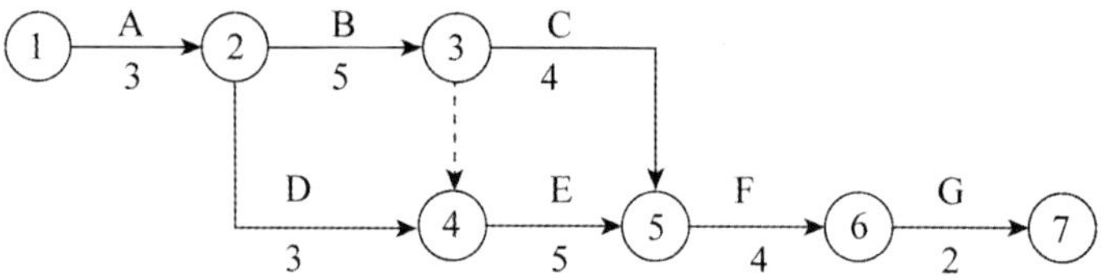

图 3-5-3 双代号网络计划图

考点 5 双代号网络图时间参数★★

一、工作持续时间和工期

工作持续时间是指一项工作从开始到完成的时间。

工期泛指完成一项任务所需要的时间。在网络计划中，工期一般有 3 种。

（1）计算工期 T_C：根据网络计划时间参数而得的工期。

（2）要求工期 T_R：任务委托人所提出的指令性工期。

（3）计划工期 T_P：根据要求工期和计算工期所确定的作为实施目标的工期。

二、工作的 6 个时间参数

工作的 6 个时间参数：最早开始时间 TES_{i-j}，最早完成时间 TEF_{i-j}，最迟开始时间 TLS_{i-j}，最迟完成时间 TLF_{i-j}，总时差 TF_{i-j}，自由时差 FF_{i-j}。

考点 6　关键线路的确定★★★

扫码听课

（1）关键线路：线路时间最长的线路。

（2）特点：总时差为 0。

（3）注意：所有工作总时差都是 0 的线路不一定是关键线路。

扫码听课

考点 7　工期索赔概念与成立原则★★★

（1）工期索赔：由于非承包人责任的原因而导致施工进度延误，要求发包人批准顺延合同期的索赔。

（2）成立原则：①非施工单位原因；②超过总时差。

➤ **重点提示**：（1）熟练掌握 6 个时间参数的计算过程，尤其要掌握总时差、自由时差的概念及计算。

（2）重点掌握工期索赔的成立原则。

实战演练

［2021 真题·案例节选］

背景资料：

某新建办公楼工程，地下 2 层，地上 20 层，建筑面积为 24 万 m^2，钢筋混凝土框架剪力墙结构，M 公司总承包施工。

事件一：M 公司编制了施工进度计划网络图，如图 3-5-4 所示。

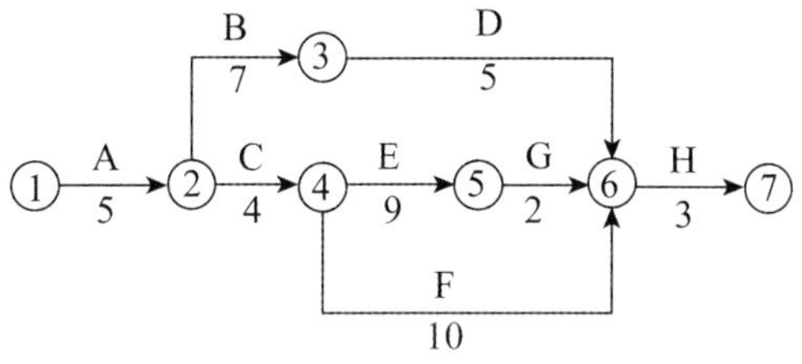

图 3-5-4　施工进度计划网络图（时间单位：d）

……

［问题］

写出事件一中施工进度计划的关键线路（以工作表示），并计算总工期。

［答案］

（1）关键线路：A→C→E→G→H。

（2）总工期＝5＋4＋9＋2＋3＝23（d）。

［2014 真题·案例节选］

背景资料：

某房屋建筑工程，建筑面积 6 800 m^2，钢筋混凝土框架结构，外墙外保温节能体系，根据《建设工程施工合同（示范文本）》（GF—2017—0201）和《建设工程监理合同（示范文本）》（GF—2017—0202），建设单位分别与中标的施工单位和监理单位签订了施工合同和监理合同。

在合同履行过程中，发生了下列事件：

事件一：工程开工前，施工单位的项目技术负责人主持编制了施工组织设计，经项目负责人审核、施工单位技术负责人审批后，报项目监理机构审查。监理工程师认为该施工组织设计的编制、审核（批）手续不妥，要求改正；同时，要求补充建筑节能工程施工的内容。施工单位认为，在建筑节能工程施工前还需要编制、报审建筑节能施工技术专项方案，施工组织设计中没有建筑节能工程施工内容并无不妥，不必补充。

……

事件三：施工单位提交了室内装饰装修工期进度计划网络图（图 3-5-5），经监理工程师确认后按图 3-5-5 组织施工。

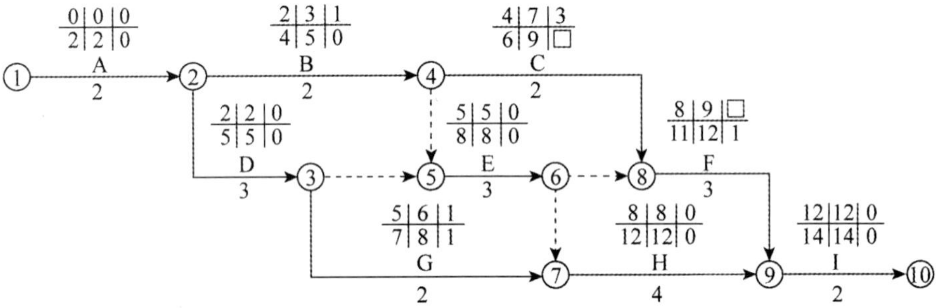

图 3-5-5　该工程双代号网络计划图

事件四：在室内装饰装修工程施工过程中，因涉及变更导致工作 C 的持续时间为36 d，施工单位以设计变更影响施工进度为由，提出 22 d 的工期索赔。

［问题］

1. 事件一中，施工单位关于建筑节能工程的说法是否正确？说明理由。

2. 针对事件三的进度计划网络图，列式计算工作 C 和工作 F 时间参数并确定该网络图的计算工期（单位：周）和关键线路（用工作表示）。

3. 事件四中，施工单位提出的工期索赔是否成立？说明理由。

［答案］

1. 施工单位关于建筑节能工程的说法不正确。

理由：单位工程的施工组织设计应包括建筑节能工程施工内容。

2. 工作 C 的自由时差＝$ES_F-EF_C=8-6=2$（周）。

工作 F 的总时差＝$LS_F-ES_F=9-8=1$（周）。或者，工作 F 的总时差＝$LF_F-EF_F=12-11=1$（周）。

计算工期：14 周。

关键线路：A→D→E→H→I。

3.（1）施工单位提出的 22 d 工期索赔不成立。

理由：虽然设计变更属于非承包商原因，但是延误的时间超过总时差为 1 d，故只能索赔 1 d 的工期。即，C 工作总时差为 3 周（21 d），则由于设计变更产生的工期索赔应为：22－21＝1（d）。

考点 8 双代号时标网络计划参数的计算及关键线路的确定★★★

（1）自由时差：以波形线的长度表示。

（2）总时差：取本工作的波形线与紧后工作总时差之和的最小值。

（3）关键线路：一般情况下，双代号时标网络计划中没有波形线的通路即为关键线路。

（4）计算工期：终点节点所对应的时刻点。

➤ **重点提示：** 时标网络计划图具备双代号网络计划图与流水施工图的双重优点，可以在时标网络计划图上直接找出关键线路及自由时差，进一步计算总时差。

实战演练

［2017 真题·案例节选］

背景资料：

某建筑施工单位在新建办公楼工程前，按《建筑施工组织设计规范》（GB/T 50502—2009）规定的单位工程施工组织设计应包含的各项基本内容，编制了本工程的施工组织设计，经相应人员审批后报监理机构，在总监理工程师审批签字后按此组织施工。

在施工组织设计中，施工进度计划以时标网络计划图（时间单位：月）形式表示。在第 8 个月末，施工单位对现场实际进度进行检查，并在时标网络计划图中绘制了实际进度前锋线，如图 3-5-6 所示。

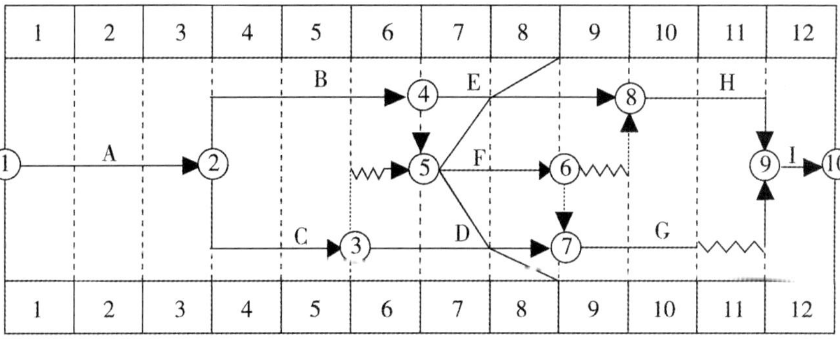

图 3-5-6　工程时标网络计划图

针对检查中所发现实际进度与计划进度不符的情况，施工单位均在规定时限内提出索赔意向通知，并在监理机构同意的时间内上报了相应的工期索赔资料。经监理工程师核实，工序 E 的进度偏差是由建设单位供应材料导致，工序 F 的进度偏差是由当地政令性停工导致，工序 D 的进度偏差是由工人返乡农忙导致。根据上述情况，监理工程师对三项工期索赔分别予以批复。

［问题］

1. 写出时标网络计划图中前锋线所涉及各工序的实际进度偏差情况；如后续工作仍按原计划的速度进行，本工程的实际完工工期是多少个月？

2. 针对工序 E、工序 F、工序 D，分别判断施工单位上报的三项工期索赔是否成立，并说明理由。

［答案］

1.（1）工序 E 实际进度拖后 1 个月；工序 F 实际进度拖后 2 个月；工序 D 实际进度拖后 1 个月。

（2）本工程的实际完工工期是 13 个月。

2.（1）工序 E 的索赔成立。

理由：工序 E 的进度偏差是由建设单位供应材料导致，属于建设单位原因，并且工序 E 在关键线路上，影响总工期，索赔成立。

（2）工序 F 索赔不成立。

理由：因为工序 E 的工期索赔成立，则此时总工期已被延长到 13 个月，此时工序 F 滞后 2 个月，实际总工期不会超过 13 个月，所以此处工序 F 的工期索赔不能同时得到支持，故判定为不成立。

（3）工序 D 索赔不成立。

理由：工人返乡农忙属于施工单位原因，并且此工作有 1 个月的总时差，拖后 1 个月不影响总工期，工期不能索赔。

［经典例题·案例节选］

背景资料：

某工程项目，地上 15～18 层，地下 2 层，钢筋混凝土剪力墙结构，总建筑面积为 57 000 m^2，施工单位中标后成立项目经理部组织施工。项目经理部上报了施工组织设计，其中，施工总平面图设计要点包括了设置大门，布置塔吊、施工升降机，布置临时房屋、水、电和其他动力设施等。布置施工升降机时，考虑了导轨架的附墙位置和距离等现场条件和因素。公司技术部门在审核时指出施工总平面图设计要点不全，施工升降机布置条件和因素考虑不足，要求补充完善。

项目经理部在工程施工到第 8 月底时，对施工进度进行了检查，工程进展状态如图 3-5-7 中前锋线所示。工程部门根据检查分析情况，调整措施后重新绘制了从第 9 月开始到工程结束的双代号网络计划，部分内容如图 3-5-8 所示。

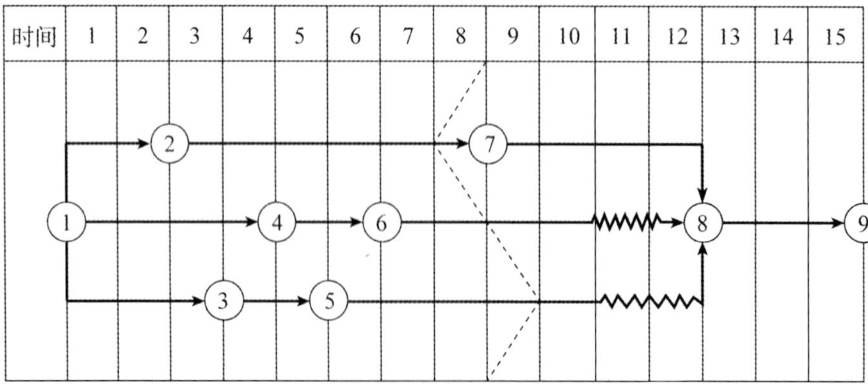

图 3-5-7　项目双代号网络计划（一）

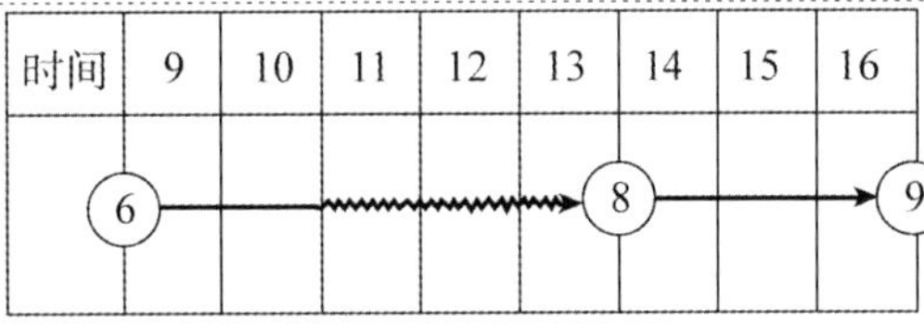

图 3-5-8　项目双代号网络计划（二）

［问题］

1. 根据图 3-5-7 中前锋线分析第 8 月底工程的实际进度情况。

2. 绘制正确的从第 9 月开始到工程结束的双代号网络计划图。

［答案］

1. ②→⑦进度延误一个月；⑥→⑧进度正常；⑤→⑧进度提前 1 个月。

2. 正确的从第 9 月开始到工程结束的双代号网络计划图如图 3-5-9 所示。

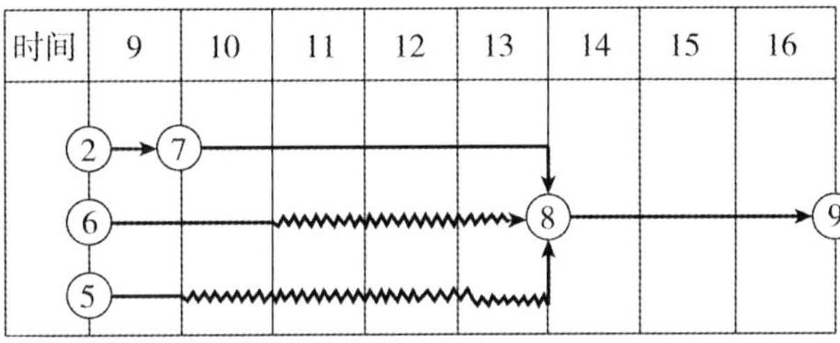

图 3-5-9　正确的从第 9 月开始到工程结束的双代号网络计划图

考点 9　网络计划的优化★★

网络计划优化的内容包括工期优化、费用优化、资源优化。工期优化的目的是使网络计划满足要求工期，保证按期完成工程任务。工期优化一般是通过调整关键工作的持续时间来满足工期要求。

实战演练

［2021 真题・案例节选］

背景资料：

某新建办公楼工程，地下 2 层，地上 20 层，建筑面积为 24 万 m^2，钢筋混凝土框架剪力墙结构，M 公司总承包施工。

事件一：M 公司编制了施工进度计划网络图，如图 3-5-10 所示。

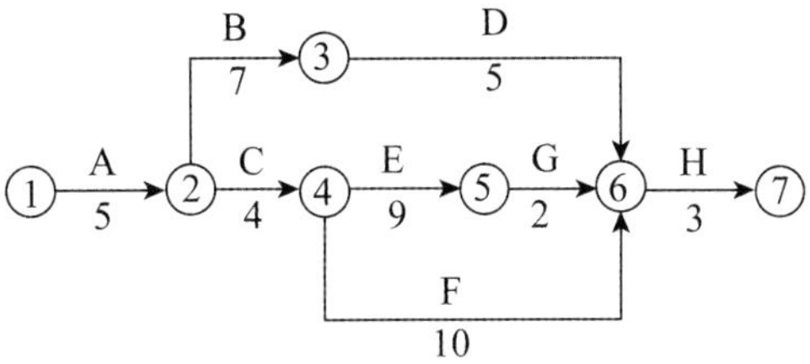

图 3-5-10　施工进度计划网络图（单位：d）

事件二：M公司将图3-5-10的施工进度计划网络图报送监理单位后，总监理工程师发现E工作应该在B工作完成后才能开始，要求M公司修改，M公司按监理单位提出的工序要求调整了进度计划，各项工作持续时间不变。

事件三：监理单位对M公司修改后的施工进度计划进行审核，要求M公司在计划实施中确保修改后的进度计划总工期应与原计划总工期保持不变，见表3-5-5。

表3-5-5 原计划各工作相关参数

工作	最大可压缩时间/d	赶工费用/（元·d^{-1}）
A	1	3 000
B	2	2 500
C	1	3 000
D	2	1 000
E	2	1 000
F	4	1 000
G	1	1 200
H	1	1 500

……

[问题]

1. 写出事件一中施工进度计划的关键线路（以工作表示），并计算总工期。

2. 写出事件二中M公司修改后的进度计划的关键线路（以工作表示），并计算总工期。

3. 事件三中，从赶工费用最优的角度考虑，写出应压缩的工作项的压缩天数，列式计算所需赶工费用（单位：元）。

[答案]

1.（1）关键线路：A→C→E→G→H。

（2）总工期=5+4+9+2+3=23（d）。

2.（1）修改后的关键线路：A→B→E→G→H。

（2）总工期=5+7+9+2+3=26（d）。

3. 工作E压缩2 d；工作G压缩1 d。

赶工费用=1 000×2+1 200×1=3 200（元）。

第六节 建筑工程施工质量管理

考点 1 检测试验管理★★

根据《建筑工程检测试验技术管理规范》（JGJ 190—2010），检测试验管理基本规定如下（节选）。

（1）建筑工程施工现场检测试验技术管理应按以下程序进行：

①制定检测试验计划。

②制取试样。

③登记台账。

④送检。

⑤检测试验。

⑥检测试验报告管理。

（2）建筑工程施工现场应配备满足检测试验需要的试验人员、仪器设备、设施及相关标准。

（3）建筑工程施工现场检测试验的组织管理和实施应由施工单位负责。当建筑工程实行施工总承包时，可由总承包单位负责整体组织管理和实施，分包单位按合同确定的施工范围各负其责。

（4）施工单位及其取样、送检人员必须确保提供的检测试样具有真实性和代表性。

（5）承担建筑工程施工检测试验任务的检测单位应符合下列规定：

①当行政法规、国家现行标准或合同对检测单位的资质有要求时，应遵守其规定；当没有要求时，可由施工单位的企业试验室试验，也可委托具备相应资质的检测机构检测。

②对检测试验结果有争议时，应委托共同认可的具备相应资质的检测机构重新检测。

③检测单位的检测试验能力应与其所承接检测试验项目相适应。

（6）见证人员必须对见证取样和送检的过程进行见证，且必须确保见证取样和送检过程的真实性。

（7）检测机构应确保检测数据和检测报告的真实性和准确性。

考点 2　施工检测试验计划★★

根据《建筑工程检测试验技术管理规范》（JGJ 190—2010），施工检测试验计划内容如下（节选）。

（1）施工检测试验计划应在工程施工前由施工项目技术负责人组织有关人员编制，并应报送监理单位进行审查和监督实施。

（2）根据施工检测试验计划，应制订相应的见证取样和送检计划。

（3）施工检测试验计划应按检测试验项目分别编制，并应包括以下内容：

①检测试验项目名称。

②检测试验参数。

③试样规格。

④代表批量。

⑤施工部位。

⑥计划检测试验时间。

（4）发生下列情况之一并影响施工检测试验计划实施时，应及时调整施工检测试验计划：

①设计变更。

②施工工艺改变。

③施工进度调整。

④材料和设备的规格、型号或数量变化。

考点 3 检测试验试样与标识、送检、检测试验报告★★★

根据《建筑工程检测试验技术管理规范》（JGJ 190—2010），检测试验的试样与标识、试样送检、检测试验报告内容如下（节选）。

（1）进场材料的检测试样，必须从施工现场随机抽取，严禁在现场外制取。

（2）施工过程质量检测试样，除确定工艺参数可制作模拟试样外，必须从现场相应的施工部位制取。

（3）现场试验人员应根据施工需要及有关标准的规定，将标识后的试样及时送至检测单位进行检测试验。

（4）现场试验人员应正确填写委托单，有特殊要求时应注明。

（5）办理委托后，现场试验人员应将检测单位给定的委托编号在试样台账上登记。

（6）现场试验人员应及时获取检测试验报告，核查报告内容。当检测试验结果为不合格或不符合要求时，应及时报告施工项目技术负责人、监理单位及有关单位的相关人员。

（7）检测试验报告的编号和检测试验结果应在试样台账上登记。

（8）现场试验人员应将登记后的检测试验报告移交有关人员。

（9）对检测试验结果不合格的报告严禁抽撤、替换或修改。

（10）检测试验报告中的送检信息需要修改时，应由现场试验人员提出申请，写明原因，并经施工项目技术负责人批准。涉及见证检测报告送检信息修改时，尚应经见证人员同意并签字。

考点 4 检测试验见证管理的规定★

根据《建筑工程检测试验技术管理规范》（JGJ 190—2010），检测试验见证管理的规定如下（节选）。

（1）见证人员应由具有建筑施工检测试验知识的专业技术人员担任。

（2）见证人员发生变化时，监理单位应通知相关单位，办理书面变更手续。

（3）需要见证检测的检测项目，施工单位应在取样及送检前通知见证人员。

（4）见证人员应对见证取样和送检的全过程进行见证并填写见证记录。

（5）检测机构接收试样时应核实见证人员及见证记录，见证人员与备案见证人员不符或见证记录无备案见证人员签字时不得接收试样。

（6）见证人员应检查见证检测的检测项目、数量和比例是否满足要求。

➢ **重点提示：** 检测试验见证取样的程序属于常考内容，其相应的主体务必掌握。

实战演练

[2021 真题 · 案例节选]

背景资料：

某新建住宅工程，建筑面积为 1.5 万 m^2，地下 2 层，地上 11 层，钢筋混凝土剪力墙结构，室内填充墙体采用蒸压加气混凝土砌块，水泥砂浆砌筑。室内卫生间采用聚氨酯防水涂料，水泥砂浆粘贴陶瓷饰面板。

一批 ϕ8 mm 钢筋进场后，施工单位及时通知见证人员到场进行取样等见证工作，见证人员核查了检测项目等有关见证内容，要求这批钢筋单独存放，待验证资料齐全，完成其他进场验证工作后才能使用。

……

[问题]

见证检测时，什么时间通知见证人员到场见证？见证人员应核查的见证内容是什么？

[答案]

(1) 施工单位应在取样和送检前通知见证人员。

(2) 见证人员应核查的见证内容是见证检测的检测项目、数量和比例是否满足有关规定。

[2019 真题 · 案例节选]

背景资料：

某办公楼工程，建筑面积为 2 400 m^2，地下 1 层，地上 12 层，筏板基础，钢筋混凝土框架结构，砌筑工程采用蒸压灰砂砖砌体。建设单位依据招投标程序选定了监理单位及施工总承包单位，并约定部分工作允许施工总承包单位自行分包。

施工总承包单位进场后，项目质量总监组织编制了施工检测试验计划，经施工企业技术部门审批后实施。建设单位指出检测试验计划编制与审批程序错误，要求项目部调整后重新报审，第一批钢筋原材到场，项目试验员会同监理单位见证人员进行见证取样，对钢筋原材相关性能指标进行复检。

……

[问题]

针对项目检测试验计划编制、审批程序存在的问题，给出相应的正确做法。

[答案]

(1) 问题一：施工质量总监组织编制了项目检测试验计划。

正确做法：施工检测试验计划应在工程施工前由施工项目技术负责人组织有关人员编制。

(2) 问题二：经施工企业技术部门审批后实施。

正确做法：应报送监理单位进行审查和监督实施。

考点 5　地基工程质量管理要点★★

一、素土、灰土地基

根据《建筑地基基础工程施工质量验收标准》(GB 50202—2018)，素土、灰土地基质量管理要点如下（节选）：

（1）施工前应检查素土、灰土土料、石灰或水泥等配合比及灰土的拌合均匀性。

（2）施工中应检查分层铺设的厚度、夯实时的加水量、夯压遍数及压实系数。

（3）施工结束后，应进行地基承载力检验。

素土、灰土地基施工质量要点：

（1）灰土应分层夯实，每层虚铺厚度：人力或轻型夯机夯实时控制在 200～250 mm，双轮压路机夯实时控制在 200～300 mm。

（2）分段施工时，不得在墙角、柱墩及承重窗间墙下接缝。上下两层的搭接长度不得小于 50 cm。灰土置换地基如图 3-6-1 所示。

图 3-6-1　灰土置换地基

二、强夯地基

根据《建筑地基基础工程施工质量验收标准》（GB 50202—2018），强夯地基质量管理要点如下（节选）：

（1）施工前应检查夯锤质量和尺寸、落距控制方法、排水设施及被夯地基的土质。

（2）施工中应检查夯锤落距、夯点位置、夯击范围、夯击击数、夯击遍数、每击夯沉量、最后两击的平均夯沉量、总夯沉量和夯点施工起止时间等。

（3）施工结束后，应进行地基承载力、地基土的强度、变形指标及其他设计要求指标检验。

三、泥浆护壁钻孔灌注桩

（一）钢筋笼制作

（1）钢筋笼宜分段制作，分段长度应根据钢筋笼整体刚度、钢筋长度以及起重设备的有效高度等因素确定。钢筋笼接头宜采用焊接或机械式接头，接头应相互错开。

（2）钢筋笼应采用环形胎模制作，钢筋笼主筋净距应符合设计要求。

（3）钢筋笼的材质、尺寸应符合设计要求，钢筋笼制作允许偏差应符合表 3-6-1 规定。

表 3-6-1　钢筋笼制作允许偏差

项目	允许偏差/mm	检查方法
主筋间距	±10	用钢尺量
长度	±100	用钢尺量
箍筋间距	±20	用钢尺量

续表

项目	允许偏差/mm	检查方法
直径	±10	用钢尺量

（4）钢筋笼主筋混凝土保护层允许偏差应为±20 mm，钢筋笼上应设置保护层垫块，每节钢筋笼不应少于2组，每组不应少于3块，且应均匀分布于同一截面上。钢筋笼与钢筋笼垫块如图3-6-2所示。

图 3-6-2　钢筋笼与钢筋笼垫块

（二）水下灌注混凝土的规定

（1）水下灌注混凝土必须具备良好的和易性，配合比应通过试验确定；坍落度宜为180～220 mm；水泥用量不应少于360 kg/m³（当掺入粉煤灰时水泥用量可不受此限）。

（2）水下灌注混凝土的含砂率宜为40%～50%，并宜选用中粗砂；粗骨料的最大粒径应小于40 mm。

（3）水下灌注混凝土宜掺外加剂。

（三）水下灌注混凝土的质量控制要求

（1）开始灌注水下混凝土时，导管底部至孔底的距离宜为300～500 mm。

（2）应有足够的混凝土储备量，导管一次埋入混凝土灌注面以下的距离不应少于0.8 m（一般为0.8～1.3 m）。

（3）导管埋入混凝土深度宜为2～6 m。严禁将导管提出混凝土灌注面，并应控制提拔导管速度，应有专人测量导管埋深及管内外混凝土灌注面的高差，填写水下混凝土灌注记录。

（4）水下灌注混凝土必须连续施工，每根桩的灌注时间应按初盘混凝土的初凝时间控制，对灌注过程中的故障应记录备案。

（5）应控制最后一次灌注量，超灌高度宜为0.8～1.0 m，凿除泛浆后必须保证暴露的桩顶混凝土强度达到设计等级。

四、基坑开挖与土石方工程

根据《建筑地基基础工程施工质量验收标准》（GB 50202—2018）和《建筑地基基础施工规范》（GB 51004—2015），对基坑开挖与土石方工程质量管理要点总结如下。

（1）在土石方工程开挖施工前，应完成支护结构、地面排水、地下水控制、基坑及周边环境监测、施工条件验收和应急预案准备等工作的验收，合格后方可进行土石方开挖。

(2) 土石方开挖的顺序、方法必须与设计工况和施工方案相一致，并应遵循“开槽支撑，先撑后挖，分层开挖，严禁超挖”的原则。

(3) 土方工程施工前，应采取有效的地下水控制措施。基坑内地下水位应降至拟开挖下层土方的底面以下不小于 0.5 m。

(4) 机械挖土时，坑底以上 200～300 mm 范围内的土方应采用人工修底的方式挖除。放坡开挖的基坑边坡应采用人工修坡的方式。

(5) 施工前应检查基底的垃圾、树根等杂物清除情况，测量基底标高、边坡坡率，检查验收基础外墙防水层和保护层等。回填料应符合设计要求，并应确定回填料含水量控制范围、铺土厚度、压实遍数等施工参数。

(6) 施工中应检查排水系统，每层填筑厚度、辗迹重叠程度、含水量控制、回填土有机质含量、压实系数等。回填施工的压实系数应满足设计要求。当采用分层回填时，应在下层的压实系数经试验合格后进行上层施工。填筑厚度及压实遍数应根据土质、压实系数及压实机具确定。无试验依据时，应符合表 3-6-2 的规定。

表 3-6-2 填土施工时的分层厚度及压实遍数

压实机具	分层厚度/mm	每层压实遍数
平辗	250～300	6～8
振动压实机	250～350	3～4
柴油打夯	200～250	3～4
人工打夯	<200	3～4

(7) 填方应按设计要求预留沉降量，一般不超过填方高度的 3%，冬季填方每层铺土厚度应比常温施工时减少 20%～25%，预留沉降量比常温时适当增加。

实战演练

[2020 真题 · 案例节选]

背景资料：

某新建商住楼工程，钢筋混凝土框架-剪力墙结构，地下 1 层，地上 16 层、建筑面积为 2.8 万 m^2，基础为泥浆护壁钻孔灌注桩。

项目部进场后，在泥浆护壁灌注桩钢筋笼作业交底会上，重点强调钢筋笼制作和钢筋笼保护层垫块的注意事项。要求钢筋笼分段制作，分段长度应综合考虑成笼的 3 个因素。钢筋保护层垫块，每节钢筋笼不少于 2 组，长度大于 12 m 的中间加设 1 组，每组垫块 2 块，垫块可自由分布。

在回填土施工前，项目部安排人员编制了回填土专项方案，内容包括：按设计和规范规定，严格控制回填土方的粒径和含水率，按填方高度的 5%预留沉降量等。

……

［问题］

1. 写出灌注桩钢筋笼制作和安装综合考虑的 3 个因素。指出钢筋笼保护层的设置数量及位置的错误之处并改正。

2. 土方回填预留沉降量是否正确并说明理由？

［答案］

1.（1）灌注桩钢筋笼制作和安装综合考虑的 3 个因素：钢筋笼的整体刚度、材料长度、起重设备的有效高度。

（2）错误之处一：每组垫块 2 块。

正确做法：每组垫块不得小于 3 块。

错误之处二：垫块可自由分布。

正确做法：垫块需均匀分布在同一截面的主筋上。

2.（1）不正确。

（2）理由：填方应按设计要求预留沉降量，一般不超过填方高度的 3%。冬季填方每层铺土厚度应比常温施工时减少 20%～25%，预留沉降量比常温时适当增加。

考点 6 混凝土结构模板安装质量管理要点★★★

根据《混凝土结构工程施工规范》（GB 50666—2011），混凝土结构模板工程安装质量管理要点如下（节选）。

（1）模板工程应编制专项施工方案。滑模、爬模等工具式模板工程及高大模板支架工程的专项施工方案，应进行技术论证。

（2）模板及支架应根据施工过程中的各种工况进行设计，应具有足够的承载力和刚度，并应保证其整体稳固性。

（3）模板及支架应保证工程结构和构件各部分形状、尺寸和位置准确，且应便于钢筋安装和混凝土浇筑、养护。

（4）对跨度不小于 4 m 的梁、板，其模板施工起拱高度宜为梁、板跨度的 1/1 000～3/1 000。起拱不得减少构件的截面高度。

（5）扣件螺栓的拧紧力矩不应小于 40 N·m，且不应大于 65 N·m。支架立杆搭设的垂直偏差不宜大于 1/200。

（6）采用扣件式钢管做高大模板支架时，支架搭设除应符合 GB 50666—2011 第 4.4.7 条的规定外，尚应符合下列规定：宜在支架立杆顶端插入可调托座，可调托座螺杆外径不应小于 36 mm，螺杆插入钢管的长度不应小于 150 mm，螺杆伸出钢管的长度不应大于 300 mm，可调托座伸出顶层水平杆的悬臂长度不应大于 500 mm。

模板顶部托承如图 3-6-3 所示。

图 3-6-3 模板顶部托承

考点 7 混凝土结构模板拆除质量要点★★★

混凝土结构模板拆除质量要点可参考第二章第三节考点 11 的相关内容。另外，多个楼层间连续支模的底层支架拆除时间，应根据连续支模的楼层间荷载分配和混凝土强度的增长情况确定。拆下的模板及支架杆件不得抛掷，应分散堆放在指定地点，并应及时清运。模板拆除后应将其表面清理干净，对变形和损伤部位应进行修复。

实战演练

[2018 真题 · 案例节选]

背景资料：

某企业新建办公楼工程，地下 1 层，地上 16 楼，建筑高度为 55 m，地下建筑面积为 3 000 m^2，总建筑面积为 21 000 m^2，现浇混凝土框架结构。一层大厅高 12 m，长 32 m，大厅处有 3 道后张预应力混凝土梁。合同约定："……工程开工时间为 2016 年 7 月 1 日，竣工日期为 2017 年 10 月 31 日，总工期为 488 d；冬期停工 35 d；弱电、幕墙工程由专业分包单位施工……"总包单位与幕墙单位签订了专业分包合同。

大厅后张预应力混凝土梁浇筑完成 25 d 后，生产经理凭经验判定混凝土强度已达到设计要求，随即安排作业人员拆除了梁底模板并准备进行预应力张拉。

……

[问题]

预应力混凝土梁底模拆除工作有哪些不妥之处？并说明理由。

[答案]

(1) 不妥之处一：生产经理凭经验判定混凝土强度已达到设计要求，随即安排作业人员拆模。

理由：应根据同条件养护试块来判定是否达到规定强度，拆模前应填写拆模申请，经项目技术负责人批准后方可拆模。

(2) 不妥之处二：安排作业人员拆除了梁底模板并准备进行预应力张拉。

理由：后张预应力混凝土结构构件，侧模宜在预应力张拉前拆除；底模支架不应在结构构件建立预应力前拆除。

[2017 真题 · 案例节选]

背景资料：

某新建商用群体建设项目，地下 2 层，地上 8 层，现浇钢筋混凝土框架结构，桩筏基础，建筑面积 88 000 m^2。

针对地下室 200 mm 厚的无梁楼盖，项目部编制了模板及其支撑架专项施工方案。方案中采用扣件式钢管支撑架体系，支撑架立杆纵横向间距均为 1 600 mm，扫地杆距地面约 1 500 mm，每步设置纵横向水平杆，步距为 1 500 mm，立杆伸出顶层水平杆的长度控制在 150～300 mm。顶托螺杆插入立杆的长度不小于 150 mm、伸出立杆的长度控制在 500 mm 以内。

……

[问题]

指出本项目模板及其支撑架专项施工方案中的不妥之处，并分别写出正确做法。

[答案]

(1) 不妥之处一：支撑架立杆纵横向间距均为 1 600 mm。

正确做法：支撑架立杆纵横向间距均不大于 1 500 mm。

(2) 不妥之处二：扫地杆距地面约 1 500 mm。

正确做法：扫地杆距地面不大于 200 mm

(3) 不妥之处三：顶托螺杆伸出立杆的长度控制在 500 mm 以内。

正确做法：顶托螺杆伸出立杆的长度控制在 300 mm 以内。

考点 8　钢筋工程施工质量控制★★★

根据《混凝土结构工程施工规范》(GB 50666—2011)，钢筋工程施工质量控制内容如下（节选）。

(1) 钢筋工程宜采用专业化生产的成型钢筋。

(2) 钢筋连接方式应根据设计要求和施工条件选用。

(3) 当需要进行钢筋代换时，应办理设计变更文件。

(4) 钢筋弯折的弯弧内直径应符合下列规定：

①光圆钢筋，不应小于钢筋直径的 2.5 倍。

②335 MPa 级、400 MPa 级带肋钢筋，不应小于钢筋直径的 4 倍。

③500 MPa 级带肋钢筋，当直径为 28 mm 以下时不应小于钢筋直径的 6 倍，当直径为 28 mm 及以上时不应小于钢筋直径的 7 倍。

④位于框架结构顶层端节点处的梁上部纵向钢筋和柱外侧纵向钢筋，在节点角部弯折处，当钢筋直径为 28 mm 以下时不宜小于钢筋直径的 12 倍，当钢筋直径为 28 mm 及以上时不宜小于钢筋直径的 16 倍。

⑤箍筋弯折处尚不应小于纵向受力钢筋直径；箍筋弯折处纵向受力钢筋为搭接钢筋或并筋时，应按钢筋实际排布情况确定箍筋弯弧内直径。

(5) 纵向受力钢筋的弯折后平直段长度应符合设计要求及现行国家标准《混凝土结构设计规范（2015 年版）》(GB 50010—2010) 的有关规定。光圆钢筋末端作 180°弯钩时，弯钩的弯折后平直段长度不应小于钢筋直径的 3 倍。

考点 9 混凝土工程质量控制★★★

根据《混凝土结构工程施工规范》(GB 50666—2011)，对混凝土工程质量控制内容总结如下（节选）。

（1）原材料进场时，供方应对进场材料按材料进场验收所划分的检验批提供相应的质量证明文件，外加剂产品尚应提供使用说明书。当能确认连续进场的材料为同一厂家的同批出厂材料时，可按出厂的检验批提供质量证明文件。

（2）原材料进场时，应对材料外观、规格、等级、生产日期等进行检查，并应对其主要技术指标按 GB 50666—2011 第 7.6.3 条的规定划分检验批进行抽样检验，每个检验批检验不得少于 1 次。

经产品认证符合要求的水泥、外加剂，其检验批量可扩大一倍。在同一工程中，同一厂家、同一品种、同一规格的水泥、外加剂，连续三次进场检验均一次合格时，其后的检验批量可扩大一倍。

（3）原材料进场质量检查应符合下列规定：

①应对水泥的强度、安定性及凝结时间进行检验。同一生产厂家、同一等级、同一品种、同一批号且连续进场的水泥，袋装水泥不超过 200 t 应为一批，散装水泥不超过 500 t 应为一批。

②应对粗骨料的颗粒级配、含泥量、泥块含量、针片状含量指标进行检验，压碎指标可根据工程需要进行检验；应对细骨料颗粒级配、含泥量、泥块含量指标进行检验。当设计文件有要求或结构处于易发生碱骨料反应环境中时，应对骨料进行碱活性检验。抗冻等级 F100 及以上的混凝土用骨料，应进行坚固性检验。骨料不超过 400 m^3 或600 t 为一检验批。

③应对矿物掺合料细度（比表面积）、需水量比（流动度比）、活性指数（抗压强度比）、烧失量指标进行检验。粉煤灰、矿渣粉、沸石粉不超过 200 t 应为一检验批，硅灰不超过 30 t应为一检验批。

④应按外加剂产品标准规定对其主要匀质性指标和掺外加剂混凝土性能指标进行检验。同一品种外加剂不超过 50 t 应为一检验批。

⑤当采用饮用水作为混凝土用水时，可不检验。当采用中水、搅拌站清洗水或施工现场循环水等其他水源时，应对其成分进行检验。

（4）当使用中水泥质量受不利环境影响或水泥出厂超过三个月（快硬硅酸盐水泥超过一个月）时，应进行复验，并应按复验结果使用。

（5）混凝土在生产过程中的质量检查应符合下列规定：

①生产前应检查混凝土所用原材料的品种、规格是否与施工配合比一致。在生产过程中应检查原材料实际称量误差是否满足要求，每一工作班应至少检查 2 次。

②生产前应检查生产设备和控制系统是否正常、计量设备是否归零。

③混凝土拌合物的工作性检查每 100 m^3 不应少于 1 次，且每一工作班不应少于 2 次，必

要时可增加检查次数。

④骨料含水率的检验每工作班不应少于 1 次；当雨雪天气等外界影响导致混凝土骨料含水率变化时，应及时检验。

(6) 混凝土应进行抗压强度试验。有抗冻、抗渗等耐久性要求的混凝土，还应进行抗冻性、抗渗性等耐久性指标的试验。其试件留置方法和数量，应按现行国家标准《混凝土结构工程施工质量验收规范》(GB 50204—2015) 的有关规定执行。

(7) 采用预拌混凝土时，供方应提供混凝土配合比通知单、混凝土抗压强度报告、混凝土质量合格证和混凝土运输单；当需要其他资料时，供需双方应在合同中明确约定。预拌混凝土质量控制资料的保存期限，应满足工程质量追溯的要求。

考点 10 装配式结构工程施工质量控制★★

根据《混凝土结构工程施工规范》(GB 50666—2011)，装配式结构工程施工质量控制内容如下。

(1) 装配式结构工程应编制专项施工方案。必要时，专业施工单位应根据设计文件进行深化设计。

(2) 装配式结构正式施工前，宜选择有代表性的单元或部分进行试制作、试安装。

(3) 预制构件的吊运应符合下列规定：

①应根据预制构件形状、尺寸、质量和作业半径等要求选择吊具和起重设备，所采用的吊具和起重设备及其施工操作，应符合国家现行有关标准及产品应用技术手册的规定。

②应采取保证起重设备的主钩位置、吊具及构件重心在竖直方向上重合的措施；吊索与构件水平夹角不宜小于 60°，不应小于 45°；吊运过程应平稳，不应有大幅度摆动，且不应长时间悬停。

③应设专人指挥，操作人员应位于安全位置。

(4) 预制构件经检查合格后，应在构件上设置可靠标识。在装配式结构的施工全过程中，应采取防止预制构件损伤或污染的措施。

(5) 装配式结构施工中采用专用定型产品时，专用定型产品及施工操作应符合国家现行有关标准及产品应用技术手册的规定。

实战演练

[2016 真题·案例节选]

背景资料：

某学校活动中心工程，现浇钢筋混凝土框架结构，地上 6 层，地下 2 层，采用自然通风。

在施工过程中，发生了下列事件：

……

事件二：主体结构施工过程中，施工单位对进场的钢筋按国家现行有关标准抽样检验了抗拉强度、屈服强度。结构施工至四层时，施工单位进场一批 72 t 的 ϕ18 mm 螺纹钢筋，在此前因同厂家、同牌号的该规格钢筋已连续三次进场检验均一次检验合格，施工单位对此批钢筋仅抽取一组试件送检，监理工程师认为取样组数不足。

……

[问题]

事件二中，施工单位还应增加哪些钢筋原材检测项目？通常情况下，钢筋原材检验批量最大不宜超过多少吨？监理工程师的意见是否正确？并说明理由。

[答案]

(1) 施工单位还应增加的检测项目：伸长率、单位长度重量比、冷弯性能。

(2) 通常情况下，钢筋原材检验批量最大不宜超过 60 t。

(3) 监理工程师的意见不正确。

理由：在此前因同厂家、同牌号的该规格钢筋已连续 3 次进场检验均一次检验合格，批量扩大一倍 (120 吨一批次)。

考点 11 砌体结构工程施工原材料质量管理★★★

根据《砌体结构工程施工规范》(GB 50924—2014)，砌体结构工程施工原材料质量管理内容如下（节选）。

(1) 对工程中所使用的原材料、成品及半成品应进行进场验收，检查其合格证书、产品检验报告等，并应符合设计及国家现行有关标准要求。对涉及结构安全、使用功能的原材料、成品及半成品应按有关规定进行见证取样、送样复验；其中水泥的强度和安定性应按其批号分别进行见证取样、复验。

(2) 砖或小砌块在运输装卸过程中，不得倾倒和抛掷；进场后应按强度等级分类堆放整齐，堆置高度不宜超过 2 m。

(3) 水泥强度等级应根据砂浆品种及强度等级的要求进行选择，M15 及以下强度等级的砌筑砂浆宜选用 32.5 级的通用硅酸盐水泥或砌筑水泥；M15 以上强度等级的砌筑砂浆宜选用 42.5 级普通硅酸盐水泥。

(4) 不同品种、不同强度等级的水泥不得混合使用。

(5) 水泥应按品种、强度等级、出厂日期分别堆放，应设防潮垫层，并应保持干燥。

(6) 砌筑砂浆用砂宜选用过筛中砂，毛石砌体宜选用粗砂。

(7) 水泥砂浆和强度等级不小于 M5 的水泥混合砂浆，砂中含泥量不应超过 5%；强度等级小于 M5 的水泥混合砂浆，砂中含泥量不应超过 10%。

考点 12 砌体砂浆质量管理★★

根据《砌体结构工程施工规范》(GB 50924—2014)，砌体砂浆质量管理内容如下（节选）。

（1）砌体结构工程施工中，所用砌筑砂浆宜选用预拌砂浆，当采用现场拌制时，应按砌筑砂浆设计配合比配制。对非烧结类块材，宜采用配套的专用砂浆。

（2）不同种类的砌筑砂浆不得混合使用。

（3）砂浆试块的试验结果，当与预拌砂浆厂的试验结果不一致时，应以现场取样的试验结果为准。

（4）现场拌制砂浆应根据设计要求和砌筑材料的性能，对工程中所用砌筑砂浆进行配合比设计，当原材料的品种、规格、批次或组成材料有变更时，其配合比应重新确定。

（5）现场搅拌的砂浆应随拌随用，拌制的砂浆应在3 h内使用完毕；当施工期间最高气温超过30 ℃时，应在2 h内使用完毕。对掺用缓凝剂的砂浆，其使用时间可根据其缓凝时间的试验结果确定。

（6）砌筑砂浆的稠度宜符合表3-6-3的规定。

表3-6-3 砌筑砂浆的稠度

砌体种类	砂浆稠度/mm
烧结普通砖砌体	70～90
混凝土实心砖、混凝土多孔砖砌体 普通混凝土小型空心砌块砌体 蒸压灰砂砖砌体 蒸压粉煤灰砖砌体	50～70
烧结多孔砖、空心砖砌体 轻骨料小型空心砌块砌体 蒸压加气混凝土砌块砌体	60～80
石砌体	30～50

（7）现场拌制砌筑砂浆时，应采用机械搅拌，搅拌时间自投料完起算，应符合下列规定：

①水泥砂浆和水泥混合砂浆不应少于120 s。

②水泥粉煤灰砂浆和掺用外加剂的砂浆不应少于180 s。

③掺液体增塑剂的砂浆，应先将水泥、砂干拌混合均匀后，将混有增塑剂的拌合水倒入干混砂浆中继续搅拌；掺固体增塑剂的砂浆，应先将水泥、砂和增塑剂干拌混合均匀后，将拌合水倒入其中继续搅拌。从加水开始，搅拌时间不应少于210 s。

④预拌砂浆及加气混凝土砌块专用砂浆的搅拌时间应符合有关技术标准或产品说明书的要求。

考点13 砌体结构其他知识★★

根据《砌体结构工程施工规范》（GB 50924—2014），对砌体结构其他知识总结如下。

（1）砖砌体的灰缝应横平竖直，厚薄均匀。水平灰缝厚度和竖向灰缝宽度宜为10 mm，但不应小于8 mm，且不应大于12 mm。

（2）夹心复合墙用的拉结件形式、材料和防腐应符合设计要求和相关技术标准规定。

（3）小砌块砌体的水平灰缝厚度和竖向灰缝宽度宜为 10 mm，但不应小于 8 mm，也不应大于 12 mm，且灰缝应横平竖直。

（4）正常施工条件下，小砌块砌体每日砌筑高度宜控制在 1.4 m 或一步脚手架高度内。

（5）抗震设防地区的填充砌体应按设计要求设置构造柱及水平连系梁，且填充砌体的门窗洞口部位，砌块砌筑时不应侧砌。

（6）冬期施工的砖砌体应采用“三一”砌筑法施工。

（7）冬期施工中，每日砌筑高度不宜超过 1.2 m，砌筑后应在砌体表面覆盖保温材料，砌体表面不得留有砂浆。在继续砌筑前，应清理干净砌筑表面的杂物，然后再施工。

实战演练

［2015 真题·案例节选］

背景资料：

某办公楼工程，钢筋混凝土框架结构，地下 1 层，地上 8 层，层高为 4.5 m。工程桩采用泥浆护壁钻孔灌注桩，墙体采用普通混凝土小砌块，工程外脚手架采用双排落地扣件式钢管脚手架。位于办公楼顶层的会议室，其框架柱间距为 8 m×8 m。项目部按照绿色施工要求，收集现场施工废水循环利用，在施工过程中，发生了下列事件：

……

事件三：因工期紧，砌块生产 7 d 后运往工地进行砌筑，砌筑砂浆采用收集的循环水进行现场拌制。墙体一次砌筑至梁底以下 20 mm 位置，待 14 d 后砌筑密实。监理工程师进行现场巡视后责令停工整改。

［问题］

针对事件三中的不妥之处，写出相应的正确做法。

［答案］

（1）不妥之处一：砌块 7 d 后运往工地砌筑。

正确做法：砌块达到 28 d 强度后，进行砌筑。

（2）不妥之处二：墙体一次砌筑至梁底以下 20 mm 位置。

正确做法：因层高为 4.5 m，晴天时砌体每天砌筑高度不超过 1.4 m，雨天时砌体每天砌筑高度不超过1.2 m，砌体至少应分 3 d 砌筑。

考点 14 钢结构施工质量一般要求★

根据《钢结构工程施工规范》（GB 50755—2012），钢结构施工质量中对钢材、紧固件的一般要求如下（节选）。

（1）钢材订货合同应对材料牌号、规格尺寸、性能指标、检验要求、尺寸偏差等有明确的约定。定尺钢材应留有复验取样的余量；钢材的交货状态，宜按设计文件对钢材的性能要求与供货厂家商定。

(2) 钢材的进场验收，除应符合 GB 50755—2012 的规定外，尚应符合现行国家标准《钢结构工程施工质量验收规范》(GB 50205—2020) 的有关规定。对属于下列情况之一的钢材，应进行抽样复验：

①国外进口钢材。

②钢材混批。

③板厚等于或大于 40 mm，且设计有 Z 向性能要求的厚板。

④建筑结构安全等级为一级，大跨度钢结构中主要受力构件所采用的钢材。

⑤设计有复验要求的钢材。

⑥对质量有疑义的钢材。

(3) 高强度大六角头螺栓连接副和扭剪型高强度螺栓连接副应分别有扭矩系数和紧固轴力(预拉力) 的出厂合格检验报告，并随箱带。当高强度螺栓连接副保管时间超过 6 个月后使用时，应按相关要求重新进行扭矩系数或紧固轴力试验，并应在合格后再使用。

(4) 高强度大六角头螺栓连接副和扭剪型高强度螺栓连接副应分别进行扭矩系数和紧固轴力(预拉力) 复验，试验螺栓应从施工现场待安装的螺栓批中随机抽取，每批应抽取 8 套连接副进行复验。

(5) 建筑结构安全等级为一级，跨度为 40 m 及以上的螺栓球节点钢网架结构，其连接高强度螺栓应进行表面硬度试验，8.8 级的高强度螺栓其表面硬度应为 HRC21～29，10.9 级的高强度螺栓其表面硬度应为 HRC32～36，且不得有裂纹或损伤。

考点 15　钢结构普通紧固件连接要求★★

根据《钢结构工程施工规范》(GB 50755—2012)，钢结构普通紧固件连接和高强度螺栓连结要求如下 (节选)。

(1) 普通螺栓可采用普通扳手紧固，螺栓紧固应使被连接件接触面、螺栓头和螺母与构件表面密贴。普通螺栓紧固应从中间开始，对称向两边进行，大型接头宜采用复拧。

(2) 普通螺栓作为永久性连接螺栓时，紧固连接应符合下列规定：

①螺栓头和螺母侧应分别放置平垫圈，螺栓头侧放置的垫圈不应多于 2 个，螺母侧放置的垫圈不应多于 1 个。

②承受动力荷载或重要部位的螺栓连接，设计有防松动要求时，应采取有防松动装置的螺母或弹簧垫圈，弹簧垫圈应放置在螺母侧。

③对工字钢、槽钢等有斜面的螺栓连接，宜采用斜垫圈。

④同一个连接接头螺栓数量不应少于 2 个。

⑤螺栓紧固后外露丝扣不应少于 2 扣，紧固质量检验可采用锤敲检验。

(3) 高强度螺栓现场安装时应能自由穿入螺栓孔，不得强行穿入。螺栓不能自由穿入时，可采用铰刀或锉刀修整螺栓孔，不得采用气割扩孔，扩孔数量应征得设计单位同意，修整后或扩孔后的孔径不应超过螺栓直径的 1.2 倍。

（4）高强度大六角头螺栓连接副施拧可采用扭矩法或转角法，施工时应符合下列规定：

①施工用的扭矩扳手使用前应进行校正，其扭矩相对误差不得大于±5%；校正用的扭矩扳手，其扭矩相对误差不得大于±3%。

②施拧时，应在螺母上施加扭矩。

③施拧应分为初拧和终拧，大型节点应在初拧和终拧间增加复拧。初拧扭矩可取施工终拧扭矩的50%，复拧扭矩应等于初拧扭矩。

④初拧或复拧后应对螺母涂画颜色标记。

（5）高强度螺栓连接节点螺栓群初拧、复拧和终拧，应采用合理的施拧顺序。

（6）高强度螺栓和焊接混用的连接节点，当设计文件无规定时，宜按先螺栓紧固后焊接的施工顺序。

（7）高强度螺栓连接副的初拧、复拧、终拧，宜在24 h内完成。

考点16 钢结构的涂装★★

根据《钢结构工程施工规范》（GB 50755—2012），钢结构的涂装要求如下（节选）。

（1）钢结构防火涂料涂装施工应在钢结构安装工程和防腐涂装工程检验批施工质量验收合格后进行。当设计文件规定构件可不进行防腐涂装时，安装验收合格后可直接进行防火涂料涂装施工。

（2）涂装施工时，应采取相应的环境保护和劳动保护措施。

（3）钢结构涂装时的环境温度和相对湿度，除应符合涂料产品说明书的要求外，还应符合下列规定：

①当产品说明书对涂装环境温度和相对湿度未作规定时，环境温度宜为5～38 ℃，相对湿度不应大于85%，钢材表面温度应高于露点温度3 ℃，且钢材表面温度不应超过40 ℃。

②被施工物体表面不得有凝露。

③遇雨、雾、雪、强风天气时应停止露天涂装，应避免在强烈阳光照射下施工。

④涂装后4 h内应采取保护措施，避免淋雨和沙尘侵袭。

⑤风力超过5级时，室外不宜喷涂作业。

考点17 屋面卷材防水施工★★

根据《屋面工程技术规范》（GB 50345—2012），屋面卷材防水施工内容如下（节选）。

（1）热粘法铺贴卷材应符合下列规定：

①熔化热熔型改性沥青胶结料时，宜采用专用导热油炉加热，加热温度不应高于200 ℃，使用温度不宜低于180 ℃。

②粘贴卷材的热熔型改性沥青胶结料厚度宜为1.0～1.5 mm。

③采用热熔型改性沥青胶结料铺贴卷材时，应随刮随滚铺，并应展平压实。

（2）热熔法铺贴卷材应符合下列规定：

①火焰加热器的喷嘴距卷材面的距离应适中，幅宽内加热应均匀，应以卷材表面熔融至

光亮黑色为度，不得过分加热卷材；厚度小于 3 mm 的高聚物改性沥青防水卷材，严禁采用热熔法施工。

②卷材表面沥青热熔后应立即滚铺卷材，滚铺时应排除卷材下面的空气。

(3) 进场的防水卷材应检验下列项目：

①高聚物改性沥青防水卷材的可溶物含量、拉力、最大拉力时延伸率、耐热度、低温柔性、不透水性。

②合成高分子防水卷材的断裂拉伸强度、扯断伸长率、低温弯折性、不透水性。

(4) 卷材防水层的施工环境温度应符合下列规定：

①热熔法和焊接法不宜低于－10 ℃。

②冷粘法和热粘法不宜低于 5 ℃。

③自粘法不宜低于 10 ℃。

考点 18 屋面涂膜防水层施工要求★

根据《屋面工程技术规范》(GB 50345—2012)，屋面涂膜防水层施工要求如下（节选）。

(1) 涂膜防水层的基层应坚实、平整、干净，应无孔隙、起砂和裂缝。基层的干燥程度应根据所选用的防水涂料特性确定；当采用溶剂型、热熔型和反应固化型防水涂料时，基层应干燥。

(2) 涂膜防水层施工应符合下列规定：

①防水涂料应多遍均匀涂布，涂膜总厚度应符合设计要求。

②涂膜间夹铺胎体增强材料时，宜边涂布边铺胎体；胎体应铺贴平整，应排除气泡，并应与涂料黏结牢固。在胎体上涂布涂料时，应使涂料浸透胎体，并应覆盖完全，不得有胎体外露现象。最上面的涂膜厚度不应小于 1.0 mm。

③涂膜施工应先做好细部处理，再进行大面积涂布。

④屋面转角及立面的涂膜应薄涂多遍，不得流淌和堆积。

(3) 涂膜防水层施工工艺应符合下列规定：

①水乳型及溶剂型防水涂料宜选用滚涂或喷涂施工。

②反应固化型防水涂料宜选用刮涂或喷涂施工。

③热熔型防水涂料宜选用刮涂施工。

④聚合物水泥防水涂料宜选用刮涂法施工。

⑤所有防水涂料用于细部构造时，宜选用刷涂或喷涂施工。

(4) 防水涂料和胎体增强材料的贮运、保管，应符合下列规定：

①反应型和水乳型涂料贮运和保管环境温度不宜低于 5 ℃。

②溶剂型涂料贮运和保管环境温度不宜低于 0 ℃，并不得日晒、碰撞和渗漏；保管环境应干燥、通风，并应远离火源、热源。

(5) 进场的防水涂料和胎体增强材料应检验下列项目：

①高聚物改性沥青防水涂料的固体含量、耐热性、低温柔性、不透水性、断裂伸长率或抗裂性。

②合成高分子防水涂料和聚合物水泥防水涂料的固体含量、低温柔性、不透水性、拉伸强度、断裂伸长率。

③胎体增强材料的拉力、延伸率。

(6) 涂膜防水层的施工环境温度应符合下列规定：

①水乳型及反应型涂料宜为 5～35 ℃。

②溶剂型涂料宜为−5～35 ℃。

③热熔型涂料不宜低于−10 ℃。

④聚合物水泥涂料宜为 5～35 ℃。

考点 19 屋面防水工程质量要求其他知识★

根据《屋面工程技术规范》(GB 50345—2012)，屋面防水工程质量要求其他知识如下。

(1) 进场的密封材料应检验下列项目：

①改性石油沥青密封材料的耐热性、低温柔性、拉伸黏结性、施工温度。

②合成高分子密封材料的拉伸模量、断裂伸长率、定伸黏结性。

(2) 接缝密封防水的施工环境温度应符合下列规定：

①改性沥青密封材料和溶剂型合成高分子密封材料宜为 0～35 ℃。

②乳胶型及反应型合成高分子密封材料宜为 5～35 ℃。

考点 20 室内防水工程施工质量要点★

根据《建筑室内防水工程技术规程》(CECS 196：2006)，室内防水工程施工质量要求如下（节选）。

(1) 建筑室内防水工程的质量，施工环节是关键。防水施工质量涉及防水基面质量、防水层质量、保护层质量。因此，必须坚持严格的各道工序的自检、交接检和专职人员检查的“三检”制度。

(2) 混凝土拌合后至入模浇捣应尽可能缩短中间时间。一旦出现离析或坍落度损失，不能满足施工要求时，必须进行二次搅拌。二次搅拌严禁直接加水，水灰比是影响混凝土强度、抗渗性、收缩性的重要因素，满足工程施工要求的最小水灰比，对混凝土自防水是十分有利的。

(3) 室内防水工程凡具备蓄水条件的，必须进行蓄水 24 h 以上的试验。厕浴间、厨房地面和泳池、休息平台蓄水高度应在距平面高度 20 mm 以上。排水沟、溢水沟、水池、泳池应满负荷试验。

蓄水试验如图 3-6-4 所示。

图 3-6-4　蓄水试验

实战演练

［2015 真题·案例节选］

背景资料：

某房屋建筑工程，建筑面积为 26 800 m^2，地下 2 层，地上 7 层，钢筋混凝土框架结构。根据《建设工程施工合同（示范文本）》（GF—2013—0201）和《建设工程监理合同（示范文本）》（GF—2012—0202），建设单位分别与中标的施工总承包单位和监理单位签订了施工总承包合同和监理合同。在合同履行过程中，发生了下列事件：

……

事件二：室内卫生间楼板二次埋置管施工过程中，施工总承包单位采用与楼板同抗渗等级的防水混凝土埋置套管，聚氨酚防水涂料施工完毕后，从下午 5：00 开始进行蓄水检验，次日上午 8：30，施工总承包单位要求项目监理机构进行验收。监理工程师对施工总承包单位的做法提出异议，不予验收。

［问题］

分别指出事件二中的不妥之处，并写出正确的做法。

［答案］

（1）不妥之处一：室内卫生间楼板二次埋置套管施工过程中，施工总承包单位采用与楼板同抗渗等级的防水混凝土埋置套管。

正确做法：二次埋置的套管，其周围混凝土抗渗等级应比原混凝土提高一级（0.2MPa），并应掺膨胀剂。

（2）不妥之处二：聚氨酚防水涂料施工完毕后，从下午 5：00 开始进行蓄水检验，次日上午 8：30，施工总承包单位要求项目监理机构进行验收。

正确做法：蓄水检验时间应达到 24 h 以上。

考点 21　地下防水工程施工质量要点★★

根据《地下防水工程质量验收规范》（GB 50208—2011），地下防水工程施工质量要点如下。

（1）地下防水工程的施工，应建立各道工序的自检、交接检和专职人员检查的制度，并有完整的检查记录；工程隐蔽前，应由施工单位通知有关单位进行验收，并形成隐蔽工程验收记录；未经监理单位或建设单位代表对上道工序的检查确认，不得进行下道工序的施工。

（2）地下防水工程施工期间，必须保持地下水位稳定在工程底部最低高程 500 mm 以下，必要时应采取降水措施。对采用明沟排水的基坑，应保持基坑干燥。

（3）地下防水工程不得在雨天、雪天和五级风及其以上时施工；防水材料施工环境气温条件宜符合表 3-6-4 的规定。

表 3-6-4　防水材料施工环境气温条件

防水材料	施工环境气温条件
高聚物改性沥青防水卷材	冷粘法、自粘法不低于 5 ℃，热熔法不低于 −10 ℃
合成高分子防水卷材	冷粘法，自粘法不低于 5 ℃，焊接法不低于 −10 ℃
有机防水涂料	溶剂型 −5～35 ℃，反应型、水乳型 5～35 ℃
无机防水涂料	5～35 ℃
防水混凝土、防水砂浆	5～35 ℃
膨润土防水材料	不低于 −20 ℃

考点 22 保温层和隔热层施工质量要点★★

根据《屋面工程技术规范》（GB 50345—2012），保温层和隔热层施工质量要点如下。

（1）倒置式屋面保温层施工应符合下列规定：

①施工完的防水层，应进行淋水或蓄水试验，并应在合格后再进行保温层的铺设。

②板状保温层的铺设应平稳，拼缝应严密。

③保护层施工时，应避免损坏保温层和防水层。

（2）隔气层施工应符合下列规定：

①隔气层施工前，基层应进行清理，宜进行找平处理。

②屋面周边隔气层应沿墙面向上连续铺设，高出保温层上表面不得小于 150 mm。

③采用卷材做隔气层时，卷材宜空铺，卷材搭接缝应满粘，其搭接宽度不应小于 80 mm；采用涂膜做隔气层时，涂料涂刷应均匀，涂层不得有堆积、起泡和露底现象。

④穿过隔气层的管道周围应进行密封处理。

（3）喷涂硬泡聚氨酯保温层施工应符合下列规定：

①基层应平整、干燥、干净。

②施工前应对喷涂设备进行调试，并应喷涂试块进行材料性能检测。

③喷涂时喷嘴与施工基面的间距应由试验确定。

④喷涂硬泡聚氨酯的配比应准确计量，发泡厚度应均匀一致。

⑤一个作业面应分遍喷涂完成，每遍喷涂厚度不宜大于 15 mm，硬泡聚氨酯喷涂后 20 min内严禁上人。

⑥喷涂作业时，应采取防止污染的遮挡措施。

（4）现浇泡沫混凝土保温层施工应符合下列规定（节选）：

①泡沫混凝土的浇筑出料口离基层的高度不宜超过 1 m，泵送时应采取低压泵送。

②泡沫混凝土应分层浇筑，一次浇筑厚度不宜超过 200 mm，终凝后应进行保湿养护，

养护时间不得少于 7 d。

（5）进场的保温材料应检验下列项目：

①板状保温材料：表观密度或干密度、压缩强度或抗压强度、导热系数、燃烧性能。

②纤维保温材料应检验表观密度、导热系数、燃烧性能。

（6）保温层的施工环境温度应符合下列规定：

①干铺的保温材料可在负温度下施工。

②用水泥砂浆粘贴的板状保温材料不宜低于 5 ℃。

③喷涂硬泡聚氨酯宜为 15～35 ℃，空气相对湿度宜小于 85%，风速不宜大于三级。

④现浇泡沫混凝土宜为 5～35 ℃。

考点 23　轻质隔墙工程施工质量要点★

根据《建筑装饰装修工程质量验收标准》（GB 50210—2018），轻质隔墙工程施工质量要点如下。

（1）轻质隔墙工程应对人造木板的甲醛释放量进行复验。

（2）轻质隔墙工程应对下列隐蔽工程项目进行验收：

①骨架隔墙中设备管线的安装及水管试压。

②木龙骨防火和防腐处理。

③预埋件或拉结筋。

④龙骨安装。

⑤填充材料的设置。

（3）同一品种的轻质隔墙工程每 50 间应划分为一个检验批，不足 50 间也应划分为一个检验批，大面积房间和走廊可按轻质隔墙面积每 30 m^2 计为 1 间。

（4）板材隔墙和骨架隔墙每个检验批应至少抽查 10%，并不得少于 3 间，不足 3 间时应全数检查；活动隔墙和玻璃隔墙每个检验批应至少抽查 20%，并不得少于 6 间，不足 6 间时应全数检查。

考点 24　吊顶工程施工质量要点★★

根据《建筑装饰装修工程质量验收标准》（GB 50210—2018），吊顶工程施工质量要点如下。

（1）吊顶工程应对人造木板的甲醛释放量进行复验。

（2）吊顶工程应对下列隐蔽工程项目进行验收：

①吊顶内管道、设备的安装及水管试压、风管严密性检验。

②木龙骨防火、防腐处理。

③埋件。

④吊杆安装。

⑤龙骨安装。

⑥填充材料的设置。

⑦反支撑及钢结构转换层。

(3) 同一品种的吊顶工程每 50 间应划分为一个检验批，不足 50 间也应划分为一个检验批，大面积房间和走廊可按吊顶面积每 30 m^2 计为 1 间。

(4) 每个检验批应至少抽查 10%，并不得少于 3 间，不足 3 间时应全数检查。

考点 25 幕墙工程施工质量要点★★

根据《建筑装饰装修工程质量验收标准》(GB 50210—2018)，幕墙工程施工质量要点如下。

(1) 幕墙工程验收时应检查下列文件和记录（节选）：

①幕墙工程所用硅酮结构胶的抽查合格证明；国家批准的检测机构出具的硅酮结构胶相容性和剥离黏结性检验报告；石材用密封胶的耐污染性检验报告。

②后置埋件和槽式预埋件的现场拉拔力检验报告。

③封闭式幕墙的气密性能、水密性能、抗风压性能及层间变形性能检验报告。

④注胶、养护环境的温度、湿度记录；双组分硅酮结构胶的混匀性试验记录及拉断试验记录。

(2) 幕墙工程应对下列材料及其性能指标进行复验：

①铝塑复合板的剥离强度。

②石材、瓷板、陶板、微晶玻璃板、木纤维板、纤维水泥板和石材蜂窝板的抗弯强度；严寒、寒冷地区石材、瓷板、陶板、纤维水泥板和石材蜂窝板的抗冻性；室内用花岗石的放射性。

③幕墙用结构胶的邵氏硬度、标准条件拉伸黏结强度、相容性试验、剥离黏结性试验；石材用密封胶的污染性。

④中空玻璃的密封性能。

⑤防火、保温材料的燃烧性能。

⑥铝材、钢材主受力杆件的抗拉强度。

(3) 幕墙工程应对下列隐蔽工程项目进行验收：

①预埋件或后置埋件、锚栓及连接件。

②构件的连接节点。

③幕墙四周、幕墙内表面与主体结构之间的封堵。

④伸缩缝、沉降缝、防震缝及墙面转角节点。

⑤隐框玻璃板块的固定。

⑥幕墙防雷连接节点。

⑦幕墙防火、隔烟节点。

⑧单元式幕墙的封口节点。

(4) 各分项工程的检验批应按下列规定划分：

①相同设计、材料、工艺和施工条件的幕墙工程每 1 000 m^2 应划分为一个检验批，不足 1 000 m^2 也应划分为一个检验批。

②同一单位工程不连续的幕墙工程应单独划分检验批。

③对于异形或有特殊要求的幕墙，检验批的划分应根据幕墙的结构、工艺特点及幕墙工程规模，由监理单位（或建设单位）和施工单位协商确定。

考点 26 门窗工程施工质量要点★

根据《建筑装饰装修工程质量验收标准》(GB 50210—2018)，门窗工程施工质量要点如下。

(1) 门窗工程应对下列材料及其性能指标进行复验：

①人造木板门的甲醛释放量。

②建筑外窗的气密性能、水密性能和抗风压性能。

(2) 门窗工程应对下列隐蔽工程项目进行验收：

①预埋件和锚固件。

②隐蔽部位的防腐和填嵌处理。

③高层金属窗防雷连接节点。

(3) 各分项工程的检验批应按下列规定划分：

①同一品种、类型和规格的木门窗、金属门窗、塑料门窗和门窗玻璃每 100 樘应划分为一个检验批，不足 100 樘也应划分为一个检验批。

②同一品种、类型和规格的特种门每 50 樘应划分为一个检验批，不足 50 樘也应划分为一个检验批。

(4) 建筑外门窗安装必须牢固。在砌体上安装门窗严禁采用射钉固定。

(5) 推拉门窗扇必须牢固，必须安装防脱落装置。

第七节　建筑工程施工安全管理

考点 1 基坑支护的安全管理★★★

一、基坑支护结构的选型应考虑的因素

(1) 基坑深度。

当基坑深度不大且具备放坡开挖（图 3-7-1）条件时，可以采用放坡开挖，否则要采取有支撑的开挖方式。

(2) 土的性状及地下水条件。

如果土体承载力不够且地下水丰富，应采取有支撑的开挖方式。

(3) 基坑周边环境对基坑变形的承受能力及支护结构一旦失效可能产生的后果。

如果基坑周边环境复杂且基坑的开挖会对周围环境造成影响的，应该采取有支撑的开挖方式。

(4) 主体地下结构及其基础形式、基坑平面尺寸及形状。

(5) 支护结构施工工艺的可行性。

(6) 施工场地条件及施工季节。

(7) 经济指标、环保性能和施工工期。

图 3-7-1 放坡开挖

二、基坑支护结构的类型

基坑支护结构的类型有板桩围护墙、灌注桩排桩围护墙、地下连续墙、土钉墙支护、重力式水泥土墙、型钢水泥土搅拌墙、土层锚杆、内支撑、逆作法，或者以上各种的支护形式的联合形式的支护。水泥土搅拌墙支护、排桩支护、土钉墙支护是比较常用的方式。部分支护结构如图3-7-2所示。

(a) 板桩围护墙　(b) 灌注桩排桩围护墙

(c) 地下连续墙　(d) 土钉墙支护　(e) 重力式水泥土墙

图 3-7-2 基坑支护结构

考点 2 基坑地下水的控制★★

根据《建筑基坑支护技术规程》(JGJ 120—2012)，地下水控制应根据工程地质和水文地质条件、基坑周边环境要求及支护结构形式选用截水、降水、集水明排方法或其组合。地下水回灌不作为独立的地下水控制方法，但可作为一种补充措施与截水、降水、集水明排等其他方法一同使用。基坑降水可采用管井、真空井点、喷射井点等方法，并宜按表 3-7-1 的适用条件选用。地下水控制如图 3-7-3 所示。

表 3-7-1　各种降水方法的适用条件

方法	土类	渗透系数/（$m \cdot d^{-1}$）	降水深度/m
管井	粉土、砂土、碎石土	0.1～200.0	不限
真空井点	黏性土、粉土、砂土	0.005～20.0	单极井点＜6 多极井点＜20
喷射井点	黏性土、粉土、砂土	0.005～20.0	＜20

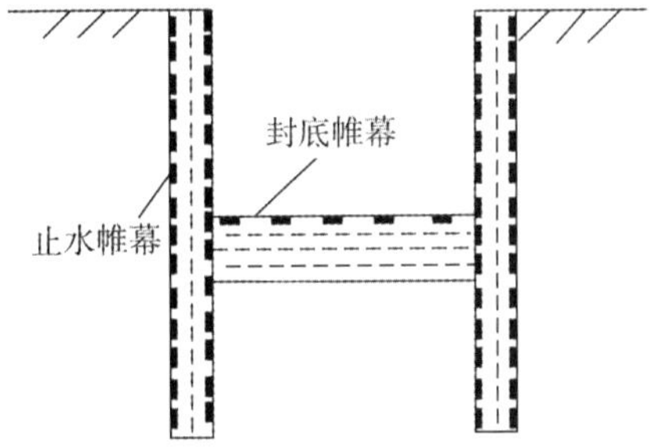

（a）截水帷幕

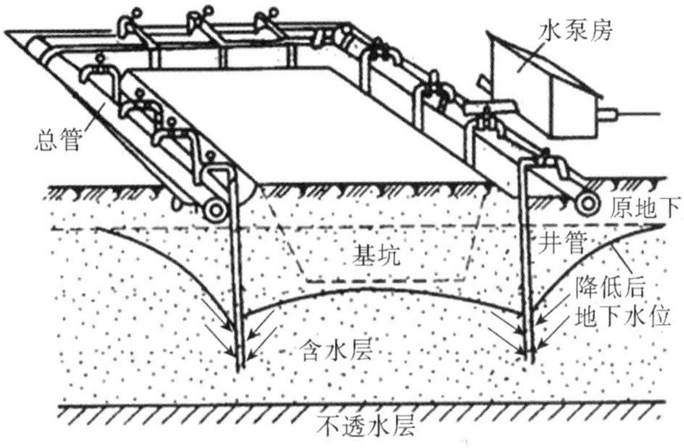

（b）井点降水

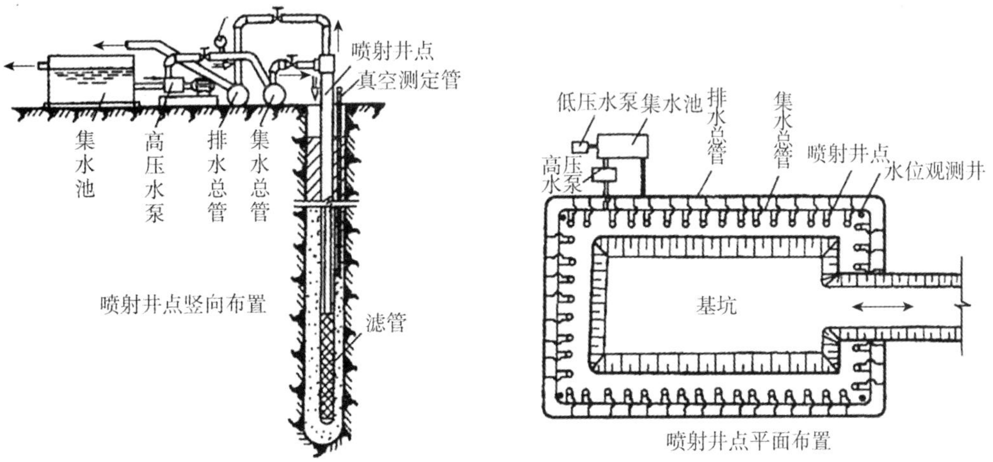

（c）喷射井点

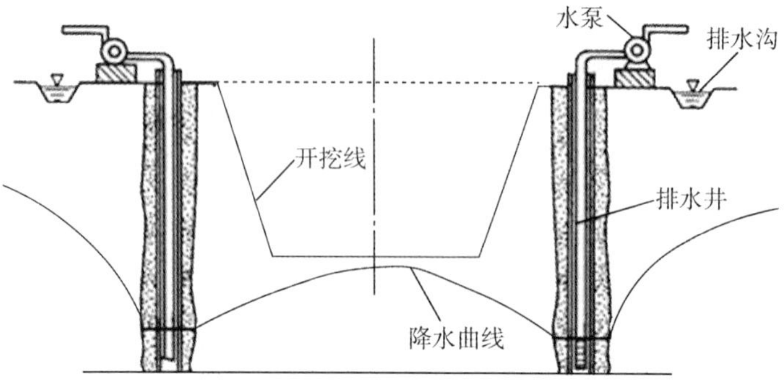

（d）管井

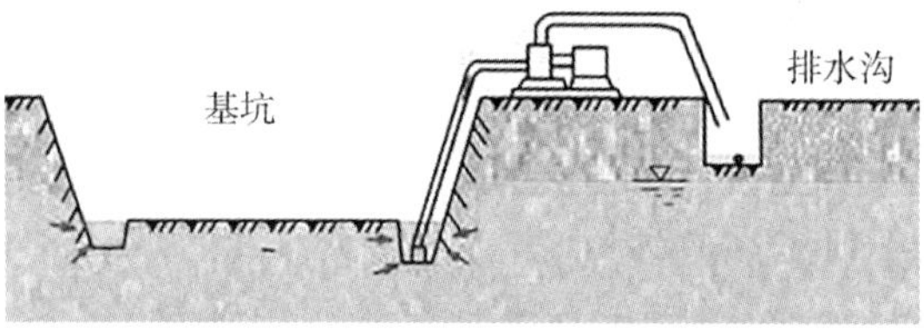

（e）集水明排

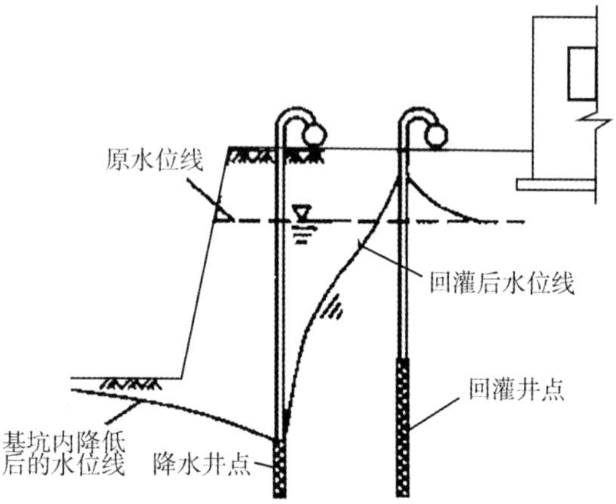

（f）井点回灌

图 3-7-3　地下水控制

考点 3　基坑工程监测的规定★★

根据《建筑基坑工程监测技术标准》（GB 50497—2019），基坑工程监测的规定如下（节选）。

（1）基坑工程设计文件应对监测范围、监测项目及测点布置、监测频率和监测预警值等做出规定。

（2）基坑工程施工前，应由建设方委托具备相应能力的第三方对基坑工程实施现场监测。监测单位应编制监测方案，监测方案应经建设方、设计方等认可，必要时还应与基坑周边环境涉及的有关管理单位协商一致后方可实施。

（3）现场监测的对象宜包括：支护结构（主要支护结构内力及变形的监测，比如围护墙内力（侧向压力、弯曲应力）、支撑结构与腰梁内力（轴力、弯曲应力）及变形的监测，立柱的沉降及变形观测）；基坑及周围岩土体；地下水；周边环境中的被保护对象，包括周边建筑、管线、轨道交通、铁路及重要的道路等；其他应监测的对象。

基坑监测数据、现场巡查结果应及时整理和反馈。当出现下列危险征兆时应立即报警：

①支护结构位移达到设计规定的位移限值。

②支护结构位移速率增长且不收敛。

③支护结构构件的内力超过其设计值。

④基坑周边建（构）筑物、道路、地面的沉降达到设计规定的沉降、倾斜限值；基坑周边建（构）筑物、道路、地面开裂。

⑤支护结构构件出现影响整体结构安全性的损坏。

⑥基坑出现局部坍塌。

⑦开挖面出现隆起现象。

⑧基坑出现流土、管涌现象。

考点 4　基坑支护工程的施工安全控制与应急管理★★★

根据《建筑深基坑工程施工安全技术规范》（JGJ 311—2013），基坑支护工程的施工安全控制与应急管理规定如下（节选）。

（1）应根据施工、使用与维护过程的危险源分析结果编制基坑工程施工安全专项方案。

（2）施工安全专项方案应通过专家论证。

（3）基坑工程施工安全专项方案应与基坑工程施工组织设计同步编制。

（4）施工前应进行技术交底，并应做好交底记录。

（5）基坑工程发生险情时，应采取下列应急措施：

①基坑变形超过报警值时（比如悬臂式支护结构发生位移时），应调整分层、分段土方开挖等施工方案，并宜采取坑内回填反压（加快、加厚垫层施工）后增加临时支撑、锚杆等。

②周围地表或建筑物变形速率急剧加大（水泥土墙等重力式支护结构位移超过设计值），基坑有失稳趋势时，宜采取卸载、局部或全部回填反压（加快、加厚垫层施工），待稳定后再进行加固处理。

③坑底隆起变形过大时，应采取坑内加载反压、调整分区、分步开挖、及时浇筑快硬混凝土垫层等措施。

④坑外地下水位下降速率过快引起周边建筑物与地下管线沉降速率超过警戒值，应调整抽水速度减缓地下水位下降速度或采用回灌措施。

⑤围护结构渗水、流土，可采用坑内引流、封堵（密室混凝土修补）或坑外快速注浆的方式（压密注浆、高压喷射注浆）进行堵漏；情况严重时应立即回填，再进行处理。

⑥开挖底面出现流沙、管涌时，应立即停止挖土施工，根据情况采取回填、降水法降低水头差、设置反滤层封堵流土点等方式进行处理。

➤ **重点提示：**（1）了解桩的支护方式及地下水控制方法，能够应对选择题及案例问答补缺题的考查。

（2）重点掌握不同基坑问题而采取的应急措施，易考查案例问答题。

实战演练

[典型真题·案例节选]

背景资料：

某高校新建宿舍楼工程，地下1层，地上5层，钢筋混凝土框架结构。采用悬臂式钻孔灌注桩排桩作为基坑支护结构，施工总承包单位按规定在土方开挖过程中实施桩顶位移监测，并设定了监测预警值。

施工过程中，发生了下列事件：

……

事件二：土方开挖时，在支护桩顶设置了900 mm高的基坑临边安全防护栏杆，在紧靠栏杆的地面上堆放了砌块、钢筋等建筑材料。挖土过程中，发现支护桩顶向坑内发生的位移超过预警值，现场立即停止挖土作业，并在坑壁增设锚杆以控制桩顶位移。

……

[问题]

指出事件二中的错误之处，并分别写出正确做法。针对该事件中的桩顶位移问题，还可采取哪些应急措施？

[答案]

(1) 错误之处一：在支护桩顶设置了900 mm高的基坑临边安全防护栏杆。

正确做法：防护栏杆上杆离地高度为1.0～1.2 m，下杆离地高度为0.5～0.6 m。

错误之处二：在紧靠栏杆的地面上堆放了砌块、钢筋等建筑材料。

正确做法：在基坑边缘堆置土方和建筑材料时，应距基坑上部边缘不少于2 m，弃土堆置高度应不大于1.5 m。

(2) 还应采取的应急措施：加设支撑和锚杆、支护墙背卸土等。发生深层滑动时，及时浇筑垫层，必要时可加厚垫层以形成下部水平支撑。

[经典例题·案例节选]

背景资料：

天津某沿海住宅工程，建筑面积为86 700 m^2，地下2层，地上24层，混凝土框架结构。由于地质条件较差，基坑采用支撑式支护形式。地下水降排采用坑内井点结合截水帷幕的形式。基坑周围地下管线复杂，需要保护。基坑开挖过程中，出现了渗水现象。

……

[问题]

基坑开挖过程中出现渗水现象，项目部应采取哪些措施？

[答案]

项目部应采取以下措施：坑内引流、封堵（密室混凝土修补）或坑外快速注浆的方式（压密注浆、高压喷射注浆）进行堵漏；情况严重时应立即回填，再进行处理。

考点 5　脚手架搭设前的施工准备★

根据《建筑施工扣件式钢管脚手架安全技术规范》（JGJ 130—2011），脚手架搭设前的施工准备如下。

（1）脚手架搭设前，应按专项施工方案向施工人员进行交底。

（2）应按规范规定和脚手架专项施工方案要求对钢管、扣件、脚手板、可调托撑等进行检查验收，不合格产品不得使用。

（3）经检验合格的构配件应按品种、规格分类，堆放整齐、平稳，堆放场地不得有积水。

（4）应清除搭设场地杂物，平整搭设场地，并使排水畅通。

考点 6　脚手架的地基与基础要求★★

根据《建筑施工扣件式钢管脚手架安全技术规范》（JGJ 130—2011），脚手架的地基与基础要求如下（节选）。

（1）脚手架地基与基础的施工，必须根据脚手架所受荷载、搭设高度、搭设场地土质情况与现行国家标准《建筑地基基础工程施工质量验收规范》（GB 50202—2018）的有关规定进行。

（2）立杆垫板或底座底面标高宜高于自然地坪 50～100 mm。

（3）脚手架基础经验收合格后，应按施工组织设计或专项施工方案的要求放线定位。

考点 7　脚手架的搭设要求★★★

扫码听课

根据《建筑施工扣件式钢管脚手架安全技术规范》（JGJ 130—2011），脚手架的搭设主要要求如下。

一、底座

底座安放应符合下列规定：

（1）底座、垫板均应准确地放在定位线上。

（2）垫板宜采用长度不少于 2 跨、厚度不小于 50 mm、宽度不小于 200 mm 的木垫板。

二、搭设高度

单排脚手架搭设高度不应超过 24 m；双排脚手架搭设高度不宜超过 50 m，高度超过 50 m的双排脚手架，应采用分段搭设等措施。

三、立杆

（1）每根立杆底部应设置底座或垫板，如图 3-7-4 所示。

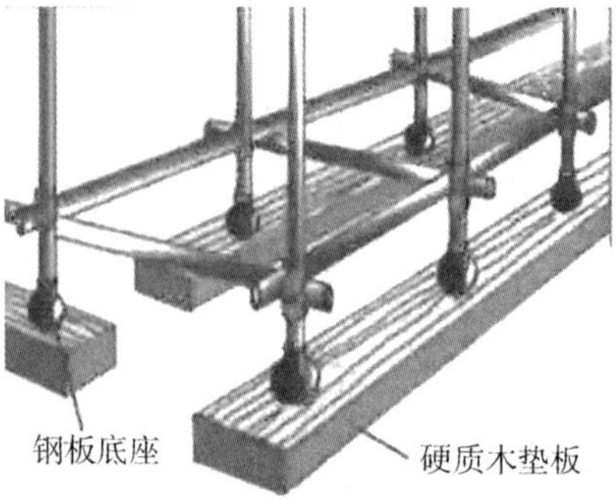

图 3-7-4　脚手架底座和垫板

（2）脚手架必须设置纵、横向扫地杆。纵向扫地杆应采用直角扣件固定在距底座上皮不大于200 mm 处的立杆上。横向扫地杆应采用直角扣件固定在紧靠纵向扫地杆下方的立杆上。

（3）脚手架立杆基础不在同一高度上时，必须将高处的纵向扫地杆向低处延长两跨与立杆固定，高低差不应大于 1 m。靠边坡上方的立杆轴线到边坡的距离不应小于 500 mm（图 3-7-5）。

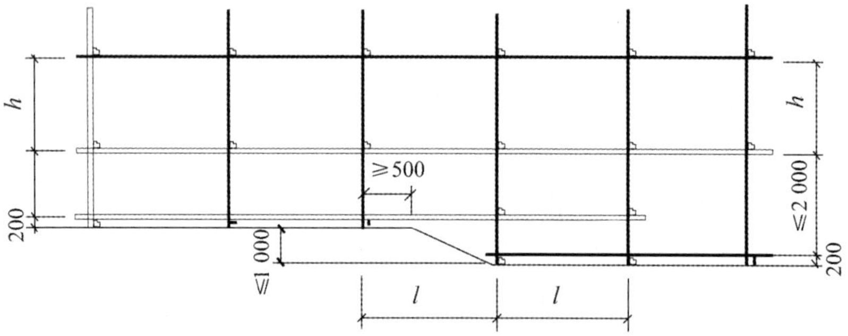

图 3-7-5　脚手架基础不在同一高度上的扫地杆搭设（单位：mm）

（4）单、双排脚手架底层步距均不应大于 2 m。

（5）单排、双排与满堂脚手架立杆接长除顶层顶步外，其余各层各步接头必须采用对接扣件连接。

四、对接、搭接

（1）当立杆采用对接接长时，立杆的对接扣件应交错布置，两根相邻立杆的接头不应设置在同步内，同步内隔一根立杆的两个相隔接头在高度方向错开的距离不宜小于 500 mm；各接头中心至主节点的距离不宜大于步距的 1/3，如图 3-7-6 所示。

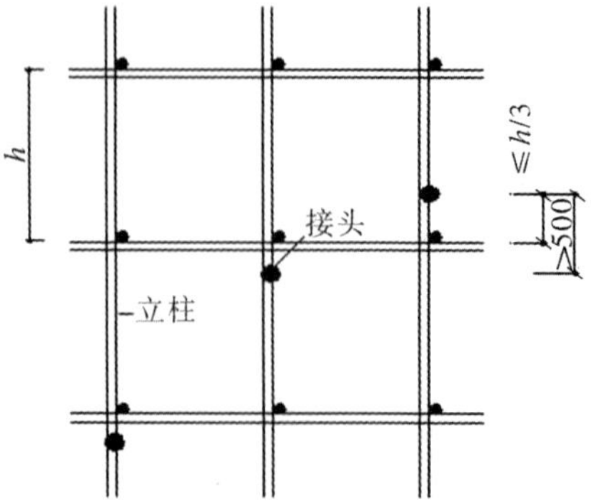

图 3-7-6　脚手架立杆接头设置（单位：mm）

（2）脚手架立杆顶端栏杆宜高出女儿墙上端 1 m，宜高出檐口上端 1.5 m。

五、水平杆

（1）纵向水平杆应设置在立杆内侧，单根杆长度不应小于 3 跨，如图 3-7-7 所示。

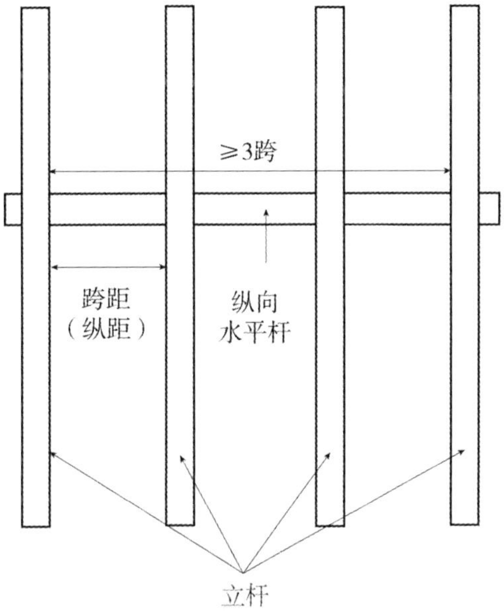

图 3-7-7　纵向水平杆设置

（2）纵向水平杆接长应采用对接扣件连接或搭接，并应符合下列规定：

①两根相邻纵向水平杆的接头不应设置在同步或同跨内；不同步或不同跨两个相邻接头在水平方向错开的距离不应小于 500 mm；各接头中心至最近主节点的距离不应大于纵距的 1/3（图 3-7-8）。

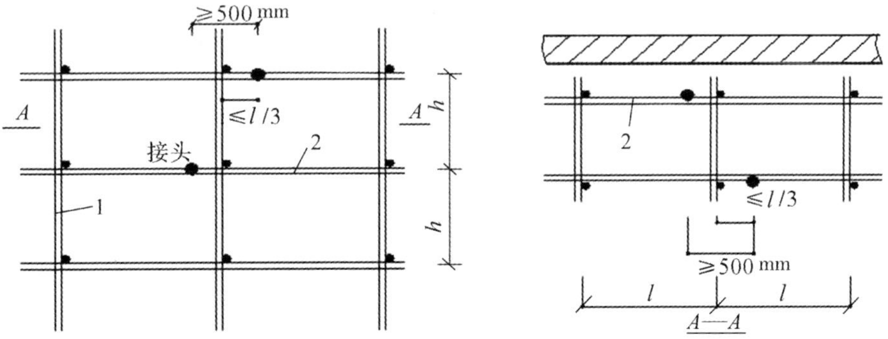

1—立杆；2—纵向水平杆

图 3-7-8　纵向水平杆接头设置

②搭接长度不应小于 1 m，应等间距设置 3 个旋转扣件固定；端部扣件盖板边缘至搭接纵向水平杆杆端的距离不应小于 100 mm。

（3）当使用冲压钢脚手板、木脚手板、竹串片脚手板时，纵向水平杆应作为横向水平杆的支座，用直角扣件固定在立杆上；当使用竹笆脚手板时，纵向水平杆应采用直角扣件固定在横向水平杆上，并应等间距设置，间距不应大于 400 mm（图 3-7-9）。

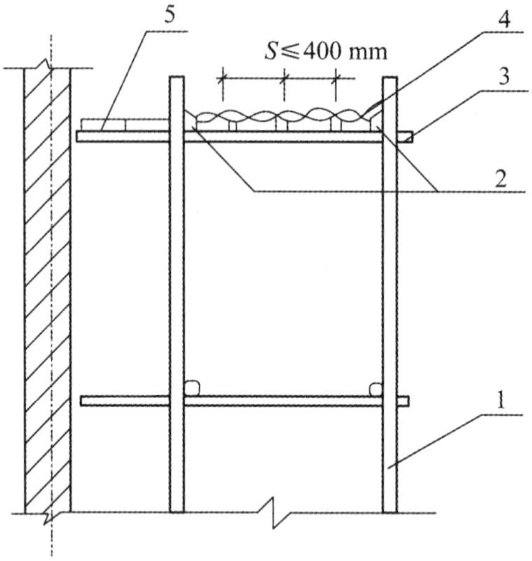

1—立杆；2—纵向水平杆；3—横向水平杆；4—竹笆脚手板；5—其他脚手板

图 3-7-9　铺竹笆脚手板时纵向水平杆构造

（4）主节点处必须设置一根横向水平杆，用直角扣件扣接且严禁拆除（图 3-7-10）。

图 3-7-10　主节点处设置

六、连墙件

（1）连墙件的布置应符合下列规定：

①应靠近主节点设置，偏离主节点的距离不应大于 300 mm。

②应从底层第一步纵向水平杆处开始设置，当该处设置有困难时，应采用其他可靠措施固定。

③应优先采用菱形布置，或采用方形、矩形布置。

（2）开口型脚手架的两端必须设置连墙件，连墙件的垂直间距不应大于建筑物的层高，并不应大于 4 m（图 3-7-11）。

（3）连墙件中的连墙杆应呈水平设置，当不能水平设置时，应向脚手架一端下斜连接。

（4）连墙件必须采用可承受拉力和压力的构造。对高度 24 m 以上的双排脚手架，应采用刚性连墙件与建筑物连接（图 3-7-12）。

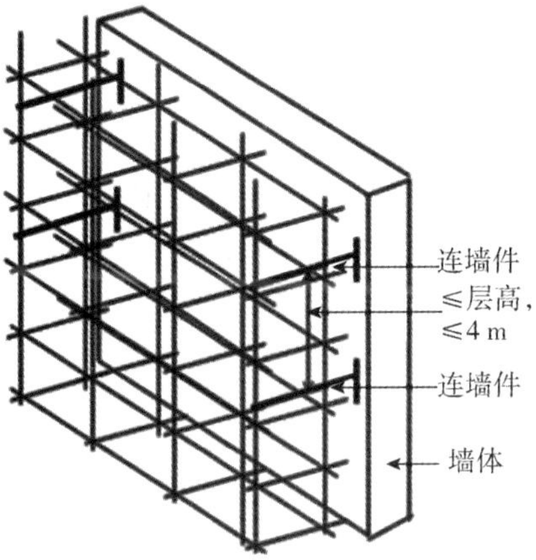

图 3-7-11　开口型连墙件设置

图 3-7-12　刚性连墙件

（5）当脚手架下部暂不能设连墙件时应采取防倾覆措施。当搭设抛撑时，抛撑应采用通长杆件，并用旋转扣件固定在脚手架上，与地面的倾角应在 45°～60°之间；连接点中心至主节点的距离不应大于 300 mm。抛撑应在连墙件搭设后再拆除。

七、剪刀撑与横向斜撑

（1）双排脚手架应设剪刀撑与横向斜撑，单排脚手架应设剪刀撑。

（2）单、双排脚手架剪刀撑的设置应符合下列规定：

①每道剪刀撑宽度不应小于 4 跨，且不应小于 6 m，斜杆与地面的倾角宜在 45°～60°之间。剪刀撑跨度如图 3-7-13 所示。

图 3-7-13　剪刀撑跨度

②剪刀撑斜杆的接长应采用搭接或对接。

③剪刀撑斜杆应用旋转扣件固定在与之相交的横向水平杆的伸出端或立杆上，旋转扣件中心线至主节点的距离不宜大于 150 mm。

（3）高度在 24 m 及以上的双排脚手架应在外侧全立面连续设置剪刀撑；高度在 24 m 以下的单、双排脚手架，均必须在外侧立面两端、转角及中间间隔不超过 15 m 的立面上，各设置一道剪刀撑，并应由底至顶连续设置，如图 3-7-14 所示。

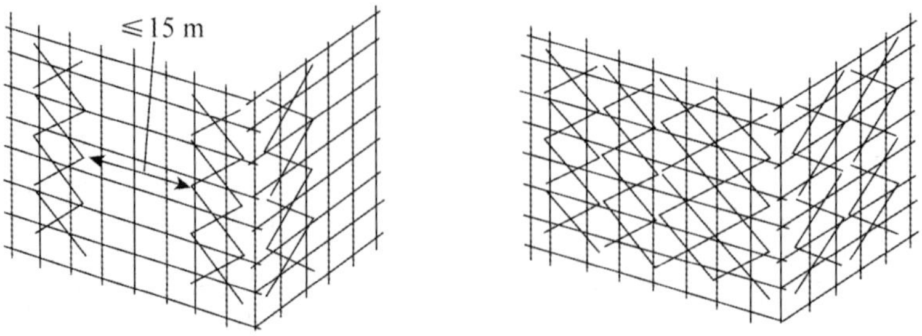

图 3-7-14　剪刀撑

（4）开口型双排脚手架的两端均须设置横向斜撑。

八、斜道

斜道两侧及平台外围均应设置栏杆及挡脚板。栏杆高度应为 1.2 m，挡脚板高度不应小于 180 mm。

扫码听课

考点 8　脚手架的拆除★★★

根据《建筑施工扣件式钢管脚手架安全技术规范》（JGJ 130—2011），对脚手架的拆除规定如下（节选）。

（1）脚手架拆除应按专项方案施工，拆除前应做好下列准备工作：

①应全面检查脚手架的扣件连接、连墙件、支撑体系等是否符合构造要求。

②应根据检查结果补充完善施工脚手架专项方案中的拆除顺序和措施，经审批后方可实施。

③拆除前应对施工人员进行交底。

④应清除脚手架上杂物及地面障碍物。

（2）单、双排脚手架拆除作业必须由上而下逐层进行，严禁上下同时作业；连墙件必须随脚手架逐层拆除，严禁先将连墙件整层或数层拆除后再拆脚手架；分段拆除高差大于两步时，应增设连墙件加固。

（3）当脚手架拆至下部最后一根长立杆的高度（约 6.5 m）时，应先在适当位置搭设临时抛撑加固后，再拆除连墙件。

（4）应具有足够的操作面。

（5）卸料时各构配件严禁抛掷至地面。

实战演练

［2016 真题·案例节选］

背景资料：

某新建工程，建筑面积为 15 000 m^2，地下 2 层，地上 5 层，钢筋混凝土框架结构，800 mm厚钢筋混凝土筏板基础，建筑总高为 20 m，建设单位与某施工总承包单位签订了总承包合同。施工总承包单位将建设工程的基坑工程分包给了建设单位指定的专业分包单位。

外装修施工时，施工单位搭设了扣件式钢管脚手架（图 3-7-15），架体搭设完成后，进行了验收检查，提出了整改意见。

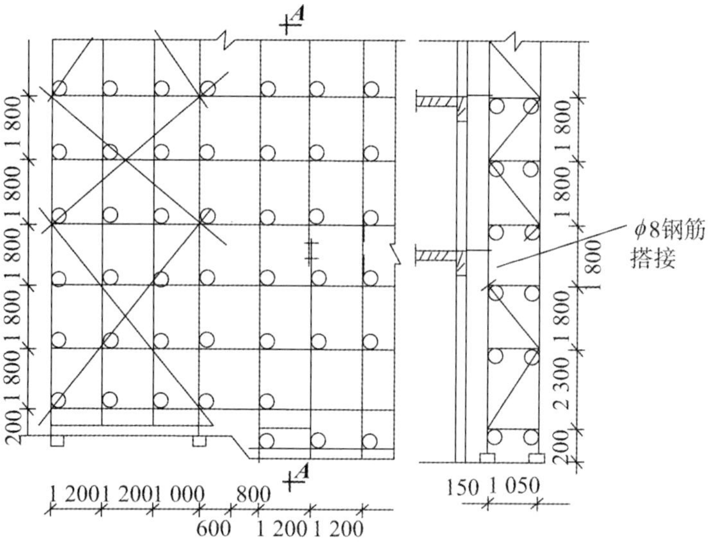

图 3-7-15　扣件式钢管脚手架（单位：mm）

……

［问题］

指出背景资料中脚手架搭设的不妥之处。

［答案］

(1) 不妥之处一：立杆采用搭接方式接长。

正确做法：立杆严禁搭接。

(2) 不妥之处二：连墙件仅用 ϕ8 mm 钢筋与主体拉结。

正确做法：严禁使用只有钢筋的柔性连墙件。宜采用刚性连墙件与建筑物可靠连接，亦可采用钢筋与顶撑配合使用的附墙连接方式。

(3) 不妥之处三：横向扫地杆在纵向扫地杆上部。

正确做法：横向扫地杆宜采用直角扣件固定在紧靠纵向扫地杆下方的立杆上。

(4) 不妥之处四：高处架体扫地杆未向低处延伸。

正确做法：当脚手架立杆的基础不在同一高度上时，必须将高处的纵向扫地杆向低处延长两跨与立杆固定。

(5) 不妥之处五：最底一步距的距离为 2.3 m。

正确做法：单、双排脚手架底层步距均不应大于 2 m。

(6) 不妥之处六：立杆底部悬空。

正确做法：立杆底部应无悬空。

(7) 不妥之处七：主节点未设置小横杆。

正确做法：主节点处必须设置一根横向水平杆，用直角扣件扣接且严禁拆除。

(8) 不妥之处八：首步未设置连墙件。

正确做法：连墙件应从底层第一步纵向水平杆处开始设置，当该处设置有困难时，应采用其他可靠措施固定。

(9) 不妥之处九：连墙件竖向间距过大。

正确做法：连墙件竖向间距不应大于4 m。

(10) 不妥之处十：剪刀撑宽度不够。

正确做法：每道剪刀撑宽度不应小于4跨，且不应小于6 m，斜杆与地面的倾角宜在45°～60°之间。

考点 9 脚手架检查与验收要求★★★

扫码听课

根据《建筑施工扣件式钢管脚手架安全技术规范》(JGJ 130—2011)，脚手架检查与验收要求如下（节选）。

(1) 扣件进入施工现场应检查产品合格证，并应进行抽样复试，技术性能应符合现行国家标准《钢管脚手架扣件》(GB 15831—2006) 的规定。扣件在使用前应逐个挑选，有裂缝、变形、螺栓出现滑丝的严禁使用。

(2) 新、旧扣件均应进行防锈处理。

(3) 脚手架及其地基基础应在下列阶段进行检查与验收：

①基础完工后及脚手架搭设前。

②作业层上施加荷载前。

③每搭设完6～8 m高度后。

④达到设计高度后。

⑤遇有6级强风及以上风或大雨后，冻结地区解冻后。

⑥停用超过1个月。

(4) 脚手架使用中，应定期检查下列内容：

①杆件的设置和连接，连墙件、支撑、门洞桁架等的构造应符合规范和专项施工方案要求。

②地基应无积水，底座应无松动，立杆应无悬空。

③扣件螺栓应无松动。

➢ **重点提示：**与图片相结合，重点记忆脚手架的安装控制要点。记忆点：从脚手架的基础开始，向上到架体的立杆、横杆，有层次地分部分记忆。此部分内容易考查案例判断是非题，为高频考点。

实战演练

[2017 真题・单选] 双排扣件式钢管脚手架的主节点是指（　　）。

A. 连墙件与架体连接处

B. 剪力撑与水平杆连接处

C. 剪力撑与立杆连接处

D. 纵横向水平杆与立杆连接处

［解析］双排扣件式钢管脚手架的主节点是指纵横向水平杆与立杆连接处。

［答案］D

［2014 真题·多选］下列影响扣件式钢管脚手架整体稳定性的因素中，属于主要影响因素的有（　　）。

A. 立杆的间距　　B. 立杆的接长方式

C. 水平杆的步距　　D. 水平杆的接长方式

E. 连墙件的设置

［解析］影响钢管支架整体稳定性的主要因素有立杆间距、水平杆步距、立杆接长方式、连墙件的设置、扣件的紧固程度。

［答案］ABCE

［2018 真题·案例节选］

背景资料：

某企业新建办公楼工程，地下 1 层，地上 16 楼，建筑高度为 55 m，地下建筑面积为 3 000 m^2，总建筑面积为 21 000 m^2，现浇混凝土框架结构。一层大厅高 12 m，长 32 m，大厅处有 3 道后张预应力混凝土梁。合同约定："……工程开工时间为 2016 年 7 月 1 日，竣工日期为 2017 年 10 月 31 日，总工期为 488 d；冬期停工 35 d；弱电、幕墙工程由专业分包单位施工……"总包单位与幕墙单位签订了专业分包合同。

总承包单位在施工现场安装了一台塔吊用于垂直运输，在结构、外墙装修施工时，采用落地双排扣件式钢管脚手架。

结构施工阶段，施工单位相关部门对项目安全进行检查，发现外脚手架存在安全隐患，责令项目部立即整改。

外墙装饰完成后，施工单位安排工人拆除外脚手架。在拆除过程中，上部钢管意外坠落击中下部施工人员，造成 1 名工人死亡。

［问题］

项目部应在哪些阶段进行脚手架检查和验收？

［答案］

脚手架应在下列阶段进行检查和验收：①基础完工后及脚手架搭设前；②作业层上施加荷载前；③每搭设完 6～8 m 高度后；④达到设计高度后；⑤遇有 6 级强风及以上大风或大雨后，冻结地区解冻后；⑥停用超过一个月（在重新投入使用之前）。

考点 10　模板安装前的准备工作★

根据《建筑施工模板安全技术规范》（JGJ 162—2008），模板安装前的准备工作如下。

（1）审查模板结构设计与施工说明书中荷载、计算方法、节点构造与安全措施，设计审批手续应齐全。

（2）进行全面安全技术交底。

操作班组应熟悉设计与施工说明书，并应做好模板安装作业分工准备。采用爬模、飞模、隧道模等特殊模板施工时，所有参加作业人员必须经过专门技术培训，考核合格后方可上岗。

（3）构件筛选。

应对模板与配件进行挑选、检测，不合格者应剔除，并应运至工地指定地点堆放。

（4）备齐操作所需一切安全防护设施与器具。

考点 11 模板构造与安装要求★

根据《建筑施工模板安全技术规范》（JGJ 162—2008），对模板构造与安装要求总结如下。

（1）模板安装应按设计与施工说明书顺序拼装。木杆、钢管、门架等支架立柱不得混用。

（2）竖向模板与支架立柱支承部分安装在基土上时，应加设垫板，垫板应有足够强度和支承面积，且应中心承载。当采用扣件式钢管作立柱支撑时，每根立柱底部应设置底座及垫板，垫板厚度不得小于 50 mm。

（3）当满堂或共享空间模板支架立柱高度超过 8 m 时，若地基土达不到承载要求，无法防止立柱下沉，则应先施工地面下的工程，再分层回填夯实基土，浇筑地面混凝土垫层，达到强度后方可支模。

（4）模板及其支架在安装过程中，必须设置有效防倾覆的临时固定设施。

（5）现浇钢筋混凝土梁、板，当跨度大于 4 m 时，模板应起拱；当设计无具体要求时，起拱高度宜为全跨长度 1/1 000～3/1 000，如图 3-7-16 所示。

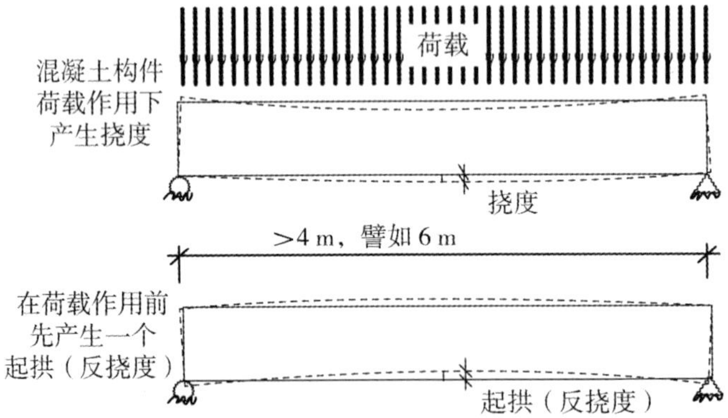

图 3-7-16　模板起拱

（6）当层间高度大于 5 m 时，应选用桁架支模或钢管立柱支模。当层间高度小于或等于 5 m 时，可采用木立柱支模。

（7）安装模板应保证工程结构和构件各部分形状、尺寸与相互位置正确，构造应符合模板设计要求。模板应具有足够承载能力、刚度与稳定性，应能可靠承受新浇混凝土自重与侧压力以及施工过程中所产生荷载。

考点 12 支撑梁、板的支架立柱构造与安装要求★★

根据《建筑施工模板安全技术规范》（JGJ 162—2008），支撑梁、板的支架立柱构造与安装要求如下（节选）。

（1）梁和板的立柱，其纵横向间距应相等或成倍数。

（2）木立柱底部应设垫木，顶部应设支撑头。

（3）采用扣件式钢管作立柱支撑时，当立柱底部不在同一高度时，高处的纵向扫地杆应向低处延长不少于2跨，高低差不得大于1 m，立柱距边坡上方边缘不得小于0.5 m。

（4）当采用扣件式钢管作立柱支撑时，立柱接长严禁搭接，必须采用对接扣件连接，相邻两立柱的对接接头不得在同步内，且对接接头沿竖向错开的距离不宜小于500 mm，各接头中心距主节点不宜大于步距的1/3。

（5）在立柱底距地面200 mm高处，沿纵横水平方向应按纵下横上的程序设扫地杆。可调支托底部立柱顶端应沿纵横向设置一道水平拉杆。扫地杆与顶部水平拉杆之间间距，在满足模板设计所确定的水平拉杆步距要求条件下，进行平均分配确定步距后，在每一步距处纵横向应各设一道水平拉杆。当层高在8～20 m时，在最顶步距两水平拉杆中间应加设一道水平拉杆；当层高大于20 m时，在最顶两步距水平拉杆中间应分别增加一道水平拉杆。所有水平拉杆的端部均应与四周建筑物顶紧顶牢。无处可顶时，应在水平拉杆端部和中部沿竖向设置连续式剪刀撑。

考点13 模板安装施工的安全要求★★

根据《建筑施工模板安全技术规范》（JGJ 162—2008），对模板安装施工的安全要求总结如下。

（1）施工时，在已安装好模板上实际荷载不得超过设计值。已承受荷载的支架与附件，不得随意拆除或移动。

（2）安装模板时，安装所需各种配件应置于工具箱或工具袋内，严禁散放在模板或脚手板上；安装所用工具应系挂在作业人员身上或置于所配带工具袋中，不得掉落。

（3）当模板安装高度超过3.0 m时，必须搭设脚手架，除操作人员外，脚手架下不得站其他人。

（4）吊运模板时必须符合以下规定：

①作业前应检查绳索、卡具、模板上的吊环，必须完整有效，在升降过程中应设专人指挥，统一信号，密切配合。

②吊运大块或整体模板时，竖向吊运不应少于2个吊点，水平吊运不应少于4个吊点。吊运必须使用卡环连接，并应稳起稳落，待模板就位连接牢固后，方可摘除卡环。

③吊运散装模板时，必须码放整齐，待捆绑牢固后方可起吊。

④严禁起重机在架空输电线路下面工作。

⑤遇5级及以上大风时，应停止一切吊运作业。

（5）木料应堆放于下风向，离火源不得小于30 m，且料场四周应设置灭火器材。

考点14 模板拆除要求★★★

根据《建筑施工模板安全技术规范》（JGJ 162—2008），模板拆除要求如下。

（1）模板的拆除措施应经技术主管部门或负责人批准，拆除模板的时间可按现行国家标准《混凝土结构工程施工质量验收规范》(GB 50204—2015)有关规定执行。冬期施工拆模,应遵守专门规定。

(2)当混凝土未达到规定强度或已达到设计规定强度,需提前拆模或承受部分超设计荷载时,必须经过计算和技术主管确认其强度能足够承受此荷载后,方可拆除。

(3)在承重焊接钢筋骨架作配筋的结构中,承受混凝土重量的模板,应在混凝土达到设计强度25%后方可拆除承重模板。当在已拆除模板结构上加置荷载时,应另行核算。

(4)大体积混凝土的拆模时间除应满足混凝土强度要求外,还应使混凝土内外温差降低到25℃以下时方可拆模。否则应采取有效措施防止产生温度裂缝。

(5)后张预应力混凝土结构的侧模宜在施加预应力前拆除,底模应在施加预应力后拆除。当设计有规定时,应按规定执行。

(6)拆模前应检查所使用的工具有效和可靠,扳手等工具必须装入工具袋或系挂在身上,并应检查拆模场所范围内的安全措施。

(7)模板拆除工作应设专人指挥。作业区应设围栏,其内不得有其他工种作业,并应设专人负责监护。拆下的模板、零配件严禁抛掷。

(8)拆模顺序与方法应按模板设计规定进行。当设计无规定时,可采取先支后拆、后支先拆、先拆非承重模板、后拆承重模板的顺序,并应从上而下进行拆除。拆下的模板不得抛扔,应按指定地点堆放。

➢ **重点提示:**(1)掌握各种模板的拆模要求,尤其注意预应力混凝土结构的底模是在预应力施加后拆除,而侧模是在预应力施加前即可拆除。

(2)模板的拆除顺序理解记忆,记忆点为"受力的模板后拆"。

实战演练

[**2016真题·单选**]高大模板扣件式钢管支撑脚手架中,必须采用对接扣件连接的是(   )。

A. 立杆

B. 水平杆

C. 竖向剪刀撑

D. 水平剪刀撑

[**解析**]本题考查模板工程施工质量控制。立杆接长严禁搭接,必须采用对接扣件连接。

[**答案**]A

[**经典例题·案例节选**]

背景资料:

施工总承包单位根据《建筑施工模板安全技术规范》(JGJ 162—2008)编制了大堂顶板模板工程施工方案,并绘制了模板及支架示意图,如图3-7-17所示。监理工程师审查后要求重新绘制。

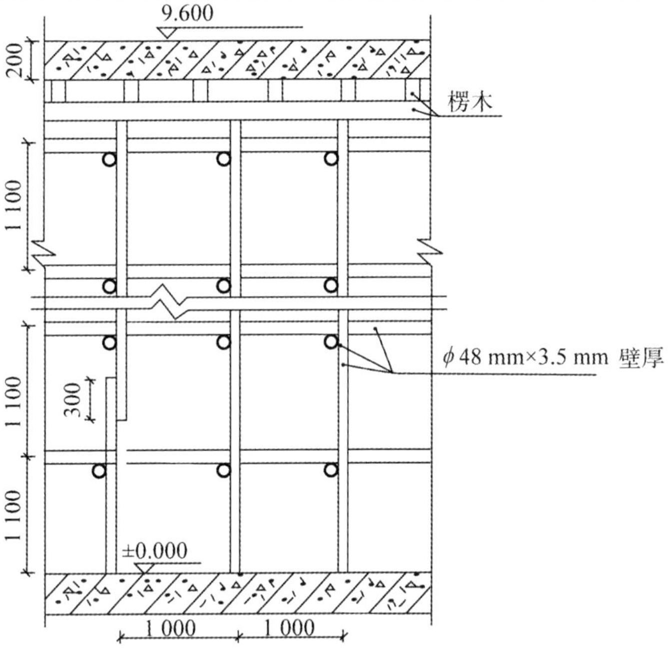

图 3-7-17　模板及支架示意图（单位：mm）

……

［问题］

指出图 3-7-17 中的不妥之处，并说明正确做法。

［参考答案］

(1) 不妥之处一：无垫板。

正确做法：应设置垫板。

(2) 不妥之处二：无纵、横扫地杆。

正确做法：应设置扫地杆。

(3) 不妥之处三：没有竖向和横向剪刀撑。

正确做法：应设置竖向和横向剪刀撑。

(4) 不妥之处四：立杆接长存在搭接。

正确做法：立杆接长不应该搭接。

(5) 不妥之处五：木方间距、尺寸未标注。

正确做法：木方间距、尺寸应标注。

(6) 不妥之处六：最上两道水平拉杆之间没有增设一道水平拉杆。

正确做法：层高大于 8 m，应在最上两道水平拉杆之间增设一道水平拉杆。

［经典例题·案例节选］

背景资料：

某新建体育馆工程，建筑面积约 23 000 m^2，现浇钢筋混凝土结构，钢结构网架屋盖，地下 1 层，地上 4 层，地下室顶板设有后张法预应力混凝土梁。

地下室顶板同条件养护试件强度达到设计要求时，施工单位现场生产经理立即向监理工程师口头申请拆除地下室顶板模板，监理工程师同意后，现场将地下室顶板模板及支架全部拆除。

……

［问题］

监理工程师同意地下室顶板拆模是否正确？背景资料中，地下室顶板预应力梁拆除底模及支架的前提条件有哪些？

［答案］

（1）监理工程师同意地下室顶板拆模不正确。

（2）地下室顶板预应力梁拆除底模及支架的前提条件有：①现浇混凝土结构模板及其支架拆除时的混凝土强度应符合设计要求；②拆模作业之前必须填写拆模申请，当同条件养护试块强度记录达到规定要求时，得到技术负责人批准方能拆模；③底模应在预应力筋张拉后拆除。

考点 15 高处作业的定义及安全施工的基本要求★★★

根据《建筑施工高处作业安全技术规范》（JGJ 80—2016），对高处作业的定义及安全施工的基本要求总结如下（节选）。

（1）高处作业，即在坠落高度基准面 2 m 及以上有可能坠落的高处进行的作业。高处作业分级如图 3-7-18 所示。

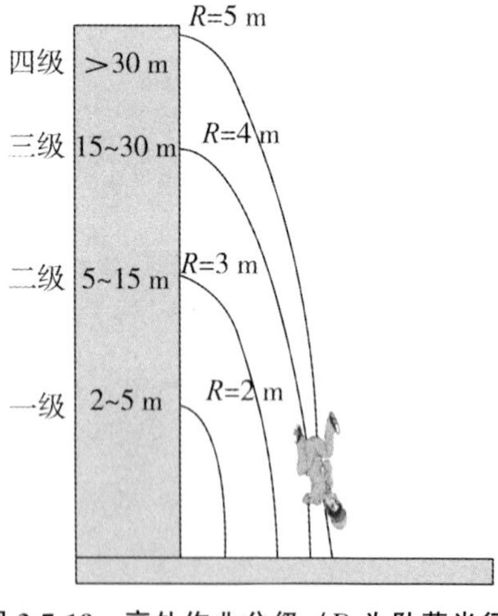

图 3-7-18　高处作业分级（R 为坠落半径）

（2）建筑施工中，凡涉及临边与洞口作业、攀登与悬空作业、操作平台、交叉作业及安全网搭设的，应在施工组织设计或施工方案中制定高处作业安全技术措施。

（3）高处作业施工前，应按类别对安全防护设施进行检查、验收，验收合格后方可进行作业，并应做验收记录。验收可分层或分阶段进行。

（4）高处作业施工前，应对作业人员进行安全技术交底，并应记录。对初次作业人员应进行培训。

(5) 应根据要求将各类安全警示标志悬挂于施工现场各相应部位，夜间应设红灯警示。高处作业施工前，应检查高处作业的安全标志、工具、仪表、电气设施和设备，确认其完好后，方可进行施工。

(6) 高处作业人员应根据作业的实际情况配备相应的高处作业安全防护用品，并应按规定正确佩戴和使用相应的安全防护用品、用具（如安全帽、安全带、防滑鞋等）。高处作业施工安全防护如图 3-7-19 所示。

图 3-7-19　高处作业施工安全防护

(7) 对施工作业现场可能坠落的物料，应及时拆除或采取固定措施。高处作业所用的物料应堆放平稳，不得妨碍通行和装卸。工具应随手放入工具袋，作业中的走道、通道板和登高用具应随时清理干净；拆卸下的物料及余料和废料应及时清理运走，不得随意放置或向下丢弃。传递物料时不得抛掷。

(8) 在雨、霜、雾、雪等天气进行高处作业时，应采取防滑、防冻和防雷措施，并应及时清除作业面上的水、冰、雪、霜。当遇有 6 级及以上强风、浓雾、沙尘暴等恶劣气候，不得进行露天攀登与悬空高处作业。雨雪天气后，应对高处作业安全设施进行检查，当发现有松动、变形、损坏或脱落等现象时，应立即修理完善，维修合格后方可使用。

➢ **重点提示**：此考点内容通常直接考查，无理论原理，直接记忆。

实战演练

[2021 真题·案例节选]

背景资料：

某住宅工程，建筑面积为 1.2 万 m^2，地下 1 层，地上 12 层，剪力墙结构，公共区域及室内地面装修为石材，墙、顶饰面均为涂料，工程东侧距基坑上口线 8 m 处有一座 6 层老旧砖混结构住宅，市政管线从两建筑间穿过，为了保证既有住宅的安全，项目部对东侧边坡采用钢筋混凝土排桩支护，其余部位采用喷锚支护。

地下室管道安装时，一名工人站在 2.2 m 高的移动平台上作业，另一名工人在地面协助其工作，安全完成了工作任务。

……

[问题]

在该高度移动平台上作业是否属于高处作业？高处作业分为几个等级？操作人员必备的个人安全防护用具、用品有哪些？

[答案]

(1) 在该高度（2.2 m）移动平台上作业属于高处作业。

理由：高处作业是指在坠落高度基准面 2 m 及以上有可能坠落的高处进行的作业。

(2) 建筑施工高处作业分为 4 个等级：一级高处作业、二级高处作业、三级高处作业、四级高处作业。

(3) 操作人员必备的个人安全防护用具、用品有：安全帽、安全带、防滑鞋等。

考点 16 临边、洞口安全控制要点★★★

扫码听课

一、临边作业安全控制要点

根据《建筑施工高处作业安全技术规范》（JGJ 80—2016），临边作业安全控制要点如下。

(1) 坠落高度基准面 2 m 及以上进行临边作业时，应在临空一侧设置防护栏杆，并应采用密目式安全立网或工具式栏板封闭。临空防护设施如图 3-7-20 所示。

(2) 施工的楼梯口、楼梯平台和梯段边，应安装防护栏杆；外设楼梯口、楼梯平台和梯段边还应采用密目式安全立网封闭。楼梯口防护设施如图 3-7-21 所示。

图 3-7-20 临空防护设施

图 3-7-21 楼梯口防护设施

(3) 建筑物外围边沿处，对没有设置外脚手架的工程，应设置防护栏杆；对有外脚手架的工程，应采用密目式安全立网全封闭。密目式安全立网应设置在脚手架外侧立杆上，并应与脚手杆紧密连接。

(4) 施工升降机、龙门架和井架物料提升机等在建筑物间设置的停层平台两侧边，应设置防护栏杆、挡脚板，并应采用密目式安全立网或工具式栏板封闭。

(5) 停层平台口应设置高度不低于 1.80 m 的楼层防护门，并应设置防外开装置。井架物料提升机通道中间，应分别设置隔离设施。

二、洞口作业安全控制要点

根据《建筑施工高处作业安全技术规范》（JGJ 80—2016），对洞口作业安全控制要点总结如下。

(1) 洞口大小不同，具体的安全防护设施也不同，具体见表 3-7-2。非竖向洞口安全防护设施如图 3-7-22 所示。

表 3-7-2　洞口作业安全防护设施

洞口规格		措施
非竖向洞口短边尺寸	25～500 mm	采用承载力满足使用要求的盖板覆盖，盖板四周搁置应均衡，且应防止盖板移位
	500～1 500 mm	采用盖板覆盖或防护栏杆等措施，并应固定牢固
	>1 500 mm	洞口作业侧设置高度不小于 1.2 m 的防护栏杆，洞口应采用安全平网封闭
竖向洞口短边尺寸	<500 mm	采用封堵措施
	≥500 mm	临空一侧设置高度不小于 1.2 m 的防护栏杆，并应采用密目式安全立网或工具式栏板封闭，设置挡脚板

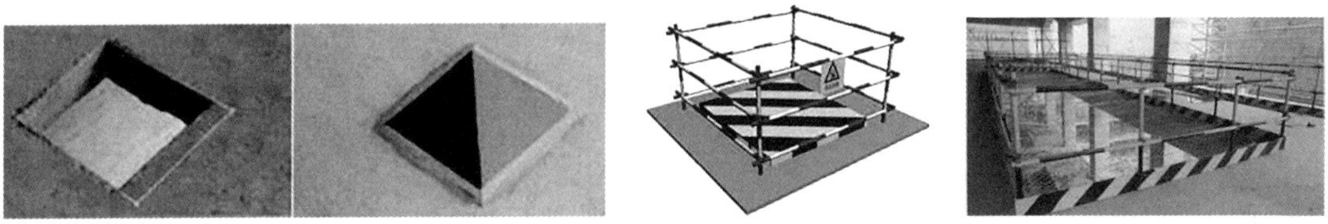

图 3-7-22　非竖向洞口安全防护设施

(2) 电梯井口应设置防护门，其高度不应小于 1.5 m，防护门底端距地面高度不应大于 50 mm，并应设置挡脚板。电梯口防护如图 3-7-23 所示。

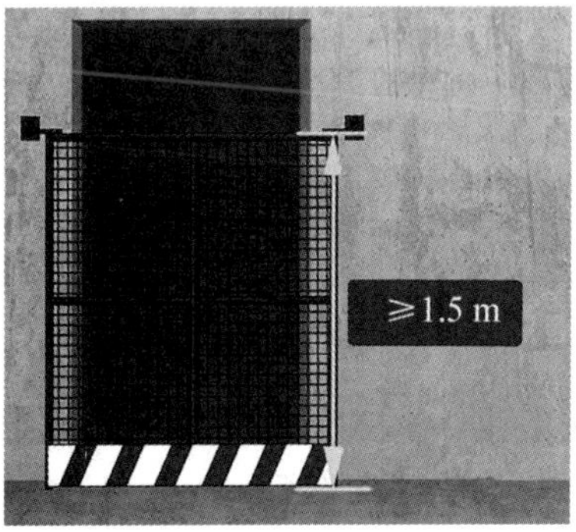

图 3-7-23　电梯口防护

(3) 在电梯施工前，电梯井道内应每隔 2 层且不大于 10 m 加设一道安全平网。电梯井内的施工层上部，应设置隔离防护设施。电梯安全平网如图 3-7-24 所示。

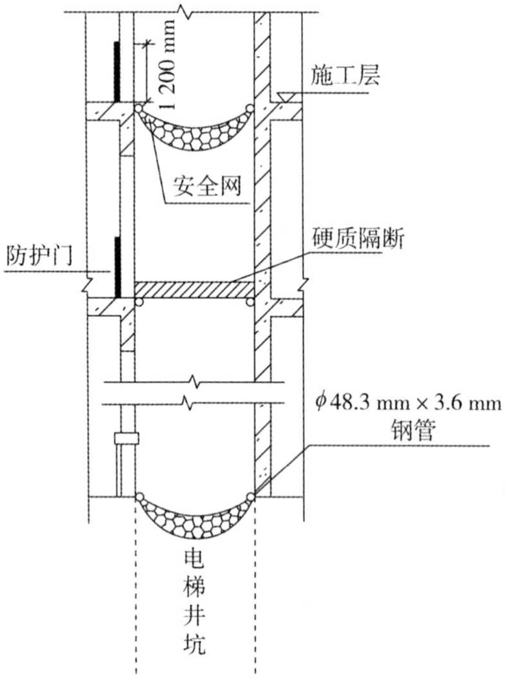

图 3-7-24　电梯安全平网

（4）墙面等处落地的竖向洞口、窗台高度低于 800 mm 的竖向洞口及框架结构在浇筑完混凝土未砌筑墙体时的洞口，应按临边防护要求设置防护栏杆。窗台洞口低于 800 mm 时的防护措施如图 3-7-25 所示。

图 3-7-25　窗台洞口低于 800 mm 时的防护措施

（5）临边作业的防护栏杆应由横杆、立杆及挡脚板组成（如图 3-7-26 所示，一般设密目安全网）。防护栏杆应符合下列规定：

①防护栏杆应为两道横杆，上杆距地面高度应为 1.2 m，下杆应在上杆和挡脚板中间设置。

②当防护栏杆高度大于 1.2 m 时，应增设横杆，横杆间距不应大于 600 mm。

③防护栏杆立杆间距不应大于 2 m。

④挡脚板高度不应小于 180 mm。

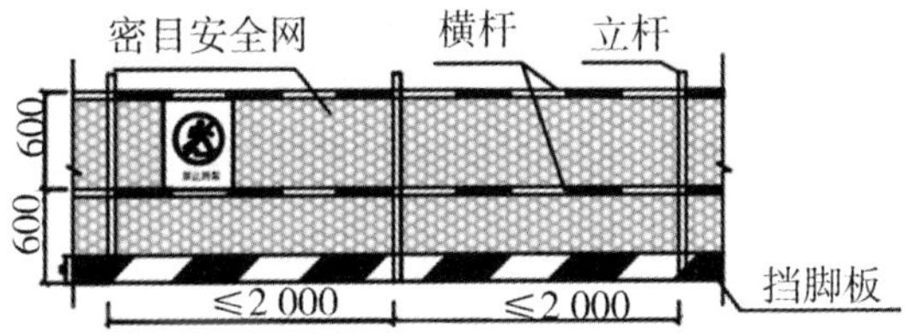

图 3-7-26 防护栏杆安全防护（单位：mm）

➤ **重点提示：**（1）洞口大小不同，防护设施不同，重点掌握洞口大小与相应的防护设施。

（2）洞口大小以短边尺寸为判断标准。

实战演练

[2017 真题·案例节选]

背景资料：

某现浇钢筋混凝土框架-剪力墙结构办公楼工程，地下 1 层，地上 16 层，建筑面积为 18 600 m²，基坑开挖深度为 5.5 m。该工程由某施工单位总承包，其中基坑支护工程由专业分包单位承担施工。

主体结构施工至十层时，项目部在例行安全检查中发现五层楼板有两处（一处是短边尺寸为 200 mm 的孔口，一处是尺寸为 1 600 mm×2 600 mm 的洞口）安全防护措施不符合规定，责令现场立即整改。

结构封顶后，在总监理工程师组织参建方进行主体结构部分工程验收前，监理工程师审核发现施工单位提交的报验资料所涉及的分项不全，指令补充后重新报审。

……

[问题]

针对五层楼板检查所发现的孔口、洞口防护问题，分别写出安全防护措施。

[答案]

（1）短边尺寸为 200 mm 的孔口安全防护措施：采用承载力满足使用要求的盖板覆盖，盖板四周搁置应均衡，且应防止盖板移位。

（2）尺寸为 1 600 mm×2 600 mm 的洞口安全防护措施：洞口作业处设置高度不小于 1.7 m 的防护栏杆，洞口应采用安全平网封闭。

考点 17 攀登与悬空作业安全控制要点★

根据《建筑施工高处作业安全技术规范》（JGJ 80—2016），攀登与悬空作业安全控制要点如下（节选）。

（1）攀登作业设施和用具应牢固可靠；当采用梯子攀爬作业时，踏面荷载不应大于 1.1 kN；当梯面上有特殊作业时，应按实际情况进行专项设计。

（2）同一梯子上不得两人同时作业。在通道处使用梯子作业时，应有专人监护或设置围栏。脚手架操作层上严禁架设梯子作业。

(3) 使用固定式直梯攀登作业时，当攀登高度超过 3 m 时，宜加设护笼；当攀登高度超过 8 m 时，应设置梯间平台。

(4) 钢结构安装时，应使用梯子或其他登高设施攀登作业。坠落高度超过 2 m 时，应设置操作平台。

(5) 模板支撑体系搭设和拆卸的悬空作业，应符合下列规定：

①模板支撑的搭设和拆卸应按规定程序进行，不得在上下同一垂直面上同时装拆模板。

②在坠落基准面 2 m 及以上高处搭设与拆除柱模板及悬挑结构的模板时，应设置操作平台。

③在进行高处拆模作业时应配置登高用具或搭设支架。

➢ **重点提示：**此考点内容考查频率低，但对于其中的一些要求应有所了解。

考点 18 移动式操作平台安全控制要点★★★

根据《建筑施工高处作业安全技术规范》(JGJ 80—2016)，移动式操作平台（图 3-7-27）安全控制要点如下（节选）。

(1) 移动式操作平台面积不宜大于 10 m^2，高度不宜大于 5 m，高宽比不应大于 2∶1，施工荷载不应大于 1.5 kN/m^2。

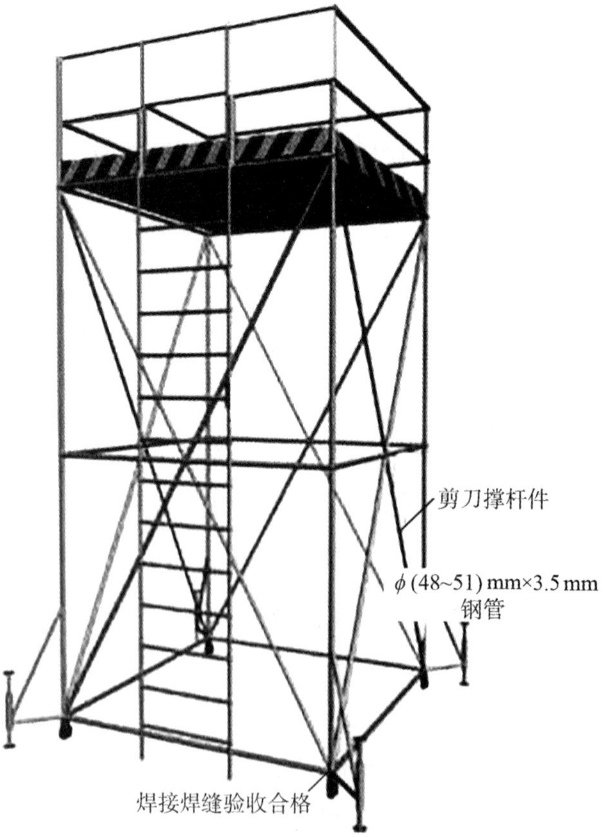

图 3-7-27 移动式操作平台

(2) 移动式操作平台的轮子与平台架体连接应牢固，立柱底端离地面不得大于 80 mm，行走轮和导向轮应配有制动器或刹车闸等制动措施。

（3）移动式行走轮承载力不应小于 5 kN，制动力矩不应小于 2.5 N·m，移动式操作平台架体应保持垂直，不得弯曲变形，制动器除在移动情况外，均应保持制动状态。

（4）移动式操作平台移动时，操作平台上不得站人。

考点 19 落地式操作平台安全控制要点★★

根据《建筑施工高处作业安全技术规范》（JGJ 80—2016），落地式操作平台（图3-7-28）安全控制要点如下（节选）。

（1）落地式操作平台架体构造应符合下列规定：

①操作平台高度不应大于 15 m，高宽比不应大于 3∶1。

②施工平台的施工荷载不应大于 2.0 kN/m²；当接料平台的施工荷载大于 2.0 kN/m² 时，应进行专项设计。

图 3-7-28　落地式操作平台

②操作平台应与建筑物进行刚性连接或加设防倾措施，不得与脚手架连接。

③用脚手架搭设操作平台时，其立杆间距和步距等结构要求应符合国家现行相关脚手架规范的规定；应在立杆下部设置底座或垫板、纵向与横向扫地杆，并应在外立面设置剪刀撑或斜撑。

④操作平台应从底层第一步水平杆起逐层设置连墙件，且连墙件间隔不应大于 4 m，并应设置水平剪刀撑。连墙件应为可承受拉力和压力的构件，并应与建筑结构可靠连接。

（2）落地式操作平台一次搭设高度不应超过相邻连墙件以上两步。

（3）落地式操作平台拆除应由上而下逐层进行，严禁上下同时作业，连墙件应随施工进度逐层拆除。

（4）落地式操作平台检查验收应符合下列规定：

①操作平台的钢管和扣件应有产品合格证。

②搭设前应对基础进行检查验收，搭设中应随施工进度按结构层对操作平台进行检查验收。

③遇 6 级以上大风、雷雨、大雪等恶劣天气及停用超过 1 个月，恢复使用前，应进行检查。

考点 20 悬挑式操作平台安全控制要点★★★

根据《建筑施工高处作业安全技术规范》（JGJ 80—2016），悬挑式操作平台（图3-7-29）

要求如下（节选）。

（1）悬挑式操作平台设置应符合下列规定：

①操作平台的搁置点、拉结点、支撑点应设置在稳定的主体结构上，且应可靠连接。

图 3-7-29　悬挑式操作平台

②严禁将操作平台设置在临时设施上。

③操作平台的结构应稳定可靠，承载力应符合设计要求。

（2）悬挑式操作平台的悬挑长度不宜大于 5 m，均布荷载不应大于 5.5 kN/m^2，集中荷载不应大于 15 kN，悬挑梁应锚固固定。

（3）采用斜拉方式的悬挑式操作平台，平台两侧的连接吊环应与前后两道斜拉钢丝绳连接，每一道钢丝绳应能承载该侧所有荷载。

（4）采用支承方式的悬挑式操作平台，应在钢平台下方设置不少于两道斜撑，斜撑的一端应支承在钢平台主结构钢梁下，另一端应支承在建筑物主体结构上。

（5）采用悬臂梁式的操作平台，应采用型钢制作悬挑梁或悬挑桁架，不得使用钢管，其节点应采用螺栓或焊接的刚性节点。当平台板上的主梁采用与主体结构预埋件焊接时，预埋件、焊缝均应经设计计算，建筑主体结构应同时满足强度要求。

（6）悬挑式操作平台应设置 4 个吊环，吊运时应使用卡环，不得使吊钩直接钩挂吊环。吊环应按通用吊环或起重吊环设计，并应满足强度要求。

（7）悬挑式操作平台安装时，钢丝绳应采用专用的钢丝绳夹连接，钢丝绳夹数量应与钢丝绳直径相匹配，且不得少于 4 个。建筑物锐角、利口周围系钢丝绳处应加衬软垫物。

（8）悬挑式操作平台的外侧应略高于内侧；外侧应安装防护栏杆并应设置防护挡板全封闭。

（9）人员不得在悬挑式操作平台吊运、安装时上下。

➢ **重点提示**：（1）操作平台（尤其是悬挑式操作平台）安全控制要点需格外注意。（2）此部分涉及的数字常考查案例找不妥之处的题目，应重点记忆。

实战演练

［**2019 真题 · 多选**］关于移动式操作平台安全控制的说法，正确的有（　　）。

A. 台面面积不得超过 10 m^2

B. 允许带不多于 2 人移动

C. 台面高度不得超过 5 m

D. 台面脚手板要铺满钉牢固

E. 台面四周设防护栏杆

［解析］选项B错误，不允许带人移动平台。

［答案］ACDE

［2017 真题·案例节选］

背景资料：

某新建商用群体建设项目，地下2层，地上8层，现浇钢筋混凝土框架结构，桩筏基础，建筑面积为88 000 m^2。在装饰装修阶段，项目部使用钢管和扣件临时搭设了一个移动式操作平台用于顶棚装饰装修作业。该操作平台的台面面积为8.64 m^2，台面距楼地面高4.6 m。

……

［问题］

现场搭设的移动式操作平台的台面面积、台面高度是否符合规定？

［答案］

现场搭设的移动式操作平台的台面面积和台面高度均符合规定，即移动式操作平台面积不得超过10 m^2，高度不得超过5 m。

考点 21　交叉作业安全控制要点★★

根据《建筑施工高处作业安全技术规范》(JGJ 80—2016)，交叉作业安全控制要点如下（节选）。

(1) 交叉作业时，下层作业位置应处于上层作业的坠落半径之外。安全防护棚和警戒隔离区范围的设置应视上层作业高度确定，并应大于坠落半径。

(2) 交叉作业时，坠落半径内应设置安全防护棚或安全防护网等安全隔离措施。当尚未设置安全隔离措施时，应设置警戒隔离区，人员严禁进入隔离区。

(3) 处于起重机臂架回转范围内的通道，应搭设安全防护棚。

(4) 施工现场人员进出的通道口，应搭设安全防护棚。

(5) 不得在安全防护棚棚顶堆放物料。

(6) 对不搭设脚手架和设置安全防护棚时的交叉作业，应设置安全防护网，当在多层、高层建筑外立面施工时，应在二层及每隔四层设一道固定的安全防护网，同时设一道随施工高度提升的安全防护网。

➤ **重点提示：**(1) 交叉作业重点在于保护人员的安全，垂直方向上不能有两处作业同时进行，否则应设置隔离层，高度更高时，通道口应设防护棚。

(2) 此考点内容应以案例判断是非题的考查深度进行复习。

考点 22　施工现场临时用电管理要点★★★

根据《施工现场临时用电安全技术规范》(JGJ 46—2005)，施工现场临时用电管理要点如下（节选）。

(1) 建筑施工现场临时用电工程专用的电源中性点直接接地的220/380V三相四线制低压电力系统，必须符合下列规定：

①采用三级配电系统。

②采用 TN-S 接零保护系统。

③采用二级漏电保护系统。

(2) 总配电箱以下可设若干分配电箱；分配电箱以下可设若干开关箱。

总配电箱应设在靠近电源的区域，分配电箱应设在用电设备或负荷相对集中的区域，分配电箱与开关箱的距离不得超过 30 m，开关箱与其控制的固定式用电设备的水平距离不宜超过 3 m。

(3) 每台用电设备必须有各自专用的开关箱，严禁用同一个开关箱直接控制 2 台及以上用电设备（含插座）。

三级配电、两级漏电保护如图 3-7-30 所示。

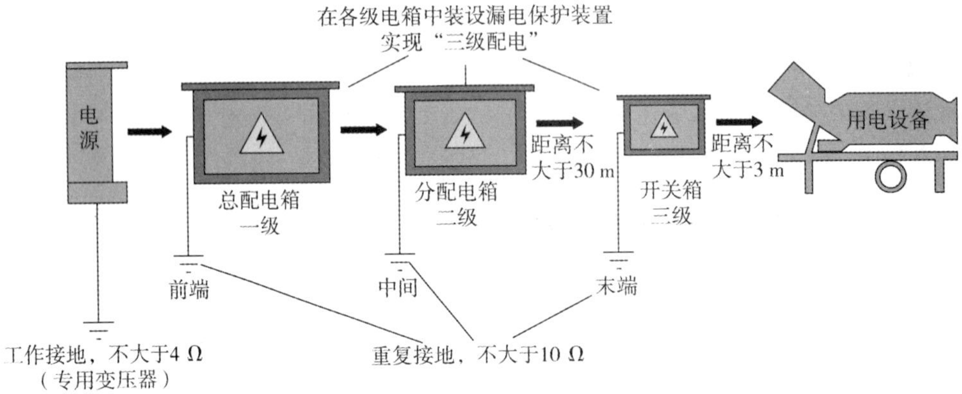

图 3-7-30　三级配电、两级漏电保护

(4) 施工现场临时用电设备在 5 台及以上或设备总容量在 50 kW 及以上者，应编制用电组织设计。

(5) 临时用电工程图纸应单独绘制，临时用电工程应按图施工。

(6) 临时用电组织设计及变更时，必须履行“编制、审核、批准”程序，由电气工程技术人员组织编制，经相关部门审核及具有法人资格企业的技术负责人批准后实施。变更用电组织设计时应补充有关图纸资料。

(7) 临时用电工程必须经编制、审核、批准部门和使用单位共同验收，合格后方可投入使用。

(8) 施工现场临时用电设备在 5 台以下和设备总容量在 50 kW 以下者，应制定安全用电和电气防火措施。

(9) 电工必须经过按国家现行标准考核合格后，持证上岗工作；其他用电人员必须通过相关安全教育培训和技术交底，考核合格后方可上岗工作。

(10) 安全技术档案应由主管该现场的电气技术人员负责建立与管理。其中“电工安装、巡检、维修、拆除工作记录”可指定电工代管，每周由项目经理审核认可，并应在临时用电工程拆除后统一归档。

(11) 施工现场开挖沟槽边缘与外电埋地电缆沟槽边缘之间的距离不得小于 0.5 m。

(12) 在 TN 接零保护系统中，通过总漏电保护器的工作零线与保护零线之间不得再做电气连接。

(13) 需要三相四线制配电的电缆线路必须采用五芯电缆。五芯电缆必须包含淡蓝、绿/黄二种颜色绝缘芯线。淡蓝色芯线必须用作N线；绿/黄双色芯线必须用作PE线，严禁混用。

(14) 电缆直接埋地敷设的深度不应小于0.7 m，并应在电缆紧邻上、下、左、右侧均匀敷设不小于50 mm厚的细砂，然后覆盖砖或混凝土板等硬质保护层。

(15) 在建工程内的电缆线路必须采用电缆埋地引入，严禁穿越脚手架引入。

考点 23 配电箱的安全技术要求★★

根据《施工现场临时用电安全技术规范》(JGJ 46—2005)，配电箱的安全技术要求如下(节选)。

(1) 配电箱、开关箱应装设端正、牢固。固定式配电箱、开关箱的中心点与地面的垂直距离应为1.4～1.6 m。移动式配电箱、开关箱应装设在坚固、稳定的支架上。其中心点与地面的垂直距离宜为0.8～1.6 m。

(2) 配电箱、开关箱内的电器（含插座）应先安装在金属或非木质阻燃绝缘电器安装板上，然后方可整体紧固在配电箱、开关箱箱体内。金属电器安装板与金属箱体应做电气连接。

(3) 配电箱、开关箱内的电器（含插座）应按其规定位置紧固在电器安装板上，不得歪斜和松动。

(4) 配电箱的电器安装板上必须分设N线端子板和PE线端子板。N线端子板必须与金属电器安装板绝缘；PE线端子板必须与金属电器安装板做电气连接。进出线中的N线必须通过N线端子板连接；PE线必须通过PE线端子板连接。

(5) 开关箱中漏电保护器的额定漏电动作电流不应大于30 mA，额定漏电动作时间不应大于0.1 s。使用于潮湿或有腐蚀介质场所的漏电保护器应采用防溅型产品，其额定漏电动作电流不应大于15 mA，额定漏电动作时间不应大于0.1 s。

(6) 总配电箱中漏电保护器的额定漏电动作电流应大于30 mA，额定漏电动作时间应大于0.1 s，但其额定漏电动作电流与额定漏电动作时间的乘积不应大于30 mA·s。

考点 24 施工现场照明电压要求★★★

根据《施工现场临时用电安全技术规范》(JGJ 46—2005)，施工现场照明电压要求如下(节选)。

(1) 下列特殊场所应使用安全特低电压照明器：

①隧道、人防工程、高温、有导电灰尘、比较潮湿或灯具离地面高度低于2.5 m等场所的照明，电源电压不应大于36 V。

②潮湿和易触及带电体场所的照明，电源电压不得大于24 V。

③特别潮湿场所、导电良好的地面、锅炉或金属容器内的照明，电源电压不得大于12 V。

(2) 室外220 V灯具距地面不得低于3 m，室内220 V灯具距地面不得低于2.5 m。

(3) 碘钨灯及钠、铊、铟等金属卤化物灯具的安装高度宜在3 m以上，灯线应固定在接线柱上，不得靠近灯具表面。

(4) 聚光灯、碘钨灯等高热灯具与易燃物距离不宜小于500 mm，且不得直接照射易燃物。达不到规定安全距离时，应采取隔热措施。

➢ **重点提示：** 重点掌握施工用电组织设计的编制条件，以及各种灯具的安装高度。

实战演练

［**2022 真题·多选**］下列施工现场临时用电，应编制用电组织设计的有（　　）。

A. 有 2 台临时用电设备，总容量为 50 kW

B. 有 3 台临时用电设备，总容量为 30 kW

C. 有 4 台临时用电设备，总容量为 40 kW

D. 有 5 台临时用电设备，总容量为 50 kW

E. 有 6 台临时用电设备，总容量为 40 kW

［**解析**］施工现场临时用电设备在 5 台及以上或设备总容量在 50 kW 及以上者，应编制用电组织设计。

［**答案**］ADE

考点 25 物料提升机安全控制要点★★

根据《龙门架及井架物料提升机安全技术规范》（JGJ 88—2010），物料提升机安全控制要点如下（节选）。

（1）物料提升机的基础（图 3-7-31）应能承受最不利工作条件下的全部荷载。

图 3-7-31　物料提升机的基础

（2）对 30 m 以下物料提升机的基础，当设计无要求时，应符合下列规定：

①基础土层的承载力，不应小于 80 kPa。

②基础混凝土强度等级不应低于 C20，厚度不应小于 300 mm。

③基础表面应平整，水平度不应大于 10 mm。

④基础周边应有排水设施。

（3）当物料提升机安装条件受到限制不能使用附墙架时，可采用缆风绳，缆风绳的设置应符合说明书的要求，并应符合下列规定：

①每一组 4 根缆风绳与导轨架的连接点应在同一水平高度，且应对称设置；缆风绳与导轨架的连接处应采取防止钢丝绳受剪破坏的措施。

②缆风绳宜设在导轨架的顶部；当中间设置缆风绳时，应采取增加导轨架刚度的措施。

③缆风绳与水平面夹角宜在 45°～60°之间，并应采用与缆风绳等强度的花篮螺栓与地锚连接。

（4）当物料提升机安装高度大于或等于 30 m 时，不得使用缆风绳。

（5）安装、拆除物料提升机的单位应具备下列条件：

①安装、拆除单位应具有起重机械安拆资质及安全生产许可证。

②安装、拆除作业人员必须经专门培训，取得特种作业资格证。

（6）物料提升机安装、拆除前，应根据工程实际情况编制专项安装、拆除方案，且应经安装、拆除单位技术负责人审批后实施。

➢ **重点提示：**（1）物料提升机的一个控制要点为基础和固定措施，重点掌握具体要求。

（2）缆风绳安全系数应选用 3.5，并应经计算确定，直径不应小于 9.3 mm。当物料提升机高度在 20 m 及以下时，缆风绳不应少于 1 组；当物料提升机高度在 21～30 m 时，缆风绳不应少于 2 组。

（3）缆风绳与地面夹角不应大于 60°。

实战演练

［**2021 真题·单选**］物料提升机安装至 31 m 高度时，保证其整体稳定的方法是（　　）。

A. 缆风绳　　B. 警报装置

C. 防护门　　D. 连墙杆做刚性连接

［**解析**］为保证物料提升机整体稳定，采用缆风绳时，当物料提升机高度在 20 m 及以下时，缆风绳不应少于 1 组；当物料提升机高度在 21～30 m 时，缆风绳不应少于 2 组；当物业提升机高度超过 30 m 时，不应采用缆风绳锚固方法，应采用连墙杆等刚性措施。

［**答案**］D

［**2013 真题·案例节选**］

背景资料：

某高校新建一栋办公楼和一栋实验楼，均为现浇钢筋混凝土框架结构。办公楼地下 1 层、地上 11 层，建筑檐高 48 m；实验楼 6 层，建筑檐高 22 m。建设单位与某施工总承包单位签订了施工总承包合同，合同约定：电梯安装工程由建设单位指定分包；保温工程保修期为 10 年。

施工过程中，发生了下列事件：

事件一：总承包单位上报的施工组织设计中，办公楼采用 1 台塔吊，在七层楼面设置自制卸料平台，外架采用悬挑脚手架，从地上二层开始分 3 次到顶。实验楼采用 1 台物料提升机，外架采用落地式钢管脚手架。监理工程师按照《危险性较大的分部分项工程安全管理办法》（建质〔2009〕87 号）的规定，要求总承包单位单独编制与之相关的专项施工方案并上报。

事件二：实验楼物料提升机安装总高度为 26 m，采用 1 组缆风绳锚固。与各楼层连接处搭设卸料通道，与相应的楼层接通后，仅在通道两侧设置了临边安全防护设施。地面进料口处仅设置安全防护门，且在相应位置挂设了安全警示标志牌。监理工程师认为安全设施不齐全，要求整改。

……

第三章

[问题]

1. 事件一中，总承包单位必须单独编制哪些专项施工方案？

2. 指出事件二中的错误之处，并分别给出正确做法。

[答案]

1. 总承包单位必须单独编制的专项施工方案包括：土方开挖方案、塔吊设备的安装与拆卸方案、物料提升机安装拆卸方案、自制卸料平台方案、悬挑脚手架方案。

2. (1) 错误之处一：实验楼物料提升机安装总高度为 26 m，采用 1 组缆风绳锚固。

正确做法：物料提升机高度在 20～30 m 时，采用不少于 2 组缆风绳锚固。

(2) 错误之处二：仅在通道两侧设置了临边安全防护设施。

正确做法：在通道两侧设置防护栏和挡脚板，并应立网封闭，各层通道口处应设置常闭型的防护门。

(3) 错误之处三：地面进料口处仅设置安全防护门，且在相应位置挂设了安全警示标志牌。

正确做法：地面进料口处应搭设防护棚，防护棚的尺寸应视架体的宽度和高度而定，防护棚两侧应封挂安全立网。

考点 26 外用电梯（施工升降机）的安全控制要点★★

外用电梯的安全控制要点如下：

(1) 施工升降机安装单位应具备建设行政主管部门颁发的起重设备安装工程专业承包资质和建筑施工企业安全生产许可证。

(2) 施工升降机安装、拆卸项目应配备与承担项目相适应的专业安装作业人员以及专业安装技术人员。施工升降机的安装拆卸工、电工、司机等应具有建筑施工特种作业操作资格证书。

(3) 施工升降机使用单位应与安装单位签订施工升降机安装、拆卸合同，明确双方的安全生产责任。实行施工总承包的，施工总承包单位应与安装单位签订施工升降机安装、拆卸工程安全协议书。

(4) 施工升降机应具有特种设备制造许可证、产品合格证、使用说明书、起重机械制造监督检验证书，并已在产权单位工商注册所在地县级以上建设行政主管部门备案登记。

(5) 施工升降机安装作业前，安装单位应编制施工升降机安装、拆卸工程专项施工方案，由安装单位技术负责人批准后，报送施工总承包单位或使用单位、监理单位审核，并告知工程所在地县级以上建设行政主管部门。

(6) 底笼周围 2.5 m 范围内必须设置牢固的防护栏杆，各层站过桥和运输通道应平整牢固，出入口的栏杆应安全可靠。全行程四周不得有危害安全运行的障碍物，并应搭设防护屏障。

(7) 当遇大雨、大雪、大雾或风速大于等于 12 m/s（六级及以上）等恶劣天气时，应停止升降机安装作业及使用。

考点 27 塔式起重机安装的基本规定★★★

根据《建筑施工塔式起重机安装、使用、拆卸安全技术规程》（JGJ 196—2010），塔式起重机安装的基本规定如下（节选）。

（1）塔式起重机安装、拆卸单位必须具有从事塔式起重机安装、拆卸业务的资质。

（2）塔式起重机安装、拆卸单位应具备安全管理保证体系，有健全的安全管理制度。

（3）塔式起重机安装、拆卸作业应配备下列人员：

①持有安全生产考核合格证书的项目负责人和安全负责人、机械管理人员。

②具有建筑施工特种作业操作资格证书的建筑起重机械安装拆卸工、起重司机、起重信号工、司索工等特种作业操作人员。

（4）塔式起重机应具有特种设备制造许可证、产品合格证、制造监督检验证明，并已在县级以上地方建设主管部门备案登记。

（5）塔式起重机的选型和布置应满足工程施工要求，便于安装和拆卸，并不得损害周边其他建筑物或构筑物。

（6）当多台塔式起重机在同一施工现场交叉作业时，应编制专项方案，并应采取防碰撞的安全措施。任意两台塔式起重机之间的最小架设距离应符合下列规定：

①低位塔式起重机的起重臂端部与另一台塔式起重机的塔身之间的距离不得小于 2 m。

②高位塔式起重机的最低位置的部件（或吊钩升至最高点或平衡重的最低部位）与低位塔式起重机中处于最高位置部件之间的垂直距离不得小于 2 m。

考点 28　塔式起重机的安全控制要点★★

根据《建筑施工塔式起重机安装、使用、拆卸安全技术规程》（JGJ 196—2010），塔式起重机的安全控制要点如下（节选）。

（1）在塔式起重机的安装、使用及拆卸阶段，进入现场的作业人员必须佩戴安全帽、防滑鞋、安全带等防护用品，无关人员严禁进入作业区域内。在安装、拆卸作业期间，应设警戒区。塔式起重机如图 3-7-32 所示。

图 3-7-32　塔式起重机

（2）塔式起重机起重司机、起重信号工、司索工等操作人员应取得特种作业人员资格证书，严禁无证上岗。

（3）塔式起重机的力矩限制器、重量限制器、变幅限位器、行走限位器、高度限位器等安全保护装置不得随意调整和拆除，严禁用限位装置代替操纵机构。

（4）塔式起重机回转、变幅、行走、起吊动作前应示意警示。起吊时应统一指挥，明确指挥信号；当指挥信号不清楚时，不得起吊。

（5）遇有风速在 12 m/s 及以上的大风或大雨、大雪、大雾等恶劣天气时，应停止作业。雨雪过后，应先经过试吊，确认制动器灵敏可靠后方可进行作业。夜间施工应有足够照明，照明的安装应符合现行行业标准《施工现场临时用电安全技术规范》（JGJ 46—2005）的要求。

（6）塔式起重机不得起吊重量超过额定荷载的吊物，且不得起吊重量不明的吊物。

（7）在吊物荷载达到额定荷载的 90%时，应先将吊物吊离地面 200～500 mm 后，检查机械状况、制动性能、物件绑扎情况等，确认无误后方可起吊。对有晃动的物件，必须拴拉溜绳使之稳固。

实战演练

［2019 真题·多选］施工现场的塔吊必须停止作业的天气状况有（　　）。

A. 浮尘　　B. 大雨　　C. 大雪　　D. 大雾

E. 五级大风

［解析］遇有风速在 12 m/s（六级及以上）大风或大雨、大雪、大雾等恶劣天气，应停止作业。雨雪过后，应先经过试吊，确认制动器灵敏可靠后方可进行作业。

［答案］BCD

［经典例题·多选］下列垂直运输机械的安全控制做法中，正确的有（　　）。

A. 高度为 23 m 的物料提升机采用 1 组缆风绳

B. 在外用电梯底笼周围 2.0 m 范围内设置牢固的钢护栏杆

C. 塔吊基础的设计计算作为固定式塔吊专项施工方案内容之一

D. 现场多塔作业时，塔机间保持安全距离

E. 遇六级大风以上恶劣天气时，塔吊停止作业，并将吊钩放下

［解析］选项 A 错误，为保证物料提升机整体稳定，采用缆风绳时，当物料提升机高度在 20 m 及以下时，缆风绳不应少于 1 组（4 根）；当物料提升机高度在 20～30 m 时，缆风绳不应少于 2 组；当物料提升机高度超过 30 m 时，不应采用缆风绳锚固方法，应采用连墙杆等刚性措施。选项 B 错误，底笼周围 2.5 m 范围内必须设置牢固的防护栏杆，各层站过桥和运输通道应平整牢固，出入口的栏杆应安全可靠。选项 E 错误，遇六级（12 m/s）及六级以上大风等恶劣天气，应停止作业，将吊钩升起。

［答案］CD

［经典例题·多选］关于塔吊安装、拆除的说法，正确的有（　　）。

A. 塔吊安装、拆除之前，应制定专项施工方案

B. 安装和拆除塔吊的专业队伍可不具备相应资质，但需有类似施工经验

C. 塔吊安装完毕，验收合格，取得政府相关部门颁发的《准用证》后方可使用

D. 施工现场多塔作业，塔机间应保持安全距离

E. 塔吊在六级大风中作业时，应减缓起吊速度

［解析］选项 B 错误，安装和拆除塔吊的专业队伍应具备相应资质。选项 E 错误，禁止塔吊在六级大风中作业。

［答案］ACD

考点 29 安全检查评定项目★★

根据《建筑施工安全检查标准》(JGJ 59—2011)，对安全检查评定项目相关内容节选并总结如下。

一、安全管理

(1) 安全管理检查评定应符合国家现行有关安全生产的法律、法规、标准的规定。

(2) 安全管理检查评定保证项目应包括：安全生产责任制、施工组织设计及专项施工方案、安全技术交底、安全检查、安全教育、应急救援。一般项目应包括：分包单位安全管理、持证上岗、生产安全事故处理、安全标志。

(3) 施工组织设计及专项施工方案的检查评定应符合下列规定：

①工程项目部在施工前应编制施工组织设计，施工组织设计应针对工程特点、施工工艺制定安全技术措施。

②危险性较大的分部分项工程应按规定编制安全专项施工方案，专项施工方案应有针对性，并按有关规定进行设计计算。

③超过一定规模危险性较大的分部分项工程，施工单位应组织专家对专项施工方案进行论证。

④施工组织设计、专项施工方案，应由有关部门审核，施工单位技术负责人、监理单位项目总监批准。

⑤工程项目部应按施工组织设计、专项施工方案组织实施。

(4) 安全技术交底的检查评定应符合下列规定：

①施工负责人在分派生产任务时，应对相关管理人员、施工作业人员进行书面安全技术交底。

②安全技术交底应按施工工序、施工部位、施工栋号分部分项进行。

③安全技术交底应结合施工作业场所状况、特点、工序，对危险因素、施工方案、规范标准、操作规程和应急措施进行交底。

④安全技术交底应由交底人、被交底人、专职安全员进行签字确认。

(5) 安全检查的评定应符合下列规定：

①工程项目部应建立安全检查制度。

②安全检查应由项目负责人组织，专职安全员及相关专业人员参加，定期进行并填写检查记录。

③对检查中发现的事故隐患应下达隐患整改通知单，定人、定时间、定措施进行整改。重大事故隐患整改后，应由相关部门组织复查。

(6) 安全教育的检查评定应符合下列规定：

①工程项目部应建立安全教育培训制度。

②当施工人员入场时，工程项目部应组织进行以国家安全法律法规、企业安全制度、施工现场安全管理规定及各工种安全技术操作规程为主要内容的三级安全教育培训和考核。

③当施工人员变换工种或采用新技术、新工艺、新设备、新材料施工时，应进行安全教

育培训。

④施工管理人员、专职安全员每年度应进行安全教育培训和考核。

(7) 应急救援的检查评定应符合下列规定：

①工程项目部应针对工程特点，进行重大危险源的辨识；应制定防触电、防坍塌、防高处坠落、防起重及机械伤害、防火灾、防物体打击等主要内容的专项应急救援预案，并对施工现场易发生重大安全事故的部位、环节进行监控。

②施工现场应建立应急救援组织，培训、配备应急救援人员，定期组织员工进行应急救援演练。

③按应急救援预案要求，应配备应急救援器材和设备。

二、文明施工

文明施工检查评定保证项目应包括：现场围挡、封闭管理、施工场地、材料管理、现场办公与住宿、现场防火。一般项目应包括：综合治理、公示标牌、生活设施、社区服务。

三、扣件式钢管脚手架

扣件式钢管脚手架检查评定保证项目应包括：施工方案、立杆基础、架体与建筑物结构拉结、杆件间距与剪刀撑、脚手板与防护栏杆、交底与验收。一般项目应包括：横向水平杆设置、杆件连接、层间防护、构配件材质、通道。

四、门式钢管脚手架

门式钢管脚手架检查评定保证项目应包括：施工方案、架体基础、架体稳定、杆件锁臂、脚手板、交底与验收。一般项目应包括：架体防护、构配件材质、荷载、通道。

五、碗扣式钢管脚手架

(1) 碗扣式钢管脚手架检查评定保证项目应包括：施工方案、架体基础、架体稳定、杆件锁件、脚手板、交底与验收。一般项目应包括：架体防护、构配件材质、荷载、通道。

(2) 碗扣式钢管脚手架架体防护一般项目的检查评定应符合下列规定：

①架体外侧应使用密目式安全网进行封闭，网间连接应严密。

②作业层应在外侧立杆 1.2 m 和 0.6 m 的碗扣节点处设置上、中两道防护栏杆。

③作业层外侧应设置高度不小于 180 mm 的挡脚板。

④作业层脚手板下应用安全平网兜底，以下每隔 10 m 应用安全平网封闭。

六、满堂脚手架

满堂脚手架检查评定保证项目应包括：施工方案、架体基础、架体稳定、杆件锁件、脚手板、交底与验收。一般项目应包括：架体防护、构配件材质、荷载、通道。

七、悬挑式脚手架

悬挑式脚手架检查评定保证项目应包括：施工方案、悬挑钢梁、架体稳定、脚手板、荷载、交底与验收。一般项目应包括：杆件间距、架体防护、层间防护、构配件材质。

八、附着式升降脚手架

附着式升降脚手架检查评定保证项目应包括：施工方案、安全装置、架体构造、附着支座、架体安装、架体升降。一般项目应包括：检查验收、脚手板、架体防护、安全作业。

九、高处作业吊篮

高处作业吊篮检查评定保证项目应包括：施工方案、安全装置、悬挂机构、钢丝绳、安装作业、升降作业。一般项目应包括：交底与验收、安全防护、吊篮稳定、荷载。

十、基坑工程

基坑工程检查评定保证项目应包括：施工方案、基坑支护、降排水、基坑开挖、坑边荷载、安全防护。一般项目应包括：基坑监测、支撑拆除、作业环境、应急预案。

十一、模板支架

模板支架检查评定保证项目应包括：施工方案、支架基础、支架构造、支架稳定、施工荷载、交底与验收。一般项目应包括：杆件连接、底座与托撑、构配件材质、支架拆除。

十二、"三宝、四口"及临边防护

"三宝、四口"及临边防护检查评定项目包括：安全帽、安全网、安全带、临边防护、洞口防护、通道口防护、攀登作业、悬空作业、移动式操作平台、物料平台、悬挑式钢平台。

十三、施工用电

施工用电检查评定的保证项目应包括：外电防护、接地与接零保护系统、配电线路、配电箱与开关箱。一般项目应包括：配电室与配电装置、现场照明、用电档案。

十四、物料提升机

物料提升机检查评定保证项目应包括：安全装置、防护设施、附墙架与缆风绳、钢丝绳、安拆、验收与使用。一般项目应包括：基础与导轨架、动力与传动、通信装置、卷扬机操作棚、避雷装置。

十五、施工升降机

施工升降机检查评定保证项目应包括：安全装置、限位装置、防护设施、附墙架、钢丝绳、滑轮与对重、安拆、验收与使用。一般项目应包括：导轨架、基础、电气安全、通信装置。

十六、塔式起重机

塔式起重机检查评定保证项目应包括：荷载限制装置、行程限位装置、保护装置、吊钩、滑轮、卷筒与钢丝绳、多塔作业、安拆、验收与使用。一般项目应包括：附着、基础与轨道、结构设施、电气安全。

十七、起重吊装

起重吊装检查评定保证项目应包括：施工方案、起重机械、钢丝绳与地锚、索具、作业环境、作业人员。一般项目应包括：起重吊装、高处作业、构件码放、警戒监护。

考点 30　检查评分方法★★

根据《建筑施工安全检查标准》（JGJ 59—2011），检查评分方法如下（节选）。

（1）建筑施工安全检查评定中，保证项目应全数检查。

（2）检查评分表应分为安全管理、文明施工、脚手架、基坑工程、模板支架、高处作业、施工用电、物料提升机与施工升降机、塔式起重机与起重吊装、施工机具分项检查评分表和检查评分汇总表。

（3）各评分表的评分应符合下列规定：

①分项检查评分表和检查评分汇总表的满分分值均应为100分，评分表的实得分值应为各检查项目所得分值之和。

②评分应采用扣减分值的方法，扣减分值总和不得超过该检查项目的应得分值。

③当按分项检查评分表评分时，保证项目中有一项未得分或保证项目小计得分不足40分，此分项检查评分表不应得分。

④检查评分汇总表中各分项项目实得分值应按下式计算：

$$A_1=\frac{B\times C}{100}$$

式中 A_1——汇总表各分项项目实得分值；

B——汇总表中该项应得满分值；

C——该项检查评分表实得分值。

⑤当评分遇有缺项时，分项检查评分表或检查评分汇总表的总得分值应按下式计算：

$$A_2=\frac{D}{E}\times 100$$

式中 A_2——遇有缺项时总得分值；

D——实查项目在该表的实得分值之和；

E——实查项目在该表的应得满分值之和。

⑥脚手架、物料提升机与施工升降机、塔式起重机与起重吊装项目的实得分值，应为所对应专业的分项检查评分表实得分值的算术平均值。

考点31 检查评定等级★★★

根据《建筑施工安全检查标准》(JGJ 59—2011)，检查评定等级如下。

（1）应按汇总表的总得分和分项检查评分表的得分，对建筑施工安全检查评定划分为优良、合格、不合格三个等级。

（2）建筑施工安全检查评定的等级划分应符合下列规定：

①优良：分项检查评分表无零分，汇总表得分值应在80分及以上。

②合格：分项检查评分表无零分，汇总表得分值应在80分以下，70分及以上。

③不合格：①当汇总表得分值不足70分时；②当有一分项检查评分表为零时。

（3）当建筑施工安全检查评定的等级为不合格时，必须限期整改达到合格。

➢ **重点提示：**此考点中（1）为必考点，一般在案例中考查问答题、补缺题、计算题，为必会知识点。

此考点中（2）为高频考点，重点掌握各个评分等级的划分标准，以案例的考查深度进行复习。

实战演练

[**2021 真题 · 多选**] 在施工安全技术交底时，需要进行签字确认的人员包括（　　）。

A. 甲方代表　　B. 监理工程师　　C. 交底人　　D. 被交底人

E. 专职安全员

[**解析**] 安全技术交底应由交底人、被交底人、专职安全员进行签字确认。

[**答案**] CDE

[**经典例题 · 多选**] 根据《建筑施工安全检查标准》（JGJ 59—2011），建筑施工安全检查评定的等级有（　　）。

A. 优良　　B. 良好　　C. 一般　　D. 合格

E. 不合格

[**解析**] 建筑施工安全检查评定的等级划分为：优良、合格和不合格。

[**答案**] ADE

[**2021 真题 · 案例节选**]

背景资料：

某施工单位中标一汽车修理厂项目，包括 1 栋 7 层框架结构的办公楼、1 栋钢结构的车辆维修车间及相关配套设施。施工中发生了以下事件：

……

事件四：办公楼外防护架采用扣件式钢管脚手架，其构造剖面示意图如图 3-7-33 所示。

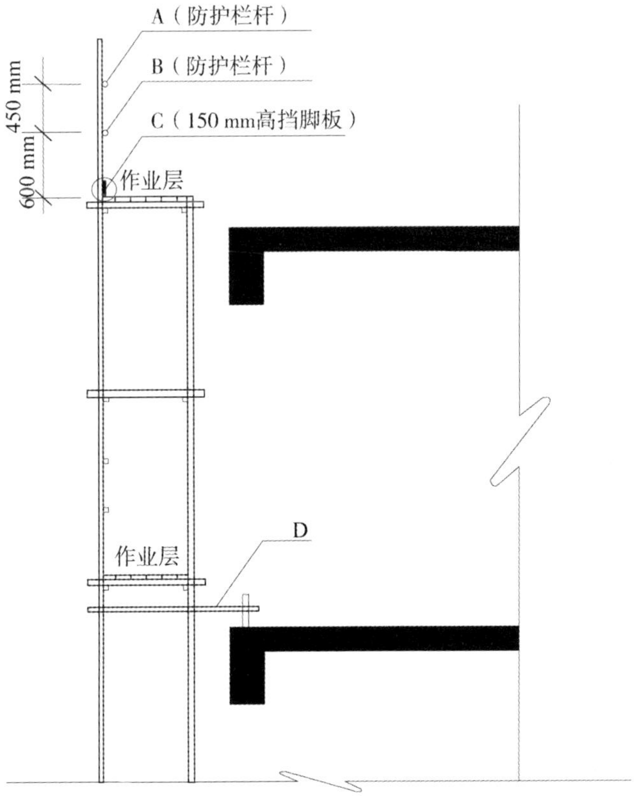

图 3-7-33　扣件式钢管脚手架构造剖面示意图

［问题］

分别阐述图 3-7-33 中 A、B、C 做法是否符合要求，并写出正确做法。写出 D 的名称。

［答案］

(1) A 做法不符合要求。正确做法：防护栏杆上杆离地高度为 1.2 m。

B 做法符合要求，防护栏杆下杆离地高度应为 0.6 m。

C 做法不符合要求。正确做法：挡脚板高度不应小于 180 mm。

(2) D 的名称为连墙件。

［2019 真题·案例节选］

背景资料：

某住宅工程，建筑面积为 21 600 m^2，基坑开挖深度为 6.5 m，地下 2 层，地上 12 层，筏板基础，现浇钢筋混凝土框架结构。工程场地狭小，基坑上口北侧 4 m 处有 1 栋 6 层砖混结构住宅楼，东侧 2 m 处有一条埋深 2 m 的热力管线。

主体结构施工期间，施工单位安全主管部门进行施工升降机安全专项检查，对该项目升降机的限位装置、防护设施、安装、验收与使用等保证项目进行了全数检查，均符合要求。

……

［问题］

1. 根据本工程周边环境现状，基坑工程周边环境必须监测哪些内容？

2. 除了背景资料中列出的项目外，施工升降机检查和评定的保证项目还有哪些？

［答案］

1. 根据本工程周边环境现状，基坑周边环境必须检测的内容：

①坑外地形的变形监测。

②邻近建筑物的沉降与倾斜监测。

③地下管线的沉降和位移监测。

2. 除了背景资料中列出的项目外，施工升降机检查和评定的保证项目还包括：安全装置、附墙架、钢丝绳、滑轮与对重、拆除。

［2016 真题·案例节选］

背景资料：

某新建综合楼工程，现浇钢筋混凝土框架结构，地下 1 层，地上 10 层，建筑檐口高度为 45 m，某建筑工程公司中标后成立项目部进场组织施工。

在施工过程中，发生了下列事件：

……

事件二：施工过程中，项目部要求安全员对现场固定式塔吊的安全装置进行全面检查，但安全员仅对塔吊的力矩限制器、爬梯护圈、小车断绳保护装置、小车断轴保护装置进行了安全检查。

……

事件四：监理工程师现场巡视时，发现五层楼层通道口和楼层邻边堆放有大量刚拆下的小型钢模板，堆放高度为 1.5 m，要求项目部立即整改并加强现场施工管理。

事件五：公司按照《建筑施工安全检查标准》（JGJ 59—2011）对现场进行检查评分，汇总表总得分为 85 分，但施工机具分项检查评分表为零分。

［问题］

1. 事件二中，项目安全员还应对塔吊的哪些安全装置进行检查（至少列出 4 项）？

2. 按照《建筑施工安全检查标准》（JGJ 59—2011），确定该次安全检查评定等级，并说明理由。

［答案］

1. 项目安全员还应对塔吊（塔式起重机）的以下安全装置进行检查：荷载限制装置、行程限位装置、保护装置、吊钩、滑轮、卷筒与钢丝绳、多塔作业、安拆、验收与使用。一般项目应包括：附着、基础与轨道、结构设施、电气安全。

2.（1）该次安全检查评定等级为不合格。

（2）理由：汇总表总得分不足 70 分或有一分项检查评分表为零，即判定为不合格。

第八节　建筑工程造价与成本管理

扫码听课

考点 1　建筑安装工程费划分★★★

建筑安装工程费可以按费用构成要素划分，也可以按造价形成划分，具体见表 3-8-1。

表 3-8-1　建筑安装工程费划分

划分依据	组成	具体内容
按费用构成要素划分	人工费	计时工资或计件工资、奖金、津贴补贴、加班加点工资、特殊情况下支付的工资
	材料费	材料原价、运杂费、运输损耗费、采购及保管费
	施工机具使用费	施工机械使用费（含折旧费、大修理费、经常修理费、安拆费及场外运费、人工费、燃料动力费、税费）、仪器仪表使用费
	企业管理费	管理人员工资、办公费、差旅交通费、固定资产使用费、工具用具使用费、劳动保险和职工福利费、劳动保护费、检验试验费、工会经费、职工教育经费、财产保险费、财务费、税金、其他
	利润	施工企业完成所承包工程获得的盈利
	规费	社会保险费、住房公积金、工程排污费
	税金	国家税法规定的应计入建筑安装工程造价内的增值税

续表

划分依据	组成	具体内容
按造价形成划分	分部分项工程费	各专业工程的分部分项工程应予列支的各项费用
	措施项目费	安全文明施工费（含环境保护费、文明施工费、安全施工费、临时设施费）、夜间施工增加费、二次搬运费、冬雨期施工增加费、已完工程及设备保护费、工程定位复测费、特殊地区施工增加费、大型机械设备进出场及安拆费、脚手架工程费
	其他项目费	暂列金额、计日工、总承包服务费、暂估价
	规费	社会保障费、住房公积金、工程排污费、工伤保险
	税金	增值税

➢ **重点提示：**（1）关于工程造价的计算属于案例必考点，务必记住相关的组成费用要素及相应的计算。

（2）经常会考到的计算公式总结：

①建筑工程造价＝（分部分项工程费＋措施项目费＋其他项目费）×（1＋规费费率）×（1＋税率）。

规费＝（分部分项工程费＋措施项目费＋其他项目费）×相应规费费率。

税金＝（分部分项工程费＋措施项目费＋其他项目费＋规费）×相应税率。

②综合单价＝人工费＋材料费＋施工机具使用费＋企业管理费＋利润。

③不得作为竞争性的费用：安全文明施工费、规费、税金。

④总成本＝直接成本＋间接成本。

直接成本＝人工费＋材料费＋机械机具使用费＋措施项目费。

间接成本＝企业管理费（即现场管理费＋总部管理费）＋规费。

⑤制造成本法计算施工成本：

施工成本＝造价－税金－利润－间接成本。

⑥完全成本法计算施工成本：

施工成本＝造价－利润－税金。

实战演练

［2020 真题·案例节选］

背景资料：

建设单位投资兴建酒店工程，地下 1 层，地上 5 层，钢筋混凝土框架结构，顶层为钢结构，建筑面积为 8 000 m^2，总投资 4 500.00 万元。招标文件的部分内容为：工程质量标准为合格；工期自 2018 年 3 月 1 日起至 2019 年 7 月 30 日止。

某建筑总公司中标，双方签订了施工总承包合同，签约合同价的部分明细有：分部分项工程的人工费、材料费、机械费之和为 2 130.00 万元，脚手架费为 62.00 万元，措施项目费为 102.00 万元，总包管理费及配合费为 80.00 万元，其他项目费为 120.00 万元，暂列金额为 30.00 万元，企业管理费费率为 10％，利润率为 5％，规费为 13.41 万元，增值税税率为 10％。

……

[问题]

列式计算建筑总公司中标工程的分部分项工程费、增值税与签约合同价。

[答案]

（1）分部分项工程费：2 130×（1+10%）×（1+5%）=2 460.15（万元）。

（2）增值税：（2 460.15+102+120+13.41）×10%≈269.56（万元）。

（3）签约合同价：（2 460.15+102+120+13.41）×（1+10%）≈2 965.12（万元）。

考点 2 工程量清单计价方式★★★

根据《建设工程工程量清单计价规范》（GB 50500—2013），工程量清单计价方式如下。

（1）使用国有资金投资的建设工程发承包，必须采用工程量清单计价。

（2）非国有资金投资的建设工程，宜采用工程量清单计价。

（3）不采用工程量清单计价的建设工程，应执行本规范除工程量清单等专门性规定外的其他规定。

（4）工程量清单应采用综合单价计价。

（5）措施项目中的安全文明施工费必须按国家或省级、行业建设主管部门的规定计算，不得作为竞争性费用。

（6）规费和税金必须按国家或省级、行业建设主管部门的规定计算，不得作为竞争性费用。

实战演练

[2021 真题·多选] 投标人编制投标文件时，不得作为竞争性费用的有（　　）。

A. 企业管理费　　B. 规费

C. 税金　　D. 安全文明施工费

E. 风险费

[解析] 措施费应根据招标文件中的措施费项目清单及投标时拟定的施工组织设计或施工方案自主确定。但是措施项目中的安全文明施工费必须按国家或省级、行业建设主管部门的规定计算，不得作为竞争性费用。规费和税金必须按国家或省级、行业建设主管部门的规定计算，不得作为竞争性费用。

[答案] BCD

考点 3 工程量清单构成与编制要求★★

根据《建设工程工程量清单计价规范》（GB 50500—2013），工程量清单编制要求如下（节选）。

（1）招标工程量清单应由具有编制能力的招标人或受其委托、具有相应资质的工程造价咨询人编制。

（2）招标工程量清单必须作为招标文件的组成部分，其准确性和完整性应由招标人负责。

（3）招标工程量清单是工程量清单计价的基础，应作为编制招标控制价、投标报价、计算或调整工程量、索赔等的依据之一。

（4）招标工程量清单应以单位（项）工程为单位编制，应由分部分项工程项目清单、措施项目清单、其他项目清单、规费和税金项目清单组成。

（5）编制招标工程量清单应依据：

①GB 50500—2013 和相关工程的国家计量规范。

②国家或省级、行业建设主管部门颁发的计价定额和办法。

③建设工程设计文件及相关资料。

④与建设工程有关的标准、规范、技术资料。

⑤拟定的招标文件。

⑥施工现场情况、地勘水文资料、工程特点及常规施工方案。

⑦其他相关资料。

考点 4 投标报价★★

根据《建设工程工程量清单计价规范》（GB 50500—2013），投标报价要求如下（节选）。

（1）投标价应由投标人或受其委托具有相应资质的工程造价咨询人编制。

（2）投标人应依据 GB 50500—2013 第 6.2.1 条的规定自主确定投标报价。

（3）投标报价不得低于工程成本。

（4）投标人必须按招标工程量清单填报价格。项目编码、项目名称、项目特征、计量单位、工程量必须与招标工程量清单一致。

（5）投标人的投标报价高于招标控制价的应予废标。

（6）投标报价应根据下列依据编制和复核：

①GB 50500—2013。

②国家或省级、行业建设主管部门颁发的计价办法。

③企业定额，国家或省级、行业建设主管部门颁发的计价定额和计价办法。

④招标文件、招标工程量清单及其补充通知、答疑纪要。

⑤建设工程设计文件及相关资料。

⑥施工现场情况、工程特点及投标时拟定的施工组织设计或施工方案。

⑦与建设项目相关的标准、规范等技术资料。

⑧市场价格信息或工程造价管理机构发布的工程造价信息。

⑨其他的相关资料。

（7）综合单价中应包括招标文件中划分的应由投标人承担的风险范围及其费用，招标文件中没有明确的，应提请招标人明确。

（8）分部分项工程和措施项目中的单价项目，应根据招标文件和招标工程量清单项目中的特征描述确定综合单价计算。

（9）其他项目应按下列规定报价：

①暂列金额应按招标工程量清单中列出的金额填写。

②材料、工程设备暂估价应按招标工程量清单中列出的单价计入综合单价。

③专业工程暂估价应按招标工程量清单中列出的金额填写。

④计日工应按招标工程量清单中列出的项目和数量，自主确定综合单价并计算计日工金额。

⑤总承包服务费应根据招标工程量清单中列出的内容和提出的要求自主确定。

（10）招标工程量清单与计价表中列明的所有需要填写单价和合价的项目，投标人均应填写且只允许有一个报价。未填写单价和合价的项目，可视为此项费用包含在已标价工程量清单中其他项目的单价和合价之中。当竣工结算时，此项目不得重新组价予以调整。

（11）投标总价应当与分部分项工程费、措施项目费、其他项目费和规费、税金的合计金额一致。

➢ **重点提示：**此考点内容属于强制性条文，必须掌握。

实战演练

［2020 真题 · 案例节选］

背景资料：

建设单位投资兴建写字楼工程，地下 1 层，地上 5 层，建筑面积为 6 000 m^2，总投资额为 4 200.00 万元，建设单位编制的招标文件部分内容有："质量标准为合格；工期自 2018 年 5 月 1 日起至 2019 年 9 月 30 日止；采用工程量清单计价模式；项目开工日前 7 d 内支付工程预付款，工程款预付比例为 10%"。经公开招投标，在 7 家施工单位里选定 A 施工单位中标，B 施工单位因为在填报工程量清单价格（投标文件组成部分）时，所填报的工程量与建设单位提供的工程量不一致以及其他原因导致未中标。A 施工单位经合约、法务等部门认真审核相关条款，并上报相关领导同意后，与建设单位签订了工程施工总承包合同，签约合同价部分明细有：分部分项工程费为 2 118.50 万元，脚手架费用为 49.00 万元，措施项目费为 92.16 万元，其他项目费为 110.00 万元，总包管理费为 30.00 万元，暂列金额为 80.00 万元，规费及税金为 266.88 万元。

建设单位于 2018 年 4 月 26 日支付了工程预付款，A 施工单位收到工程预付款后，用部分工程预付款购买了用于本工程所需的塔吊、轿车、模板，支付其他工程拖欠劳务费、其他工程的材料欠款。

……

［问题］

B 施工单位在填报工程量清单价格时，除工程量外，还有哪些内容必须与建设单位提供的内容一致？

［答案］

B 施工单位在填报工程量清单价格时，除工程量外，必须与建设单位提供的内容一致的内容还包括：项目编码、项目名称、项目特征、计量单位。

考点 5　合同价款的约定与调整★★★

扫码听课

根据《建设工程工程量清单计价规范》（GB 50500—2013），合同价款的约定与调整要求如下（节选）。

(1) 实行招标的工程合同价款应在中标通知书发出之日起 30 d 内，由发承包双方依据招标文件和中标人的投标文件在书面合同中约定。

合同约定，不得违背招标、投标文件中关于工期、造价、质量等方面的实质性内容。招标文件与中标人投标文件不一致的地方，应以投标文件为准。

(2) 不实行招标的工程合同价款，应在发承包双方认可的工程价款基础上，由发承包双方在合同中约定。

(3) 实行工程量清单计价的工程，应采用单价合同；建设规模较小，技术难度较低，工期较短，且施工图设计已审查批准的建设工程可采用总价合同；紧急抢险、救灾以及施工技术特别复杂的建设工程可采用成本加酬金合同。

(4) 下列事项（但不限于）发生，发承包双方应当按照合同约定调整合同价款：

①法律法规变化。

②工程变更。

③项目特征不符。

④工程量清单缺项。

⑤工程量偏差。

⑥计日工。

⑦物价变化。

⑧暂估价。

⑨不可抗力。

⑩提前竣工（赶工补偿）。

⑪误期赔偿。

⑫索赔。

⑬现场签证。

⑭暂列金额。

⑮发承包双方约定的其他调整事项。

(5) 出现合同价款调增事项（不含工程量偏差、计日工、现场签证、索赔）后的 14 d 内，承包人应向发包人提交合同价款调增报告并附上相关资料；承包人在 14 d 内未提交合同价款调增报告的，应视为承包人对该事项不存在调整价款请求。

(6) 出现合同价款调减事项（不含工程量偏差、索赔）后的 14 d 内，发包人应向承包人提交合同价款调减报告并附相关资料；发包人在 14 d 内未提交合同价款调减报告的，应视为发包人对该事项不存在调整价款请求。

(7) 发（承）包人应在收到承（发）包人合同价款调增（减）报告及相关资料之日起 14 d 内对其核实，予以确认的应书面通知承（发）包人。当有疑问时，应向承（发）包人提出协商意见。发（承）包人在收到合同价款调增（减）报告之日起 14 d 内未确认也未提出协商意见的，应视为承（发）包人提交的合同价款调增（减）报告已被发（承）包人认可。发（承）包人提出协商意见的，承（发）包人应在收到协商意见后的 14 d 内对其核实，予以确认的应书面通知发（承）包人。承（发）包人在收到发（承）包人的协商意见后 14 d 内既不确认也未提出不同意见的，应视为发（承）包人提出的意见已被承（发）包人认可。

（8）发包人与承包人对合同价款调整的不同意见不能达成一致的，只要对发承包双方履约不产生实质影响，双方应继续履行合同义务，直到其按照合同约定的争议解决方式得到处理。

（9）经发承包双方确认调整的合同价款，作为追加（减）合同价款，应与工程进度款或结算款同期支付。

扫码听课

考点 6　工程价款变更★★★

根据《建设工程工程量清单计价规范》（GB 50500—2013），因工程变更引起已标价工程量清单项目或其工程数量发生变化时，应按照下列规定调整：

（1）已标价工程量清单中有适用于变更工程项目的，应采用该项目的单价；但当工程变更导致该清单项目的工程数量发生变化，且工程量偏差超过 15%时，工程变更等原因导致工程量偏差超过 15%时，可进行调整。当工程量增加 15%以上时，增加部分的工程量的综合单价应予调低；当工程量减少 15%以上时，减少后剩余部分的工程量的综合单价应予调高。

（2）已标价工程量清单中没有适用但有类似于变更工程项目的，可在合理范围内参照类似项目的单价。

（3）已标价工程量清单中没有适用也没有类似于变更工程项目的，应由承包人根据变更工程资料、计量规则和计价办法、工程造价管理机构发布的信息价格和承包人报价浮动率提出变更工程项目的单价，并应报发包人确认后调整。

➤ **重点提示：** 主要掌握合同调整及计算的原则。

实战演练

[2021 真题 · 案例节选]

背景资料：

建设单位投资酒店工程，建筑面积为 2.20 万 m^2，钢筋混凝土框架结构，建设单位编制了招标文件，发布了招标公告，招标控制价为 1.056 亿元。项目实行施工总承包，承包范围为土建、水电、通风空调、消防、装饰装修及园林景观工程，消防及园林景观由建设单位单独发包，主要设备由建设单位采购。先后有 13 家单位通过了资格预审后参加投标，最终 D 施工单位以 9 900.00 万元中标。双方按照《建设工程施工合同（示范文本）》（GF—2017—0201）签订了施工总承包合同，部分条款约定为：工程质量合格；实际工程量差异在±5%（含±5%）以内时按照工程量清单综合单价结算，超出幅度大于 5%时按照工程量清单综合单价的 0.9 倍结算，减少幅度大于 5%时按照工程量清单综合单价的 1.1 倍结算。

D 施工单位中标后正常开展了相关工作：组建了项目经理部；搭建临时设施；制定招采计划，自行将玻璃幕墙分包给符合资质要求、施工能力较强的一家装饰公司负责施工，并签订了专业分包合同；进行了项目成本分析、成本目标的制定。通过分析中标价得知，期间费用为 642.00 万元，利润为 891.00 万元，增值税为 990.00 万元。

有两项分项工程完成后，双方及时确认了实际完成工作量，见表 3-8-2。

表 3-8-2 分项工程单价及工作量统计表

分项工程	A1	A2
清单综合单价/（元/m^3）	420	560
清单工程量/m^3	5 450	6 230
实际完成工程量/m^3	5 890	5 890

……

[问题]

1. 分别按照制造成本法、完全成本法计算该工程的施工成本是多少万元？

2. 分析计算 A1、A2 分项工程的清单综合单价是否需要调整？并计算 A1、A2 分项工程实际完成的工作量是多少元？

[答案]

1. 按照制造成本法，该工程的施工成本为：9 900－642－891－990＝7 377（万元）。

按照完全成本法，该工程的施工成本为：9 900－990－891＝8 019（万元）。

2.（1）A1 分项工程实际工程量差异：（5 890－5 450）/5 450＝8.07%＞5%，故超出部分的综合单价应进行调整。

5 450×1.05×420＋（5 890－5 450×1.05）×420×0.9＝2 466 765（元），A1 分项工程实际完成量为 2 466 765 元。

（2）A2 分项工程实际工程量差异：（6 230－5 890）/6 230＝5.46%＞5%，故综合单价应调整。

5 890×560×1.1＝3 628 240（元），A2 实际完成工程量为 3 628 240 元。

考点 7 预付款的支付★★★

根据《建设工程工程量清单计价规范》（GB 50500—2013），预付款支付的相关计算如下（节选）。

（1）承包人应将预付款专用于合同工程。

（2）包工包料工程的预付款的支付比例不得低于签约合同价（扣除暂列金额）的 10%，不宜高于签约合同价（扣除暂列金额）的 30%。

（3）承包人应在签订合同或向发包人提供与预付款等额的预付款保函后向发包人提交预付款支付申请。

（4）发包人应在收到支付申请的 7 d 内进行核实，向承包人发出预付款支付证书，并在签发支付证书后的 7 d 内向承包人支付预付款。

（5）发包人没有按合同约定按时支付预付款的，承包人可催告发包人支付；发包人在预付款期满后的 7 d 内仍未支付的，承包人可在付款期满后的第 8 天起暂停施工。发包人应承担由此增加的费用和延误的工期，并应向承包人支付合理利润。

（6）预付款应从每一个支付期应支付给承包人的工程进度款中扣回，直到扣回的金额达到合同约定的预付款金额为止。

(7) 承包人的预付款保函的担保金额根据预付款扣回的数额相应递减，但在预付款全部扣回之前一直保持有效。发包人应在预付款扣完后的 14 d 内将预付款保函退还给承包人。

实战演练

[2014 真题·案例节选]

背景资料：

某建设单位投资兴建一大型商场，地下 2 层，地上 9 层，钢筋混凝土框架结构，建筑面积为 71 500 m^2。经过招标，某施工单位中标，中标造价为 25 025.00 万元。双方按照《建设工程施工合同（示范文本）》(GF—2013—0201) 签订了施工总承包合同。合同中约定工程预付款比例为 10%，并从未施工完工程尚需的主要材料款相当于工程预付款时起扣，主要材料所占比例按 60%计。

在合同履行过程中，发生了下列事件：

……

事件二：中标造价费用组成为：人工费为 3 000 万元，材料费为 17 505 万元，机械费为 995 万元，管理费为 450 万元，措施费用为 760 万元，利润为 940 万元，规费为 525 万元，税金为 850 万元。施工总承包单位据此进行了项目施工总承包核算等工作。

事件三：在基坑施工过程中，发现古化石，造成停工 2 个月。施工总承包单位提出了索赔报告，索赔工期为 2 个月，索赔费用为 24.55 万元。索赔费用经监理机构核实，人工窝工费为 18 万元，机械租赁费用为 3 万元，管理费为 2 万元，保函手续费为 0.1 万元，资金利息为 0.3 万元，利润为 0.69 万元，专业分包停工损失费为 9 万元，规费为 0.47 万元，税金为 0.99 万元。经审查，建设单位同意延长工期 2 个月；除同意支付人员窝工费、机械租赁费外，不同意支付其他索赔费用。

[问题]

分别列示计算本工程项目预付款和预付款的起扣点是多少万元（保留两位小数）？

[答案]

(1) 项目预付款＝25 025.00×10%＝2 502.50（万元）。

(2) 预付款的起扣点＝承包工程价款总额－（项目预付款/主要材料所占比例）＝25 025.00－2 502.50/60%≈20 854.17（万元）。

考点 8　安全文明施工费的支付★★★

根据《建设工程工程量清单计价规范》(GB 50500—2013)，安全文明施工费的支付如下。

(1) 安全文明施工费包括的内容和使用范围，应符合国家有关文件和计量规范的规定。

(2) 发包人应在工程开工后的 28 d 内预付不低于当年施工进度计划的安全文明施工费总额的 60%，其余部分应按照提前安排的原则进行分解，并应与进度款同期支付。

(3) 发包人没有按时支付安全文明施工费的，承包人可催告发包人支付；发包人在付款期满后的 7 d 内仍未支付的，若发生安全事故，发包人应承担相应责任。

（4）承包人对安全文明施工费应专款专用，在财务账目中应单独列项备查，不得挪作他用，否则发包人有权要求其限期改正；逾期未改正的，造成的损失和延误的工期应由承包人承担。

考点 9 进度款的支付★

根据《建设工程工程量清单计价规范》（GB 50500—2013），进度款的支付如下（节选）。

（1）进度款支付周期应与合同约定的工程计量周期一致。

（2）发包人提供的甲供材料金额，应按照发包人签约提供的单价和数量从进度款支付中扣除，列入本周期应扣减的金额中。

（3）承包人现场签证和得到发包人确认的索赔金额应列入本周期应增加的金额中。

（4）进度款的支付比例按照合同约定，按期中结算价款总额计，不低于 60%，不高于 90%。

（5）发包人应在收到承包人进度款支付申请后的 14 d 内，根据计量结果和合同约定对申请内容予以核实，确认后向承包人出具进度款支付证书。若发承包双方对部分清单项目的计量结果出现争议，发包人应对无争议部分的工程计量结果向承包人出具进度款支付证书。

（6）发包人应在签发进度款支付证书后的 14 d 内，按照支付证书列明的金额向承包人支付进度款。

（7）若发包人逾期未签发进度款支付证书，则视为承包人提交的进度款支付申请已被发包人认可，承包人可向发包人发出催告付款的通知。发包人应在收到通知后的 14 d 内，按照承包人支付申请的金额向承包人支付进度款。

（8）发包人未按照（5）～（7）的规定支付进度款的，承包人可催告发包人支付，并有权获得延迟支付的利息；发包人在付款期满后的 7 d 内仍未支付的，承包人可在付款期满后的第 8 d 起暂停施工。发包人应承担由此增加的费用和延误的工期，向承包人支付合理利润，并应承担违约责任。

考点 10 竣工结算★★★

根据《建设工程施工合同（示范文本）》（GF—2017—0201），竣工结算的相关规定如下。

一、竣工结算申请

除专用合同条款另有约定外，承包人应在工程竣工验收合格后 28 d 内向发包人和监理人提交竣工结算申请单，并提交完整的结算资料，有关竣工结算申请单的资料清单和份数等要求由合同当事人在专用合同条款中约定。

除专用合同条款另有约定外，竣工结算申请单应包括以下内容：

（1）竣工结算合同价格。

（2）发包人已支付承包人的款项。

（3）应扣留的质量保证金。已缴纳履约保证金的或提供其他工程质量担保方式的除外。

（4）发包人应支付承包人的合同价款。

二、竣工结算审核（节选）

（1）除专用合同条款另有约定外，监理人应在收到竣工结算申请单后 14 d 内完成核查并报送发包人。发包人应在收到监理人提交的经审核的竣工结算申请单后 14 d 内完成审批，并由监理人向承包人签发经发包人签认的竣工付款证书。监理人或发包人对竣工结算申请单有异议的，有权要求承包人进行修正和提供补充资料，承包人应提交修正后的竣工结算申请单。

发包人在收到承包人提交竣工结算申请书后 28 d 内未完成审批且未提出异议的，视为发包人认可承包人提交的竣工结算申请单，并自发包人收到承包人提交的竣工结算申请单后第 29 d 起视为已签发竣工付款证书。

（2）除专用合同条款另有约定外，发包人应在签发竣工付款证书后的 14 d 内，完成对承包人的竣工付款。发包人逾期支付的，按照中国人民银行发布的同期同类贷款基准利率支付违约金；逾期支付超过 56 d 的，按照中国人民银行发布的同期同类贷款基准利率的两倍支付违约金。

三、市场价格波动引起的调整

除专用合同条款另有约定外，市场价格波动超过合同当事人约定的范围，合同价格应当调整。合同当事人可以在专用合同条款中约定选择以下几种方式中的一种对合同价格进行调整。

（一）第 1 种方式：采用价格指数进行价格调整（节选）

因人工、材料和设备等价格波动影响合同价格时，根据专用合同条款中约定的数据，按以下公式计算差额并调整合同价格：

$$\Delta P = P_0 \left[A + \left(B_1 \times \frac{F_{t1}}{F_{01}} + B_2 \times \frac{F_{t2}}{F_{02}} + B_3 \times \frac{F_{t3}}{F_{03}} + \cdots + B_n \times \frac{F_{tn}}{F_{0n}}\right) - 1\right]$$

式中　ΔP——需调整的价格差额；

P_0——约定的付款证书中承包人应得到的已完成工程量的金额，此项金额应不包括价格调整、不计质量保证金的扣留和支付、预付款的支付和扣回，约定的变更及其他金额已按现行价格计价的，也不计在内；

A——定值权重（即不调部分的权重）；

B_1、B_2、B_3……B_n——各可调因子的变值权重（即可调部分的权重），为各可调因子在签约合同价中所占的比例；

F_{t1}、F_{t2}、F_{t3}……F_{tn}——各可调因子的现行价格指数，指约定的付款证书相关周期最后一天的前 42 d 的各可调因子的价格指数；

F_{01}、F_{02}、F_{03}……F_{0n}——各可调因子的基本价格指数，指基准日期的各可调因子的价格指数。

以上价格调整公式中的各可调因子、定值和变值权重，以及基本价格指数及其来源在投标函附录价格指数和权重表中约定，非招标订立的合同，由合同当事人在专用合同条款中约定。价格指数应首先采用工程造价管理机构发布的价格指数，无前述价格指数时，可采用工程造价管理机构发布的价格代替。

（二）第 2 种方式：采用造价信息进行价格调整

合同履行期间，因人工、材料、工程设备和机械台班价格波动影响合同价格时，人工、机械使用费按照国家或省、自治区、直辖市建设行政管理部门、行业建设管理部门或其授权的工程造价管理机构发布的人工、机械使用费系数进行调整；需要进行价格调整的材料，其单价和采购数量应由发包人审批，发包人确认需调整的材料单价及数量，作为调整合同价格的依据。

（1）人工单价发生变化且符合省级或行业建设主管部门发布的人工费调整规定，合同当事人应按省级或行业建设主管部门或其授权的工程造价管理机构发布的人工费等文件调整合同价格，但承包人对人工费或人工单价的报价高于发布价格的除外。

（2）材料、工程设备价格变化的价款调整按照发包人提供的基准价格，按以下风险范围规定执行：

①承包人在已标价工程量清单或预算书中载明材料单价低于基准价格的：除专用合同条款另有约定外，合同履行期间材料单价涨幅以基准价格为基础超过 5%时，或材料单价跌幅以在已标价工程量清单或预算书中载明材料单价为基础超过 5%时，其超过部分据实调整。

②承包人在已标价工程量清单或预算书中载明材料单价高于基准价格的：除专用合同条款另有约定外，合同履行期间材料单价跌幅以基准价格为基础超过 5%时，材料单价涨幅以在已标价工程量清单或预算书中载明材料单价为基础超过 5%时，其超过部分据实调整。

③承包人在已标价工程量清单或预算书中载明材料单价等于基准价格的：除专用合同条款另有约定外，合同履行期间材料单价涨跌幅以基准价格为基础超过±5%时，其超过部分据实调整。

④承包人应在采购材料前将采购数量和新的材料单价报发包人核对，发包人确认用于工程时，发包人应确认采购材料的数量和单价。发包人在收到承包人报送的确认资料后 5 d 内不予答复的视为认可，作为调整合同价格的依据。未经发包人事先核对，承包人自行采购材料的，发包人有权不予调整合同价格。发包人同意的，可以调整合同价格。

前述基准价格是指由发包人在招标文件或专用合同条款中给定的材料、工程设备的价格，该价格原则上应当按照省级或行业建设主管部门或其授权的工程造价管理机构发布的信息价编制。

（3）施工机械台班单价或施工机械使用费发生变化超过省级或行业建设主管部门或其授权的工程造价管理机构规定的范围时，按规定调整合同价格。

（三）第 3 种方式：专用合同条款约定的其他方式

合同当事人可以约定其他方式对合同价格进行调整。

实战演练

［经典例题·案例节选］

背景资料：

某项目 2012 年 5 月 1 日签署合同价 1 000 万元，合同约定固定系数 0.2。可调整各部分费用占调值部分的百分比，基准期、竣工当期价格指数见表 3-8-3。

表 3-8-3　可调整各部分费用占调值部分的百分比，基准期、竣工当期价格指数

可调项目	钢筋	水泥	石灰
占调值占比/%	30	16	24
基期价格指数	100	80	55
当期价格指数	112	100	60

……

[问题]

求结算价。

[答案]

结算价 $P=1\ 000\times\left(0.2+\frac{112}{100}\times0.8\times30\%+\frac{100}{80}\times0.8\times16\%+\frac{60}{55}\times0.8\times24\%+\frac{100}{100}\times30\%\times0.8\right)\approx1\ 078$（万元）。

[经典例题·案例节选]

背景资料：

某合同价款为 3 540 万元，施工承包合同中约定可针对人工费、材料费价格变化对竣工结算价进行调整。可调整各部分费用占总价款的百分比，基准期、竣工当期价格指数见表 3-8-4。

表 3-8-4　可调整各部分费用占总价款的百分比，基准期、竣工当期价格指数

可调整项目	人工	材料一	材料二	材料三	材料四
费用比重/%	20	12	8	21	14
基期价格指数	100	120	115	108	115
当期价格指数	105	127	105	120	129

……

[问题]

列式计算人工费、材料费调整后的竣工结算价款是多少万元（保留两位小数）?

[答案]

（1）可调系数=0.20+0.12+0.08+0.21+0.14=0.75。

（2）固定系数=1−0.75=0.25。

（3）结算价=3 540×（0.25+20%×105/100+12%×127/120+8%×105/115+21%×120/108+14%×129/115）=3 718.49（万元）。

第九节　建筑工程验收管理

随着建筑行业的发展，为了保证施工的质量，除了采取相应的施工技术措施以外，还应完成建筑工程施工质量的验收，加强对施工全过程的管理，健全施工质量管理体系。

考点 1 验收的基本规定★

根据《建筑工程施工质量验收统一标准》（GB 50300—2013），验收的基本规定如下（节选）。

（1）未实行监理的建筑工程，建设单位相关人员应履行本标准涉及的监理职责。

（2）符合下列条件之一时，可按相关专业验收规范的规定适当调整抽样复验、试验数量，调整后的抽样复验、试验方案应由施工单位编制，并报监理单位审核确认。

①同一项目中由相同施工单位施工的多个单位工程，使用同一生产厂家的同品种、同规格、同批次的材料、构配件、设备。

②同一施工单位在现场加工的成品、半成品、构配件用于同一项目中的多个单位工程。

③在同一项目中，针对同一抽样对象已有检验成果可以重复利用。

（3）当专业验收规范对工程中的验收项目未做出相应规定时，应由建设单位组织监理、设计、施工等相关单位制定专项验收要求。涉及安全、节能、环境保护等项目的专项验收要求应由建设单位组织专家论证。

（4）建筑工程施工质量应按下列要求进行验收：

①工程质量验收均应在施工单位自检合格的基础上进行。

②参加工程施工质量验收的各方人员应具备相应的资格。

③检验批的质量应按主控项目和一般项目验收。

④对涉及结构安全、节能、环境保护和主要使用功能的试块、试件及材料，应在进场时或施工中按规定进行见证检验。

⑤隐蔽工程在隐蔽前应由施工单位通知监理单位进行验收，并应形成验收文件，验收合格后方可继续施工。

⑥对涉及结构安全、节能、环境保护和使用功能的重要分部工程，应在验收前按规定进行抽样检验。

⑦工程的观感质量应由验收人员现场检查，并应共同确认。

扫码听课

考点 2 各层次的验收划分、验收人、组织验收人★★★

根据《建筑工程施工质量验收统一标准》（GB 50300—2013），各层次的验收划分、验收人、组织验收人相关内容总结见表 3-9-1。

表 3-9-1 各层次验收划分、验收人、组织验收人相关内容

批次	划分标准	验收程序
检验批	工程量、楼层、施工段、变形缝	专业监理工程师组织施工单位项目专业质量检查员、专业工长等进行验收
分项工程	主要工种、材料、施工工艺、设备类别	专业监理工程师（建设单位项目专业技术负责人）组织施工单位项目专业技术负责人进行验收

续表

批次	划分标准	验收程序
分部工程	（1）专业性质、工程部位； （2）当分部工程较大或复杂时，按材料种类、施工特点、专业系统及类别划分为若干个子分部工程	（1）总监理工程师（建设单位项目负责人）组织施工单位项目负责人和项目技术负责人； （2）地基与基础分部工程要有勘察、设计单位项目负责人和施工单位技术、质量部门负责人参加； （3）主体结构、节能分部工程的验收应由设计单位项目负责人和施工单位的技术、质量部门负责人参加
单位工程	（1）具备独立施工条件并能形成独立使用功能的建筑物或构筑物为一个单位工程； （2）对于规模较大的单位工程，可将其能形成独立使用功能的部分划分为一个子单位工程	总监理工程师组织各监理工程师进行竣工预验收，预验收合格后，施工单位提交验收报告；建设单位收到验收报告，由建设单位项目负责人组织监理、施工、设计、勘察等单位项目负责人验收

实战演练

［2015 真题·多选］ 建筑工程质量验收划分时，分部工程的划分依据有（　　）。

A. 工程量　　B. 专业性质

C. 变形缝　　D. 工程部位

E. 楼层

［解析］ 分部工程的划分应按专业性质、工程部位确定。

［答案］ BD

［2018 真题·案例节选］

背景资料：

某办公楼工程，框架结构，钻孔灌注桩基础，地下 1 层，地上 20 层，总建筑面积为 25 000 m^2，其中地下建筑面积为 3 000 m^2。

地下室结构完成，施工单位自检合格后，项目负责人立即组织总监理工程师及建设单位、勘察单位、设计单位项目负责人进行地基基础分部验收。

……

［问题］

本工程地基基础分部工程的验收程序有哪些不妥之处？并说明理由。

［答案］

（1）本工程地基基础分部工程的验收参与人员不妥。

（2）理由：地基与基础分部工程要有勘察、设计单位项目负责人和施工单位技术、质量部门负责人参加。

考点 3 各层次工程验收合格的标准★★

根据《建筑工程施工质量验收统一标准》（GB 50300—2013），各层次工程验收合格的标准如下。

（1）检验批质量验收合格应符合下列规定：

①主控项目的质量经抽样检验均应合格。

②一般项目的质量经抽样检验合格。当采用计数抽样时，合格点率应符合有关专业验收规范的规定，且不得存在严重缺陷。对于计数抽样的一般项目，正常检验一次、二次抽样可按 GB 50300—2013 附录 D 判定。

③具有完整的施工操作依据、质量验收记录。

（2）分项工程质量验收合格应符合下列规定：

①所含检验批的质量均应验收合格。

②所含检验批的质量验收记录应完整。

（3）分部工程质量验收合格应符合下列规定：

①所含分项工程的质量均应验收合格。

②质量控制资料应完整。

③有关安全、节能、环境保护和主要使用功能的抽样检验结果应符合相应规定。

④观感质量应符合要求。

（4）单位工程质量验收合格应符合下列规定：

①所含分部工程的质量均应验收合格。

②质量控制资料应完整。

③所含分部工程中有关安全、节能、环境保护和主要使用功能的检验资料应完整。

④主要使用功能的抽查结果应符合相关专业验收规范的规定。

⑤观感质量应符合要求。

（5）当建筑工程施工质量不符合要求时，应按下列规定进行处理：

①经返工或返修的检验批，应重新进行验收。

②经有资质的检测机构检测鉴定能够达到设计要求的检验批，应予以验收。

③经有资质的检测机构检测鉴定达不到设计要求、但经原设计单位核算认可能够满足安全和使用功能的检验批，可予以验收。

④经返修或加固处理的分项、分部工程，满足安全及使用功能要求时，可按技术处理方案和协商文件的要求予以验收。

（6）工程质量控制资料应齐全完整。当部分资料缺失时，应委托有资质的检测机构按有关标准进行相应的实体检验或抽样试验。

（7）经返修或加固处理仍不能满足安全或重要使用要求的分部工程及单位工程，严禁验收。

实战演练

［2021 真题·案例节选］

背景资料：

某施工单位中标一汽车修理厂项目，包括 1 栋 7 层框架结构的办公楼、1 栋钢结构的车辆维修车间及相关配套设施。施工中发生了以下事件。

……

事件三：维修车间主体结构完成后，总监理工程师组织了主体分部验收，质量为合格。

［问题］

事件三中分部工程质量验收合格的规定是什么？

［答案］

分部工程质量验收合格应符合下列规定：①所含分项工程的质量均应验收合格。②质量控制资料应完整。③有关安全、节能、环境保护和主要使用功能的抽样检验结果应符合相应规定。④观感质量应符合要求。

考点 4　民用建筑根据控制室内环境污染的要求分类★★★

根据《民用建筑工程室内环境污染控制标准》（GB 50325—2020），对民用建筑根据控制室内环境污染的要求分类总结如下。

（1）民用建筑工程的划分及其内容见表 3-9-2。

表 3-9-2　民用建筑按室内环境控制要求的分类

项目	内容
Ⅰ类民用建筑工程	住宅、居住功能公寓、医院病房、老年人照料房屋设施、幼儿园、学校教室、学生宿舍等
Ⅱ类民用建筑工程	办公楼、商店、旅馆、文化娱乐场所、书店、图书馆、展览馆、体育馆、公共交通等候室、餐厅等

（2）民用建筑工程所选用的建筑主体材料和装饰装修材料应符合 GB 50325—2020 有关规定。

考点 5　节能分部工程的验收划分★

根据《建筑节能工程施工质量验收标准》（GB 50411—2019），节能分部工程的验收划分如下（节选）。

（1）建筑节能工程为单位工程的一个分部工程，其子分部工程和分项工程的划分应符合表 3-9-3 的规定。

表 3-9-3　建筑节能子分部工程和分项工程划分

序号	子分部工程	分项工程	主要验收内容
1	围护结构节能工程	墙体节能工程	基层；保温隔热构造；抹面层；饰面层；保温隔热砌体等
2		幕墙节能工程	保温隔热构造；隔气层；幕墙玻璃；单元式幕墙板块；通风换气系统；遮阳设施；凝结水收集排放系统；幕墙与周边墙体和屋面间的接缝等
3		门窗节能工程	门；窗；天窗；玻璃；遮阳设施；通风器；门窗与洞口间隙等
4		屋面节能工程	基层；保温隔热构造；保护层；隔气层；防水层；面层等
5		地面节能工程	基层；保温隔热构造；保护层；面层等
6	供暖空调节能工程	供暖节能工程	系统形式；散热器；自控阀门与仪表；热力入口装置；保温构造；调试等
7		通风与空调节能工程	系统形式；通风与空调设备；自控阀门与仪表；绝热构造；调试等
8		冷热源及管网节能工程	系统形式；冷热源设备；辅助设备；管网；自控阀门与仪表；绝热构造；调试等
9	配电照明节能工程	配电与照明节能工程	低压配电电源；照明光源、灯具；附属装置；控制功能；调试等
10	监测控制节能工程	监测与控制节能工程	冷热源的监测控制系统；供暖与空调的监测控制系统；监测与计量装置；供配电的监测控制系统；照明控制系统；调试等
11	可再生能源节能工程	地源热泵换热系统节能工程	岩土热响应试验；钻孔数量、位置及深度；管材、管件；热源井数量、井位分布、出水量及回灌量；换热设备；自控阀门与仪表；绝热材料；调试等
12		太阳能光热系统节能工程	太阳能集热器；储热设备；控制系统；管路系统；调试等
13		太阳能光伏节能工程	光伏组件；逆变器；配电系统；储能蓄电池；充放电控制器；调试等

（2）当在同一个单位工程项目中，建筑节能分项工程和检验批的验收内容与其他各专业分部工程、分项工程或检验批的验收内容相同且验收结果合格时，可采用其验收结果，不必进行重复检验。建筑节能分部工程验收资料应单独组卷。

实战演练

［**2020 真题·多选**］建筑节能工程中，属于围护结构节能工程的分项工程有（　　）。

A. 幕墙节能　　B. 门窗节能　　C. 供暖节能　　D. 照明节能

E. 屋面节能

［**解析**］具体见表 3-9-3。

［**答案**］ABE

考点 6 建筑节能分部工程质量验收的要求★★

根据《建筑节能工程施工质量验收标准》（GB 50411—2019），建筑节能分部工程质量验收的要求如下。

（1）建筑节能分部工程的质量验收，应在施工单位自检合格，且检验批、分项工程全部验收合格的基础上，进行外墙节能构造、外窗气密性能现场实体检验和设备系统节能性能检测，确认建筑节能工程质量达到验收条件后方可进行。

（2）参加建筑节能工程验收的各方人员应具备相应的资格，其程序和组织应符合下列规定：

①节能工程检验批验收和隐蔽工程验收应由专业监理工程师组织并主持，施工单位相关专业的质量检查员与施工员参加验收。

②节能分项工程验收应由专业监理工程师组织并主持，施工单位项目技术负责人和相关专业的质量检查员、施工员参加验收；必要时可邀请主要设备、材料供应商及分包单位、设计单位相关专业的人员参加验收。

③节能分部工程验收应由总监理工程师组织并主持，施工单位项目负责人、项目技术负责人和相关专业的负责人、质量检查员、施工员参加验收；施工单位的质量、技术负责人应参加验收；设计单位项目负责人及相关专业负责人应参加验收；主要设备、材料供应商及分包单位负责人应参加验收。

（3）建筑节能工程的检验批质量验收合格，应符合下列规定：

①检验批应按主控项目和一般项目验收。

②主控项目均应合格。

③一般项目应合格；当采用计数抽样检验时，应同时符合下列规定：

a. 至少应有 80%以上的检查点合格，且其余检查点不得有严重缺陷。

b. 正常检验一次、二次抽样按 GB 50411—2019 附录 G 判定的结果为合格。

④应具有完整的施工操作依据和质量检查验收记录，检验批现场验收检查原始记录。

（4）建筑节能分项工程质量验收合格，应符合下列规定：

①分项工程所含的检验批均应合格。

②分项工程所含检验批的质量验收记录应完整。

（5）建筑节能分部工程质量验收合格，应符合下列规定：

①分项工程应全部合格。

②质量控制资料应完整。

③外墙节能构造现场实体检验结果应符合设计要求。

④建筑外窗气密性能现场实体检验结果应符合设计要求。

⑤建筑设备系统节能性能检测结果应合格。

➢ **重点提示：** 节能工程验收属于新规范增加内容，务必掌握。

实战演练

[2016 真题 · 案例节选]

背景资料：

某学校活动中心工程，现浇钢筋混凝土框架结构，地上 6 层，地下 2 层，采用自然通风。

在施工过程中，发生了下列事件：

……

事件三：建筑节能分部工程验收时，由施工单位项目经理主持、施工单位质量负责人以及相关专业的质量检查员参加，总监理工程师认为该验收主持及参加人员均不满足规定，要求重新组织验收。

事件四：该工程交付使用 7 d 后，建设单位委托有资质的检验单位进行室内环境污染检测，在对室内环境的甲醛、苯、氨、TVOC 浓度进行检测时，检测人员将房间对外门窗关闭 30 min 后进行检测；在对室内环境的氡浓度进行检测时，检测人员将房间对外门窗关闭 12 h 后进行检测。

[问题]

1. 事件三中，节能分部工程验收应由谁主持？还应有哪些人员参加？

2. 事件四中有哪些不妥之处？并分别说明正确说法。

[答案]

1. 节能分部工程验收应由总监理工程师组织并主持，施工单位项目负责人、项目技术负责人和相关专业的负责人、质量检查员、施工员参加验收；施工单位的质量、技术负责人应参加验收；设计单位项目负责人及相关专业负责人应参加验收；主要设备、材料供应商及分包单位负责人应参加验收。

2. (1) 不妥之处一：工程交付使用 7 d 后，建设单位委托有资质的检验单位进行室内环境污染检测。

正确做法：工程交付使用前、工程完工不少于 7 d 后进行室内环境质量验收。

(2) 不妥之处二：在对室内环境的甲醛、苯、氨、TVOC 浓度进行检测时，检测人员将房间对外门窗关闭 30 min 后进行检测。

正确做法：检测人员应将房间对外门窗关闭 1 h (60 min) 后进行检测。

(3) 不妥之处三：在对室内环境的氡浓度进行检测时，检测人员将房间对外门窗关闭 12 h 后进行检测。

正确做法：检测人员将房间对外门窗关闭 24 h 后进行检测。

考点 7 消防工程验收★★

扫码听课

根据《建设工程消防设计审查验收管理暂行规定》(中华人民共和国住房和城乡建设部令第 51 号)，消防工程验收规定如下。

一、特殊建设工程

具有下列情形之一的建设工程是特殊建设工程（节选）：

（1）总建筑面积大于 20 000 m^2 的体育馆、会堂、公共展览馆、博物馆展示厅。

（2）总建筑面积大于 15 000 m^2 的民用机场航站楼、客运车站候车室、客运码头候船厅。

（3）总建筑面积大于 10 000 m^2 的宾馆、饭店、商场、市场。

（4）总建筑面积大于 2 500 m^2 的影剧院，公共图书馆的阅览室，营业性室内健身、休闲场馆，医院的门诊楼，大学的教学楼、图书馆、食堂，劳动密集型企业的生产加工车间等。

（5）总建筑面积大于 1 000 m^2 的托儿所、幼儿园的儿童用房，儿童游乐厅等室内儿童活动场所，养老院、福利院，医院、疗养院的病房楼，中小学校的教学楼、图书馆、食堂，学校的集体宿舍，劳动密集型企业的员工集体宿舍。

（6）总建筑面积大于 500 m^2 的录像厅、放映厅、卡拉 OK 厅、游艺厅、桑拿浴室、网吧、酒吧等，具有娱乐功能的餐馆、茶馆、咖啡厅。

（7）国家工程建设消防技术标准规定的一类高层住宅建筑。

（8）城市轨道交通、隧道工程，大型发电、变配电工程。

（9）生产、储存、装卸易燃易爆危险物品的工厂、仓库和专用车站、码头，易燃易爆气体和液体的充装站、供应站、调压站。

（10）国家机关办公楼、电力调度楼、电信楼、邮政楼、防灾指挥调度楼、广播电视楼、档案楼。

（11）设有（1）～（6）所列情形的建设工程。

（12）上文（10）（11）规定以外的。

二、消防设计审查与验收相关规定

（1）国务院住房和城乡建设主管部门负责指导监督全国建设工程消防设计审查验收工作。

（2）县级以上地方人民政府住房和城乡建设主管部门（以下简称消防设计审查验收主管部门）依职责承担本行政区域内建设工程的消防设计审查、消防验收、备案和抽查工作。

（3）跨行政区域建设工程的消防设计审查、消防验收、备案和抽查工作，由该建设工程所在行政区域消防设计审查验收主管部门共同的上一级主管部门指定负责。

三、消防设计、施工质量责任和义务

（1）按照建设工程法律法规、国家工程建设消防技术标准，以及经消防设计审查合格或者满足工程需要的消防设计文件组织施工，不得擅自改变消防设计进行施工，降低消防施工质量。

（2）按照消防设计要求、施工技术标准和合同约定检验消防产品和具有防火性能要求的建筑材料、建筑构配件和设备的质量，使用合格产品，保证消防施工质量。

（3）参加建设单位组织的建设工程竣工验收，对建设工程消防施工质量签章确认，并对建设工程消防施工质量负责。

四、特殊建设工程的消防设计审查（节选）

（1）特殊建设工程的建设单位应当向消防设计审查验收主管部门申请消防设计审查，消防设计审查验收主管部门依法对审查的结果负责。

（2）特殊建设工程未经消防设计审查或者审查不合格的，建设单位、施工单位不得施工。

（3）消防设计审查验收主管部门收到建设单位提交的消防设计审查申请后，对申请材料齐全的，应当出具受理凭证；申请材料不齐全的，应当一次性告知需要补正的全部内容。

（4）对具有《建设工程消防设计审查验收管理暂行规定》（中华人民共和国住房和城乡建设部令第 51 号）的建设工程，消防设计审查验收主管部门应当自受理消防设计审查申请之日起 5 个工作日内，将申请材料报送省、自治区、直辖市人民政府住房和城乡建设主管部门组织专家评审。

（5）评审专家从专家库随机抽取，对于技术复杂、专业性强或者国家有特殊要求的项目，可以直接邀请相应专业的中国科学院院士、中国工程院院士、全国工程勘察设计大师以及境外具有相应资历的专家参加评审；与特殊建设工程设计单位有利害关系的专家不得参加评审。

（6）评审专家应当符合相关专业要求，总数不得少于 7 人，且独立出具评审意见。特殊消防设计技术资料经 3/4 以上评审专家同意即为评审通过，评审专家有不同意见的，应当注明。省、自治区、直辖市人民政府住房和城乡建设主管部门应当将专家评审意见，书面通知报请评审的消防设计审查验收主管部门，同时报国务院住房和城乡建设主管部门备案。

（7）消防设计审查验收主管部门应当自受理消防设计审查申请之日起 15 个工作日内出具书面审查意见。依照规定需要组织专家评审的，专家评审时间不超过 20 个工作日。

五、特殊建设工程的消防验收（节选）

（1）特殊建设工程竣工验收后，建设单位应当向消防设计审查验收主管部门申请消防验收；未经消防验收或消防验收不合格的，禁止投入使用。

（2）消防设计审查验收主管部门收到建设单位提交的消防验收申请后，对申请材料齐全的，应当出具受理凭证；申请材料不齐全的，应当一次性告知需要补正的全部内容。

（3）消防设计审查验收主管部门应当自受理消防验收申请之日起 15 日内出具消防验收意见。

六、其他建设工程的消防设计、备案与抽查

（1）其他建设工程，建设单位申请施工许可或者申请批准开工报告时，应当提供满足施工需要的消防设计图纸及技术资料。

未提供满足施工需要的消防设计图纸及技术资料的，有关部门不得发放施工许可证或者批准开工报告。

（2）对其他建设工程实行备案抽查制度。其他建设工程经依法抽查不合格的，应当停止使用。

（3）其他建设工程竣工验收合格之日起5个工作日内，建设单位应当报消防设计审查验收主管部门备案。

➢ **名师小结：**（1）消防设计审查验收的程序：

①对具备相应情形的特殊建设工程，建设单位应当向消防设计审查验收主管部门申请消防设计审查，并且在工程竣工后，向出具消防设计审核意见的消防设计审查验收主管部门申请消防验收。消防设计审查验收主管部门应当自受理消防验收申请之日起15日内出具消防验收意见。

②需取得施工许可证的普通建设工程，建设单位应当在取得施工许可证前，提供满足需要的消防设计图纸及技术资料。取得施工许可、工程竣工验收合格之日起5个工作日内，建设单位应当报消防设计审查验收主管部门备案。

（2）消防设计审查验收时建设单位提交资料见表3-9-4。

表3-9-4　消防设计审查验收时建设单位提交资料

建设单位申请消防设计审查提交的资料	建设单位申请消防验收提交的资料
消防设计审查申请表	消防验收申请表
消防设计文件	工程竣工验收报告
依法需要办理建设工程规划许可的规划许可文件（不需要办理的可不提交）	涉及消防的建设工程竣工图纸
依法需要批准的临时性建筑，应当提交批准文件	—

实战演练

［2022真题·多选］建设单位申请特殊建设工程消防验收，应当提交的材料有（　　）。

A. 工程竣工验收报告

B. 工程质量监督报告

C. 消防验收申请表

D. 工程竣工验收备案表

E. 涉及消防的建设工程竣工图纸

［解析］建设单位申请消防验收，应当提交下列材料：①消防验收申请表；②工程竣工验收报告；③涉及消防的建设工程竣工图纸。

［答案］ACE

考点8　工程资料的管理基本规定★★

根据《建筑工程资料管理规程》（JGJ/T 185—2009），工程资料的管理基本规定如下（节选）。

（1）工程资料应与建筑工程建设过程同步形成，并应真实反映建筑工程的建设情况和实体质量。

（2）工程资料的管理应符合下列规定：

①工程资料管理应制度健全、岗位责任明确，并应纳入工程建设管理的各个环节和各级相关人员的职责范围。

②工程资料的套数、费用、移交时间应在合同中明确。

③工程资料的收集、整理、组卷、移交及归档应及时。

（3）工程资料的形成应符合下列规定：

①工程资料形成单位应对资料内容的真实性、完整性、有效性负责；由多方形成的资料，应各负其责。

②工程资料的填写、编制、审核、审批、签认应及时进行，其内容应符合相关规定。

③工程资料不得随意修改；当需修改时，应实行划改，并由划改人签署。

④工程资料的文字、图表、印章应清晰。

（4）工程资料应为原件；当为复印件时，提供单位应在复印件上加盖单位印章，并应有经办人签字及日期。提供单位应对资料的真实性负责。

（5）工程资料应内容完整、结论明确、签认手续齐全。

（6）工程资料宜采用信息化技术进行辅助管理。

考点 9 工程资料的分类★★

根据《建筑工程资料管理规程》（JGJ/T 185—2009），工程资料的分类如下。

（1）工程资料可分为工程准备阶段文件、监理资料、施工资料、竣工图和工程竣工文件5类。

（2）工程准备阶段文件可分为决策立项文件、建设用地文件、勘察设计文件、招投标及合同文件、开工文件、商务文件6类。

（3）监理资料可分为监理管理资料、进度控制资料、质量控制资料、造价控制资料、合同管理资料和竣工验收资料6类。

（4）施工资料可分为施工管理资料、施工技术资料、施工进度及造价资料、施工物资资料、施工记录、施工试验记录及检测报告、施工质量验收记录、竣工验收资料8类。

（5）工程竣工文件可分为竣工验收文件、竣工决算文件、竣工交档文件、竣工总结文件4类。

考点 10 工程资料移交与归档★★★

根据《建筑工程资料管理规程》（JGJ/T 185—2009），工程资料移交与归档内容如下。

（1）工程资料移交归档应符合国家现行有关法规和标准的规定；当无规定时，应按合同约定移交归档。

（2）工程资料移交应符合下列规定：

①施工单位应向建设单位移交施工资料。

②实行施工总承包的，各专业承包单位应向施工总承包单位移交施工资料。

③监理单位应向建设单位移交监理资料。

④工程资料移交时应及时办理相关移交手续，填写工程资料移交书、移交目录。

⑤建设单位应按国家有关法规和标准的规定向城建档案管理部门移交工程档案，并办理相关手续。有条件时，向城建档案管理部门移交的工程档案应为原件。

（3）工程资料归档应符合下列规定（节选）：

①工程资料归档保存期限应符合国家现行有关标准的规定；当无规定时，不宜少于5年。

②建设单位工程资料归档保存期限应满足工程维护、修缮、改造、加固的需要。

③施工单位工程资料归档保存期限应满足工程质量保修及质量追溯的需要。

➢ **重点提示：** 工程资料的管理内容虽比较少，但一直是考试的重点，尤其是工程资料的移交和归档需重点掌握。

实战演练

［2019 真题·案例节选］

背景资料：

某办公楼工程，建筑面积为 2 400 m^2，地下 1 层，地上 12 层，筏板基础，钢筋混凝土框架结构，砌筑工程采用蒸压灰砂砖砌体。建设单位依据招投标程序选定了监理单位及施工总承包单位，并约定部分工作允许施工总承包单位自行分包。

工程完工后，施工总承包单位自检合格，再由专业监理工程师组织了竣工预验收。根据预验收所提出问题施工单位整改完毕，总监理工程师及时向建设单位申请工程竣工验收，建设单位认为程序不妥拒绝验收。

项目通过竣工验收后，建设单位、监理单位、设计单位、勘察单位、施工总承包单位与分包单位会商竣工资料移交方式，建设单位要求各参建单位分别向监理单位移交资料，监理单位收集齐全后统一向城建档案馆移交。监理单位以不符合程序为由拒绝。

……

［问题］

1. 指出竣工验收程序有哪些不妥之处？并写出相应正确做法。

2. 针对本工程的参建各方，写出正确的竣工资料移交程序。

［答案］

1.（1）不妥之处一：由专业监理工程师组织了竣工预验收。

正确做法：由总监理工程师组织竣工预验收。

（2）不妥之处二：总监理工程师及时向建设单位申请工程竣工验收。

正确做法：施工总承包单位向建设单位申请竣工验收。

2.（1）专业分包向施工总承包单位移交。

（2）施工总承包单位向建设单位移交。

（3）勘察、设计、监理单位向建设单位移交。

（4）建设单位向当地城建档案管理部门移交。

［2015 真题 · 案例节选］

背景资料：

某新建办公楼工程，总建筑面积为 18 600 m^2，地下 2 层，地上 4 层，层高 4.5 m，筏板基础，钢筋混凝土框架结构。在施工过程中，发生了下列事件：

……

事件四：工程竣工验收后，建设单位指令设计、监理等参建单位将工程建设档案资料交施工单位汇总，施工单位把汇总资料提交给城建档案管理机构进行工程档案预验收。

［问题］

指出事件四的不妥之处，并写出正确做法。

［答案］

（1）不妥之处一：竣工后，建设单位要求设计、监理等参建单位把档案资料交给施工单位。

正确做法：设计、监理的竣工资料应分别单独整理，之后分别交给建设单位。

（2）不妥之处二：施工单位汇总资料后交给城建档案管理机构。

正确做法：应由建设单位汇总各参建单位竣工资料，并将资料向城建档案管理机构移交。

第三篇

建筑工程项目施工相关法规与标准

第四章

建筑工程相关法规

名师导学

本章为建筑工程管理相关法规，属于节能、安全、转包、违法分包以及工程档案管理的进一步补充和说明，且大部分内容在第二篇已经提及，建议结合第二篇相关内容进行复习。

为帮助大家弄清考点的来龙去脉、提高学习的系统性，本章以各文件名称作为考点名称，挑选各文件与考试大纲密切相关的内容加以阐述。

涉及的文件依次为：《民用建筑节能条例》《建筑市场信用管理暂行办法》《危险性较大的分部分项工程安全管理规定》《关于实施〈危险性较大的分部分项工程安全管理规定〉有关问题的通知》《生产安全事故报告和调查处理条例》《建筑工程施工转包违法分包等违法行为认定查处管理办法》《房屋建筑工程质量保修办法》《房屋建筑工程和市政基础设施工程竣工验收备案管理办法》。

考情分析

近四年考试真题分值统计表（单位：分）

章序	章名	2022年			2021年Ⅰ批			2021年Ⅱ批			2020年			2019年		
		单选	多选	案例	单选	多选	案例	单选	多选	案例	单选	多选	案例	单选	多选	案例
第四章	建筑工程管理相关法规	1	0	10	0	0	10	0	2	0	0	4	8	1	0	9
合计		1	0	10	0	0	10	0	2	0	0	4	8	1	0	9

第四章

考点 1《民用建筑节能条例》★★

一、新建建筑节能

（1）设计单位、施工单位、工程监理单位及其注册执业人员，应当按照民用建筑节能强制性标准进行设计、施工、监理。

（2）施工单位应当对进入施工现场的墙体材料、保温材料、门窗、采暖制冷系统和照明设备进行查验；不符合施工图设计文件要求的，不得使用。

工程监理单位发现施工单位不按照民用建筑节能强制性标准施工的，应当要求施工单位改正；施工单位拒不改正的，工程监理单位应当及时报告建设单位，并向有关主管部门报告。

墙体、屋面的保温工程施工时，监理工程师应当按照工程监理规范的要求，采取旁站、巡视和平行检验等形式实施监理。

未经监理工程师签字，墙体材料、保温材料、门窗、采暖制冷系统和照明设备不得在建筑上使用或者安装，施工单位不得进行下一道工序的施工。

（3）建设单位组织竣工验收，应当对民用建筑是否符合民用建筑节能强制性标准进行查验；对不符合民用建筑节能强制性标准的，不得出具竣工验收合格报告。

（4）在正常使用条件下，保温工程的最低保修期限为 5 年。保温工程的保修期，自竣工验收合格之日起计算。

保温工程在保修范围和保修期内发生质量问题的，施工单位应当履行保修义务，并对造成的损失依法承担赔偿责任。

二、法律责任

（1）施工单位有下列行为之一的，由县级以上地方人民政府建设主管部门责令改正，处 10 万元以上 20 万元以下的罚款；情节严重的，由颁发资质证书的部门责令停业整顿，降低资质等级或者吊销资质证书；造成损失的，依法承担赔偿责任：

①未对进入施工现场的墙体材料、保温材料、门窗、采暖制冷系统和照明设备进行查验的。

②使用不符合施工图设计文件要求的墙体材料、保温材料、门窗、采暖制冷系统和照明设备的。

③使用列入禁止使用目录的技术、工艺、材料和设备的。

（2）注册执业人员未执行民用建筑节能强制性标准的，由县级以上人民政府建设主管部门责令停止执业 3 个月以上 1 年以下；情节严重的，由颁发资格证书的部门吊销执业资格证书，5 年内不予注册。

➢ **重点提示：**重点掌握保温工程的最低保修期限。

实战演练

［2022 真题·单选］正常使用条件下，保温工程的最低保修期限是（　　）。

A. 2 年　　B. 2 个采暖期

C. 3 年　　D. 5 年

［解析］在正常使用条件下，保温工程的最低保修期限为 5 年。保温工程的保修期，自竣工验收合格之日起计算。

［答案］D

［经典例题·单选］保温工程的保修期，自（　　）之日起计算。

A. 保温工程完工　　B. 保温工程验收合格

C. 竣工验收合格　　D. 节能分部验收合格

［解析］在正常使用条件下，保温工程的最低保修期限为 5 年。保温工程的保修期，自竣工验收合格之日起计算。

［答案］C

考点 2 《建筑市场信用管理暂行办法》★★★

一、总则

本办法所称建筑市场信用管理是指在房屋建筑和市政基础设施工程建设活动中，对建筑市场各方主体信用信息的认定、采集、交换、公开、评价、使用及监督管理。

本办法所称建筑市场各方主体是指工程项目的建设单位和从事工程建设活动的勘察、设计、施工、监理等企业，以及注册建筑师、勘察设计注册工程师、注册建造师、注册监理工程师等注册执业人员。

二、信用信息公开和应用

（1）各级住房城乡建设主管部门应当完善信用信息公开制度，通过省级建筑市场监管一体化工作平台和全国建筑市场监管公共服务平台，及时公开建筑市场各方主体的信用信息。

公开建筑市场各方主体信用信息不得危及国家安全、公共安全、经济安全和社会稳定，不得泄露国家秘密、商业秘密和个人隐私。

（2）建筑市场各方主体的信用信息公开期限为：

①基本信息长期公开。

②优良信用信息公开期限一般为 3 年。

③不良信用信息公开期限一般为 6 个月至 3 年，并不得低于相关行政处罚期限。具体公开期限由不良信用信息的认定部门确定。

（3）地方各级住房城乡建设主管部门应当通过省级建筑市场监管一体化工作平台办理信用信息变更，并及时推送至全国建筑市场监管公共服务平台。

➢ **重点提示：**重点掌握优良信用信息和不良信用信息的公开期限。

实战演练

[2017 真题 · 单选] 根据《建筑市场诚信行为信息管理办法》，不良信用信息的公开期限一般为（　　）。

A. 1 个月到 12 个月

B. 3 个月到 6 个月

C. 3 个月到 12 个月

D. 6 个月到 3 年

[解析] 不良信用信息公开期限一般为 6 个月至 3 年，并不得低于相关行政处罚期限。具体公开期限由不良信用信息的认定部门确定。

[答案] D

考点 3《危险性较大的分部分项工程安全管理规定》★★★

扫码听课

一、总则

本规定所称危险性较大的分部分项工程（以下简称“危大工程”），是指房屋建筑和市政基础设施工程在施工过程中，容易导致人员群死群伤或者造成重大经济损失的分部分项工程。

危大工程及超过一定规模的危大工程范围由国务院住房城乡建设主管部门制定。

省级住房城乡建设主管部门可以结合本地区实际情况，补充本地区危大工程范围。

二、专项施工方案

（1）施工单位应当在危大工程施工前组织工程技术人员编制专项施工方案。

实行施工总承包的，专项施工方案应当由施工总承包单位组织编制。危大工程实行分包的，专项施工方案可以由相关专业分包单位组织编制。

（2）专项施工方案应当由施工单位技术负责人审核签字、加盖单位公章，并由总监理工程师审查签字、加盖执业印章后方可实施。

危大工程实行分包并由分包单位编制专项施工方案的，专项施工方案应当由总承包单位技术负责人及分包单位技术负责人共同审核签字并加盖单位公章。

（3）对于超过一定规模的危大工程，施工单位应当组织召开专家论证会对专项施工方案进行论证。实行施工总承包的，由施工总承包单位组织召开专家论证会。专家论证前专项施工方案应当通过施工单位审核和总监理工程师审查。

专家应当从地方人民政府住房城乡建设主管部门建立的专家库中选取，符合专业要求且人数不得少于 5 名。与本工程有利害关系的人员不得以专家身份参加专家论证会。

（4）专家论证会后，应当形成论证报告，对专项施工方案提出通过、修改后通过或者不通过的一致意见。专家对论证报告负责并签字确认。

专项施工方案经论证需修改后通过的，施工单位应当根据论证报告修改完善后，重新履行第（2）条的规定。

专项施工方案经论证不通过的，施工单位修改后应当按照《危险性较大的分部分项工程安全管理规定》的要求重新组织专家论证。

三、现场安全管理

（1）施工单位应当在施工现场显著位置公告危大工程名称、施工时间和具体责任人员，并在危险区域设置安全警示标志。

（2）专项施工方案实施前，编制人员或者项目技术负责人应当向施工现场管理人员进行方案交底。

施工现场管理人员应当向作业人员进行安全技术交底，并由双方和项目专职安全生产管理人员共同签字确认。

（3）施工单位应当严格按照专项施工方案组织施工，不得擅自修改专项施工方案。

因规划调整、设计变更等原因确需调整的，修改后的专项施工方案应当按照《危险性较大的分部分项工程安全管理规定》的要求重新审核和论证。涉及资金或者工期调整的，建设单位应当按照约定予以调整。

（4）施工单位应当对危大工程施工作业人员进行登记，项目负责人应当在施工现场履职。

项目专职安全生产管理人员应当对专项施工方案实施情况进行现场监督，对未按照专项施工方案施工的，应当要求立即整改，并及时报告项目负责人，项目负责人应当及时组织限期整改。

施工单位应当按照规定对危大工程进行施工监测和安全巡视，发现危及人身安全的紧急情况，应当立即组织作业人员撤离危险区域。

（5）监理单位应当结合危大工程专项施工方案编制监理实施细则，并对危大工程施工实施专项巡视检查。

（6）监理单位发现施工单位未按照专项施工方案施工的，应当要求其进行整改；情节严重的，应当要求其暂停施工，并及时报告建设单位。施工单位拒不整改或者不停止施工的，监理单位应当及时报告建设单位和工程所在地住房城乡建设主管部门。

（7）对于按照规定需要进行第三方监测的危大工程，建设单位应当委托具有相应勘察资质的单位进行监测。

监测单位应当编制监测方案。监测方案由监测单位技术负责人审核签字并加盖单位公章，报送监理单位后方可实施。

监测单位应当按照监测方案开展监测，及时向建设单位报送监测成果，并对监测成果负责；发现异常时，及时向建设、设计、施工、监理单位报告，建设单位应当立即组织相关单位采取处置措施。

➢ **重点提示：**重点掌握哪些工程实行分包时可以单独编制专项施工方案。注意：危大工程实行分包并由分包单位编制专项施工方案的，专项施工方案应当由总承包单位技术负责人及分包单位技术负责人共同审核签字并加盖单位公章。

第四章

实战演练

[2019 真题·案例节选]

背景资料：

某住宅工程，建筑面积 21 600 m^2，基坑开挖深度 6.5 m，地下 2 层，地上 12 层，筏板基础，现浇钢筋混凝土框架结构。工程场地狭小，基坑上口北侧 4 m 处有 1 栋 6 层砖混结构住宅楼，东侧 2 m 处有一条埋深 2 m 的热力管线。

工程由某总承包单位施工，基坑支护由专业分包单位承担，基坑支护施工前，专业分包单位编制了基坑支护专项施工方案，分包单位技术负责人审批签字后，报总承包单位备案并直接上报监理单位审查，总监理工程师审核通过。随后分包单位组织了 3 名符合相关专业要求的专家及参建各方相关人员召开论证会，形成论证意见："方案采用土钉喷护体系基本可行，需完善基坑监测方案，修改完善后通过"。分包单位按论证意见进行修改后，拟按此方案实施，但被建设单位技术负责人以不符合相关规定为由要求整改。

……

[问题]

本项目基坑支护专项施工方案编制到专家论证的过程有何不妥？说明正确做法。

[答案]

(1) 不妥之处一：分包单位技术负责人审批签字后，报总承包单位备案并直接上报监理单位。

正确做法：实行施工总承包的项目，专项施工方案由总承包单位上报监理单位。

(2) 不妥之处二：分包单位技术负责人审批签字后，报总承包单位备案并直接上报监理单位审查，总监理工程师审查通过。

正确做法：实行施工总承包的，专项方案应当由总承包单位技术负责人及相关专业承包技术负责人签字；需专家论证的专项施工方案不得直接上报监理单位审核签字。

(3) 不妥之处三：分包单位组织召开专家论证会。

正确做法：超过一定规模的危险性较大的分部分项工程专项方案应当由施工单位组织召开专家论证会。实行施工总承包的，由施工总承包单位组织召开专家论证。

(4) 不妥之处四：分包单位组织了 3 名符合相关专业要求的专家及参建各方相关人员召开论证会，形成论证意见。

正确做法：专家应当从地方人民政府住房城乡建设主管部门建立的专家库中选取，符合专业要求且人数不得少于 5 名。与本工程有利害关系的人员不得以专家身份参加专家论证会。

(5) 不妥之处五：分包单位按论证意见进行修改后，拟按此方案实施，但被建设单位技术负责人以不符合相关规定为由要求整改。

正确做法：专项施工方案经论证不通过的，施工单位修改后应当按照要求重新组织专家论证。

第四章

[名师点拨]

本题考查安全专项施工方案审批及专家论证组织的相关要求。专项施工方案及专家论证的相关内容均为高频考点，可考查案例分析题也可考查选择题，考生应掌握需要编制专项方案或进行专家论证的工程有哪些、专项施工方案编制与审核流程、组织专家论证会的相关要求。

考点 4 《关于实施〈危险性较大的分部分项工程安全管理规定〉有关问题的通知》★★★

扫码听课

一、关于危大工程范围

（一）危险性较大的分部分项工程范围

1. 基坑工程

（1）开挖深度超过 3 m（含 3 m）的基坑（槽）的土方开挖、支护、降水工程。

（2）开挖深度虽未超过 3 m，但地质条件、周围环境和地下管线复杂，或影响毗邻建、构筑物安全的基坑（槽）的土方开挖、支护、降水工程。

2. 模板工程及支撑体系

（1）各类工具式模板工程：包括滑模、爬模、飞模、隧道模等工程。

（2）混凝土模板支撑工程：搭设高度 5 m 及以上，或搭设跨度 10 m 及以上，或施工总荷载（荷载效应基本组合的设计值，以下简称设计值）10 kN/m² 及以上，或集中线荷载（设计值）15 kN/m 及以上，或高度大于支撑水平投影宽度且相对独立无联系构件的混凝土模板支撑工程。

（3）承重支撑体系：用于钢结构安装等满堂支撑体系。

3. 起重吊装及起重机械安装拆卸工程

（1）采用非常规起重设备、方法，且单件起吊重量在 10 kN 及以上的起重吊装工程。

（2）采用起重机械进行安装的工程。

（3）起重机械安装和拆卸工程。

4. 脚手架工程

（1）搭设高度 24 m 及以上的落地式钢管脚手架工程（包括采光井、电梯井脚手架）。

（2）附着式升降脚手架工程。

（3）悬挑式脚手架工程。

（4）高处作业吊篮。

（5）卸料平台、操作平台工程。

（6）异型脚手架工程。

5. 拆除工程

可能影响行人、交通、电力设施、通信设施或其他建、构筑物安全的拆除工程。

6. 暗挖工程

采用矿山法、盾构法、顶管法施工的隧道、洞室工程。

7. 其他

（1）建筑幕墙安装工程。

（2）钢结构、网架和索膜结构安装工程。

（3）人工挖孔桩工程。

（4）水下作业工程。

（5）装配式建筑混凝土预制构件安装工程。

（6）采用新技术、新工艺、新材料、新设备可能影响工程施工安全，尚无国家、行业及地方技术标准的分部分项工程。

（二）超过一定规模的危险性较大的分部分项工程范围

1. 深基坑工程

开挖深度超过 5 m（含 5 m）的基坑（槽）的土方开挖、支护、降水工程。

2. 模板工程及支撑体系

（1）各类工具式模板工程：包括滑模、爬模、飞模、隧道模等工程。

（2）混凝土模板支撑工程：搭设高度 8 m 及以上，或搭设跨度 18 m 及以上，或施工总荷载（设计值）15 kN/m^2 及以上，或集中线荷载（设计值）20 kN/m 及以上。

（3）承重支撑体系：用于钢结构安装等满堂支撑体系，承受单点集中荷载 7 kN 及以上。

3. 起重吊装及起重机械安装拆卸工程

（1）采用非常规起重设备、方法，且单件起吊重量在 100 kN 及以上的起重吊装工程。

（2）起重量 300 kN 及以上，或搭设总高度 200 m 及以上，或搭设基础标高在 200 m 及以上的起重机械安装和拆卸工程。

4. 脚手架工程

（1）搭设高度 50 m 及以上的落地式钢管脚手架工程。

（2）提升高度在 150 m 及以上的附着式升降脚手架工程或附着式升降操作平台工程。

（3）分段架体搭设高度 20 m 及以上的悬挑式脚手架工程。

5. 拆除工程

（1）码头、桥梁、高架、烟囱、水塔或拆除中容易引起有毒有害气（液）体或粉尘扩散、易燃易爆事故发生的特殊建、构筑物的拆除工程。

（2）文物保护建筑、优秀历史建筑或历史文化风貌区影响范围内的拆除工程。

6. 暗挖工程

采用矿山法、盾构法、顶管法施工的隧道、洞室工程。

7. 其他

（1）施工高度 50 m 及以上的建筑幕墙安装工程。

（2）跨度 36 m 及以上的钢结构安装工程，或跨度 60 m 及以上的网架和索膜结构安装工程。

（3）开挖深度 16 m 及以上的人工挖孔桩工程。

（4）水下作业工程。

（5）重量 1 000 kN 及以上的大型结构整体顶升、平移、转体等施工工艺。

（6）采用新技术、新工艺、新材料、新设备可能影响工程施工安全，尚无国家、行业及地方技术标准的分部分项工程。

二、关于专项施工方案内容

危大工程专项施工方案的主要内容应当包括：

（1）工程概况：危大工程概况和特点、施工平面布置、施工要求和技术保证条件。

（2）编制依据：相关法律、法规、规范性文件、标准、规范及施工图设计文件、施工组织设计等。

（3）施工计划：包括施工进度计划、材料与设备计划。

（4）施工工艺技术：技术参数、工艺流程、施工方法、操作要求、检查要求等。

（5）施工安全保证措施：组织保障措施、技术措施、监测监控措施等。

（6）施工管理及作业人员配备和分工：施工管理人员、专职安全生产管理人员、特种作业人员、其他作业人员等。

（7）验收要求：验收标准、验收程序、验收内容、验收人员等。

（8）应急处置措施。

（9）计算书及相关施工图纸。

三、关于专家论证会参会人员

超过一定规模的危大工程专项施工方案专家论证会的参会人员应当包括：

（1）专家。

（2）建设单位项目负责人。

（3）有关勘察、设计单位项目技术负责人及相关人员。

（4）总承包单位和分包单位技术负责人或授权委派的专业技术人员、项目负责人、项目技术负责人、专项施工方案编制人员、项目专职安全生产管理人员及相关人员。

（5）监理单位项目总监理工程师及专业监理工程师。

四、关于专家论证内容

对于超过一定规模的危大工程专项施工方案，专家论证的主要内容应当包括：

（1）专项施工方案内容是否完整、可行。

（2）专项施工方案计算书和验算依据、施工图是否符合有关标准规范。

（3）专项施工方案是否满足现场实际情况，并能够确保施工安全。

五、关于专项施工方案修改

超过一定规模的危大工程专项施工方案经专家论证后结论为“通过”的，施工单位可参考专家意见自行修改完善；结论为“修改后通过”的，专家意见要明确具体修改内容，施工单位应当按照专家意见进行修改，并履行有关审核和审查手续后方可实施，修改情况应及时告知专家。

六、关于监测方案内容

进行第三方监测的危大工程监测方案的主要内容应当包括工程概况、监测依据、监测内容、监测方法、人员及设备、测点布置与保护、监测频次、预警标准及监测成果报送等。

七、关于验收人员

危大工程验收人员应当包括：

(1) 总承包单位和分包单位技术负责人或授权委派的专业技术人员、项目负责人、项目技术负责人、专项施工方案编制人员、项目专职安全生产管理人员及相关人员。

(2) 监理单位项目总监理工程师及专业监理工程师。

(3) 有关勘察、设计和监测单位项目技术负责人。

八、关于专家条件

设区的市级以上地方人民政府住房城乡建设主管部门建立的专家库专家应当具备以下基本条件：

(1) 诚实守信、作风正派、学术严谨。

(2) 从事相关专业工作15年以上或具有丰富的专业经验。

(3) 具有高级专业技术职称。

九、关于专家库管理

设区的市级以上地方人民政府住房城乡建设主管部门应当加强对专家库专家的管理，定期向社会公布专家业绩，对于专家不认真履行论证职责、工作失职等行为，记入不良信用记录，情节严重的，取消专家资格。

➤ **重点提示：**(1) 重点掌握哪些工程需要进行专项方案的论证，尤其是土方工程、模板工程、脚手架工程需要进行专项方案论证的规模标准。

(2) 专家论证会的参会人员，一是建设五方（建设单位、勘察单位、设计单位、施工单位、监理单位）主体的负责人，二是专家组成员。注意：建设五方主体不能为专家组成员。

实战演练

[2022真题·案例节选]

背景资料：

某体能训练场馆工程，建筑面积为3 300 m^2，建筑物长为72 m，宽为45 m，地上1层，钢筋混凝土框架结构，屋面采用球形网架结构。

本工程框架梁模板支撑体系高度为9.6 m，属于超过一定规模危险性较大的分部分项工程。施工单位编制了超过一定规模危险性较大的模板工程专项施工方案。

建设单位组织召开了超过一定规模危险性较大的模板工程专项施工方案专家论证会，设计单位项目技术负责人以专家身份参会。

……

[问题]

1. 对于模板支撑工程，除搭设高度超过8 m外，还有哪几项属于超过一定规模危险性较大分部分项工程范围？

2. 指出专家论证会组织形式的错误之处，说明理由。专家论证包含哪些主要内容？

[答案]

1. 除搭设高度超过 8 m 外，以下几项也属于超过一定规模危险性较大分部分项工程范围：

(1) 工具式模板工程：包括滑模、爬模、飞模、隧道模等工程。

(2) 混凝土模板支撑工程：搭设跨度 18 m 及以上，施工总荷载（设计值）15 kN/m^2 及以上；集中线荷载（设计值）20 kN/m 及以上。

(3) 承重支撑体系：用于钢结构安装等满堂支撑体系，承受单点集中荷载 7 kN 以上。

2. (1) 不妥之处一：建设单位组织召开超过一定规模危险性较大的模板工程专项施工方案专家论证会。

理由：超过一定规模的危险性较大的分部分项工程专项方案应当由施工单位组织召开专家论证会。

不妥之处二：设计单位项目技术负责人以专家身份参会。

理由：与本工程有利害关系的人员不得以专家身份参加专家论证会。

(2) 专家论证的主要内容应当包括：①专项施工方案内容是否完整、可行；②专项施工方案计算书和验算依据、施工图是否符合有关标准规范；③专项施工方案是否满足现场实际情况，并能够确保施工安全。

考点 5《生产安全事故报告和调查处理条例》★★★

一、总则

(1) 根据生产安全事故（以下简称事故）造成的人员伤亡或者直接经济损失，事故一般分为以下等级（所称的“以上”包括本数，“以下”不包括本数）：

①特别重大事故，是指造成 30 人以上死亡，或者 100 人以上重伤（包括急性工业中毒，下同），或者 1 亿元以上直接经济损失的事故。

②重大事故，是指造成 10 人以上 30 人以下死亡，或者 50 人以上 100 人以下重伤，或者 5 000 万元以上 1 亿元以下直接经济损失的事故。

③较大事故，是指造成 3 人以上 10 人以下死亡，或者 10 人以上 50 人以下重伤，或者 1 000万元以上 5 000 万元以下直接经济损失的事故。

④一般事故，是指造成 3 人以下死亡，或者 10 人以下重伤，或者 1 000 万元以下直接经济损失的事故。

国务院安全生产监督管理部门可以会同国务院有关部门，制定事故等级划分的补充性规定。

(2) 事故报告应当及时、准确、完整，任何单位和个人对事故不得迟报、漏报、谎报或者瞒报。

事故调查处理应当坚持实事求是、尊重科学的原则，及时、准确地查清事故经过、事故原因和事故损失，查明事故性质，认定事故责任，总结事故教训，提出整改措施，并对事故责任者依法追究责任。

二、事故报告

(1) 事故发生后，事故现场有关人员应当立即向本单位负责人报告；单位负责人接到报告后，应当于1 h内向事故发生地县级以上人民政府安全生产监督管理部门和负有安全生产监督管理职责的有关部门报告。

情况紧急时，事故现场有关人员可以直接向事故发生地县级以上人民政府安全生产监督管理部门和负有安全生产监督管理职责的有关部门报告。

(2) 安全生产监督管理部门和负有安全生产监督管理职责的有关部门接到事故报告后，应当依照下列规定上报事故情况，并通知公安机关、劳动保障行政部门、工会和人民检察院：

①特别重大事故、重大事故逐级上报至国务院安全生产监督管理部门和负有安全生产监督管理职责的有关部门。

②较大事故逐级上报至省、自治区、直辖市人民政府安全生产监督管理部门和负有安全生产监督管理职责的有关部门。

③一般事故上报至设区的市级人民政府安全生产监督管理部门和负有安全生产监督管理职责的有关部门。

安全生产监督管理部门和负有安全生产监督管理职责的有关部门依照前款规定上报事故情况，应当同时报告本级人民政府。国务院安全生产监督管理部门和负有安全生产监督管理职责的有关部门以及省级人民政府接到发生特别重大事故、重大事故的报告后，应当立即报告国务院。

必要时，安全生产监督管理部门和负有安全生产监督管理职责的有关部门可以越级上报事故情况。

(2) 安全生产监督管理部门和负有安全生产监督管理职责的有关部门逐级上报事故情况，每级上报的时间不得超过2 h。

(3) 报告事故应当包括下列内容：

①事故发生单位概况。

②事故发生的时间、地点以及事故现场情况。

③事故的简要经过。

④事故已经造成或者可能造成的伤亡人数（包括下落不明的人数）和初步估计的直接经济损失。

⑤已经采取的措施。

⑥其他应当报告的情况。

(4) 事故报告后出现新情况的，应当及时补报。

自事故发生之日起30日内，事故造成的伤亡人数发生变化的，应当及时补报。道路交通事故、火灾事故自发生之日起7日内，事故造成的伤亡人数发生变化的，应当及时补报。

➢ **重点提示：**(1) 事故报告的主体、事故报告的对象以及报告期限，为每年考查重点，必须掌握。

（2）事故报告的内容一般直接考查问答题及案例问答补缺题。

实战演练

［经典例题·单选］施工单位负责人接到事故报告（　　）h 内应向县级以上建设主管部门和有关部门报告。

A. 1　　　　B. 2

C. 3　　　　D. 4

［解析］事故发生后，事故现场有关人员应当立即向施工单位负责人报告；施工单位负责人接到报告后，应当于 1 h 内向事故发生地县级以上人民政府建设主管部门和有关部门报告。

［答案］A

［经典例题·单选］事故报告后出现新情况，以及事故发生之日起（　　）d 内伤亡人数发生变化的，应当及时补报。

A. 30　　　　B. 60

C. 15　　　　D. 20

［解析］自事故发生之日起 30 日内，事故造成的伤亡人数发生变化的，应当及时补报。

［答案］A

考点 6 《建筑工程施工转包违法分包等违法行为认定查处管理办法》★★★

扫码听课

一、转包

存在下列情形之一的，应当认定为转包，但有证据证明属于挂靠或者其他违法行为的除外：

（1）承包单位将其承包的全部工程转给其他单位（包括母公司承接建筑工程后将所承接工程交由具有独立法人资格的子公司施工的情形）或个人施工的。

（2）承包单位将其承包的全部工程肢解以后，以分包的名义分别转给其他单位或个人施工的。

（3）施工总承包单位或专业承包单位未派驻项目负责人、技术负责人、质量管理负责人、安全管理负责人等主要管理人员，或派驻的项目负责人、技术负责人、质量管理负责人、安全管理负责人中一人及以上与施工单位没有订立劳动合同且没有建立劳动工资和社会养老保险关系，或派驻的项目负责人未对该工程的施工活动进行组织管理，又不能进行合理解释并提供相应证明的。

（4）合同约定由承包单位负责采购的主要建筑材料、构配件及工程设备或租赁的施工机械设备，由其他单位或个人采购、租赁，或施工单位不能提供有关采购、租赁合同及发票等证明，又不能进行合理解释并提供相应证明的。

（5）专业作业承包人承包的范围是承包单位承包的全部工程，专业作业承包人计取的是除上缴给承包单位“管理费”之外的全部工程价款的。

（6）承包单位通过采取合作、联营、个人承包等形式或名义，直接或变相将其承包的全部工程转给其他单位或个人施工的。

（7）专业工程的发包单位不是该工程的施工总承包或专业承包单位的，但建设单位依约作为发包单位的除外。

（8）专业作业的发包单位不是该工程承包单位的。

（9）施工合同主体之间没有工程款收付关系，或者承包单位收到款项后又将款项转拨给其他单位和个人，又不能进行合理解释并提供材料证明的。

两个以上的单位组成联合体承包工程，在联合体分工协议中约定或者在项目实际实施过程中，联合体一方不进行施工也未对施工活动进行组织管理的，并且向联合体其他方收取管理费或者其他类似费用的，视为联合体一方将承包的工程转包给联合体其他方。

二、违法分包

存在下列情形之一的，属于违法分包：

（1）施工单位将工程分包给个人的。

（2）施工单位将工程分包给不具备相应资质或安全生产许可的单位的。

（3）施工合同中没有约定，又未经建设单位认可，施工单位将其承包的部分工程交由其他单位施工的。

（4）施工总承包单位将房屋建筑工程的主体结构的施工分包给其他单位的，钢结构工程除外。

（5）专业分包单位将其承包的专业工程中非劳务作业部分再分包的。

（6）劳务分包单位将其承包的劳务再分包的。

（7）劳务分包单位除计取劳务作业费用外，还计取主要建筑材料款、周转材料款和大中型施工机械设备费用的。

（8）法律法规规定的其他违法分包行为。

➢ **重点提示：**记忆点：主体结构（除钢结构）不可专业分包，所有工程都可进行劳务分包，劳务分包不可再劳务分包，此考点一般考查案例判断是非题。

实战演练

［**2015 真题 · 单选**］某型钢混凝土组合结构工程，征得建设单位同意的下列分包情形中，属于违法分包的是（　　）。

A. 总承包单位将其承包的部分钢结构工程进行分包

B. 总承包单位将其承包的部分结构工程的劳务进行分包

C. 专业分包单位将其承包的部分工程劳务作业进行分包

D. 劳务分包单位将其承包的部分工程的劳务作业进行分包

［**解析**］分包单位将其分包的建设工程再分包属于违法分包。

［答案］D

［2021 真题·案例节选］

背景资料：

建设单位投资酒店工程，建筑面积为 2.20 万 m^2，钢筋混凝土框架结构，建设单位编制了招标文件，发布了招标公告，招标控制价为 1.056 亿元。项目实行施工总承包，承包范围为土建、水电、通风空调、消防、装饰装修及园林景观工程，消防及园林景观由建设单位单独发包，主要设备由建设单位采购。先后有 13 家单位通过了资格预审后参加投标，最终 D 施工单位以 9 900.00 万元中标。

D 施工单位中标后正常开展了相关工作：组建了项目经理部；搭建临时设施；制定招采计划，自行将玻璃幕墙分包给符合资质要求、施工能力较强的一家装饰公司负责施工，并签订了专业分包合同。

……

［问题］

D 施工单位在专业分包管理上的做法有哪些不妥之处？说明理由。

［答案］

不妥之处：D 施工单位自行将玻璃幕墙分包给一家装饰公司负责施工，并签订了专业分包合同。

理由：施工合同中没有约定，又未经建设单位认可，施工单位将其承包的部分工程交由其他单位施工的，属于违法分包。

考点 7《房屋建筑工程质量保修办法》★★

（1）在中华人民共和国境内新建、扩建、改建各类房屋建筑工程（包括装修工程）的质量保修，适用本办法。

（2）在正常使用下，房屋建筑工程的最低保修期限为：

①地基基础和主体结构工程，为设计文件规定的该工程的合理使用年限。

②屋面防水工程、有防水要求的卫生间、房间和外墙面的防渗漏，为 5 年。

③供热与供冷系统，为 2 个采暖期、供冷期。

④电气系统、给排水管道、设备安装为 2 年。

⑤装修工程为 2 年。

其他项目的保修期限由建设单位和施工单位约定。

（3）房屋建筑工程保修期从工程竣工验收合格之日起计算。

实战演练

［2017 真题·单选］关于房屋建筑工程在正常使用条件下最低保修期限的说法，正确的是（　　）。

A. 供热系统为 2 个采暖期

B. 装修工程为 5 年

C. 给排水管道为 5 年

D. 外墙面防渗漏为该工程合理使用年限

[解析] 房屋建筑工程保修期从工程竣工验收合格之日起计算，在正常使用条件下，房屋建筑工程的最低保修期限为：①地基基础工程和主体结构工程，为设计文件规定的该工程合理使用年限；②屋面防水工程、有防水要求的卫生间、房间和外墙面的防渗漏，为 5 年；③供热与供冷系统，为 2 个采暖期、供冷期；④电气管线、给排水管道、设备安装为 2 年；⑤装修工程为 2 年。其他项目的保修期限由建设单位和施工单位约定。

[答案] A

考点 8 《房屋建筑工程和市政基础设施工程竣工验收备案管理办法》★★

（1）在中华人民共和国境内新建、扩建、改建各类房屋建筑和市政基础设施工程的竣工验收备案，适用本办法。

（2）建设单位应当自工程竣工验收合格之日起 15 日内，依照本办法规定，向工程所在地的县级以上地方人民政府建设主管部门（以下简称备案机关）备案。

（3）建设单位办理工程竣工验收备案应当提交下列文件：

①工程竣工验收备案表。

②工程竣工验收报告。竣工验收报告应当包括工程报建日期，施工许可证号，施工图设计文件审查意见，勘察、设计、施工、工程监理等单位分别签署的质量合格文件及验收人员签署的竣工验收原始文件，市政基础设施的有关质量检测和功能性试验资料以及备案机关认为需要提供的有关资料。

③法律、行政法规规定应当由规划、环保等部门出具的认可文件或者准许使用文件。

④法律规定应当由公安消防部门出具的对大型的人员密集场所和其他特殊建设工程验收合格的证明文件。

⑤施工单位签署的工程质量保修书。

⑥法规、规章规定必须提供的其他文件。

住宅工程还应当提交《住宅质量保证书》和《住宅使用说明书》。

实战演练

[**2019 真题・单选**] 关于建筑工程竣工验收备案的说法，正确的是（　　）。

A. 在境外投资的项目也应进行备案

B. 自竣工验收合格之日起 15 d 内备案

C. 应在工程所在地政府监督部门备案

D. 应由施工单位办理竣工备案手续

[解析] 在中华人民共和国境内新建、扩建、改建各类房屋建筑工程和市政基础设施工程的竣工验收备案，适用《房屋建筑工程和市政基础设施工程竣工验收备案管理办法》。建设单位应当自工程竣工验收合格之日起 15 d 内，依照本办法规定，向工程所在地的县级以上地方人民政府建设行政主管部门备案。

[答案] B

第四章

第五章

建筑工程标准

名师导学

本章依据《二级建造师执业资格考试大纲》框架顺序展开，局部进行调整，主要讲述建筑工程施工技术相关标准。本章是第一篇（技术部分）“建筑工程施工技术”相关内容的进一步说明和延伸，且部分内容在前面章节已经提及，建议结合第二章的相关内容进行复习。

考情分析

近四年考试真题分值统计表（单位：分）

章序	章名	2022年			2021年Ⅰ批			2021年Ⅱ批			2020年			2019年		
		单选	多选	案例	单选	多选	案例	单选	多选	案例	单选	多选	案例	单选	多选	案例
第五章	建筑工程标准	1	6	3	3	2	5	1	0	9	1	0	3	2	4	0
合计		1	6	3	3	2	5	1	0	9	1	0	3	2	4	0

第五章

考点 1 地基工程的验收★

根据《建筑地基基础工程施工质量验收标准》（GB 50202—2018），地基基础工程验收时应提交下列资料：

（1）岩土工程勘察报告。

（2）设计文件、图纸会审记录和技术交底资料。

（3）工程测量、定位放线记录。

（4）施工组织设计及专项施工方案。

（5）施工记录及施工单位自查评定报告。

（6）监测资料。

（7）隐蔽工程验收资料。

（8）检测与检验报告。

（9）竣工图。

考点 2 桩基础的一般规定★★★

根据《建筑地基基础工程施工质量验收标准》（GB 50202—2018），桩基础的一般规定如下：

（1）工程桩应进行承载力和桩身完整性检验。

（2）设计等级为甲级或地质条件复杂时，应采用静载试验的方法对桩基承载力进行检验，检验桩数不应少于总桩数的 1%，且不应少于 3 根，当总桩数少于 50 根时，不应少于 2 根。在有经验和对比资料的地区，设计等级为乙级、丙级的桩基可采用高应变法对桩基进行竖向抗压承载力检测，检测数量不应少于总桩数的 5%，且不应少于 10 根。

（3）工程桩的桩身完整性的抽检数量不应少于总桩数的 20%，且不应少于 10 根。每根柱子承台下的桩抽检数量不应少于 1 根。

➢ **重点提示：** 桩基础的承载力检验以及桩身质量检验，是近年来考查的重点，对于以上涉及的数字要求重点记忆。

考点 3 混凝土强度试件★★★

第五章

根据《混凝土强度检验评定标准》（GB/T 50107—2010），混凝土强度试件取样要求如下：

（1）混凝土的取样，宜根据《混凝土强度检验评定标准》（GB/T 50107—2010）规定的检验评定方法要求制定检验批的划分方案和相应的取样计划。

（2）混凝土强度试样应在混凝土的浇筑地点随机抽取。

（3）试件的取样频率和数量应符合下列规定：

①每 100 盘，但不超过 100 m^3 的同配合比混凝土，取样次数不应少于一次。

②每一工作班拌制的同配合比混凝土，不足 100 盘和 100 m^3 时其取样次数不应少于一次。

③当一次连续浇筑的同配合比混凝土超过 1 000 m^3 时，每 200 m^3 取样不应少于一次。

④对房屋建筑，每一楼层、同一配合比的混凝土，取样不应少于一次。

➢ **重点提示：** 重点掌握混凝土试件留置的具体数字表达，可考查多项选择题及找“不妥之处”的案例题目。

实战演练

[**经典例题·单选**] 关于混凝土取样与试块留置的说法，错误的是（　　）。

A. 用于检查结构构件混凝土强度的试件，应在混凝土运至施工现场浇筑首方混凝土时抽取

B. 当一次连续浇筑超过 1 000 m^3 时，每 200 m^3 取样不得少于一次

C. 每一楼层取样不得少于一次

D. 每次取样至少留置一组标准养护试件

[**解析**] 结构混凝土的强度等级必须符合设计要求。用于检查结构构件混凝土强度的试件，应在混凝土的浇筑地点随机抽取，选项 A 错误。

[**答案**] A

考点 4　混凝土结构施工质量不符合要求的处理★★

根据《混凝土结构工程施工质量验收规范》（GB 50204—2015），当混凝土结构施工质量不符合要求时，应按下列规定进行处理：

（1）经返工、返修或更换构件、部件的，应重新进行验收。

（2）经有资质的检测机构按国家现行相关标准检测鉴定达到设计要求的，应予以验收。

（3）经有资质的检测机构按国家现行相关标准检测鉴定达不到设计要求，但经原设计单位核算并确认仍可满足结构安全和使用功能的，可予以验收。

（4）经返修或加固处理能够满足结构可靠性要求的，可根据技术处理方案和协商文件进行验收。

➢ **重点提示：** 重点掌握结构施工质量不符合要求的处理规定，可考查多选题和案例题。

实战演练

[**经典例题·单选**] 关于混凝土结构施工质量不符合要求的说法，错误的是（　　）。

A. 经返工、返修或更换构件、部件的检验批，严禁验收

B. 经有资质的检测机构检测鉴定达到设计要求的，应予以验收

C. 经有资质的检测机构检测鉴定达不到设计要求，但经原设计单位核算确认仍可满足结构安全和使用功能的，可予以验收

D. 经返修或加固处理能够满足结构可靠性要求的，可根据技术处理方案和协商文件进行验收

[解析] 当混凝土结构施工质量不符合要求时，应按下列规定进行处理：①经返工、返修或更换构件、部件的检验批，应重新进行验收；②经有资质的检测机构检测鉴定达到设计要求的，应予以验收；③经有资质的检测机构检测鉴定达不到设计要求，但经原设计单位核算并确认仍可满足结构安全和使用功能的，可予以验收；④经返修或加固处理能够满足结构可靠性要求的，可根据技术处理方案和协商文件进行验收。

[答案] A

考点 5 砌体结构的一般规定★

根据《砌体结构工程施工质量验收规范》（GB 50203—2011），砌体结构的一般规定如下：

（1）砌体结构工程施工前，应编制砌体结构工程施工方案。

（2）砌体结构的标高、轴线，应引自基准控制点。

（3）砌体施工质量控制等级分为三级，并应按表 5-1-1 划分。

表 5-1-1 施工质量控制等级

项目	施工质量控制等级		
	A	B	C
现场质量管理	监督检查制度健全，并严格执行；施工方有在岗专业技术管理人员，人员齐全，并持证上岗	监督检查制度基本健全，并能执行；施工方有在岗专业技术管理人员，人员齐全，并持证上岗	有监督检查制度；施工方有在岗专业技术管理人员
砂浆、混凝土强度	试块按规定制作，强度满足验收规定，离散性小	试块按规定制作，强度满足验收规定，离散性较小	试块按规定制作，强度满足验收规定，离散性大
砂浆拌合	机械拌合；配合比计量控制严格	机械拌合；配合比计量控制一般	机械或人工拌合；配合比计量控制较差
砌筑工人	中级工以上，其中高级工不少于 30%	高、中级工不少于 70%	初级工以上

注：①砂浆、混凝土强度离散型大小根据强度标准差确定。

②配筋砌体不得为 C 级施工。

实战演练

[2016 真题 · 单选] 砌体施工质量控制等级分为（　　）个等级。

A. 一　　B. 二

C. 三　　D. 四

[解析] 砌体施工质量控制等级分为 A、B、C 三级。

[答案] C

考点 6 砌体结构工程检验批的划分★★

根据《砌体结构工程施工质量验收规范》（GB 50203—2011），砌体结构工程检验批的划分应同时符合下列规定：

（1）所用材料类型及同类型材料的强度等级相同。

（2）不超过 250 m^3 砌体。

（3）主体结构砌体一个楼层（基础砌体可按一个楼层计）；填充墙砌体量少时可多个楼层合并。

砌体结构工程检验批验收时，其主控项目应全部符合规范的规定；一般项目应有 80% 及以上的抽检处符合规范的规定；有允许偏差的项目，最大超差值为允许偏差值的 1.5 倍。

➤ **重点提示：**重点掌握检验批的抽查规定，主控项目要求全数通过，一般项目要求 80% 以上通过检验要求。

实战演练

［2022 真题·单选］砌体结构工程检验批验收的正确做法是（　　）。

A. 检验批的划分不超过 300 m^3 砌体

B. 主控项目应全部符合规范的规定

C. 一般项目应有 75% 以上的抽检处符合规范的规定

D. 允许偏差的项目最大超差值为允许偏差值的 2 倍

［解析］砌体结构工程检验批的划分应同时符合下列规定：①所用材料类型及同类型材料的强度等级相同；②不超过 250 m^3 砌体；③主体结构砌体一个楼层（基础砌体可按一个楼层计），填充墙砌体量少时可多个楼层合并。砌体结构工程检验批验收时，其主控项目应全部符合规范的规定，一般项目应有 80% 及以上的抽检处符合规范的规定。有允许偏差的项目，最大超差值为允许偏差值的 1.5 倍。

［答案］B

考点 7 装修材料分级★

根据《建筑内部装修设计防火规范》（GB 50222—2017），装修材料按其燃烧性能应划分为四级，并应符合表 5-1-2 的规定。

表 5-1-2　装修材料燃烧性能等级

等级	装修材料燃烧性能
A	不燃性
B_1	难燃性
B_2	可燃性
B_3	易燃性

➤ **重点提示：**装修材料的四个分级，记忆点：“不、难、可、易”，“不”即不燃性材料，“难”即难燃性材料，“可”即可燃性材料，“易”即易燃性材料。

实战演练

[2017 真题 · 单选] 建筑工程内部装修材料按燃烧性能进行等级划分，正确的是（　　）。

A. A 级：不燃；B 级：难燃；C 级：可燃；D 级：易燃

B. A 级：不燃；B_1 级：难燃；B_2 级：可燃；B_3 级：易燃

C. Ⅰ级：不燃；Ⅱ级：难燃；Ⅲ级：可燃；Ⅳ级：易燃

D. 甲级：不燃；乙级：难燃；丙级：可燃；丁级：易燃

[解析] 装修材料按其燃烧性能应划分为四级：①A 级：不燃性；②B_1 级：难燃性；③B_2 级：可燃性；④B_3 级：易燃性。

[答案] B

考点 8 民用建筑室内环境验收规定★★★

扫码听课

根据《民用建筑工程室内环境污染控制标准》（GB 50325—2020），民用建筑室内环境验收规定如下：

（1）民用建筑工程及室内装饰装修工程的室内环境质量验收，应在工程完工不少于 7 d 后、工程交付使用前进行。

（2）民用建筑工程竣工验收时，必须进行室内环境污染物浓度检测，其限量应符合表 5-1-3的规定。

表 5-1-3　民用建筑室内环境污染物浓度限量

污染物	Ⅰ类民用建筑工程	Ⅱ类民用建筑工程
氡/（$Bq \cdot m^{-3}$）	≤150	≤150
甲醛/（$mg \cdot m^{-3}$）	≤0.07	≤0.08
氨/（$mg \cdot m^{-3}$）	≤0.15	≤0.20
苯/（$mg \cdot m^{-3}$）	≤0.06	≤0.09
甲苯/（$mg \cdot m^{-3}$）	≤0.15	≤0.20
二甲苯/（$mg \cdot m^{-3}$）	≤0.20	≤0.20
TVOC/（$mg \cdot m^{-3}$）	≤0.45	≤0.50

注：①污染物浓度测量值，除氡外均指室内污染物浓度测量值扣除室外上风向空气中污染物浓度测量值（本底值）后的测量值。

②污染物浓度测量值的极限值判定，采用全数值比较法。

（3）民用建筑工程验收时，应抽检每个建筑单体有代表性的房间室内环境污染物浓度，氡、甲醛、氨、苯、甲苯、二甲苯、TVOC 的抽检量不得少于房间总数的 5%，每个建筑单体不得少于 3 间，当房间总数少于 3 间时，应全数检测。

（4）民用建筑工程验收时，凡进行了样板间室内环境污染物浓度检测且检测结果合格的，其同一装饰装修设计样板间类型的房间抽检量可减半，并不得少于 3 间。

（5）幼儿园、学校教室、学生宿舍、老年人照料房屋设施室内装饰装修验收时，室内空气中氡、甲醛、氨、苯、甲苯、二甲苯、TVOC 的抽检量不得少于房间总数的 50%，且不得少于 20 间。当房间总数不大于 20 间时，应全数检测。

（6）当房间内有 2 个及以上检测点时，应采用对角线、斜线、梅花状均衡布点，并应取各点检测结果的平均值作为该房间的检测值。

（7）当室内环境污染物浓度检测结果不符合表 5-1-3 规定时，应对不符合项目再次加倍抽样检测，并应包括原不合格的同类型房间及原不合格房间；当再次检测的结果符合表 5-1-3的规定时，应判定该工程室内环境质量合格。再次加倍抽样检测的结果不符合标准规定时，应查找原因并采取措施进行处理，直至检测合格。

（8）室内环境污染物浓度检测结果不符合表 5-1-3 规定的民用建筑工程，严禁交付投入使用。

➤ **重点提示：**室内环境污染物的验收规定在前面的内容中有所提及，验收规定的具体数字表达要求必须掌握。

实战演练

［**经典例题·单选**］民用建筑工程验收时，进行样板间室内环境污染物浓度检测且检测结果合格，抽检数量可减半，但不得少于（　　）间。

A. 2　　B. 3　　C. 4　　D. 6

［**解析**］民用建筑工程验收时，凡进行了样板间室内环境污染物浓度检测且检测结果合格的，抽检数量减半，并不得少于 3 间。

［**答案**］B

［**2020 真题·多选**］民用建筑工程中，室内环境检测的污染物有（　　）。

A. 氧　　B. 苯

C. 氨　　D. 氡

E. 氮

［**解析**］民用建筑工程室内环境污染物浓度检测包括氡、甲醛、苯、氨、甲苯、二甲苯TVOC。

［**答案**］BCD

考点 9　建筑装饰装修工程子分部工程有关安全和功能检测项目★★★

子分部工程的质量验收应按现行国家标准《建筑工程施工质量验收统一标准》（GB 50300—2013）的格式记录。子分部工程中各分项工程的质量均应验收合格，并应符合下列规定：

（1）应具备各子分部工程规定检查的文件和记录。

（2）应具备表 5-1-4 所规定的有关安全和功能检验项目的合格报告。

（3）观感质量应符合各分项工程中一般项目的要求。

表 5-1-4　有关安全和功能的检验项目表

项次	子分部工程	检验项目
1	门窗工程	建筑外窗的气密性能、水密性能和抗风压性能
2	饰面板工程	饰面板后置埋件的现场拉拔力

续表

项次	子分部工程	检验项目
3	饰面砖工程	外墙饰面砖样板及工程的饰面砖黏结强度
4	幕墙工程	（1）硅酮结构胶的相容性和剥离黏结性； （2）幕墙后置埋件和槽式预埋件的现场拉拔力； （3）幕墙的气密性、水密性、耐风压性能及层间变形性能

➢ **重点提示：**各子工程的检测项目可考查案例问答题。

实战演练

[2015 真题·单选] 与门窗工程相比，幕墙工程必须增加的安全和功能检测项目是（　　）。

A. 抗风压性能　　B. 空气渗透性能

C. 雨水渗透性能　　D. 层间变形性能

[解析] 门窗工程的检测项目包括：建筑外窗的抗风压性能、气密性能和水密性能。幕墙工程的检测项目包括：①硅酮结构胶的相容性和剥离黏结性；②幕墙后置埋件和槽式预埋件的现场拉拔力；③幕墙的气密性、水密性、耐风压性能及层间变形性能。

[答案] D

考点10 归档文件要求★★

根据《建设工程文件归档规范（2019 年版）》（GB/T 50328—2014），归档文件要求如下。

一、基本规定

（1）建设单位应按下列流程开展工程文件的整理、归档、验收、移交等工作：

①在工程招标及与勘察、设计、施工、监理等单位签订协议、合同时，应明确竣工图的编制单位、工程档案的编制套数、编制费用及承担单位、工程档案的质量要求和移交时间等内容。

②收集和整理工程准备阶段形成的文件，并进行立卷归档。

③组织、监督和检查勘察、设计、施工、监理等单位的工程文件的形成、积累和立卷归档工作。

④收集和汇总勘察、设计、施工、监理等单位立卷归档的工程档案。

⑤收集和整理竣工验收文件，并进行立卷归档。

⑥在组织工程竣工验收前，应按《建设工程文件归档规范（2019 年版）》（GB/T 50328—2014）的要求将全部文件材料收集齐全并完成工程档案的立卷；在组织竣工验收时，应组织对工程档案进行验收，验收结论应在工程竣工验收报告、专家组竣工验收意见中明确。

⑦对列入城建档案管理机构接收范围的工程，工程竣工验收备案前，应向当地城建档案管理机构移交一套符合规定的工程档案。

（2）勘察、设计、施工、监理等单位应将本单位形成的工程文件立卷后向建设单位移交。

（3）建设工程项目实行总承包管理的，总包单位应负责收集、汇总各分包单位形成的工程档案，并应及时向建设单位移交；各分包单位应将本单位形成的工程文件整理、立卷后及时移交总包单位。建设工程项目由几个单位承包的，各承包单位应负责收集、整理立卷其承包项目的工程文件，并应及时向建设单位移交。

二、归档文件质量要求

（1）归档的纸质工程文件应为原件。

（2）工程文件的内容及其深度应符合国家现行有关工程勘察、设计、施工、监理等标准的规定。

（3）工程文件的内容必须真实、准确，应与工程实际相符合。

（4）计算机输出文字、图件以及手工书写材料，其字迹的耐久性和耐用性应符合现行国家标准《信息与文献　纸张上书写、打印和复印字迹的耐久性和耐用性　要求与测试方法》（GB/T 32004—2015）的规定。

（5）工程文件应字迹清楚，图样清晰，图表整洁，签字盖章手续应完备。

（6）工程文件中文字材料幅面尺寸规格宜为A4幅面（297 mm×210 mm）。图纸宜采用国家标准图幅。

（7）工程文件的纸张，其耐久性和耐用性应符合现行国家标准《信息与文献　档案纸耐久性和耐用性要求》（GB/T 24422—2009）的规定。

（8）所有竣工图均应加盖竣工图章（图5-1-1），并应符合下列规定：

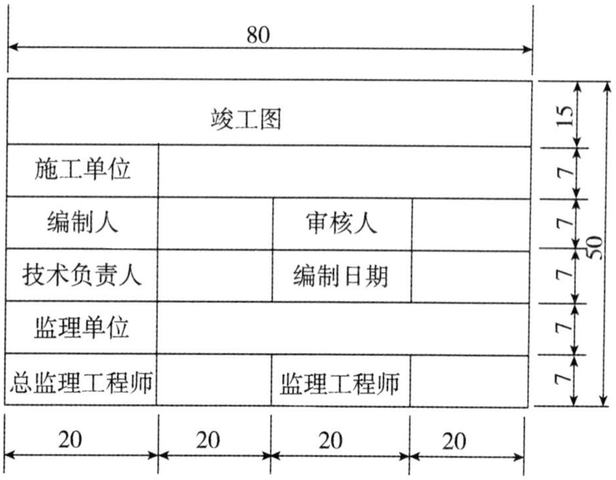

图5-1-1　竣工图章示例

①竣工图章的基本内容应包括：“竣工图”字样、施工单位、编制人、审核人、技术负责人、编制日期、监理单位、现场监理、总监理工程师。

②竣工图章尺寸应为：50 mm×80 mm。

③竣工图章应使用不易褪色的印泥，应盖在图标栏上方空白处。

（9）竣工图的绘制与改绘应符合国家现行有关制图标准的规定。

（10）归档的建设工程电子文件应采用电子签名等手段，所载内容应真实和可靠。

（11）归档的建设工程电子文件的内容必须与其纸质档案一致。

➢ **重点提示：** 此考点属于低频考点，在一级建造师考试的案例题中出现过，考查形式一般为找“不妥之处”的案例题目。

实战演练

[经典例题·单选] 关于建筑工程档案编制的说法，错误的是（　　）。

A. 归档的工程文件应为原件

B. 工程文件中文字材料幅面尺寸规格宜为A4幅面，图纸宜采用国家标准图幅

C. 竣工图章的基本内容应包括“竣工图”字样、施工单位、编制人、审核人、项目负责人、编制日期、监理单位、现场监理、总监理工程师

D. 图纸标题栏露在外面

[解析] 竣工图章的基本内容应包括“竣工图”字样、施工单位、编制人、审核人、技术负责人、编制日期、监理单位、现场监理、总监理工程师，选项C错误。

[答案] C

考点11 成本管理要点★★

根据《建设工程项目管理规范》(GB/T 50326—2017)，成本管理要点如下。

（1）项目成本管理应遵循下列程序：

①掌握生产要素的价格信息。

②确定项目合同价。

③编制成本计划，确定成本实施目标。

④进行成本控制。

⑤进行项目过程成本分析。

⑥进行项目过程成本考核。

⑦编制项目成本报告。

⑧项目成本管理资料归档。

（2）项目管理机构应按规定的会计周期进行项目成本核算。

（3）项目成本核算应坚持形象进度、产值统计、成本归集同步的原则。

（4）成本分析宜包括下列内容：

①时间节点成本分析。

②工作任务分解单元成本分析。

③组织单元成本分析。

④单项指标成本分析。

⑤综合项目成本分析。

（5）组织应以项目成本降低额、项目成本降低率作为对项目管理机构成本考核主要指标。

考点12 安全生产管理要点★★

根据《建设工程项目管理规范》(GB/T 50326—2017)，安全生产管理要点如下：

（1）组织应建立安全生产管理制度，坚持以人为本、预防为主，确保项目处于本质安全

状态。

（2）组织应根据有关要求确定安全生产管理方针和目标，建立项目安全生产责任制度，健全职业健康安全管理体系，改善安全生产条件，实施安全生产标准化建设。

（3）组织应建立专门的安全生产管理机构，配备合格的项目安全管理负责人和管理人员，进行教育培训并持证上岗。项目安全生产管理机构以及管理人员应当恪尽职守、依法履行职责。

（4）组织应按规定提供安全生产资源和安全文明施工费用，定期对安全生产状况进行评价，确定并实施项目安全生产管理计划，落实整改措施。

（5）项目安全生产管理计划应满足事故预防的管理要求，并应符合下列规定：

①针对项目危险源和不利环境因素进行辨识与评估的结果，确定对策和控制方案。

②对危险性较大的分部分项工程编制专项施工方案。

③对分包人的项目安全生产管理、教育和培训提出要求。

④对项目安全生产交底、有关分包人制定的项目安全生产方案进行控制的措施。

⑤应急准备与救援预案。

（6）项目安全生产管理计划应按规定审核、批准后实施。

（7）项目管理机构应根据项目安全生产管理计划和专项施工方案的要求，分级进行安全技术交底。对项目安全生产管理计划进行补充、调整时，仍应按原审批程序执行。

附　　录

附录一　重要的施工工艺流程

➢ 钢筋混凝土预制桩施工程序（锤击沉桩法）（附图 1-1）

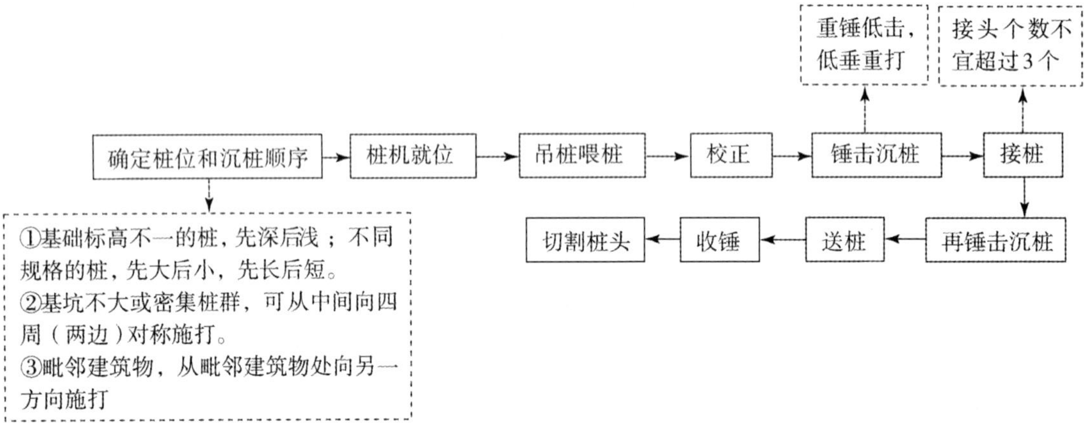

附图 1-1　钢筋混凝土预制桩施工程序

➢ 泥浆护壁钻孔灌注桩施工程序（附图 1-2）

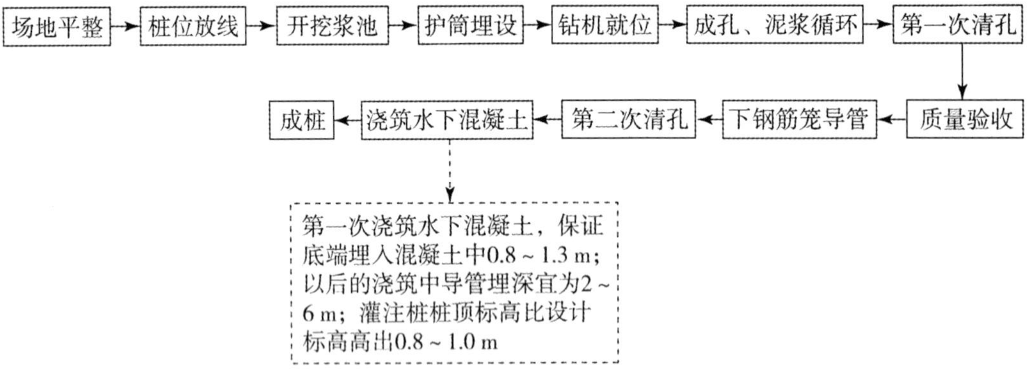

附图 1-2　泥浆护壁钻孔灌注桩施工程序

➢ 泥浆护壁钻孔灌注桩（湿作业）施工程序示意图（附图 1-3）

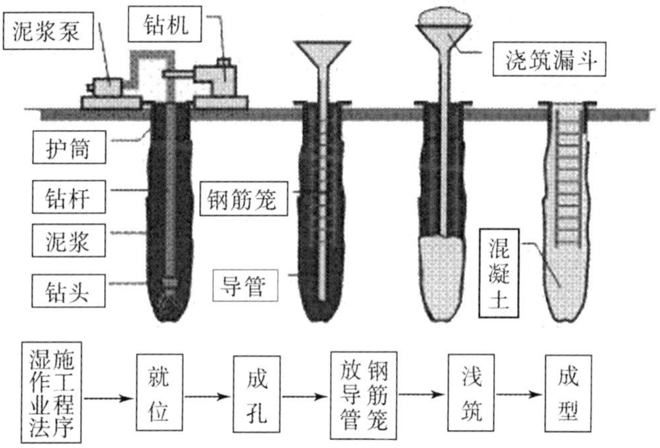

附图 1-3　泥浆护壁钻孔灌注桩（湿作业）施工程序示意图

➢ 吊顶工程施工工艺流程（附图 1-4）

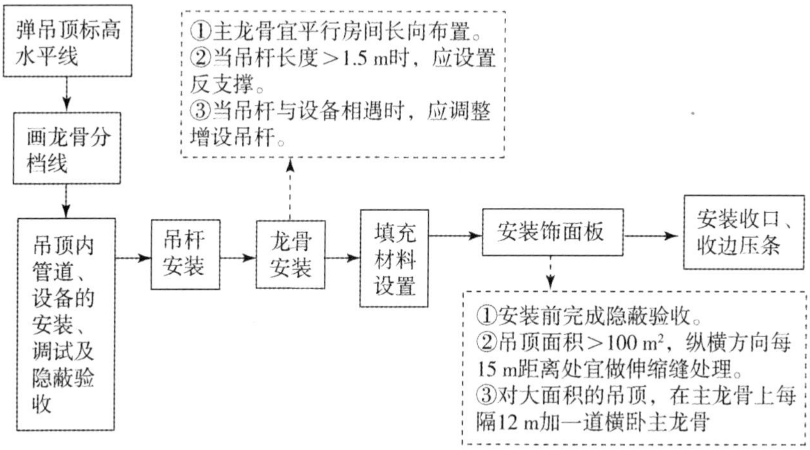

附图 1-4　吊顶工程施工工艺流程

➢ 轻质隔墙施工工艺流程（骨架隔墙）（附图 1-5）

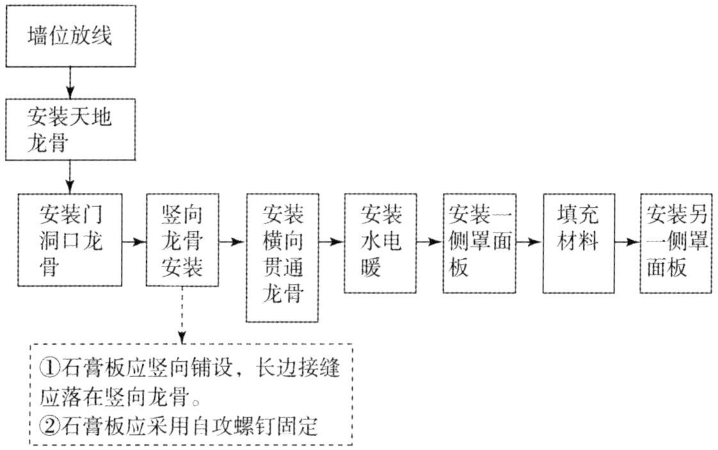

附图 1-5　轻质隔墙施工工艺流程（骨架隔墙）

附录二　基础知识点对比

基础知识点对比见附表 2-1。

附表 2-1　基础知识点对比

知识点	详解	知识点	详解
外保温	连续空调适合外保温；旧房改造需要外保温	内保温	间歇空调的房间采用内保温
正截面破坏	(1) 少筋、超筋、适筋； (2) 最大影响因素：配筋率	斜截面破坏	(1) 支座处斜裂纹； (2) 最大影响因素：配箍率
初凝时间	(1) 初凝时间不得短于 45 min； (2) 初凝时间不符合要求的水泥为废品水泥； (3) 分层浇筑混凝土必须在前一层初凝前开始浇筑	终凝时间	(1) 终凝时间不得长于 10 h（硅酸盐水泥 6.5 h）； (2) 结构混凝土终凝前开始养护； (3) 防水混凝土终凝后开始养护
活性掺和料	粒化高炉矿渣、火山灰质材料、粉煤灰、硅粉、钢渣粉、磷渣粉	非活性掺和料	磨细石英砂、石灰石、硬矿渣
气硬性胶凝材料	石灰、石膏	水硬性胶凝材料	水泥
花岗石	酸性硬石材	大理石	碱性中硬石材
柔性防水卷材	SBS、APP 改性沥青防水卷材、高聚物改性沥青防水卷材、高分子卷材	刚性防水材料	防水混凝土、防水砂浆
钢筋连接	焊接、机械连接、绑扎连接	钢结构连接	焊接、锚栓连接、螺栓连接
光圆钢筋冷拉率	4%	带肋钢筋冷拉率	1%
砂浆普温用毕最长时间	3 h	砂浆高温用毕最长时间	2 h
水泥砂浆和水泥混合砂浆搅拌最短时间	120 s	水泥粉煤灰砂浆搅拌最短时间	180 s
正常条件下每日砖砌体砌筑高度	1.5 m	特殊条件下（采用氯盐砂浆）每日砌体砌筑高度	1.2 m

附录三　斜槎、直槎、马牙槎的区别

斜槎、直槎、马牙槎的区别如附图 3-1 所示，其示意图如附图 3-2 所示。

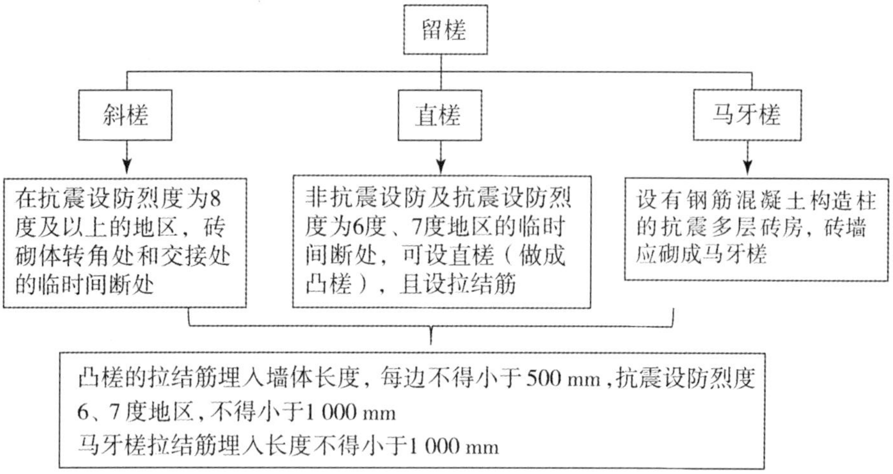

附图 3-1　斜槎、直槎、马牙槎的区别

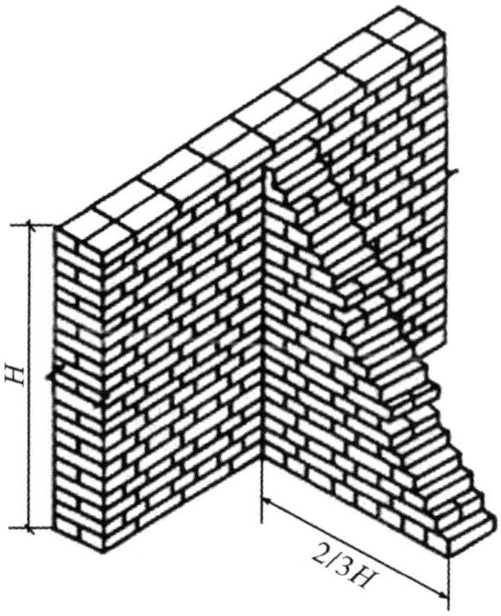

（a）斜槎

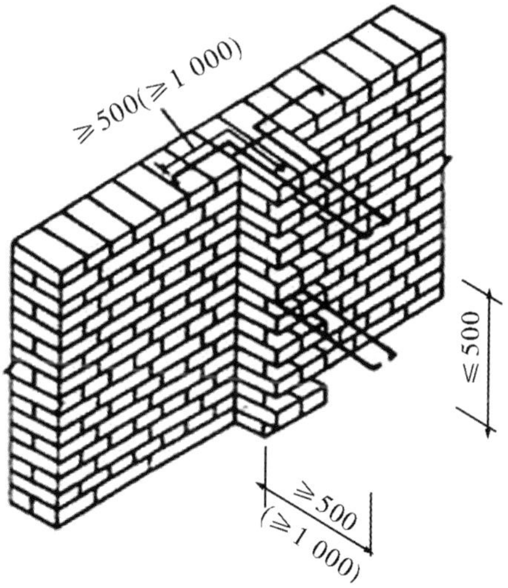

（b）直槎

（c）马牙槎

附图 3-2　斜槎、直槎、马牙槎示意图（单位：mm）

附录四　重要施工顺序的要求

重要施工顺序的要求如下：

（1）石膏板从中间向四周进行固定。

（2）钢结构普通螺栓从中间向四周拧固，高强度螺栓从刚度较大部位向约束力较小部位，从中间向四周进行拧固。

（3）土方回填从四周（或是两边）向中间同时进行对称回填。

（4）轻质隔墙板材当有洞口时，从门洞口处向两侧依次进行；无洞口时，从一端向另一端顺序安装。

（5）挤密桩是从中间向四周进行打桩。

附录五　不同风级情况下施工的要求

不同风级情况下施工的要求见表 5-1。

表 5-1　不同风级情况下施工的要求

风级	要求
4 级	幕墙外表面的检查、清洗作业不得在四级以上风力和大雨（雪）天气下进行
5 级	（1）外保温工程不得在五级以上大风天气和雨天进行； （2）五级以上大风天气，不宜进行大块模板拼装和吊装作业； （3）水泥砂浆防水层不得在雨天、五级及以上大风中施工； （4）中雨、大雨或五级（含）以上大风天气，不得进行室外装饰装修工程的施工； （5）防水工程严禁在雨天施工，五级及其以上大风时不得进行防水层施工； （6）涂料防水层严禁在雨天、雾天、五级及以上大风时施工； （7）铺贴卷材严禁在雨天、雪天、五级及以上大风中施工
6 级	脚手架以及塔吊、桩机、外用电梯遇有六级及以上大风或大雨后均不能施工

附录六　知识点中涉及7 d与14 d的内容

知识点中涉及 7 d 与 14 d 的内容见表 6-1。

表 6-1　知识点中涉及 7 d 与 14 d 的内容

项目	内容
7 d	（1）民用建筑工程及室内装修工程的室内环境质量验收，应在工程完工至少 7 d 以后、工程交付使用前进行； （2）采用硅酸盐水泥、普通硅酸盐水泥或矿渣硅酸盐水泥配制的混凝土，养护时间不应少于 7 d； （3）承包人应在签订合同或向发包人提供与预付款等额预付款保函（如合同中有此约定）后向发包人提交预付款支付申请，发包人应在收到支付申请后的 7 d 内进行核实，然后向承包人发出工程预付款支付证书，并在签发预付款支付证书后的 7 d 内向承包人支付预付款； （4）在城市市区范围内从事建筑工程施工，项目必须在工程开工前 7 d 内向工程所在地县级以上地方人民政府环境保护管理部门申报登记

续表

项目	内容
14 d	（1）大体积混凝土浇筑完毕后，应在 12 h 内加以覆盖和浇水，对有抗渗要求的混凝土，采用普通硅酸盐水泥拌制的混凝土养护时间不得少于 14 d； （2）采用缓凝型外加剂、大掺量矿物掺合料配制的混凝土，养护时间不应少于 14 d； （3）抗渗混凝土、强度等级 C60 及以上的混凝土，养护时间不应少于 14 d； （4）后浇带混凝土的养护时间不应少于 14 d； （5）填充墙砌体砌筑应在承重主体结构检验批验收合格后进行，主体结构之间的空隙部位应在填充墙砌筑 14 d 后进行砌筑； （6）防水砂浆、防水混凝土终凝后应立即进行养护，养护时间不得少于 14 d

附录七　施工过程中涉及温度的知识点

施工过程中涉及温度的知识点见表 7-1。

表 7-1　施工过程中涉及温度的知识点

项目	内容
5 ℃	（1）防水砂浆、防水混凝土养护温度、施工温度、冬季入模温度均不应低于 5 ℃； （2）外保温工程施工期间以及完工后 24 h 内，基层及环境空气温度不应低于 5 ℃； （3）高聚物改性沥青防水卷材，冷粘法、自粘法不低于 5 ℃
30 ℃	（1）现场拌制的砂浆应随拌随用，拌制的砂浆应在 3 h 内使用完毕，当施工期间最高气温超过30 ℃时应在 2 h 内使用完毕； （2）大体积防水混凝土炎热季节施工时，应采取降低原材料温度、减少混凝土运输时吸收外界热量等降温措施，入模温度不应大于 30 ℃
其他	（1）有机防水涂料，溶剂型施工环境温度−5～35 ℃，反应型、水乳型施工环境温度 5～35 ℃； （2）混凝土拌合物入模温度不应低于 5 ℃且不应高于 35 ℃，混凝土拌合物的出机温度不宜低于 10 ℃、入模温度不应低于 5 ℃

附录八　与24 m有关的知识点

（1）除住宅建筑之外的民用建筑高度，不大于 24 m 者为单层或多层建筑，大于 24 m 者为高层建筑（不包括高度大于 24 m 的单层公共建筑）。

（2）高度超过 24 m 的建筑工程，临时消防竖管的管径不得小于 75 mm。

（3）搭设高度超过 24 m 的双排脚手架应采用刚性连墙件与建筑物可靠连接。

（4）建筑物高度超过 24 m 时，通道口防护顶棚应采用双层防护。

（5）搭设高度超过 24 m 的架体应单独编制安全专项方案。

（6）24 m 以上的双排脚手架应在外侧立面整个长度和高度上连续设置剪刀撑。

（7）墙饰面板安装工程和高度不大于 24 m、抗震设防烈度不大于 8 度的外墙饰面板安装工程中使用饰面板；内墙饰面砖和高度不大于 100 m、抗震设防烈度不大于 8 度、满粘法施工方法中使用饰面砖。

附录九　工程主体施工管理的相关要求

➢ 单位工程施工组织设计

单位工程施工组织设计管理如附图 9-1 所示。

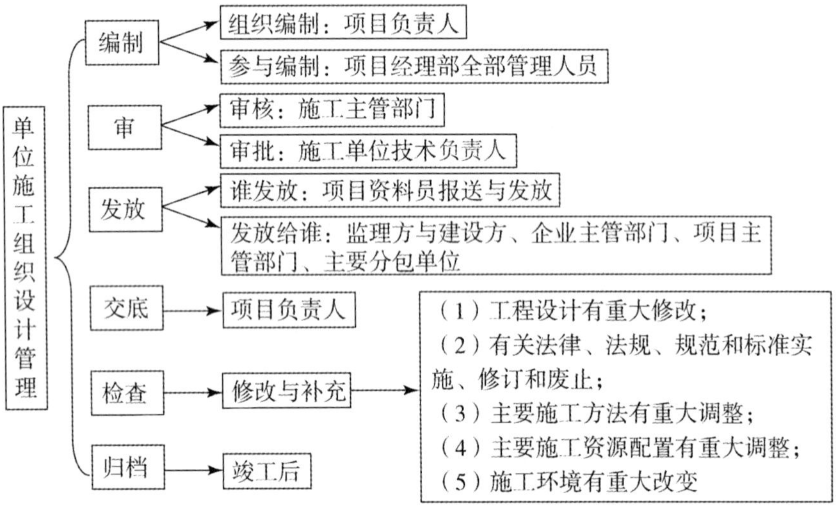

附图 9-1　单位工程施工组织设计管理

➢ 专项施工方案编制、审核、审批与论证

专项施工方案编制、审核、审批与论证见表 9-1。

表 9-1　专项施工方案编制、审核、审批与论证

<table>
<tr><th>项目</th><th colspan="3">内容</th></tr>
<tr><td rowspan="2">编制</td><td>实行总承包的</td><td colspan="2">由施工总承包单位编制</td></tr>
<tr><td>实行专业分包的</td><td colspan="2">可以由相关专业分包单位组织编制</td></tr>
<tr><td>审批流程</td><td colspan="3">专项施工方案应当由施工单位技术负责人审核签字、加盖单位公章，并由总监理工程师审查签字、加盖执业印章后方可实施。危大工程实行分包并由分包单位编制专项施工方案的，专项施工方案应当由总承包单位技术负责人及分包单位技术负责人共同审核签字并加盖单位公章</td></tr>
<tr><td rowspan="4">论证</td><td rowspan="3">专家组成员</td><td rowspan="3">5 名以上专家（符合相关专业要求）</td><td>诚实守信、作风正派、学术严谨</td></tr>
<tr><td>从事相关专业工作 15 年以上或具有丰富的专业经验</td></tr>
<tr><td>具有高级专业技术职称</td></tr>
<tr><td>不得以专家身份参加的成员</td><td colspan="2">参建单位的负责人</td></tr>
</table>

➢ 质量验收程序

质量验收程序见附表 9-2。

附表 9-2 质量验收程序

批次	验收程序
检验批	专业监理工程师组织施工单位项目专业质量检查员、专业工长进行验收
分项工程	专业监理工程师（建设单位项目专业技术负责人）组织施工单位项目专业技术负责人进行验收
分部工程	(1) 总监理工程师（建设单位项目负责人）组织施工单位项目负责人和项目技术负责人进行验收，地基和技术分部工程的验收要有勘察、设计单位项目负责人和施工单位技术、质量部门的负责人参加； (2) 主体结构、分部节能工程的验收应有设计单位项目负责人和施工单位的技术、质量部门的负责人参加
钢结构分部工程	(1) 钢结构作为主体结构之一应按子分部工程竣工验收，当主体结构均为钢结构时应按分部工程竣工验收，大型钢结构工程可划分为若干子分部工程进行竣工验收； (2) 钢结构分部工程竣工验收时，应提供下列文件和记录： ①钢结构工程竣工图纸及相关设计文件； ②施工现场质量管理检查记录； ③有关安全及功能的检验和见证检测项目检查记录； ④有关观感质量检验项目检查记录； ⑤分部工程所含各分项工程质量验收记录； ⑥分项工程所含各检验批质量验收记录； ⑦强制性条文检验项目检查记录及证明文件； ⑧隐蔽工程检验项目检查验收记录； ⑨原材料、成品质量合格证明文件，中文产品标志及性能检测报告； ⑩不合格项的处理记录及验收记录； ⑪重大质量、技术问题实施方案及验收记录； ⑫其他有关文件和记录
单位工程	总监理工程师组织各监理工程师进行预验收，预验收合格后，施工单位提交验收报告，建设单位收到验收报告，由建设单位项目负责人组织监理、施工、设计、勘察等单位项目负责人验收。实行总承包的，分包工程完成后，总包单位应参加分包工程验收，单位工程质量验收时，分包单位负责人应参加验收

➢ 垂直机械、塔吊安装与拆卸

安装与拆卸作业，必须由相应资质的专业队伍进行，安装完毕经验收合格，取得政府相关主管部门核发的“准用证”后方可投入使用。

➢ 安全技术交底

安全技术交底应由交底人、被交底人、专职安全员进行签字确定。

➢ 施工现场动火审批程序

施工现场动火审批程序见附表 9-3。

附表 9-3　施工现场动火审批程序

划分等级	具体场所	审批程序
一级动火	（1）禁火区域； （2）油罐、油箱、油槽车和储存过可燃、易燃气体的容器及与其连接在一起的辅助设备； （3）各种受压设备； （4）危险性较大的登高焊、割作业； （5）比较密封的室内、容器内、地下室场所内； （6）现场堆有大量可燃和易燃物质的场所	项目负责人组织编制消防安全技术方案，填写动火申请表，报企业管理部门审查批准
二级动火	（1）在具有一定危险因素的非禁火区域内进行临时焊、割等用火作业； （2）小型油箱等容器； （3）登高焊、割等用火作业	项目责任工程师组织拟订防火安全技术措施，填写动火申请表，报项目安全管理部门和项目负责人审查批准
三级动火	非固定的、无明显危险因素的场所	动火班组填写动火申请表，经项目责任工程师和项目安全管理部门审查批准

➢ 现场环境保护管理

（1）在城市市区范围内从事建筑工程施工，项目必须在工程开工前 7 d 内向工程所在地县级以上地方人民政府环境保护管理部门申报登记。

（2）施工现场污水排放要与所在地县级以上人民政府市政管理部门签署污水排放许可协议、申领《临时排水许可证》。

（3）现场产生的固体废弃物应在所在地县级以上地方人民政府环卫部门申报登记，分类存放。

➢ 施工用电组织设计

施工现场临时用电设备在 5 台及以上或设备总容量在 50 kW 及以上者，应编制用电组织设计，否则应制定安全用电和电气防火措施。临时用电组织设计应由电气工程技术人员组织编制，经相关部门审核及具有法人资格企业的技术负责人批准后实施。使用前必须经编制、审核、批准部门和使用单位共同验收，合格后方可投入使用。

➢ 消防工程竣工验收

（1）国务院住房和城乡建设主管部门负责指导监督全国建设工程消防设计审查验收工作。县级以上地方人民政府住房和城乡建设主管部门依职责承担本行政区域内建设工程的消防设计审查、消防验收、备案和抽查工作。

（2）建设单位依法对建设工程消防设计、施工质量负首要责任。设计、施工、工程监理、技术服务等单位依法对建设工程消防设计、施工质量负主体责任。

➢ 工程资料移交

工程资料移交应符合的相关规定：

（1）分包向总包移交。

（2）监理单位向建设单位移交。

（3）总包向建设单位移交。

（4）建设单位向城建档案管理部门移交。

参考文献

［1］中华人民共和国住房和城乡建设部，中华人民共和国国家质量监督检验检疫总局．混凝土结构设计规范（2015 年版）：GB 50010—2010［S］. 北京：中国建筑工业出版社，2015.

［2］中华人民共和国住房和城乡建设部，中华人民共和国国家质量监督检验检疫总局．混凝土结构工程施工规范：GB 50666—2011［S］. 北京：中国建筑工业出版社，2012.

［3］中华人民共和国住房和城乡建设部，国家市场监督管理总局．民用建筑工程室内环境污染控制标准：GB 50325—2020［S］. 北京：中国计划出版社，2020.

［4］中华人民共和国住房和城乡建设部，中华人民共和国国家质量监督检验检疫总局．建设工程项目管理规范：GB/T 50326—2017［S］. 北京：中国建筑工业出版社，2017.

［5］中华人民共和国住房和城乡建设部，中华人民共和国国家质量监督检验检疫总局．建筑施工组织设计规范：GB/T 50502—2009［S］. 北京：中国建筑工业出版社，2009.

［6］中华人民共和国住房和城乡建设部，中华人民共和国国家质量监督检验检疫总局．砌体结构工程施工质量验收规范：GB 50203—2011［S］. 北京：中国建筑工业出版社，2011.

［7］中华人民共和国住房和城乡建设部，中华人民共和国国家质量监督检验检疫总局．混凝土结构工程施工质量验收规范：GB 50204—2015［S］. 北京：中国建筑工业出版社，2015.

［8］中华人民共和国住房和城乡建设部．建筑施工扣件式钢管脚手架安全技术规范：JGJ 130—2011［S］. 北京：中国建筑工业出版社，2011.

［9］中华人民共和国住房和城乡建设部，国家市场监督管理总局. 民用建筑设计统一标准：GB 50352—2019［S］. 北京：中国建筑工业出版社，2019.

［10］中华人民共和国住房和城乡建设部，中华人民共和国国家质量监督检验检疫总局．民用建筑隔声设计规范：GB 50118—2010［S］. 北京：中国建筑工业出版社，2010.

［11］中华人民共和国住房和城乡建设部，中华人民共和国国家质量监督检验检疫总局．建筑装饰装修工程质量验收标准：GB 50210－2018［S］. 北京：中国建筑工业出版社，2018.

［12］中华人民共和国住房和城乡建设部. 严寒和寒冷地区居住建筑节能设计标准：JGJ/T 26—2018［S］. 北京：中国建筑工业出版社，2018.

［13］中华人民共和国住房和城乡建设部，国家市场监督管理总局. 建筑结构可靠性设计统一标准：GB 50068—2018［S］. 北京：中国建筑工业出版社，2018.

［14］中华人民共和国住房和城乡建设部，国家市场监督管理总局. 钢结构通用规范：GB 55006—2021［S］. 北京：中国建筑工业出版社，2021.

［15］中华人民共和国住房和城乡建设部. 混凝土外加剂术语：GB/T 8075—2017［S］. 北京：中国建筑工业出版社，2017.

亲爱的读者：

如果您对本书有任何感受、建议、纠错，都可以告诉我们。我们会精益求精，为您提供更好的产品和服务。

祝您顺利通过考试！

扫码参与调查

建造师考试研究中心